工业和信息化人才培养规划教材
Industry And Information Technology Training Planning Materials

Technical And Vocational Education
高职高专计算机系列

ASP.NET网站开发技术（项目式）

Programming ASP.NET 3.5

李正吉 ◎ 主编
李国栋 张言上 李臻 ◎ 副主编
刘志成 ◎ 主审

人 民 邮 电 出 版 社
北 京

图书在版编目（CIP）数据

ASP.NET网站开发技术 ：项目式 / 李正吉主编. -- 北京 ：人民邮电出版社，2011.9 (2015.7 重印)
工业和信息化人才培养规划教材. 高职高专计算机系列
ISBN 978-7-115-26015-4

Ⅰ. ①A… Ⅱ. ①李… Ⅲ. ①网页制作工具－程序设计－高等职业教育－教材 Ⅳ. ①TP393.092

中国版本图书馆CIP数据核字(2011)第156321号

内 容 提 要

本书围绕网上书店系统大案例，分解阐述了使用 ASP.NET 技术进行网站开发的基本知识和详细操作，包括大案例介绍和网站基本知识，HTML、CSS 和基本布局操作，DOM、JavaScript 和简单客户端编程，aspx 网页和控件，页面状态保持和跨页面数据传递原理及应用，数据库访问操作，主题、皮肤、用户控件、导航控件以及网站的统一管理和美化操作，基于角色的安全技术，大案例详细设计，网站发布与部署操作，AJAX、缓存以及网站优化技术，最后是 WPF 和 WCF 等新技术的入门简例。本书基于网站开发工作过程，并根据大案例分解设定子学习情境分配于各章，每章有学习情境引入、基本知识、自测、演练、决策计划、实施等各环节，主要章节还配备实施环境电子资料，可从教学网站下载。

本书可作为高职高专院校的计算机应用类专业的教材，也可作为网站开发技术人员的培训教程或自学参考书。

工业和信息化人才培养规划教材——高职高专计算机系列

ASP.NET 网站开发技术（项目式）

◆ 主　　编　李正吉
副 主 编　李国栋　张言上　李　臻
主　　审　刘志成
责任编辑　王　威

◆ 人民邮电出版社出版发行　　北京市丰台区成寿寺路 11 号
邮编　100164　　电子邮件　315@ptpress.com.cn
网址　http://www.ptpress.com.cn
北京鑫正大印刷有限公司印刷

◆ 开本：787×1092　1/16
印张：21.25　　2011 年 9 月第 1 版
字数：544 千字　　2015 年 7 月北京第 5 次印刷

ISBN 978-7-115-26015-4

定价：38.50 元

读者服务热线：(010)81055256　印装质量热线：(010)81055316
反盗版热线：(010)81055315

前言

ASP.NET 是最流行的软件技术之一，是一种快速的企业级网站开发平台，基于控件和事件，易学易用；面向对象的完整体系，使其有较强的伸缩性；微软丰富的产品线，使 ASP.NET 应用系统设计简化、效率提高；微软无可否认的技术力量，使初级、中级开发者能够始终手握最先进的技术。网站开发是一项综合的工作，涉及 HTML、CSS，客户端和服务器端编程，布局和美化，数据库访问，网站安全等基本知识和基本技术，与普通的语言教材相比，头绪很多，本书对上述技术均有涉及，但重点在服务器端编程和数据库访问。

本书使用 C#语言、Visual Studio .NET 开发工具和 MS SQL Server，所以读者需要具备 C#桌面程序设计的基础，本书作者团队编写的《C#程序设计实例教程》（ISBN: 978-7-115-23818-4）即为本书的姊妹篇。

本书作者长期从事 C、C++、Delphi 和 C#的教学实践，同时又是一个开发团队，有近 20 年的教学经验和开发经验积累。本书力求把条理分明的技术教条和七零八碎的技能经验通过工作过程结合起来，而使本书成为引导学生学习方式的好“老师”，从而成为教师的好帮手。

为使初学者有效地掌握应用 ASP.NET 开发网站的基本技能，本书贯彻“工作过程导向”的教学思想，创设网上书店系统学习情境，从案例需求入手，获取基本知识，进行决策和计划，然后展开实施，最后检查和评价自己的工作。通过精心安排，将大案例技术分解，创设子学习情境，以此安排章节内容。在各个子学习情境的基础知识之后，紧随丰富的自测题（可作为标准化题库）和演练实验环节，以巩固基本知识。每个子学习情境的实施环节均来自大案例，并在教学网站上提供子学习情境的真实实施环境，供初学者根据书中的叙述按图索骥地完成子学习情境任务。每个子学习情境的最后部分是训练环节，提供大案例之外的与本章子学习情境同类的任务，供读者根据对本章子学习情境的掌握照猫画虎地完成训练任务。

本书正文包含 12 章的内容：第 1 章提出了本书综合学习情境并进行了技术分解；第 2 章是页面布局及样式设计学习情境，对应 HTML 和 CSS 技术；第 3 章是页面的客户端交互学习情境，对应 DOM 和 JavaScript 技术；第 4 章是使用控件设计服务器页面学习情境，对应 aspx 页面和控件基本技术；第 5 章是使用状态管理技术实现购物车学习情境，对应页面生命周期原理、状态管理和跨页数据传递技术；第 6 章是使用数据库技术实现后台管理学习情境，对应数据控件使用技术，本章是 ASP.NET 应用的重点，占据本书最多的篇幅；第 7 章是网站统一管理及美化学习情境，对应母版页、导航控件、用户控件、主题和皮肤等技术；第 8 章是用户账户管理学习情境，对应 ASP.NET 基于角色的安全技术；第 9 章是大案例的决策计划、实施环节；第 10 章是大案例的发布和部署学习情境，对应网站发布和部署在 IIS 中的技术；第 11 章是对已完成项目的检查和总结，对应 Ajax、缓存等网站性能优化技术；第 12 章是 ASP.NET 相关的新技术介绍。

本书建议总学时数为 150 学时，第 12 章可以选学；若总学时限制在 90 学时，第 5 章部分内容可选学（书中已注明），第 10～12 章可选学。大案例实施可以安排课程设计。建议后续课程开设“.NET 综合实训”，以达到岗位能力培养目标。

本书主要是面向高职学生的，可作为高职院校的计算机应用类专业的教材，也可作为软件技术人员的培训教程或自学参考书。

本书主要由李正吉、李国栋、张言上、李臻、钟百成、王永康编著，胡广斌、张磊、张锋、马桂婷、王艳、梁宇琪、刘瑜等也参加了编写和校对工作。湖南铁道职院的刘志成老师任主审，帮助提高了本书的技术水平，还要感谢 MSDN 的编写者和网上分享技术文章的优秀同行。

尽管作者非常认真地编著了本书，但由于行业知识更新很快，加之作者水平有限，错误和疏漏之处在所难免，敬请读者批评指正。

本书配套网站：www.taoli.name。

编　者

2011 年 7 月

目录

第1章 学习情境：网上书店管理系统需求及分析

1.1 学习情境引入

随着计算机网络的飞速发展和广泛普及，数字化的网络生活已逐步深入大众，网络传播速度快、受众范围广等优点逐渐体现出其优势。越来越多的人逐渐习惯于网上购物，习惯于鼠标单击选购、下单，享受送货上门的便捷购物方式，而开一个成本低廉的网店，也就变成了许多人的梦想。当然网上开店也需要一个“店面”供顾客光顾，这个“店面”就是网站。我们的任务就是能够开发设计这样的网站，用来展示商品、供顾客选购，并可以管理商品。

书籍是我们熟悉的商品，本书将带领大家完成一个网上书店管理系统。基于制作这个系统的过程，我们将学会使用各种工具，用 ASP.NET 技术进行 .NET 平台下网站（Web 应用程序）开发的基本技能。

我们首先弄明白要做一个怎样的网站。

1.1.1 网上书店管理系统需求描述

本案例为小型网上书店系统。为了减少经营成本，扩大客户范围，开发一个网站系统，其中，匿名访问者可以浏览网页查询图书，免费注册会员；会员从首页登录后，可以修改密码，选择图书加入购物车，查看并确认个人购物车，根据购物车下订单，并可查询订单；书店经营者从首页登录后台管理页面，查询订单、处理订单，处理新书入库，查询入库记录，并对已入库图书信息及图书类别进行修改，还可对会员账号进行管理；结算和配送是通过其他途径完成的，与网站无关；要求网站易用、美观、安全可靠。

1. 功能性需求

由需求概述可知，共有 3 类网站使用者，网站为之提供不同的功能。

对于匿名访问者需提供以下功能：

① 强大的图书信息搜索：提供简单关键字搜索、特价书搜索、按类别搜索、高级搜索等多种方式；

② 浏览图书概略信息；

③ 注册新用户（普通用户）、登录、密码重置等。

对于会员，需提供以下功能：

① 具备匿名访问者的所有功能；

② 浏览图书详细信息并购书；

③ 个人购物车浏览、管理；

④ 个人订单浏览、管理。

对于书店经营者，需提供以下功能：

① 可使用所有前台页面；

② 订单查询、处理；

③ 新书入库、入库记录查询；

④ 图书信息修改、类别管理；

⑤ 会员管理。

2. 非功能性需求

（1）易用性：网站结构清晰，各功能导航便捷易用。

（2）美观性：页面布局美观大方，尤其是前台页面。

（3）数据安全：分角色管理用户，避免数据库被下载、远程注入攻击、账号破解等常见 Web 攻击。

（4）高效性：响应快速，故障率低。

1.1.2 网上书店管理系统案例展示

为节省篇幅，节选几个主要网页及其操作说明展示如下，完整的案例网站资源请从本书支持网站下载。

1. 主页

（1）未登录、未搜索的主页。未登录的匿名用户看到的默认主页如图 1-1 所示。网页采用较流行的上、中、下布局，顶部包括 logo、欢迎词、注册、登录、加入收藏、设为首页，以及关键字搜索功能；中部左侧为分类导航和高级搜索功能，中心区域显示图书概略信息，默认是新书推荐，中部右侧为特价书搜索、畅销排行；下部为网站 ICP（互联网内容提供商）备案号、联系方式、版权声明、在线人数等。

（2）包含了搜索结果的主页。各类搜索均在主页中心区域显示，高级搜索页面如图 1-2 所示。其他搜索方式不再展示。

单击“畅销排行”或图书概略信息中的书名链接，可以跳转到图书详细信息页面，但由于匿名用户无权访问图书详细页面，所以，未登录时单击书名链接，将自动进入登录页面。若使用者还没有网站账号，可以先通过主页上部的“注册”链接，进入注册新账户页面。

2. 注册新账户

注册新账户页面是一个向导式的页面，图 1-3 所示为已经填写了信息的第一页，后续有注册成功或失败的提示页面。

比较图 1-1、图 1-2、图 1-3 可知，各网页的风格一致，其上部、下部都是相似的，实际上，除了后台管理部分的网页，其他网页都是如此。

3. 图书详细信息

会员登录后，通过主页搜索结果或畅销排行中的书名链接，可以使用图书详细信息页面，如图 1-4 所示。图书详细信息页面包含图书的内容简介和目录等信息，另外包含购书功能，填入购买数量，单击“购买”按钮，即可将相应数量的该书加入个人购物车。

图 1-1　匿名用户看到的主页

图 1-2　显示高级搜索结果的主页

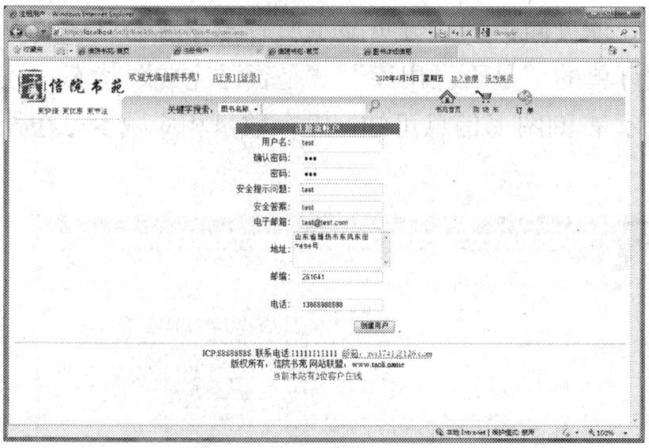

图 1-3　注册新账户页面

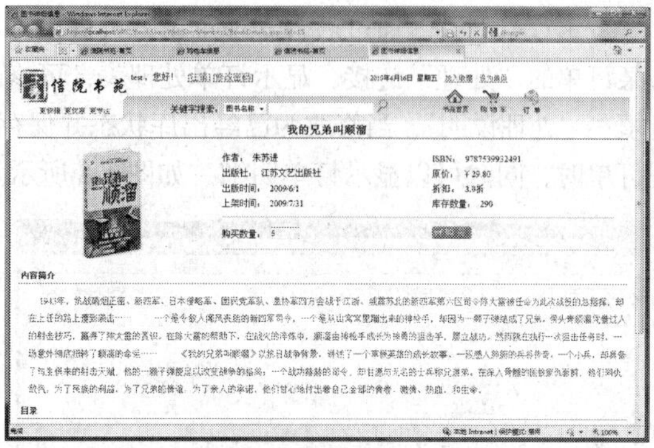

图 1-4　包含购书功能的图书详细信息页面

4. 购物车和订单

（1）购物车页面。单击页面上部的“购物车”图标，可访问个人购物车页面，包含基本的购书信息和购物车总金额。

单击“取消”链接，系统将弹出确认删除对话框，经用户确认后即删除某行购书数据。单击页面中的“下订单”按钮，可以显示（或隐藏）填写订单部分，并自动将用户注册的地址、邮编、电话等信息填入订单，并可保存订单，在用户修改过订单信息后，单击“取消”按钮，可以恢复到自动填单状态。自动填单状态的页面如图 1-5 所示。

保存订单后，单击页面上部的“订单”图标，可进入个人订单管理页面。

（2）个人订单管理。个人订单管理页面默认显示一个订单表，单击每行的“明细”链接，可以显示该订单的购书明细；单击“修改”链接，可修改订单基本信息；单击“删除”链接，可删除本行数据对应的订单。

在某订单的订单详情表中，单击每行的“修改”链接，可以修改某订单的购书明细（购书数量），单击“删除”链接，可删除该订单中的某条购书数据。

如图 1-6 所示为已经单击了订单编号为“21”的“明细”和“修改”链接的页面。

5. 后台订单管理

此网站设计时建立的管理员用户名为字母“l”，密码为字母“lll”，以管理员账号登录后，前台页面上部会出现“管理”链接，单击它即进入后台管理。后台管理的所有页面以简洁、实用为主，各页面顶部是相同的管理菜单，一级菜单包括订单管理、入库管理、图书管理、用户管理，各子菜单动态显示。订单管理包括订单查询和订单处理功能。

（1）订单查询。订单查询页面默认分页显示所有订单，并可输入各种条件进行查询。图 1-7 所示为“已出库”条件查询的订单及其明细。单击查询结果的每列标题，可以对查询结果排序。

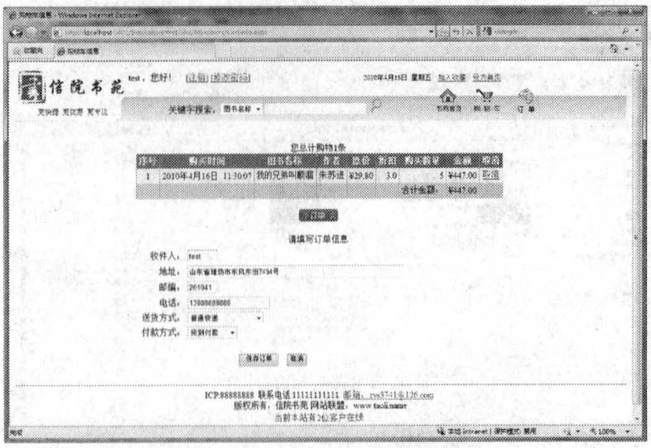

图 1-5　包含下订单功能的购物车页面

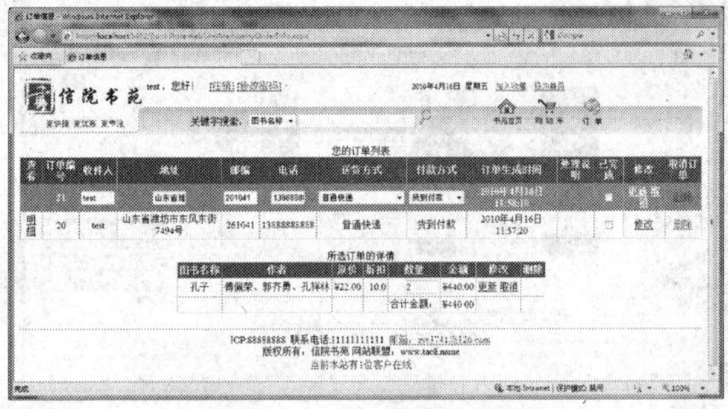

图 1-6　个人订单管理页面

（2）订单处理。通过后台管理菜单，可进入订单处理页面，默认分页显示所有未完成的订单。单击某订单的“处理”链接，显示订单处理表，可修改订单的“是否已出库”、“是否已完成”状态，还可填写“处理说明”，当修改为已经出库状态并保存后，查询图书信息可知，库存数量相应减少。在处理订单时，同时可以显示订单明细，如图 1-8 所示。

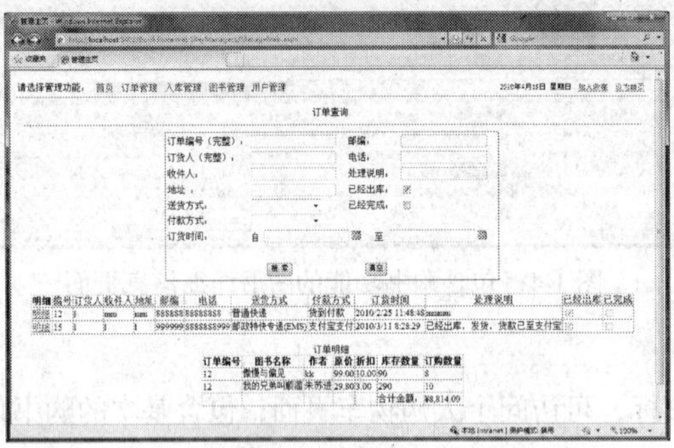

图 1-7　后台订单查询页面

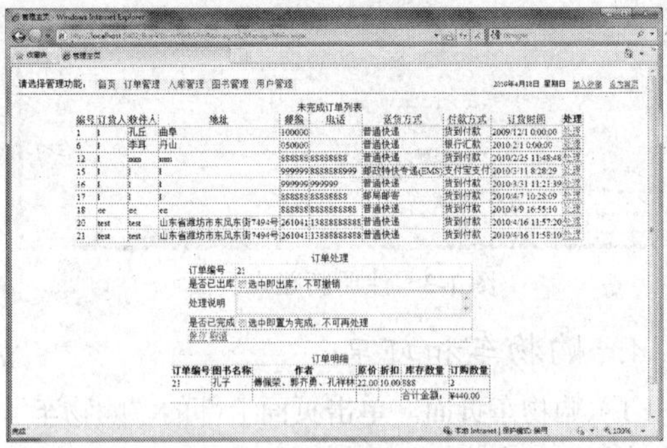

图 1-8　后台订单处理页面

6. 后台入库管理

后台图书管理包括新书入库、入库查询两种功能。

（1）新书入库。新书入库页面如图 1-9 所示。页面中有一个日历按钮和一个类别按钮，单击日历按钮，将出现日历控件，协助输入正确格式的日期，再次单击该按钮则隐藏日历控件；单击类别按钮，将出现类别树控件，单击类别树中某类别名称节点，即可在“所属类别”文本框输入对应的图书类别。单击“浏览”按钮，则可以选择一个本地的图像文件准备上传。当单击“添加”链接后，查询入库记录可知，所输入的新书信息已经添加到入库记录表中，再查询图书信息可知，新书信息已加入库存，若是原来已经存在的图书，则库存数量相应增加。

（2）入库查询。入库查询页面如图 1-10 所示，使用与主页相同的关键字搜索操作，即可搜索指定图书信息的入库记录，单击查询结果的列标题，可自动排序。

7. 后台图书管理

后台图书管理包括修改图书信息、类别管理两种功能。

（1）修改图书信息。修改图书信息页面，使用“先查询，再修改”的操作模式。如图 1-11 所示，使用与入库查询相同的关键字搜索操作，即可查询指定条件的图书，修改后，单击“更新”链接，可保存这些修改。

页面中有一个与新书入库页面相同的类别按钮，单击可显示/隐藏类别树，类别树显示时会自动选中当前类别并展开，单击树形类别中某节点时，对应的类别 ID 将自动填入“类别”文本框。

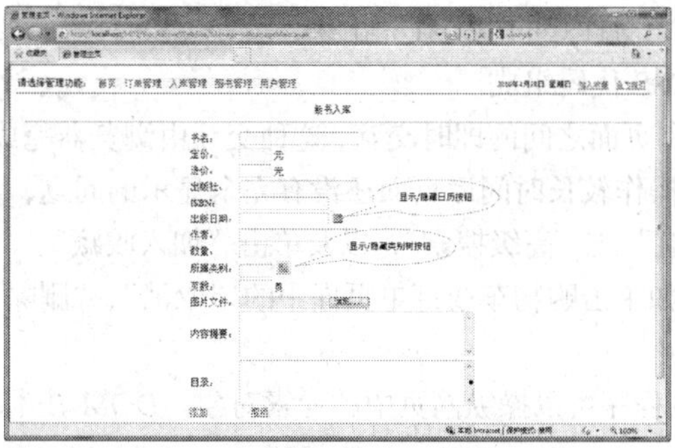

图 1-9　新书入库页面（另加按钮注释）

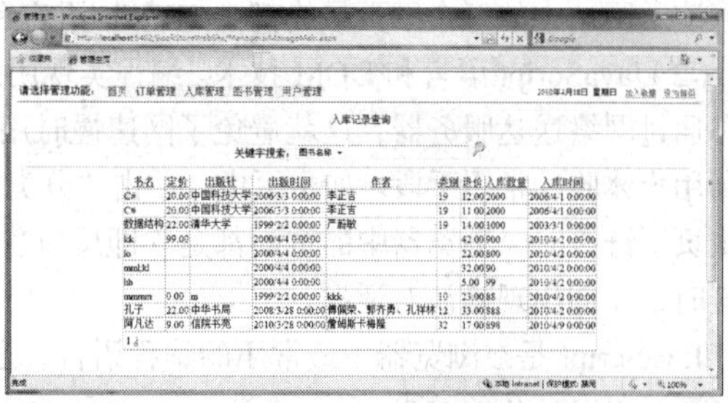

图 1-10　入库查询页面

（2）类别管理。图书类别管理页面如图 1-12 所示，由一个类别树直观显示所有图书类别，单击类别树中某节点，页面右侧即显示所选图书类别信息，并可进行编辑、删除、新建子类等操作。其中删除操作只对空类别（库存中没有相关类别及其子类的图书）有效。

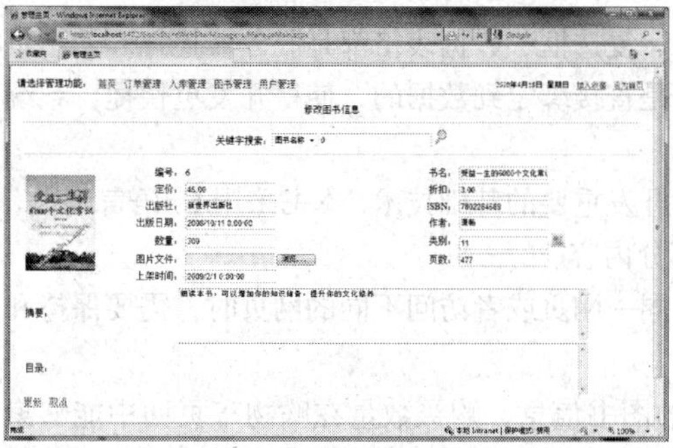

图 1-11　修改图书信息页面

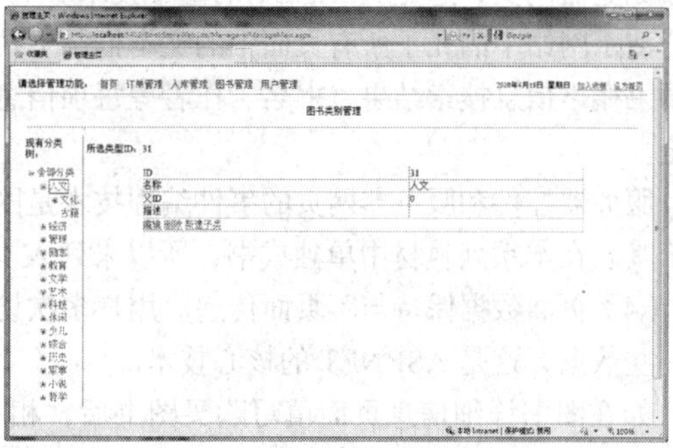

图 1-12　图书类别管理页面

8. 后台用户管理

后台用户管理可以浏览会员信息，并对会员账户进行解锁、删除操作，如图 1-13 所示。当用户在前台登录时，连续密码错误次数超过 5 次，其账号就会被锁定，通过管理员解锁，才可继续使用。订单数不为 0 的用户账号无法被删除，并且在删除操作执行前，会弹出确认对话框，该对话框还会对当前正在线的账号着重提示。

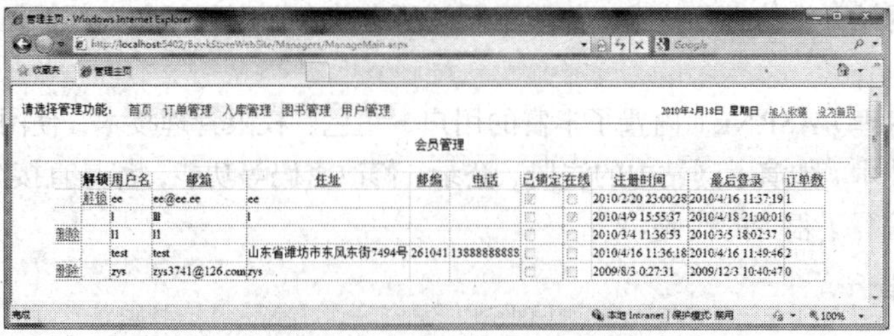

图 1-13　会员管理页面

1.1.3 网上书店管理系统开发技能分解

1. 技术分解

网站开发技术的层次很多，最简单的网站由若干浏览器网页组成，制作一个浏览器网页就像制作一个 Word 文档，技术门槛很低。但像我们展示的网上书店管理系统，除了要建立数据库之外，在网站开发技术领域，主要应用了以下多种技术。

（1）IITML 语言和 CSS 样式表。IITML 语言将文字、图像、控件等信息呈现在浏览器页面中，规定其布局，设置其样式，是网页设计最基本的技术。把对样式的规定独立出来，就是 CSS 技术。

演示网站中的每个网页最终都由 HTML 语言和 CSS 代码组成。

（2）JavaScript 语言和 DOM 技术。编程实现用户和页面之间的即时交互，这种交互由浏览器完成，不必通过网络送达服务器，这就避免了网速慢时用户操作较长时间后页面还没有完全显示的问题，是提高用户体验的常用手段。如主页中，单击“分类导航”或“高级搜索”，以及单击“加入收藏”、“设为主页”链接时，浏览器中的页面都是立即反应。再如单击购物车或订单页面中的“取消”、“删除”链接时，立即出现确认对话框。

JavaScript 是在浏览器中最常用的编程语言，通过程序可以操纵网页中的元素对象。DOM 技术是把网页元素对象化的技术。

（3）服务器控件和服务器网页技术。使用基于事件、支持数据绑定的服务器控件，可以大大加快网站开发速度，并提供内置的校验功能，有效防止 SQL 注入、脚本注入等攻击。服务器控件只能放在服务器网页中，具备事件编程接口，ASP.NET 将根据开发人员设计的服务器网页及其事件程序，自动生成浏览器网页，这是 ASP.NET 的基本技术。

演示网站中的几乎所有页面中的文本框、下拉框、复选框、数据表格都是服务器控件。如主页中的图书概略信息搜索结果，书名、作者等每项信息都是直接绑定到数据的，使得开发更快捷，系统更安全。

服务器控件和服务器网页的事件编程技术是网站开发重要的基础技术，本书采用 C#语言编程。但由于其已在本系列教材中单独成书，所以未列入本部分内容。

（4）页面数据保持与跨页面传递。用户多次访问同一网页或者访问不同的网页时，需要保持和传递一些数据，这是 ASP.NET 的核心技术。

如在图书详细信息页面填写购买图书后，相关的图书信息、购买数量在购物车页面中能够累计显示。

（5）数据库访问和显示。图书信息来源于数据库管理系统，ASP.NET 也使用 ADO.NET 完成数据访问，但因为显示要求的不同，这些技术在应用上有不同于.NET 桌面程序的特征，这是 ASP.NET 的重要技术。

演示网站中的几乎每个页面都有数据访问，有的用表格显示，有的用标签显示，不但显示形式不同，访问手段也不同。另外，ASP.NET 网站目录下的数据库默认是不允许下载的，以保证数据安全。

（6）服务器网页所使用的统一化管理和美化。使得网站中众多的服务器网页版式整齐、服务器控件风格一致，这是网站开发的必要技术。如演示网站所有前台页面顶部和底部都是一样的，所有后台使用风格也一致。

（7）网站用户管理。ASP.NET 内置了丰富的用户、角色、权限管理技术，使网站安全可靠，这是网站开发很常用的技术。如演示网站中的注册、登录、修改密码等功能，都是直接调用 ASP.NET 的成员资格管理功能，编写了很少的代码。

2. 学习安排

从对网站编程一无所知，到编写一个完整的网站应用程序项目，要掌握很多内容。做一个项目，首先要掌握一些基本知识，这是学习的过程；然后进行决策和计划，这是对知识消化吸收后的分析、判断和设计的过程；再进一步完成计划，进行项目实现，这是实施的过程；之后要进行项目测试，项目负责人要进行检查；最后对项目进行评价；这可以包括学习者的自我检查评价和指导者的检查评价。本书按照基本知识、决策与计划、实施、检查与评价等几个阶段来创建一个学习情境，学习者要把自己置身于这个情境之中，既是学习者，又是项目实施者。

编程并不高深，从某种意义上说，只不过是对项目需求的一种计算机描述。这种描述就是运用各种计算机语言按照项目需求逻辑对已有功能进行调用的过程。所以，进行需求分析是网站建设的第一步。然后我们要了解建设网站需要的工具软件，包括开发工具、服务器端运行平台、客户端浏览器和素材制作工具等。另外，网站程序不同于桌面程序，我们要理解网站是如何运行的，才能够更好地设计网站。

所以，使大家明确学习情境任务，熟悉开发环境、了解网站基础知识，这就是本章的主要内容，这些以基本知识的形式表述。

系统的设计和实现在第 9 章进行，以决策与计划、实施的形式给出。第 2～8 章将网上书店管理系统的主要功能进行分解，并保持独立性，创建子学习情境，逐步拓展学习领域。

1.2 基本知识 1：网站开发的环境准备

所谓网站开发，主要是在类似服务器的环境中设计网页、编写程序，并将网页组织成网站。网站开发并测试完成后，需要发布并部署到网络环境中的服务器上，客户机就可以通过服务器的网址访问它了，客户端只要安装了浏览器即可。

ASP.NET 是目前最流行的一种动态网站开发技术，是实现动态网页程序的一套服务器类库，如前述技术分解中的（3）至（7），都对应着若干类。ASP.NET 是.NET 框架的一部分，所以开发 ASP.NET 网站和开发桌面程序使用的工具、语言、数据库管理系统，都没有区别，但网站的运行则需要更多的工具软件支持，本节将对主要的工具软件做简单介绍。

就目前来说，要进行 ASP.NET 网站开发，需要下列软件环境。

（1）操作系统及平台。支持.NET framework 3.5 平台（以下简称.NET 3.5）的 Windows 操作系统。如 Windows XP、Windows Vista、Windows 7 等，以及 Windows Server 2000/2003/2008 等，默认安装后，将包含浏览器软件。要注意 Home 版或 Basic 版等不支持 Internet Information Server 软件，无法在本机进行网站发布和部署学习。

（2）开发工具。本书选用 Visual Studio 2008（以下简称 VS 2008）。需在安装操作系统后进行安装，推荐使用 Team System 版本，安装此版本后，将包含.NET 3.5、编程语言、数据库管理系统、网站运行环境的支持。

（3）服务器端编程语言环境。可以是 VS 2008 默认支持的 C#或 VB.NET 等，本书选用 C# 3.0，不必单独安装。

（4）客户端编程语言环境。VS 2008 和 IE 浏览器都默认支持 JavaScript 等多种客户端编程语言，本书选用最流行的 JavaScript，不必单独安装。

（5）数据库管理系统。可以是各种流行的 DBMS，本书选用 VS 2008 附带的 SQL Server 2005 Express，不必单独安装。

（6）网站运行的服务软件。若仅仅是网站开发过程中的调试运行，将会自动启动 VS 2008 附带的 ASP.NET Development Server，不需要另装其他软件。

若网站开发已经完成，要将其发布，供互联网用户访问，则不但需要将其部署到互联网服务器上，如安装了 Windows Server 版操作系统的服务器设备，而且需要一个服务软件的支持，在 Windows 操作系统中，可用的是 Internet Information Server（以下简称 IIS）。若只是练习网站的发布和部署（或小范围使用网站），也可以使用 Windows Professional 版的操作系统。

（7）浏览器。Windows 中，默认为 IE 浏览器，不必单独安装。

浏览器是网站运行后客户端唯一需要的软件。而当网站发布在互联网中运行时，客户的浏览器类型不定，网页显示可能不正常，需要在网站发布前进行多浏览器测试，这时，就需要安装多种浏览器。

（8）素材制作工具。制作动画，推荐使用 Flash 软件。

处理图像，简单情况下，可以用 Windows 画图工具；复杂的图像处理，推荐使用 Photoshop 软件。

根据需要，可以选用多种工具，不再一一列举。

1.2.1 Visual Studio Team System 2008 开发环境

1. 安装简介

VS 2008 正式版于 2008 年 2 月推出，并且 VS 2008 捆绑了.NET 3.5，与以前版本相比，.NET 3.5 增加了一些新技术，这将在本书第 12 章介绍。VS 2008 的安装程序有 4.3GB，全部安装（包括帮助文档，即 MSDN），安装盘至少需要 3.8GB 的磁盘空间，系统盘至少要 1GB 的磁盘空间，但安装过程比较简单，只要按照安装向导进行即可，建议除了 VB、VC 编程语言可以不选，其他的全部安装，安装过程不再赘述。

2. 环境简介

VS 2008 启动后的 IDE（通常把 VS 2008 这样的编程环境称为 IDE，即集成开发环境）界面如图 1-14 所示，默认会显示"起始页"，但 IDE 的启动项可以通过"工具"菜单的"导入导出设置"或"选项"修改。如图 1-15 所示为打开的网站并打开了一个网页后的 IDE 页面。

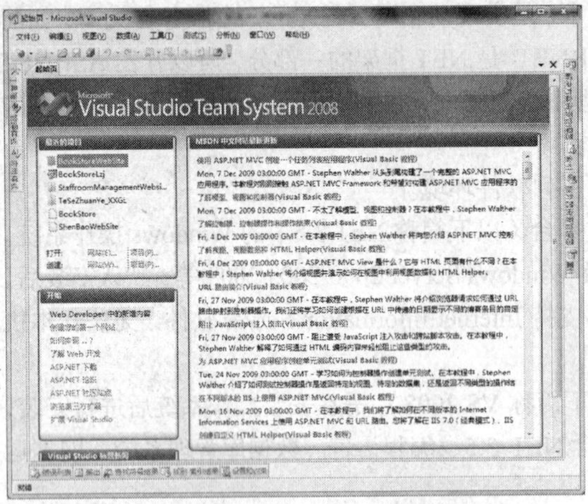

图 1-14 VS 2008 集成开发环境页面

图 1-15 VS 2008 打开网站程序后的"页面"

由图可见，此 IDE 窗口除了有标题栏、菜单栏、工具栏、状态栏之外，窗口客户区还包含文档子窗口和工具子窗口（下称"面板"）。文档子窗口默认以选项卡的形式显示在客户区，如"Default.aspx.cs"、"Default.aspx"和"起始页"，而其四周还有许多面板，面板有浮动、可停靠、选项卡等 3 种显示形式，可停靠的位置是 IDE 窗口客户区的四边。每个面板上有一个"图钉"按钮，可以自动隐藏或固定面板的位置，面板也可以关闭，许多新用户遇到过诸如找不到"工具箱"面板了之类的小麻烦，其实，常用的面板都可以通过"视图"菜单找到。

下面对 IDE 窗口界面的基本部分进行简单介绍。

（1）主菜单。使用主菜单是在 IDE 中进行操作的最全面的方式。菜单的风格与微软的其他产品的菜单风格一致，如 Office 等。左起第 1 个主菜单是"文件"菜单，有打开、保存、关闭等功能；第 2 个菜单是"编辑"，有剪切、复制、粘贴、查找、替换等功能；第 3 个菜单是"视图"，可以改变 IDE 环境的显示风格，包括是否显示各种常用的面板等；"工具"菜单下包含"选项"菜单项可以定制许多 IDE 的特性，"自定义"菜单项则专门用来定制菜单栏、工具栏和键盘等；最右侧的菜单是"帮助"，其中包含"关于"菜单项，用来显示版权信息等；"窗口"菜单是管理多文档子窗口用的。

若不是显示起始页，而是打开 Web 应用程序后，还会出现"网站"、"生成"、"调试"、"XML"、"数据"、"表"菜单，如图 1-15 所示。若当前子窗口是"源"视图窗口而不是"设计"视图窗口，将没有"表"菜单。"网站"菜单可以管理网站属性；"生成"菜单用于生成 Web 应用程序；"调试"菜单用于程序调试；"数据"菜单可以提供"架构"和"数据"的相关操作；"格式"菜单用于管理 Web 页面上各种元素的显示样式；“表”菜单提供了在网页上使用 table 表格进行页面布局的相关操作。

（2）文档选项卡。VS 2008 IDE 的中部是文档子窗口区域，默认以选项卡形式显示。是 IDE 中我们最关注的部分，可视化设计网页、编写代码都在此区域中。在网站开发阶段，每个 ASP.NET 的网页默认有两个文档，一个包含如何显示信息的标记代码，另一个包含按照一定的逻辑得到信息的程序代码，如图 1-15 中的“Default.aspx”和“Default.aspx.cs”文档。

“Default.aspx.cs”文档选项卡中，只有 C#语言的程序代码，通常称这种选项卡为代码编辑器。“Default.aspx”文档选项卡则通常被称为设计器，设计器选项卡不但包含标记代码，为了及时查看基本的网页显示效果，还有 3 种视图方式可供使用，可以通过文档选项卡底部的“设计”、“拆分”、“源”3 个标签切换，图 1-15 中显示的是拆分视图，上部显示源视图，下部显示设计视图，供同时查看标记代码和显示效果。

（3）“解决方案资源管理器”面板。Visual Studio 提供了两类容器，用来管理开发工作所需的项，如引用、数据连接、文件夹和文件，这两类容器分别叫做解决方案和项目。“解决方案资源管理器”用于将相关的项目组织成项目组，然后对这些项目组执行操作。

如图 1-15 所示窗口客户区的右上部，“解决方案资源管理器”面板以树状结构显示当前打开的解决方案的所有项目和项目所包含的所有文件，其使用方法类似于 Windows 的资源管理器。用鼠标右键单击解决方案资源管理器的任意项时，可以通过对应的快捷菜单进行与选中项相关的操作。例如，用鼠标右键单击一个解决方案时，可以将一个已有网站应用程序添加到该解决方案；用鼠标右键单击一个网站时，可以将一个子项，比如一个网页，加入到该网站中。

（4）“工具箱”面板。.NET 提供了许多好用的对象，通过“工具箱”面板，可以可视化地将这些对象添加到网站应用程序中。

如图 1-15 的窗口客户区的左部，“工具箱”面板上有若干选项卡，如“标准”、“数据”、“验证”等选项卡，每个选项卡上显示.NET 基类库提供的一些对象，可以直接拖放这些对象到设计器选项卡的网页上，不论是设计器的源视图还是设计视图，这是在网站设计期使用.NET 对象的可视化方式。

另外也可以通过在代码编辑器选项卡中编写代码的方式使用更多的.NET 对象。如果是在程序的运行期才需要使用这样的对象，那就只能通过代码的方式，实际上拖放这些对象到网页选项卡中，IDE 将自动生成相关代码并维护这些代码。

若当前显示的是代码编辑器选项卡而不是网页选项卡，则“工具箱”面板上不显示这些对象。根据项目的不同，“工具箱”面板上显示的对象也不同。

（5）“属性”面板。“属性”面板如图 1-15 的窗口客户区的右下部所示，用来设置网页选项卡中的对象的属性值。这是在设计期设置对象属性值的可视化方式，也可以通过代码方式修改对象属性，同样，若运行期才能确定的属性值，只能用代码方式修改。

控件对象的事件在“属性”面板中只需双击就可以建立事件委托，并自动转入代码编辑器选项卡，有关操作方法请参见后面章节。

“属性”面板顶部是一个下拉列表框，可以选择属性表所属的对象。常常会有新用户，没有注意到“属性”面板显示的是什么对象的属性，而为错误的对象建立了事件委托。

1.2.2　Internet Information Server 介绍

1. 功能简介

ASP.NET 网站生成、发布之后，并不产生 .exe 之类的可执行文件，所以网站的运行需要另一个可执行程序的支持，这个程序以一定的用户身份创建进程环境，管理若干网站的各种资源，接收客户端浏览器的请求，将这些请求交给对应的网站，并将网站的响应页面交给网络，以送回客户端浏览器。IIS 就具备这些功能，在 Windows 系统下，运行非 ASP.NET（或非 ASP）网站，还可以使用第三方的

Apache、Tomcat 等其他网站服务软件。

对于 IIS 的配置与使用细节，我们会在“网上书店管理系统发布与部署”学习情境中介绍。

2. 安装简介

安装 Windows 时默认并不安装 IIS，应该在安装 VS 2008 之前，参考本部分内容安装好 IIS，否则，需要在安装好 VS 2008 以及 IIS 后，在“开始”→“Microsoft Visual Studio 2008”→“Visual Stutio Tools”子程序组中打开“Visual Studio 2008 命令提示”程序项，在命令窗口中，输入“aspnet_regiis –i”命令，以安装 IIS 对 ASP.NET 2.0/3.5 的支持。

（1）Windows 2000/XP/2003。单击“控制面板”→“添加或删除程序”程序项，弹出“添加或删除程序”窗口，如图 1-16 所示。

单击窗口左侧的“添加/删除 Windows 组件”按钮，弹出“Windows 组件向导”对话框，如图 1-17 所示。

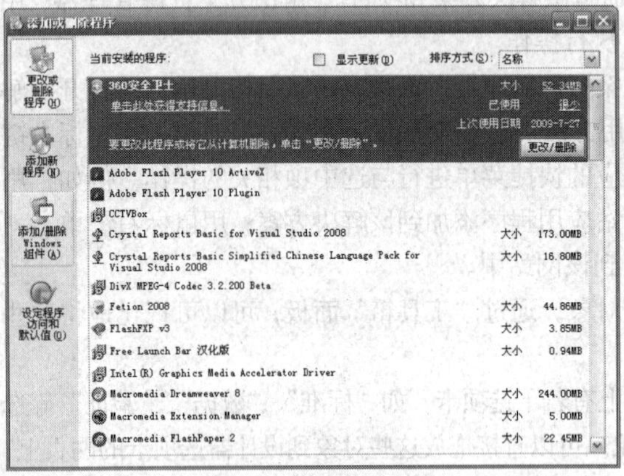

图 1-16 “添加或删除程序”窗口

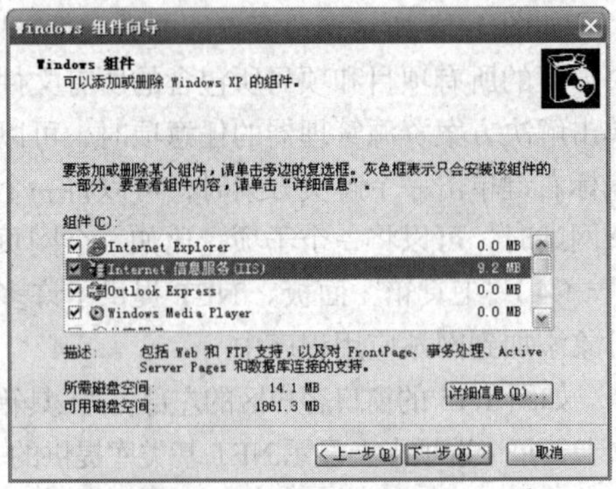

图 1-17 “Windows 组件向导”对话框

双击“Internet 信息服务（IIS）”选项，选择“万维网服务”选项，单击“确定”按钮返回图 1-17，单击“下一步”按钮，系统开始安装 IIS，在安装过程中，如果没有事先插入系统盘，会看到“插入磁盘”提示，如图 1-18 所示。

放入 Windows 系统盘，单击“确定”按钮开始复制文件，直到 IIS 6.0 安装完成。

（2）Windows Vista/7/2008。打开“控制面板”中的“程序和功能”项，如图 1-19 所示。

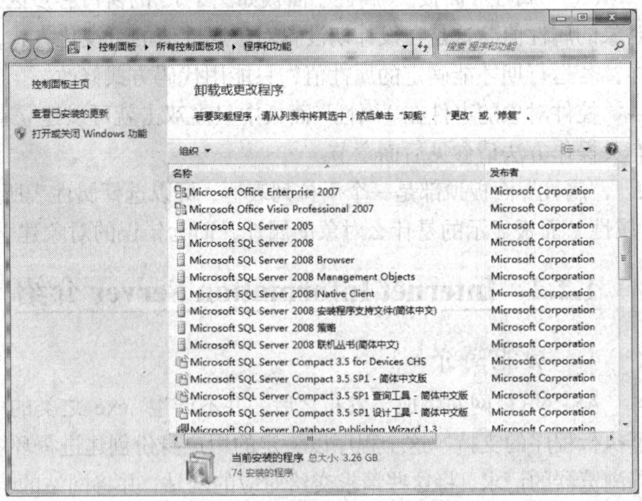

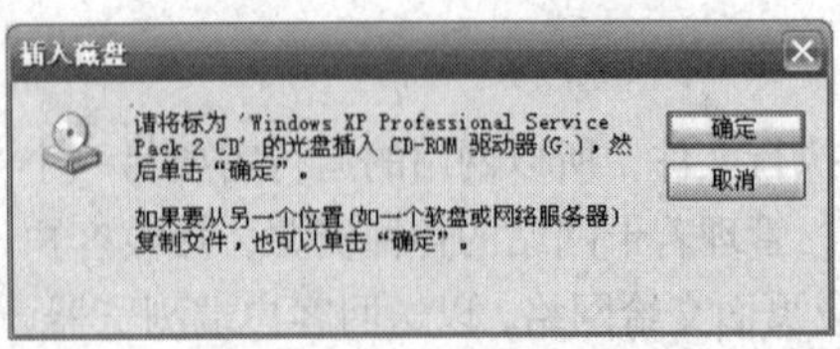

图 1-18 插入磁盘提示对话框

图 1-19 “程序和功能”窗口

单击“打开或关闭 Windows 功能”链接，弹出如图 1-20 所示对话框。选择“Internet 信息服务”选项，一般情况下，其子项默认选中即可，其中必选项有：“Web 管理工具”中的“IIS 管理控制台”、“万维网服务”中“常见 HTTP 功能”下的“静态内容”的“默认文档”、“万维网服务”中“应用程序开发功能”下“.NET 扩展”的“ASP.NET”。其他步骤不再赘述，此处安装的是 IIS 7.0。

图 1-20　“Windows 功能”窗口

1.2.3　IE 浏览器介绍

1. 浏览器——网站程序统一的界面部分

IE 浏览器捆绑在现有 Windows 所有版本中，不必单独安装，并且对 IE 的使用是十分普及的技能。此处对 IE 的介绍是将其视为网站程序的客户端环境。

目前网站程序的用户界面和业务逻辑是分开的，如图 1-21 所示。用户界面在客户机上，由客户机的浏览器程序负责；业务逻辑和数据库等资源在服务器上，由 IIS 程序负责。浏览器提供给用户地址栏、收藏夹等功能，供用户请求一个网址，通过网络传输，服务器端的 IIS 接收这一请求，分配给对应的网站服务器端程序处理，生成一个包含 HTML 标记（还有客户端脚本程序等）的响应页面，送回给浏览器，浏览器根据这些 HTML 标记（以及客户端脚本程序等）呈现页面给用户。

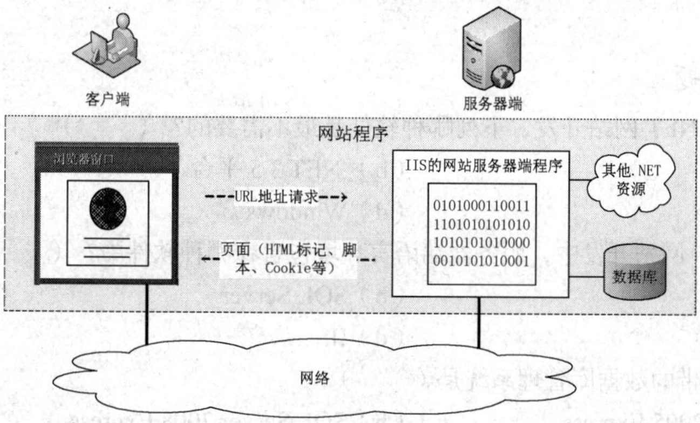

图 1-21　网站程序的用户界面和服务端程序分离示意图

不论网站程序以何种语言、何种技术开发，响应到浏览器端都必须是统一标准的，这样我们才能用自己的计算机浏览各种网站。同时，各种不同的浏览器也必须按照统一的标准解释网站的响应，这样某个互联网上的网站才能被各种不同的浏览器访问。制定统一标准的国际组织是 W3C（World Wide Web Consortium，万维网联盟）。

但实际上，由于各个浏览器厂商对“统一标准”的细节理解有所差异，因此在呈现网页的时候就会有细微的差别。

2. IE 8 的开发者应用

对于网站开发人员来说，IE 8 中，除了“页面”菜单下“源文件”功能，可以供我们查看服务器端发来的响应源码（HTML 标记），还增加了强大的“开发人员工具”功能，可以帮助开发者调试网站程序。

单击“工具”菜单中的“开发人员工具”，即可看到当前页面的“开发人员工具”窗口，如图 1-29 所示。

单击“HTML”选项卡下的工具或按 Ctrl+B 组合键，再在 IE 8 网页窗口中单击某个元素（如某个图像），就可以立刻在“开发人员工具”窗口中定位并选中对应的 HTML 标记，可以查看此标记及相关属性是否与编程时的设想一致，并可以修改此标记，而达到可视化调试的目的。选中某个 HTML 标记后，还可以在如图 1-22 所示的右侧选择“布局”等以更加直观的形式查看该标记的呈现样式。

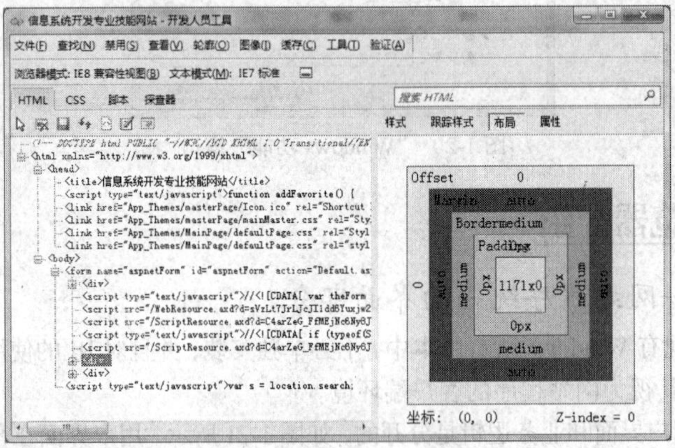

图 1-22　IE 8 的“开发人员工具”窗口

在“开发人员工具”窗口中，还有更多的功能，可以供我们很方便地检查服务器的响应是否正确。关于更多功能，请大家参考其他的专门书籍。

1.2.4　自测

1. 单项选择题

（1）要进行 ASP.NET 网站开发，下列哪种软件是最不需要的？（　　）

（a）FrontPage　　（b）.NET 3.5 平台

（c）Visual Studio　　（d）Windows

（2）在 ASP.NET 网站开发中，服务器端语言环境包含在哪种软件中？（　　）

（a）VS 2008　　（b）SQL Server

（c）.NET 3.5　　（d）IIS

（3）VS 2008 附带的数据库管理系统是（　　）。

（a）SQL Server 2005 Express　　（b）SQL Server 2008 Express

（c）SQL Server 2005 Enterprise　　（d）SQL Server 2005 Enterprise

（4）网站开发完毕后，使之在互联网服务器上运行，需要以下哪个软件提供运行服务？（　　）

（a）IIS　　（b）IE

（c）Windows　　（d）SQL Server

（5）不包含在 VS 2008 的 Team System 版本的软件是（　　）。

（a）.NET 3.5 平台　　（b）编程语言环境

（c）数据库管理系统　　（d）IIS

（6）JavaScript 属于哪类软件？（　　）

（a）操作系统　　（b）服务器端编程语言

（c）数据库管理系统　　（d）客户端编程语言

（7）网站开发完毕，发布、部署、测试均正常，但运行后，部分客户反映页面内容显示很乱，这最可能是因为（　　）。

（a）网站开发选用的语言不对

（b）客户端使用的语言不对

（c）客户端浏览器与测试时的浏览器不同

（d）客户端安装的数据库管理系统和开发时的数据库管理系统不同

（8）在 VS 2008 的“起始页”中，有时没有“打开 网站”的链接，解决方法是（　　）。

（a）重新安装 VS 2008　　（b）重新安装 Windows

（c）新建另外一个 Windows 账号　　（d）通过 VS 2008“工具”菜单中的“选项”进行修改

（9）VS 2008 打开网站后，没有“表”菜单，原因最可能是（　　）。

（a）当前子窗口不是“设计”视图窗口

（b）“工具”菜单中的“选项”设置不对

（c）计算机中有病毒

（d）VS 2008 安装不正确

（10）包含管理网站属性、配置网站的菜单是（　　）。

（a）“生成”菜单　　（b）“调试”菜单

（c）“数据”菜单　　（d）“网站”菜单

（11）如果要在 VS 2008 中为打开的网站添加一个文件夹，可以使用（　　）。

（a）“工具箱”面板　　（b）“解决方案管理器”面板

（c）“属性”面板　　（d）“工具”菜单

（12）VS 2008 打开网站后，“工具箱”面板中是空的，原因最可能是（　　）。

（a）当前显示的是代码编辑器选项卡　　（b）网站设计错误

（c）VS 2008 安装不正确　　（d）“工具”菜单中的“选项”设置不对

（13）先安装 VS 2008，后安装 IIS 时，若出现 IIS 不能支持 ASP.NET 的错误，应执行下面的命令（　　）。

（a）aspnet_regiis　　（b）aspnet_regiis –i

（c）aspnet_regsql　　（d）aspnet_regsql –i

（14）浏览器解释网页内容的统一标准是哪个组织制定的？（　　）

（a）ISO　　（b）IEEE

（c）IETF　　（d）W3C

（15）IE8 浏览器不具备的功能是（　　）。

（a）查看网页的服务器端程序　　（b）根据 HTML 标记呈现网页

（c）执行 JavaScript 程序　　（d）安装了对应的插件后显示动画

2. 判断题

（1）VS 2008 只能在 Windows 2008 环境下运行。

（2）如果操作系统安装了.NET 3.5 平台，VS 2008 安装会更快些，需要的空间也更小。

（3）开发 ASP.NET 3.5 网站只能使用 C#语言。

（4）如果使用客户端编程语言，需要单独安装 JavaScript 语言环境支持软件。

（5）不安装 IIS，网站是不能够调试运行的。

（6）一个在互联网环境中使用的网站运行前最好经过多浏览器测试。

（7）使用“属性”面板可以对控件进行事件委托。

（8）ASP.NET 网站最终会生成 .exe 可执行文件。

（9）必须先安装 VS 2008，再安装 IIS。

（10）最好先安装好 IIS，再安装 VS 2008。

（11）IIS 6.0 不但支持 WWW 服务，而且支持 FTP 和 SMTP 服务。

（12）浏览器可以认为是网站程序的统一客户端程序。

（13）在 IE8 的“开发人员工具”中可以进行脚本程序调试。

（14）IE8 的“开发人员工具”具备“单击选择元素”功能。

（15）IE 浏览器包含在现有所有 Windows 中，不必单独安装。

1.3 基本知识 2：网站开发技术概述

1.3.1 HTTP 和 HTML 语言

1. HTTP

HTTP（Hyper Text Transport Protocol，超文本传输协议）是定义服务器和客户端浏览器之间信息传输方式的应用层通信协议。我们知道 WWW（World Wide Web，万维网）是以超文本为基础的，当用户单击了浏览器页面上一个超链接后，HTTP 就启动了，即客户端通过 HTTP 与服务器建立起连接，并向服务器发送了一个请求，服务器收到客户端的请求信息后，根据逻辑进行一些处理后做出响应，向客户端返回响应信息，客户端浏览器接收到服务器回传的响应信息，进行解释执行呈现出来，这时客户端与服务器断开连接。

HTTP 访问模型可以简单地归结为“请求，响应，无状态”，即客户端首先发出请求，服务器端接收到请求做出响应，客户端接收到响应信息后，客户端与服务器端断开连接失去联系，进入无状态，也就是下一次这个客户端请求时，若没有其他技术协助，服务器端将不知道上次这个客户端用户做了什么操作。

2. HTML 语言

HTML（Hyper Text Markup Language，超文本标记语言）是 WWW 中使用的标记语言，它利用标记来描述网页的字体、大小、颜色、图像及页面布局，自 1990 年以来 HTML 一直作为 WWW 上信息的描述语言，HTML 标准的制定机构是 W3C。

HTML 对我们网站开发者来说，它的主要作用是用来进行网页排版（包括超链接和嵌入多媒体对象），HTML 语言的特点有如下几点。

① HTML 可以通过任何的文本编辑器进行编辑，但使用专业的网页设计工具进行编辑更方便、效率更高，VS 2008 环境也包含专业的网页设计工具。

② HTML 需要通过浏览器进行浏览，浏览器就相当于 HTML 的解释器，负责解释 HTML 中各种符号的含义及呈现位置。

③ HTML 语言不等同于我们所学过的 C#等编程语言，而只是一种标记语言，浏览器只对其解释，并按照解释结果进行显示，并不生成二进制代码。

④ HTML 语言是纯文本格式的，所以它独立于各种平台。

随着动态网页发展，HTML 发展为 DHTML，几乎包含了客户端的所有动态技术，对于 HTML 的具体内容我们会在后续章节中详细介绍。

1.3.2　静态网页和动态网页

Internet 上的网页根据其生成方式可以大致分为静态网页和动态网页两种。了解这两个概念，可以帮助我们理解网站开发任务。

1．静态网页

所谓静态网页就是服务器端存储的网页文件中只由 HTML 标记组成，除非重新设计网页内容不会发生变化，这种网页文件的后缀名为“.htm”或者“.html”。

（1）对静态网页的访问过程。

① 请求：用户在客户端浏览器通过网站的 URL 地址提交 HTTP 请求。

② 响应：Web 服务器响应，找到相关的 html 页面文件，送回到浏览器。

③ 显示：客户端浏览器边接收、边解释，最后把接收到的 html 文件显示在浏览器上。

④ 断开：完毕后客户端和服务器端断开连接。

（2）静态网页的设计任务。对静态网页的设计就是在 HTML 文件中组合文字、图画、动画等，设计完成后等待客户端访问，在设计过程中不进行用户交互设计，也就是网页不会随着用户的操作而改变显示内容或样式，也不进行业务逻辑设计，如数据筛选。

（3）静态网页的设计所需技术。HTML 标记语言。

（4）静态网页的常用设计工具。FrontPage、网页三剑客、VS 等，其中 VS 2008 的静态网页设计工具较以前 VS 版本有很大改进，已经与 FrontPage 等不相上下。

静态网站即由静态网页组成，设计好每个网页，就设计好了网站，所谓静态网站设计仅仅是依靠超链接设计各个静态网页之间的关系。

随着技术的发展，目前仅由静态网页组成的静态网站已经几乎见不到了。

2．动态网页

所谓动态网页不是指网页上有动画效果的网页，而是指不用重新设计，一个网页的内容或样式就可以变化，如两个用户同时访问同一个网上书店管理系统网站的购物车页面时，所看到的信息是不同的；在主页单击不同的书名，就在图书详细信息页面看到不同的数据。这里的动态主要是指“交互性”。交互性的实现是依靠编制程序逻辑来实现的，也就是说设计网页时，不但要考虑 HTML 标记，还要考虑编程序。

动态网页技术使得我们不必为 10 万册图书设计 10 万个图书详细信息页面。

这里的程序可以是浏览器执行的程序，也可以是服务器执行的程序。即可以在客户端实现动态，也可以在服务器端实现动态。无论服务器端程序还是客户端程序，都是为了将用户所请求的内容按照业务逻辑显示给用户。由于服务器端程序必须要经过“请求—传输—响应”的过程才能起作用，所以客户端程序在给用户提供快速响应的场合，是不可缺少的；服务器端程序由于不被浏览器所局限，而具备更完善的表达业务逻辑、访问数据库等强大功能，对数据安全和统一化服务有重要意义。所以更常用的是两者结合，主要的数据处理程序放在服务器，快速的界面响应程序放在客户端。

（1）对动态网页的访问过程。同时包含服务器端程序和客户端程序的动态网页访问过程如下。

① 请求：用户在客户端浏览器通过网站的 URL 地址提交 HTTP 请求。

② 执行并生成：Web 服务器执行服务器端程序，生成包含客户端程序的动态网页。

③ 响应：将包含客户端程序的动态网页送回客户端浏览器。

④ 解释并显示：浏览器边接收、边解释，执行动态 HTML（DHTML）中的程序部分，最后显示。

⑤ 断开：完毕后客户端和服务器端断开连接。

对照静态网页的访问过程可以看到，由于动态网页中包含了程序，而使网站设计者可以控制网页内容的动态显示。

（2）动态网页的设计任务。对动态网页的设计包含使用 HTML 标记设计静态部分和编写程序（包括数据库）设计动态部分两个环节。

（3）动态网页的设计所需技术。

① 客户端动态技术包括：DHTML（含 HTML，文档对象模型 DOM、级联样式表 CSS、JavaScript 语言等）;

② 服务器端动态技术包括：最早是 CGI，现较流行的是 ASP.NET、PHP、JSP 等。

③ 服务器端编程语言：C#、VB.NET、Java 等。

④ 数据库技术。

（4）动态网页的常用设计工具。

① 开发工具：Visual Studio 等。

② 数据库服务器：SQL Server 等。

③ 网站运行的服务软件：IIS 等。

1.3.3 网站程序和桌面程序的区别

使用.NET 平台开发过桌面应用程序（这里指 Windows 窗体应用程序）的读者，刚开始学习使用 ASP.NET 开发网站应用程序，还要注意网站应用程序和桌面应用程序的区别。

网站应用程序和桌面应用程序的区别主要在于用户界面部分和业务逻辑部分分离，也就是浏览器和网站程序分离，并且它们之间是多对多的关系，这表现在以下几方面。

① HTTP 中，“请求—响应”之后，就会断开连接，也就是下一次请求时，将不知道上一次这个页面的状态，而在交互过程中，往往需要*多次*“请求—响应”。所以，要实现网站程序和用户的交互，必须想办法记录页面的状态，这大大不同于桌面程序。

② 因为有许多客户端访问同一个网站，可以说网站需要响应多用户请求。所以为了正确地、安全地实现交互，需要为许多用户保存许多状态，这一点大大不同于桌面程序。

③ 网站服务器和客户机属于不同的所有者，不能够无限制地执行对方传来的程序。也就是说，浏览器执行服务器送来的客户端程序是受限制的，服务器执行客户端提交的信息是需要检查的，这些安全问题方面的要求大大不同于桌面程序。

1.3.4 自测

1．单项选择题

（1）定义服务器和客户端浏览器之间信息传输方式的应用层通信协议是（　　）。

（a）HTTP　　　　（b）HTML

（c）TCP　　　　（d）FTP

（2）网页可以在 PC、苹果机等不同平台上显示，而一个程序则不能，这主要得益于网页使用了（　　）。

（a）纯文本格式的 HTML　　　　（b）无状态的 HTTP

（c）统一的 CPU　　　　（d）统一的显示器

（3）关于 HTML 网页的编辑，以下说法正确的是（　　）。

（a）只能用 Dreamweaver、FrontPage 等专业的网页设计工具

（b）只能使用 VS 2008 集成环境

（c）可以通过画图工具进行编辑

（d）可以通过 Word 进行编辑

（4）关于 HTML，说法正确的是（　　）。

（a）属于程序设计的高级语言　　（b）属于程序设计的汇编语言
（c）属于程序设计的机器语言　　（d）不属于程序设计语言

（5）IE 浏览器通过文件扩展名，来区分该如何处理请求到的资源。以下将解释成页面的是（　　）。
（a）.htm 或.html　　（b）.jpg 或.gif
（c）.doc 或.xls　　（d）.swf

（6）关于客户端对静态网页的访问过程，较准确的描述为（　　）。
（a）请求—响应　　（b）请求—响应—显示
（c）请求—响应—显示—断开　　（d）请求—执行并生成—响应—解释并显示—断开

（7）关于行客户端对动态网页的访问过程，较准确的描述为（　　）。
（a）请求—响应　　（b）请求—响应—显示
（c）请求—响应—显示—断开　　（d）请求—执行并生成—响应—解释并显示—断开

（8）静态网页设计技术主要是指（　　）。
（a）HTML　　（b）C#语言
（c）JavaScript 语言　　（d）SQL Server 编程

（9）以下说法正确的是（　　）。
（a）VS 2008 也可以用来设计静态网页　　（b）设计静态网页不能用记事本
（c）VS 2008 只能用来设计动态网页　　（d）设计任何动态网页只用任意的文本编辑器就可以

（10）以下具备动态网页特征的是（　　）。
（a）网页中的文字字体不同　　（b）网页中有超链接
（c）网页中有一个秒表在变化　　（d）网页中有一个 Flash 主题图在变化

（11）以下是客户端动态网页技术的是（　　）。
（a）CGI　　（b）ASP.NET　　（c）JavaScript　　（d）C#

（12）以下不是服务器端动态网页技术的是（　　）。
（a）CGI　　（b）ASP.NET　　（c）PHP　　（d）JavaScript

（13）关于网站程序说法错误的是（　　）。
（a）由于使用无状态的 HTTP，必须另想办法记录用户访问状态，来实现用户交互
（b）由于可能多个用户访问网站，所以要考虑分别记录每个用户的状态
（c）访问网站的用户很多，因此需要考虑网站服务器的安全问题
（d）设计网站不用考虑客户机的安全问题，网页程序可以无限制地访问客户机的资源

2. 判断题

（1）HTTP 既可以由客户端发起连接，也可以由服务器端发起连接。

（2）按照 HTTP，当用户用浏览器打开网页时，就与服务器建立连接，当用户关闭浏览器或转到别的站点时，连接才断开。

（3）按照 HTTP，即使连接断开了，服务器仍然会保存以前的所有连接数据。

（4）一般 HTML 网页是由服务器端送到客户端的，由客户端浏览器负责解释 HTML，并显示网页。

（5）页面包含动画的称为动态网页。

（6）设计静态网页，主要工作是把各种素材在网页中排版。

（7）设计动态网页，主要工作是设计动画。

（8）动态网页的设计工作包含了静态网页设计工作。

（9）动态网页的设计技术包含了静态网页设计技术。

（10）网站程序的执行在服务器端和客户端都是受限制的，以保证双方安全。

1.4 演练

1. 实验题目

认识实验。

2. 实验目的

- 了解网上书店管理系统。
- 熟悉 VS .NET 网站开发的界面。

3. 实验内容

（1）下载网上书店管理系统并运行。

（2）自己新建一个网站，编辑默认网页并运行。

4. 实验步骤

（1）下载网上书店管理系统并运行。

① 从教材支持网站下载 BookStoreWebSite.rar 文件，解压到本地硬盘。

② 打开 VS .NET，单击“文件”菜单中的“打开网站”，出现如图 1-23 所示的对话框。

所谓网站，从文件系统角度看，就是一个文件夹，一个 ASP.NET 和网站包含所示 App_Code、App_Data、App_Themes 等特殊文件夹，所以，打开网站，就是打开网站文件夹。在如图 1-23 所示中，选中 BookStoreWebSite 文件夹，单击“打开”按钮即可。

③ 在解决方案管理器中，双击 web.config 文件，找到其中的<connectionStrings>标记，其中<add>节的 connectionString 属性为网站的数据库连接字符串，修改此连接字符串，以适应本机的数据库服务器配置。

④ 调试运行此网站，注册用户，熟悉各项功能。其中书店管理员的用户名和密码均为“admin”。

（2）自己新建一个网站，编辑默认网页并运行。

① 单击“文件”菜单，选择“新建网站”，出现如图 1-24 所示的对话框。

图 1-23 “打开网站”对话框

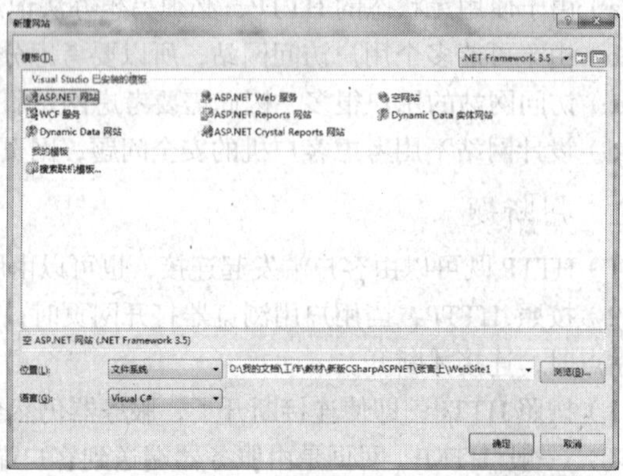

图 1-24 “新建网站”对话框

选择“ASP.NET 网站”模板，选择网站文件夹位置，注意选择语言“Visual C#”，单击“确定”按钮。

② 在自动出现的“Default.aspx”页面中，切换到设计视图，直接输入文字，如“Hello world!”，按 F5 键调试运行网站即可。

③ 注意观察解决方案管理器中的文件结构，也可尝试使用工具箱移动网页中一些控件。

5. 实验总结

由读者总结。

第2章

学习情境：页面的布局及样式设计

2.1 学习情境引入

第 1 章我们介绍了网站的开发环境并且引入了网上书店管理系统大案例，现在我们就通过学习逐步实现这个大案例。

网站是由网页组成的，网页中包含着各种各样的元素，如文字、图像、表格、超级链接等，它是用 HTML 等语言编写的，必须要合理布局，并设计显示样式，再经过浏览器的解释，才能在浏览器窗口中显示预想的网页。

通过第 1 章演练，读者可能已经发现：在网页中控件有些“不听话”，要拖动控件到指定的位置很难。这是因为网页文档默认采用“流”式布局，从上向下、从左向右依次排列各个网页元素。要随心所欲地布局，需要一定的技巧。

本章通过对 HTML 等客户端网页开发技术的介绍，旨在让读者掌握网页布局和样式设计的技巧，以完成网上书店管理系统网站前台页面的大体布局。

2.1.1 页面布局及样式设计的需求

网上书店管理系统是一个面向消费者的购物网站，所以网站的布局及样式的设计是否合理美观是极为重要的。就前台页面而言，具体需求如下。

1. 各组成部分

前台所有页面均包含以下部分：

（1）Logo 图；

（2）“欢迎光临”字样；

（3）注册、登录、注销等链接；

（4）加入收藏、设为首页等链接；

（5）今日日期提示；

（6）关键字图书搜索功能区域；

（7）首页、购物车、订单等链接；

（8）在线用户数量显示；

（9）ICP 证书等信息。

2. 基本布局要求

参考流行网站，采用上中下布局，上列（1）～（7）项在页面上部，其中 logo 图在左侧；（8）、（9）项在页面下部。

3. 样式风格

样式清晰朴素，色彩接近 Windows 7 的浅蓝基调。

2.1.2 前台页面布局及样式展示

本章以网站前台页面的母版设计为基础，介绍网页布局和样式设计的技巧，以完成网上书店管理系统的整体布局。其效果如图 2-1 和图 2-2 所示。

图 2-1 前台页面布局及样式演示 1

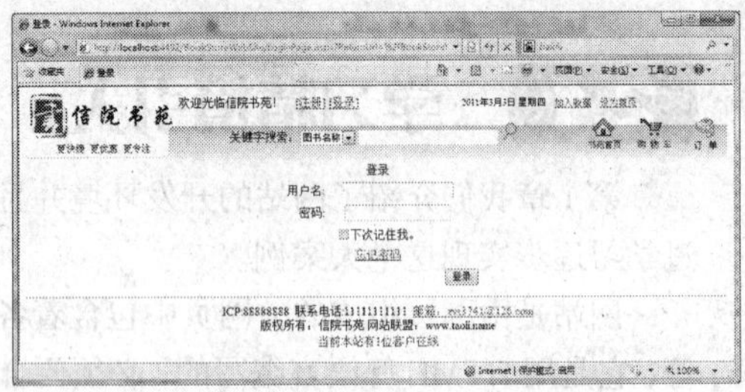

图 2-2 前台页面布局及样式演示 2

2.1.3 前台页面布局及样式设计的技术分解

页面都是由"内容、结构、表现和行为"这 4 个方面组成的。"内容"就是页面要传达的信息，包含数据、文档或者图片等；"结构"就是把内容进行结构化，比如加上标题、段落和列表等；"表现"就是用来改变内容外观的东西。例如字体大小、正文的颜色、背景颜色等修饰；"行为"就是对内容的交互及操作，例如，使用 JavaScript 判断一些表单提交，或者实现菜单的显示和隐藏等。"内容"是基础，然后是附加上去的"结构"和"表现"，最后再对它们加上"行为"。页面的布局和样式设计也就是"结构、表现"这两个部分，相关的技术主要包括：

- 超文本标记语言 HTML（含 XHTML）；
- 级联样式表（CSS）。

本章讲解 HTML 和 CSS 样式表的使用方法，用来完成页面的布局和样式的设计，下一章将介绍页面动态行为的实现技术。

2.2 基本知识 1：HTML 语言

2.2.1 HTML 语言简介

前面章节已经简要概述了 HTML 语言，XHTML 标准是 HTML 的最新标准。XHTML 中的 X 是可扩展的意思，XHTML 就是可扩展的超文本标记语言，它比 HTML 有更严格的书写标准、更好的跨平台能力。如果说 HTML 是汉语，那么 XHTML 就是标准普通话。ASP.NET 支持 XHTML 标准。

2.2.2　HTML 文档

HTML 文档即 HTML 网页。前面我们讲过 HTML 文档可以用任何文本编辑器编辑，下面我们通过记事本来实现一个用 HTML 编写的简单的网页。

例 2-1　编写 HTML 网页，用红色、5 级字号显示“Hello World!”。

```
<html>
    <head>
        <title>网页标题</title>
    </head>
    <body>
        <font size="5" color="red">Hello World!</font>
    </body>
</html>
```

在记事本里写完这些代码之后，将文件保存为“Hello.htm”，然后双击这个文件，系统就会自动用 IE 打开并显示这个网页。如图 2-3。所示。

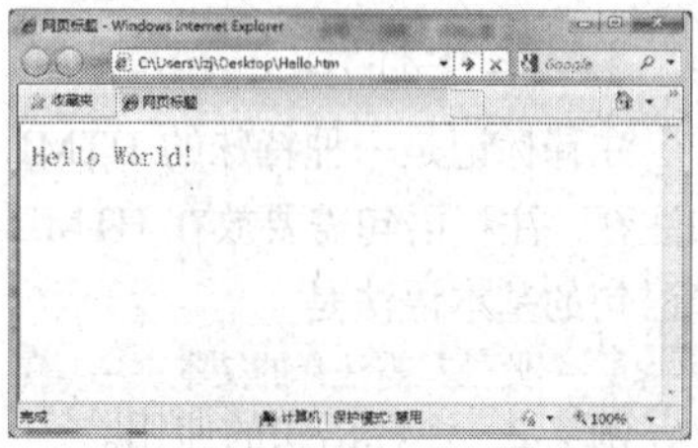

图 2-3　“Hello.htm”页面显示效果

通过以上一个简单的网页，你会发现 HTML 代码主要包括一些带尖括号的文本，实际上这称为“HTML 标记”，其基本结构是：一个开始标记，一个结束标记，中间是显示内容，如下：

```
<标记名 属性="属性值">  显示内容 </标记名>
```

1. 基本术语

（1）HTML 标记。

HTML 标记对应 HTML 元素，是 HTML 语言中最基本的单位。HTML 标记具有以下特点。

① 所有标记必须要用两个尖括号括起来：<>，结束标记要有一个/，来表示结束。

② 标记名要用小写字母。

③ 开始标记和结束标记及其之间的内容称为 HTML 元素，以标记的名称为元素名称。

④ 一个包括内容的 HTML 元素，包含一个开始标记和一个结束标记，显示内容在它们中间。

⑤ 一个不包括内容的 HTML 元素中，开始标记和结束标记可以合并书写。例如：
是换行标记，<hr/>是水平线标记等。

⑥ 大多数 HTML 元素是可以嵌套的。

（2）HTML 标记属性。

HTML 标记可以有属性，属性是 HTML 标记的一部分，如例 2-1 中的“size”、“color”等。

① 所有属性都放置在开始标记的尖括号内。一个标记可以拥有多个属性，用空格隔开。

② 属性总是以“名称/值对”的形式出现，属性的值一定要在双引号中。如：font 标记的 size="5"，表示使用第 5 级字号。

③ 大部分属性都有默认值，由浏览器确定。

④ 所有的标记都可以有 name 和 id 等属性，name 表示该标记的名称，id 是该标记的唯一标识符，一般在 JavaScript 中，name 和 id 都可以像变量名那样指代某个标记。

⑤ 嵌套标记中，父标记的属性会影响所有各级子标记。

2. HTML 文档基本结构

通过本节的例子，我们看一下 HTML 文档的基本结构。

① HTML 文档是一种树形层次结构。<html>、<head>、<body>标记及其结束标记，是必有的标记，组成了基本的 HTML 文档。

② <html>和</html>标记是文档的根，其他的 HTML 标记全部包括在<html>和</html>之内，即<html>是开始标记，</html>是结束标记，它们分别是网页的第一个标记和最后一个标记，其他所有 html 代码都位于这两个标记之间，html 标记告诉浏览器或其他程序：这是一个网页文档，应该按照 html 语言规则对标记进行解释。

③ <head>和</head>标记表示网页的头部，在首部标记里，可以包含一些定义文档整体信息的标记，如：<title>和</title>标题标记用于指定网页的标题；<style>和</style>样式标记用于定义 CSS 样式表；<script>和</script >脚本标记用于插入脚本；<meta>元数据标记说明文档信息等。这些文档信息大多是不显示的，只是用于定义整个文档的特性。

④ <body>和</body>是正文标记，表示文档的主体，主体中的内容将显示在客户端的浏览器中。文字、图像、动画、超链接等 HTML 元素都位于该标记中，例如使用<font>来表示字符的格式。

⑤ <head>与<body>标记为独立的两个部分，不能相互嵌套。

3. 注释标记

注释标记是一种特殊的 HTML 标记。在 HTML 文档中，为了增加代码的可读性，需要对代码添加注释，注释语句需要放在 HTML 注释标记中。注释语句不会被浏览器执行，但会被浏览器解析。注释语句的基本语法是

```
<!-- 此处写需注释的文本 -->
```

例 2-2 注释语句的使用。

在记事本中编辑网页如下：

```
<html>
  <head>
   <title>网页标题</title>
  </head>
   <body>
   嗨! <br/>
   <!-- 下面用红色、5 级字号显示“Hello World!” -->
   <font size="5" color="red">Hello World!</font>
  </body>
</html>
```

保存为“Hello1.htm”网页文件后，在 IE 中打开效果如图 2-4 所示。可以看到<body>和</body>标记之间的“嗨!”是显示内容，
是换行标记，而“<!--”和“-->”标记之间的内容属于注释内容，并不显示。

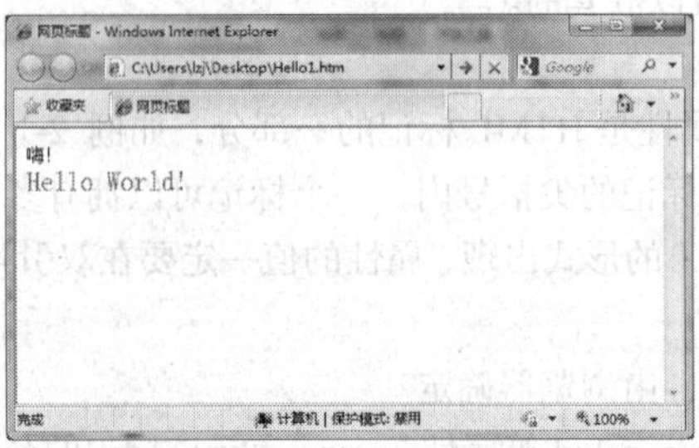

图 2-4 “Hello1.htm”页面显示效果

2.2.3 超链接标记

HTML 是超链接标记语言，就是因为使用了超链接（HyperLink）而得名，超链接是一个网站的灵魂，一个网站是由多个页面组成的，页面之间依靠链接确定相互的导航关系。网页文件的地址可以用绝对路径、相对路径、根路径 3 种方式来表示，初学者经常因路径表达不正确而造成页面链接错误。

1. 绝对路径、相对路径和根路径

（1）绝对路径。网页链接地址中的绝对路径是全球范围的，不同于本地系统绝对路径。每一个网页都有唯一的地址，即 URL(Uniform Resource Locator：统一资源定位符)，超链接就是通过指定目标网页的 URL 地址，来确定链接到何处。一个基本的 URL 包括 3 个部分：协议代码、主机地址和资源的路径名称。对于网页资源的 URL，协议部分一般是 http。主机地址可以是域名，也可以是 IP 地址。资源路径和名称一般是网页文件的路径和名称，对一个网站来说，有默认主页，此时可以省略该部分。

绝对路径一般用于网站的外部链接。例如：http://www.163.com。绝对路径不易出错，但维护复杂，如网站文件迁移到新的 Web 服务器时，需修改所有的绝对路径。

（2）相对路径。相对路径是相对于当前文件位置的路径，它包含了从当前文件指向目的文件的路径。若要将当前文档与处在同一文件夹中的另一个文档链接，或者将同一站点中不同文件夹下的文档相互链接，都可以使用相对路径，此时可以省去当前文档与目标文档完整 URL 中的相同部分，只留下不同部分。

相对路径书写简洁，网站整个迁移时，无需修改，但网站中文件位置调整时，修改就比较烦琐，如 3 个不同位置的网页链接到同一个目标页，目标页的位置改变后，3 个源页面的相对路径写法均不同。

（3）根路径。根路径是指从网站根文件夹到被链接文件的路径。网站根文件夹是访问者可见到的顶级文件夹，访问者不知道这个文件夹在 Web 服务器上的实际物理路径，这样做是为了 Web 服务器安全。使用这种路径是指定站点内文档链接的较好方式。

HTML 标准中，根路径的使用以“/”开头，后面紧跟文件路径，如“/Members/BookDetails.htm”。由于多个网站可能以虚拟目录形式处于 Web 服务器的一个根目录下，在 ASP.NET 的.aspx 页面文件中，使用虚拟根路径来标记资源在本网站中的位置，用“～/”表示。

2. 超链接标记

HTML 标记<a>表示超链接，格式为

```
<a href="资源地址" target="窗口名称" name="超链接的名称" title="指向连接显示的文字">超链接文字</a>
```

a 标记的基本属性如下。

（1）href：定义了链接到的资源地址。

（2）target：用于告诉浏览器在哪个页面中打开目标资源。target 属性的取值及作用如下。

①_self：在同一个页面中打开，则目标文档将取代包含该超链接的文档，此为 target 属性的默认值，此时可以直接省略 target 属性。

②_parent：在父页面中打开，即在包含该超链接的上一级页面中打开。

③_blank：在新页面打开。

④_top：在浏览器的整个页面中打开，对于原来包含框架的页面，会覆盖所有框架。

（3）name：表示超链接的名称，在设置页面内锚点时有用。

（4）title：表示当鼠标在超链接上悬停时，显示的提示性文本。

超链接 href 是一个 URL，可能是各种文件，并不仅仅是网页文件，浏览器会对不同的目标文件进行不同的处理。IE 浏览器一般会根据目标文件的扩展名（实际上是 HTTP 响应的 MIME 类型）进行处理：

① .htm、.html、.asp、.aspx、.jsp、.php 等网页文件，按 target 打开，并解释、呈现；

② .jpg、.gif、.png 等图像文件，则按 target 打开，并显示；

③ 其他文件，常见的如.rar、.doc、.xls、.exe、.dll、.cab 等，则会询问用户下载或打开。

例 2-3　使用超链接。

① 在某磁盘分区下，新建“default.htm”网页文件和“sub1”文件夹。在 sub1 文件夹中，新建“page1.htm”网页文件和“pic.jpg”图片文件。

② 编辑 default.htm 文件内容如下：

```
<html>
 <head>
  <title>首页 default.htm</title>
 </head>
 <body>
 绝对路径：<a href="http://www.taoli.name">链接到桃李网</a><br/>
 相对路径：<a href="sub1/page1.htm">链接到二级页 page1.htm</a><br/>
                  
 <a href="sub1/pic.jpg">链接到图片 pic.jpg</a><br/>
 根路径：<a href="/sub1/page1.htm">链接到二级页 page1.htm</a><br/>
                 
 <a href="/sub1/pic.jpg">链接到图片 pic.jpg</a><br/>
 </body>
</html>
```

③ 编辑 page1.htm 文件内容如下，其中“ ”是空格符号的 HTML 编码：

```
<html>
 <head>
  <title>二级页面 page1.htm</title>
 </head>
 <body>
 绝对路径：<a href="http://www.taoli.name">链接到桃李网</a><br/>
 相对路径：<a href="../default.htm">链接到首页 default.htm</a><br/>
                 
 <a href="pic.jpg">链接到图片 pic.jpg</a><br/>
 根路径：<a href="/default.htm">链接到首页 default.htm</a><br/>
          
  <a href="/sub1/pic.jpg">链接到图片 pic.jpg</a><br/>
 </body>
</html>
```

④ 用 IE 打开 default.htm 网页，测试各个超链接。

3. 特殊的超链接

虽然超链接主要用于链接文件资源，但也可用于一些特殊用途，如锚点链接、邮件链接。这是从链接目标上来区分的，但如果从 URL 定义的角度看，这些特殊的超链接和链接到文件资源的超链接并无根本不同。

（1）邮件链接。在网站中，经常会看到“给我邮件”之类的链接，单击这个链接，就会启动邮件客户端程序，如 Outlook 程序，若已经配置好了客户端邮件账号，则会出现新建 E-mail 的窗口，并将自动填写收件人邮箱、邮件主题、邮件内容等信息。用 a 标记就可以实现这样的功能。

使用 a 标记创建邮件链接，其 href 属性的 URL 中，协议部分为电子邮件协议 mailto，主机地址部分为收件人电邮地址，资源路径和名称部分省略。另外用“键值对”来传递自动填写的邮件信息，键“cc”、“subject”、“body”的值分别表示抄送、主题、邮件内容，这些键值对和前面部分用“?”分隔，各个键值对间用“&”分隔。实际上，URL 定义了“？”后的“查询字符串”（Query Charncter）来表示访问资源时的参数，所以邮件链接中 URL 的用法和普通 URL 是一致的。

例 2-4 使用邮件链接。

编辑例 2-3 中的 page1.htm，在 body 元素内，插入如下 a 标记：

```
<a href="mailto:taoli_name@126.com?cc=webmaster@taoli.name&subject=咨询&body=您好：">
给我邮件</a><br/>
```

用 IE 打开此网页，效果如图 2-5 所示。

单击“给我邮件”链接，自动启动客户端 Outlook 程序新建邮件窗口的效果如图 2-6 所示。

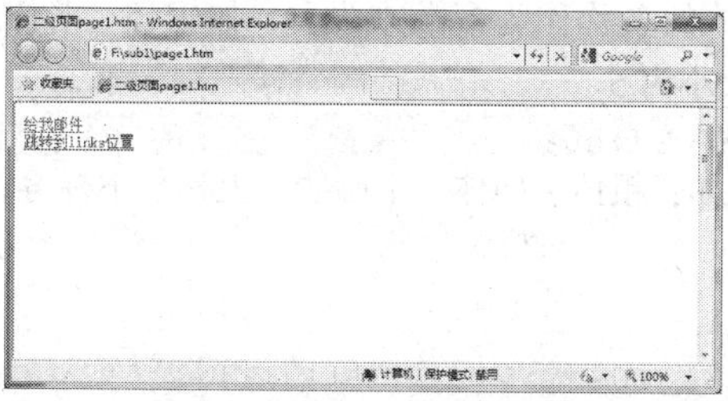

图 2-5　使用邮件链接的页面效果

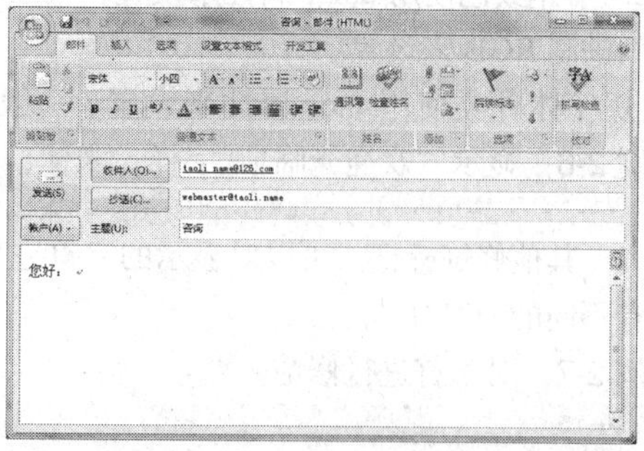

图 2-6　通过邮件链接启动 Outlook 新建邮件窗口

（2）锚点链接。普通的超链接将从目标网页的页首开始显示。如果目标网页中内容很多，怎么直接跳转到某个特定位置呢？这可以使用锚点链接实现。一个锚点链接要用到两个 a 标记。

其中一个 a 标记仅用来声明锚点位置。锚点就代表页面内的一个位置，也用 a 标记声明，需要给出其 name 属性。在另一个实现超链接的 a 标记中，其 href 属性值的 URL 最末部分为锚点名称，与前面的部分用“#”号分隔。实际上，URL 定义了“#”号后的“片段”（Fragment）来表示资源内部的某个位置，所以锚点链接中 URL 的用法和普通 URL 是一致的。

例 2-5　使用锚点链接。

① 页内锚点链接：编辑例 2-3 的 page1.htm，在“绝对路径：”前，输入两个 a 标记，为体现页面内锚点跳转的效果，在两个 a 标记之间，输入足够的换行标记。

```
<html>
 <head>
  <title>二级页面 page1.htm</title>
 </head>
 <body>
  <a href="#links">跳转到 links 位置</a>
  <br/><br/><br/><br/><br/><br/><br/><br/><br/><br/><br/><br/><br/>
  <br/><br/><br/><br/><br/><br/><br/><br/><br/><br/><br/><br/><br/>
  <br/><br/><br/><br/><br/><br/><br/><br/><br/><br/><br/><br/><br/>
  <a name="links"/>
  绝对路径：<a href="http://www.taoli.name">链接到桃李网</a><br/>
  ……
 </body>
</html>
```

用 IE 打开该网页，单击“跳转到 links 位置”超链接，查看效果。

② 跨页锚点链接：编辑例 2-3 的 default.htm，把所有的“page1.htm”修改为“#links”。用 IE 打开网页，单击两处“链接到二级页 page1.htm#links”超链接，查看效果。

2.2.4　文本类标记

HTML 网页可以呈现文字、图像、声音、视频等多媒体内容，因此，HTML 标准包含多种标记来规定其呈现样式。

在多种多样的媒体形式中，文字需要的网络带宽最小、信息表达准确，仍然是网页中最重要的信息形式。文本类标记主要包括字符的格式化标记和段落的格式化标记。

1. 字符的格式化

（1）font 标记。在 HTML 中，使用字体标记<font>…</font>来设置字体的字符格式，可以通过用字体标记的 size、color 和 face 属性来分别设置字体的大小、颜色和种类。

① 字体大小使用 size 属性来设置，浏览器将字号分为 1～7 级，因此可用的值为“1”至“7”。

② 字体颜色使用 color 属性来设置，一般使用颜色名称来设置，如 red、blue、green 等，也可使用十六进制 RGB 来设置。

③ 字体种类使用 face 属性来设置，一般使用字体的名称作为参数来设置，如宋体、楷体等。

例 2-6 显示“欢迎光临!”字样，宋体，红色，大小为 5。

```
<font size="5" color="red" face="宋体">欢迎光临!</font>
```

（2）其他修饰标记。可以对显示的字符进行修饰，如：粗体、斜体、下画线、上标、下标等，对应的有不同的 HTML 标记。

例 2-7 对字符进行修饰。

```
<html>
 <head>
  <title>设置字符修饰的样式</title>
 </head>
 <body>
  <b>加粗的文字</b><br/>
  <i>斜体的文字</i><br/>
  <u>带下划线的文字</u><br/>
 解下面的方程：<br>
 X<sup>2</sup>-5X+4=0<br/>
 X<sub>1 </sub>=1; X<sub>2 </sub>=4<br/>
 </body>
</html>
```

IE 中的显示效果如图 2-7 所示。

2. 段落的格式化

在网页文字中合理地使用段落会使文字的显示更加美观，要表达的内容也更加清晰。

段落标记使用<p>来表示，p 标记的 align 属性设定段落的对齐方式。

换行符使用
来表示。

插入水平线使用<hr/>标记，其主要属性包括 width、size、noshade、color、align，分别设置水平线的宽度、高度、有无阴影、颜色和对齐方式。

设置标题使用<Hn>标记，用于设置文档中的标题和副标题，其中 n 的取值是 1 到 6，如：<H1>…</H1>标记表示字号最大的标题，<H6>…</H6>标记表示字号最小的标题。

例 2-8 设置段落的格式。

```
<html>
 <head>
  <title>设置段落的格式</title>
 </head>
 <body>
  <h1 align="center">《游子吟》</h1>
  <p align="center">
   作者：孟郊
  </p>
  <hr width="100%" size="2" color="#00eeff">
  <p align="center">
  <font face="宋体" color="#ffff00" size="5">
   慈母手中线，<br/>
   游子身上衣。<br/>
   临行密密缝，<br/>
   意恐迟迟归。<br/>
   谁言寸草心，<br/>
   报得三春晖。<br/>
  </font>
```

```
 </p>
 </body>
</html>
```

IE 中的显示效果如图 2-8 所示。

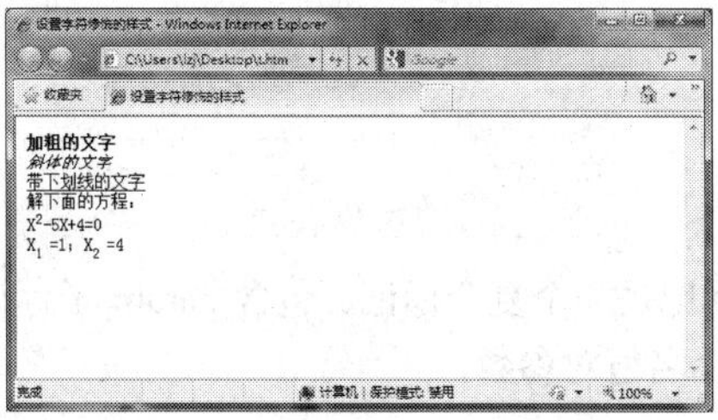

图 2-7　设置字符修饰样式页面效果

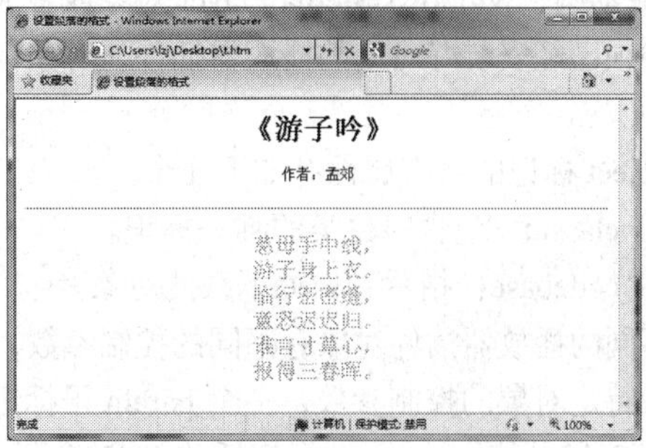

图 2-8　设置段落格式页面效果

2.2.5　图像标记

在 html 页面中可以插入图像，图像的插入使得网页的内容丰富多彩，这可以用 img 图像标记实现。img 标记使图像作为网页的一部分呈现，这不同于指向图像文件的超链接。

img 标记的常用属性有如下几个。

- src：用来设定图像文件的路径，可以使用绝对路径、相对路径或根路径。
- alt：用来给出图像的简单文本说明，这段文本在浏览器不能显示图像时显示出来，或图像加载时间过长时先显示出来。
- width、height：用来设定图像的宽度和高度，属性值为整数，单位是“px”（像素）或“%”（百分比）。
- border：用来设定图像的边框宽度，属性值为整数，单位为像素。

例 2-9　img 标记的使用。

修改例 2-8 中的网页，在 h1 标记前加入如下元素：

```
<img src="YouZiYin.jpg" alt="游子吟" height="200px" width="300px"/>
```

在此网页文件夹下，新建或复制 YouZiYin.jpg 图片文件，在 IE 中的显示效果如图 2-9 所示。显然图片和文字缺乏匀称的布局效果。

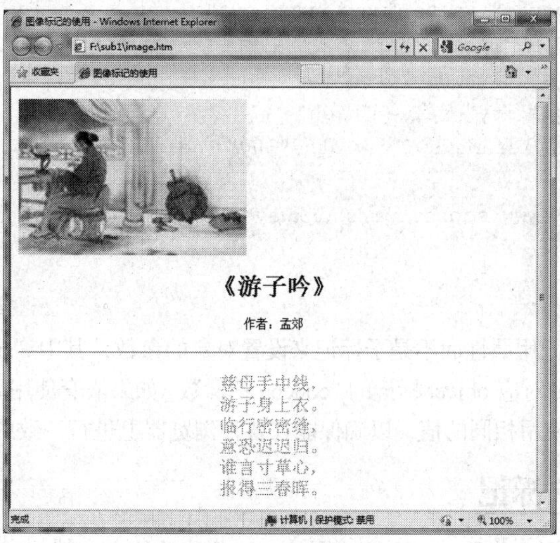

图 2-9　img 标记使用效果

2.2.6 对象标记

object 标记即对象标记，用于在 Web 页面中嵌入一个对象，最常见的对象是 flash 对象，可用来播放 flash 动画，Windows Media Player 对象或者 Real Player 对象也很常见，可用于播放多媒体文件。客户端必须已经安装好对应的播放器插件，对象标记才能正常工作，浏览器仅负责根据对象标记调用相关插件。

object 标记的特有属性有如下几个。

① classid：包含对象类的唯一标识。

② codebase：指示到何处下载此对象。

不同的播放器插件对象有不同的控制参数，object 标记是一个复合标记，包含 param 子标记，用来定义特定对象的控制参数，一个 param 子标记包含一个名值对参数。

例 2-10 使用<object>标记播放 flash 动画。

```
<object  classid="clsid:d27cdb6e-ae6d-11cf-96b8-444553540000"  width="100"  height="100"
codebase="http://fpdownload.adobe.com/pub/shockwave/cabs/flash/swflash.cab#version=9,0
,0,0">
      <param name="movie" value="moviename.swf">
      <param name="play" value="true">
      <param name="loop" value="true">
      <param name="quality" value="high">
</object>
```

本例中"clsid:d27cdb6e-ae6d-11cf-96b8-444553540000"代表 flash 播放插件对象，IE 浏览器在注册表中获取对应的程序文件（.dll 文件）并执行之，从而在页面上显示播放器界面，同时打开"movie"参数指示的"moviename.swf"文档进行播放，"play"参数表示是否立即播放，"loop"参数表示是否循环播放，"quality"参数表示播放质量。若客户机尚未安装 flash 播放器插件，默认情况下，浏览器将提示到 codebase 指定的位置下载该插件。

object 标记是 W3C 标准的对象标记，但有些浏览器不支持此标记，而仅支持出现较早的 embed 标记。所以，为了 HTML 代码的通用性，一般将这两个标记嵌套在一起，即将 embed 标记作为 object 标记的子标记使用，例如：

```
<object  classid="clsid:d27cdb6e-ae6d-11cf-96b8-444553540000"  width="100"   height="100"
codebase="http://fpdownload.adobe.com/pub/shockwave/cabs/flash/swflash.cab#version=9,0, 0,0">
      <param name="movie" value="moviename.swf">
      <param name="play" value="true">
      <param name="loop" value="true">
      <param name="quality" value="high">
      <embed  src="moviename.swf"  width="100"  height="100"  play="true"  loop="true"
quality="high"
   pluginspage="http://www.adobe.com/shockwave/download/index.cgi?P1_Prod_Version=Shoc
kwaveFlash">
      </embed>
</object>
```

可以看出，embed 标记用属性而不是子标记来设置对象的参数，其中"src"属性对应 object 标记的"movie"参数，"pluginspage"对应 object 标记的"codebase"参数。如果嵌套使用 object 标记和 embed 标记，则对每个属性或参数都要使用相同的值，以确保能在各种浏览器上进行一致的播放。

2.2.7 移动对象标记

在网页中经常可以看到一些移动的文字或图片，这些移动的文本特别容易吸引人们的注意力，我们有时称这些移动的字符串为“移动字幕”或“跑马灯”，marquee 标记即实现此功能。

语法格式：<marquee>移动对象</marquee>

此处的对象可以是文字、图片、表格、播放器等，marquee 标记有很多属性可以改变移动的方式。

- direction：指定对象的移动方向，其取值可以是 left、right、down、或 up。
- behavior：指定对象移动的动画类型，其取值可以是 scroll、slide 或 alternate。scroll 为滚动方式，对象将按照 direction 方向从一侧边界移入，且一直移动到移出另一边界，并立即又按照原来的方向移入，如此循环。若 slide 为幻灯片方式，则对象从一侧边界移入并移动到另一侧边界停止；若 alternate 为交替方式，则文本从一侧边界移动到另一侧边界，并再移动回来，如此交替。
- loop：指定对象执行 behavior 动画的次数。默认为无穷大。
- scrollamount：指定对象每次移动的距离，以像素为单位的整数。此值越大，移动越快。
- scrolldelay：用于设定两次移动之间的延迟时间，以 ms 为单位的整数。此值越大，移动越慢。

例 2-11　移动文本标记的使用。

```
<marquee width="100" height="100" direction="up"> 100 像素正方区域向上移动对象
</marquee>
<marquee behavior="slide">slide 方式：移动到左端就停止移动</marquee>
<marquee behavior="alternate">alternate 方式：从右到左，再从左到右交替进行</marquee>
<marquee scrolldelay="10" scrollamount="20">控制移动步长和移动延时</marquee>
```

2.2.8　form 标记

form 标记即 HTML 表单，它为用户和网站进行动态交流提供了一个容器。form 标记是一个容器控件，可以包含各种输入控件标记：如输入框、下拉列表框、单选按钮、复选框等，并可以包含一个“提交”（submit）按钮和一个“重置”（reset）按钮。当用户在输入控件中输入数据后，单击“提交”按钮，这些数据将被一起传送到服务器进行处理，这叫网页回传；单击“重置”按钮，则清除用户输入的数据，使各输入控件到表单的初始状态。

form 标记有两个重要的属性。

（1）action 属性：定义处理表单数据的服务器网页地址，当单击“提交”按钮时，立即转向该网页，以处理从“表单”（from）中提交的数据。该地址也可以是要对表单数据进行处理的相关程序地址。默认由当前网页处理表单数据。

（2）method 属性：定义提交数据的方式，包括两种方式，即 get 和 post。

① 使用 get 方式提交数据时，将表单中的数据按照名值对的形式放在 URL 中，通常称为查询字符串（QueryString），查询字符串在 URL 中的协议和资源地址之后，并使用“？”分隔，而各个名值对之间使用“&”连接，每个名值对的名字就是输入控件标记的 name 属性值。在处理程序中，取得 URL，进行字符串分析，就可以得到提交的相关信息。get 方式的优点是简单、兼容性好，但 URL 是很容易被网络设备记录的，网络管理人员可以直接看到，浏览器的历史记录中也会保存，因此不够安全，不能用于传输敏感信息；同时由于 URL 长度一般限制在 2KB 以内，所以也不能用于传输大数据；另外，get 数据中不能出现 URL 保留的字符，即有些字符需要进行 URL 编码才能 get 方式提交。从名称上看，get 表示获取，就是指信息存放在用于获取网页的 URL 中。

② 使用 post 方式提交数据时，表单数据被放置在 HTTP 数据的后部，理论上不限制大小；get 方式中的表单数据虽也必然是放置在 HTTP 数据中，但是放在 HTTP 数据头部（header），许多网络设备都分析或记录 HTTP 头部数据，而对后部的数据则是直接放行，所以 post 数据对一般用户不可见，这就提高了安全性，当然，如果传输密码等关键信息，最好先加密数据，再用 post 方式提交；post 数据传递的字符没有特殊字符限制。从名称上看，post 表示递送，就是向服务器提交数据的意思。

form 标记的交互功能并不需要编写程序，浏览器会自动为“提交”按钮和“重置”按钮执行特定的动作。

2.2.9 自测

1. 单项选择题

（1）网页技术方面，最大的标准化组织是（　　）。

（a）ISO　　（b）IETF　　（c）W3C　　（d）IEEE

（2）一个展示书籍信息的网页，其中的书籍信息是网页的（　　）。

（a）内容　　（b）结构　　（c）表现　　（d）行为

（3）一个展示书籍信息的网页，将书籍题目显示为标题，并进行美观的布局，这可称为网页的（　　）。

（a）内容　　（b）结构　　（c）表现　　（d）行为

（4）一个展示书籍信息的网页，将标题显示为与正文不同的颜色，这可称为网页的（　　）。

（a）内容　　（b）结构　　（c）表现　　（d）行为

（5）一个展示书籍信息的网页，其允许用户输入订购数量，并加入购物车，这可称为网页的（　　）。

（a）内容　　（b）结构　　（c）表现　　（d）行为

（6）仅关心信息如何呈现的技术是（　　）。

（a）HTML　　（b）XML　　（c）JavaScript　　（d）ASP.NET

（7）任何（　　）编辑器都可以编辑 HTML 代码文档。

（a）文本　　（b）图片　　（c）多媒体　　（d）信息

（8）所有网页都是由（　　）对 HTML 代码解释而呈现的。

（a）操作系统　　（b）浏览器　　（c）记事本　　（d）Web 服务器

（9）HTML 文档中最后一个有效标记应该是（　　）。

（a）<body>　　（b）<html>　　（c）<\html>　　（d）</html>

（10）用 HTML 标记语言编写一个简单的网页，网页最基本的结构是（　　）。

（a）<html> <head>…</head> <frame>…</frame> </html>

（b）<html> <title>…</title> <body>…</body> </html>

（c）<html> <title>…</title> <frame>…</frame> </html>

（d）<html> <head>…</head> <body>…</body> </html>

（11）下面 HTML 标记中属性写法最正确的是（　　）。

（a）<a name:top>顶部</a>　　（b）<a name=top>顶部</a>

（c）<a name="top">顶部</a>　　（d）<a>name="top" 顶部 </a>

（12）以下标记符号中，用于设置页面标题的是（　　）。

（a）<title>　　（b）<caption>　　（c）<head>　　（d）<html>

（13）head 标记中的 title 标记是（　　）。

（a）定义网页标题，显示在网页顶部　　（b）定义网页标题，但并不显示

（c）定义网页标题，显示在浏览器标题栏　　（d）定义网页标题，不一定显示

（14）HTML 页面文档中，说法正确的是（　　）。

（a）HTML 标记不是树形的结构

（b）全部都是 HTML 标记，不能直接写要显示的文字

（c）可以直接写要显示的文字，应写在 body 标记或其子标记中

（d）必须有超链接标记

（15）以下哪个标记是注释标记？（　　）

（a）a 标记　　（b）head 标记　　（c）p 标记　　（d）<!-- -->标记

（16）为显示红色文字，需要（　　）。

（a）设置 font 标记的颜色

（b）设置 font 标记的 red 属性

（c）设置 font 标记的 color 属性为 red

（d）设置 font 标记的 bgcolor 属性为 red

（17）font 标记的 face 属性指定一种字体，或者给出一个字体列表，各种字体名称用（　　）来分隔，可以按照作者的喜好程度来排列。

（a）逗号　　（b）分号　　（c）句号　　（d）空格

（18）换行标记是（　　）。

（a）p 标记　　（b）br 标记　　（c）hr 标记　　（d）hn 标记

（19）下面关于绝对路径的说法，正确的是（　　）。

（a）使用绝对路径书写最简单

（b）在绝对路径中，如果目标文件被移动，则链接同样可用

（c）绝对路径是被链接文档的完整 URL，不包括使用的传输协议

（d）创建外部链接时，一般使用绝对路径

（20）在网页中，使用（　　）标记来完成超链接。

（a）a 标记　　（b）p 标记　　（c）link 标记　　（d）li 标记

（21）a 标记的 target 属性设为下列哪一项，将在新窗口中打开超链接文档？（　　）

（a）_self　　（b）_blank　　（c）_top　　（d）_parent

（22）页面中锚点的定义使用 a 标记的（　　）属性。

（a）name　　（b）id　　（c）href　　（d）target

（23）锚点超链接的锚点名称前使用哪个字符？（　　）

（a）:　　（b）?　　（c）&　　（d）#

（24）邮件超链接的邮箱地址和邮件主题之间需要哪个字符间隔？（　　）

（a）:　　（b）?　　（c）&　　（d）#

（25）以下创建邮件链接的方法正确的是(　　)。

（a）<a href="master@163.com">管理员</a>

（b）<a href="callto:master@163.com">管理员</a>

（c）<a href="mailto:master@163.com">管理员</a>

（d）<a href="Email:master@163.com">管理员</a>

（26）img 标记的哪个属性指定要显示的图像文件路径？（　　）

（a）picture　　（b）src　　（c）alt　　（d）border

（27）有关网页中的图像的说法不正确的是（　　）。

（a）网页中的图像并不与网页保存在同一个文件中，每个图像单独保存

（b）HTML 语言可以描述图像的位置、大小等属性

（c）HTML 语言可以直接描述图像上的像素

（d）将 img 标记嵌套在 a 标记中，可以实现图像超链接

（28）关于 object 标记，说法错误的是（　　）。

（a）可以插入任何浏览器能够支持的对象

（b）我们可以开发 ActiveX 控件供 IE 浏览器使用，来实现网页交互功能

（c）object 标记可以嵌套对象参数子标记

（d）目前所有浏览器都支持 object 标记

（29）marquee 标记的属性中，表示指定文本的移动方向的是（　　）。

（a）behavior　　（b）height　　（c）direction　　（d）loop

（30）指明由哪个网页处理 form 标记中数据的属性是（　　）。

（a）action 属性　　（b）method 属性

（31）使用查询字符串传递表单数据的方式是（　　）。

（a）get 方式　　（b）post 方式

（32）在 URL 中传送数据的方式是（　　）。

（a）get 方式　　（b）post 方式

（33）可传送的数据量较大的是（　　）。

（a）get 方式　　（b）post 方式

（34）所传递的表单数据不容易被看到的是（　　）。

（a）get 方式　　（b）post 方式

（35）所传递的表单数据在 HTTP 协议数据头部的是（　　）。

（a）get 方式　　（b）post 方式

（36）所传递的表单数据在 HTTP 协议数据后部的是（　　）。

（a）get 方式　　（b）post 方式

2. 判断题

（1）HTML 语言与 XHTML 的区别主要是 HTML 语法严格。

（2）HTML 语言与 XML 的区别主要是 HTML 仅关心信息的呈现，而 XML 有更广泛的用途。

（3）HTML 语言与 C#语言的区别主要是 HTML 语言不能够编写逻辑处理程序。

（4）HTML 语言需要.NET 的支持才能被解释。

（5）标准的 XHTML 标记应该使用大写字母。

（6）HTML 标记是组成 HTML 页面的基本元素。

（7）form 标记像一个容器，容纳交互控件标记，并完成提交和重置功能。

（8）form 标记即 HTML 表单，内置了提交和重置功能，也内置了处理所提交数据的功能。

2.2.10 演练

1. 实验题目

HTML 语言。

2. 实验目的

- 掌握 HTML 文档结构。
- 熟悉 HTML 的基本语法。
- 熟悉资源路径的使用方法。
- 掌握超链接等标记的基本用法。

3. 实验内容

下面是一个简单 HTML 文本示例，其中，“武侠、言情、励志、传记、饮食与健康等”字符串从左向右不断循环移动，单击“信苑书苑”可打开电子邮件客户端程序。

浏览器显示的页面如图 2-10 所示。

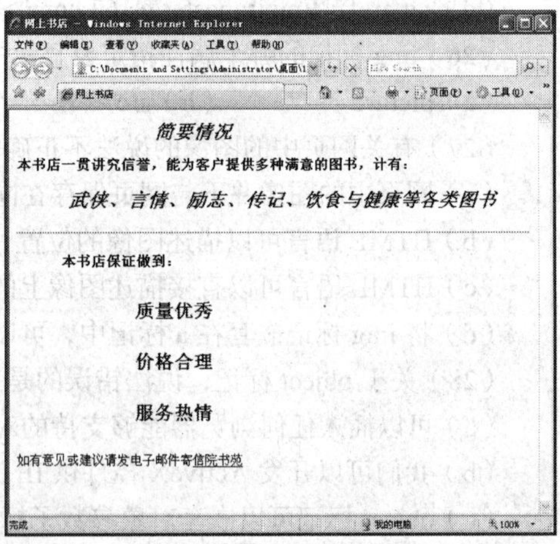

图 2-10　显示页面

4. 实验步骤

由读者写出。

5. 实验总结

由读者总结。

2.3 基本知识 2：网页布局标记

如今，在网站建设中，网页的布局越来越重要，评价一个网站的优劣，除了性能方面，网站的美观和布局的合理在网站建设中的地位越来越高，编程人员在布局上所花费的时间和精力也越来越高，可以说，一个优秀的网站，必须要有一个合理的布局。而由于浏览器的不同及计算机分辨率的区别，网页的布局也越来越复杂，要想成为一个布局高手，要学习的知识和内容也越来越多，本节将通过对基本网页布局标记的讲解，使读者初步掌握布局的技巧。

2.3.1 表格标记

使用 table 标记可以在网页中创建一个表格，网页设计者可以将任何网页元素放进 HTML 的表格单元格中，各个单元格相对位置不变，所以，表格相当于将网页划分了若干矩形区域，用表格可以对网页进行布局。表格布局精确，简单直观，兼容性好，是最基本的一种网页布局方法，但多表格嵌套时，维护较复杂。

table 标记是复合标记，包括表格标题标记 caption、行标记 tr，行标记 tr 还可嵌套，包括标题单元格标记 th、单元格标记 td。

例 2-12 利用下面的代码创建一个 4 行 2 列的图书信息表格。

```
<html>
 <head>
  <title>表格布局页面</title>
 </head>
 <body>
  <table border="2" cellpadding="1" cellspacing="1" align="center">
   <caption>图书基本信息</caption>
   <tr>
    <th align="right">书名：</th>
    <td align="left">我的兄弟叫顺溜</td>
   </tr>
   <tr>
    <th align="right">作者：</th>
    <td align="left">朱苏进</td>
   </tr>
   <tr>
    <th align="right">定价：</th>
    <td align="left">29.8 元</td>
   </tr>
   <tr>
    <td colspan="2">
     <img src="我的兄弟叫顺溜_朱苏进.jpg" alt="封面图片"/>
    </td>
   </tr>
  </table>
 </body>
</html>
```

创建表格的页面如图 2-11 所示。

table 标记有以下普通属性。

- width：定义表格的宽度，单位为像素数或百分比。
- height：定义表格的高度，单位为像素数或百分比。
- border：设置表格边框的粗细，单位为像素数或百分比。
- bgcolor：设置表格的背景色。
- align：设置表格相对于周围元素的位置。属性值有 left、right、center。

但 align 属性和 bgcolor 属性在 XHTML 中可能不被支持，而用级联样式表（CSS）代替。

例 2-12 还使用了 table 标记的特有属性。

- cellspacing：设置单元格间距，单位为像素数或百分比。
- cellpadding：设置单元格衬距，即每单元格内容与所在单元格边框之间的留白，单位为像素数或百分比。

例 2-12 中 td 标记的 colspan 属性表示合并单元格的数量。

在单元格中放入另一个表格，进行表格嵌套，是表格布局的常用技巧。

例 2-13 在 VS .NET 的设计界面中使用表格布局，显示图书信息，外层一个 1 行 2 列的表格，左单元格为封面图片，右单元格嵌套一个 3 行 2 列表格，显示书名、作者、定价信息。

① 打开 VS.NET 2008 IDE，新建网站，打开默认页面 default.aspx 的“设计”视图。

② 选择“表”菜单中的“插入表”，出现如图 2-12 所示的对话框，table 标记的各种属性以可视化方式显示在此对话框中，设置行数为 1、列数为 2，其他不变，单击“确定”按钮。

图 2-11 创建表格

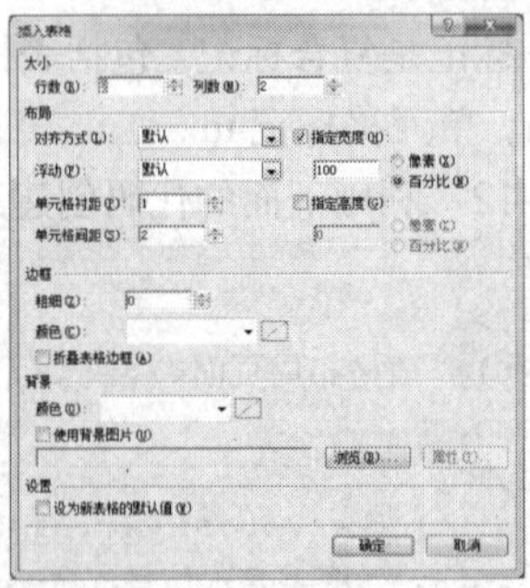

图 2-12 “插入表格”对话框

③ 在设计视图得到的表格中，单击右侧单元格，使光标进入此单元格，重复第②步，插入 3 行 2 列的表格。

④ 在 Windows 资源管理器中复制图书封面图像文件，在 VS .NET 解决方案管理器中，用鼠标右键单击网站节点，选择“新建文件夹”，将新文件夹改名为“BookPics”，用鼠标右键单击 BookPics 节点，选择“粘贴”。

⑤ 在“工具箱”中展开“HTML”选项卡，用鼠标拖曳其中的 Image 控件到设计视图中刚才插入的外部表格左侧单元格，在此控件的属性面板中单击“Src”属性的省略号按钮，并在出现的对话框中选择 BookPics 文件夹中合适的图书封面图像文件。

⑥ 在设计视图内部表格中分别输入书名等信息文本。

⑦ 用鼠标右键单击设计视图，选择“在浏览器中查看”，观察显示位置效果，如图 2-13 所示。

比较上面两例，除了图片和文本信息的布局安排及属性设置不同，VS .NET 可视化设计中未使用 th 标记。另外 VS .NET 中的控件等虽未使用小写字母，但实际上 VS .NET 生成的 XHTML 代码都是小写的，完全符合 XHTML 标准，读者可以在拆分视图或源视图中查看这些代码。

注意在设计视图中放置 table、img 等控件后，只要拖放改变其尺寸，就会在源视图中增加 width、height 等属性，从而使这些控件尺寸固定，不能再随其中的内容而自动改变大小了。

图 2-13　在 IE8 中查看 VS .NET 中设计的图书信息页面

2.3.2　层标记

层标记即 div 标记，层是网页制作中用于定位和布局的重要技术。在 HTML 页面中，文字和图像等标记的位置安排是“流”式的，即浏览器从 HTML 文档的开始逐个读取此类元素添加到页面上，安排满一行，才转到下一行继续排列，这样我们网页设计者就难以精确地控制此类元素的位置。而对于表格、段落和层等标记，浏览器会自动换行显示它们（称为“块元素”），使用层，就像在 Word 文档中使用文本框，可以随意定位，可以像表格一样包含其他元素，也可以嵌套另一个层。层的属性一般用 CSS 设定。

层和表格可以互相嵌套，与表格相比，层就像一个自由的单元格，两者各有优劣，笔者的习惯做法是：页面整体布局用表格，局部布局用层。

例 2-14　在 VS .NET 的设计界面中使用 Div 控件来定义层。

① 打开 VS.NET 2008 IDE，打开默认页面的“设计”视图。

② 在“工具箱”中展开“HTML”选项卡，然后用鼠标拖曳 Div 控件到设计页面中适当位置。

③ 选中插入的 Div，利用出现的 8 个控制点，用鼠标拖曳到合适的位置，并缩放为适当大小。

④ 在该层内和层外都输入文字。

⑤ 用鼠标右键单击设计视图，选择“在浏览器中查看”，观察显示位置效果。

2.3.3　自测

1. 单项选择题

（1）table 标记包含的标题标记是（　　）。

（a）title 标记　（b）caption 标记　（c）thead 标记　（d）th 标记

（2）table 标记中最常用的子标记是（　　）。

（a）thead 和 tfoot 标记　（b）caption 和 tr 标记

（c）tr 和 td 标记　（d）th 和 td 标记

（3）以下哪个属性用于设置 table 的各单元格边界之间的留白？（　　）

（a）align　（b）border　（c）cellpadding　（d）cellspacing

（4）以下哪个属性用于设置 table 的每单元格边界与内容间的留白？（　　）

（a）align　（b）border　（c）cellpadding　（d）cellspacing

（5）table 中的单元格标记是（　　）。

（a）th　（b）thead　（c）tr　（d）td

（6）table 中的行标记是（　　）。

（a）th　（b）thead　（c）tr　（d）td

（7）HTML 的层标记是（　　）。

（a）layer　　　（b）div　　　（c）table　　（d）p

2. 判断题

（1）网页布局标记也属于 HTML 标记。

（2）用 table 标记布局相当于把网页划分了若干区域，再将各网页元素放入某个区域。

（3）在不同的浏览器和不同的分辨率下，用 table 布局比用 div 布局实际兼容性好。

（4）表格标记可以嵌套表格，层可以嵌套层，表格不能嵌套层。

2.3.4 演练

1. 实验题目

网页布局标记。

2. 实验目的

- 练习利用表格进行网页布局。
- 初步掌握综合利用 table、div 进行网页布局。

3. 实验内容

（1）表格的使用练习。使用 HTML 语言，先创建一个 4 行 5 列的表格，设置表格的宽度为 75%、边框线框度为 2、前列的宽度为 100 pixel、背景色为蓝色、边框色为 # 4455FF。然后，对它的 table、tr、td 和 th 标记的所有属性逐一进行设置练习，以了解表格、行和单元格的格式变化效果。

（2）层的使用练习。先使用 HTML 语言或可视化方法在网页上创建一个层，然后在层中输入约几百个中英混合文字段，再在层中插入一幅图片，最后创建一个嵌套层。

（3）选做。参考百度网站首页，利用表格、层、img，自己在 VS.NET 中制作一个类似于此网页的新页面，不要求功能完全相同，看起来相似即可。（提示：可以在 IE8 中使用“页面”菜单，查看或保存百度首页的源文件，或按 F12 键进入“开发人员工具”查看此网页，以进行参考）。

4. 实验步骤

由读者写出。

5. 实验总结

由读者总结。

2.4 基本知识 3：级联样式表 CSS

2.4.1 CSS 的基本概念

1. 什么是 CSS

级联样式表 CSS（Cascading Style Sheet）是由 W3C（World Wide Web Consortium，万维网联盟）组织创建，可以应用于各种类型的浏览器，但目前各种浏览器对 CSS 的支持在细节方面还有待统一。

级联就是指不同的范围，从页面到元素各个级别，都可以有 CSS 的定义，互相级联，层叠为一。样式表（Sheet）是指对显示样式的规定。

CSS 和 HTML 一样，也是一种标记语言，代码也很简单，也需要通过浏览器解释执行，可用任何文本编辑器来编写。可以合并到 HTML 文档中，也可以独立保存为文件由 HTML 文档引用，其文件的扩展名为“.css”。使用 CSS 样式可以设置传统的文本属性，如字体的格式、段落的格式等，还可以控制如页边距、缩排、颜色、底图等排版属性。CSS 样式的出现得到了很多公司的青睐和支持，成为了一种使用灵活、方便的网页设计技术。

2. CSS 的功能优势

① CSS 是对 HTML 功能的扩展，其最大的贡献在于将网页内容和样式进行了分离，这样可以对多个 HTML 文档的多个 HTML 元素进行一次性定义，从而避免了在网页中重复定义内容的样式。

② 便于统一网站中各个网页的显示风格，并便于维护。一个 CSS 样式文件可以用来定义多个 HTML 文档只要改变 CSS 文件，多个 HTML 文档的显示样式都将随之改变。反过来，同一个 HTML 文档用不同的 CSS 样式表来定义，可以显示不同的风格。

③ 弥补了 HTML 对标记属性控制的不足，例如：在 HTML 中可控制的标题仅有 6 级，即 h1 到 h6，字体尺寸仅有 7 级，即 size 属性值从 1 到 7，而利用 CSS 可以任意设置字体的大小。

④ 可以精确控制网页布局，如行间距、字间距、段落缩进和图片定位等属性。

⑤ 提高网页运行效率，由于多个网页可以同时使用一个 CSS 样式文件，减少了下载和运行的代码，所以能够提高浏览器的下载速度和更新速度。

⑥ CSS 还提供了许多特殊的功能，比如：鼠标属性控制鼠标的形状，滤镜属性控制图片的特效等。

2.4.2 CSS 的定义

1. CSS 基础语法

定义 CSS 的语法格式如下：

```
选择器{属性：值；属性：值；属性：值；……}
```

选择器指明此样式应用于哪些 HTML 元素，如果需要指定多个选择器时，用逗号将各个选择器分开。如果属性的值由多个单词组成，必须给值加上引号。多个属性值定义用分号分开，例如：

```
td,p,div {color: blue; font-size: 9pt; }
```

该样式定义 td、p、div 元素中的前景色为蓝色，字体尺寸为 9 磅。

（1）CSS 选择器。一个样式表既可以作用于特定某些种类的 HTML 元素，也可以被任意的 HTML 元素引用（需要说明这个样式表的名称以便引用，称为“类名”），还可以作用于一个特定 id 的 HTML 元素。CSS 选择器种类很多，使用非常灵活，最基本的选择器对应有以下 3 种形式。

① 以 HTML 元素名称作为选择器。如：td,p,div {color: blue; font-size: 9pt; }

此样式表将自动应用于作用范围中的所有单元格、段落、层元素。

② 声明一个样式类名作为选择器。这是最灵活的一种方式，声明一个样式类名称，由任意 HTML 元素引用。类名称前须加“.”。例如：

```
.title1
{
 color:blue;
}
```

该样式设置字体颜色为蓝色。

此样式并不能自动应用于 HTML 元素，需在某个 HTML 标记中声明使用此样式。例如：

```
<h1 class="title1">…</h1>
<p class="title1">…</p>
```

则此 td 标记和此 p 标记都将使用 title1 样式。HTML 标记的样式引用使用“class”属性，每个 HTML 标记都有“class”属性，class 属性值中的样式类名，不需要加“.”。

③ 以使用此样式的元素 id 作为选择器。id 选择器可以为声明了特定 id 的 HTML 标记指定样式，id 前加“#”，例如：

下面的两个 id 选择器，第一个可以定义元素的颜色为红色，第二个定义元素的颜色为绿色：

```
#red {color:red;}
#green {color:green;}
```

此样式要应用于 HTML 元素，必须声明某个 HTML 标记的 id 属性。如下面 HTML 代码，id 属性为 red 的段落显示为红色，而 id 属性为 green 的段落显示为绿色。

```
<p id="red">这个段落是红色。</p>
<p id="green">这个段落是绿色。</p>
```

（2）CSS 属性和值。

CSS 的属性与 HTML 的属性并不一一对应，下面仅通过例子列出常用的 CSS 属性和值。

① 常用的字体属性和值。

例 2-15 使用样式表定义 p 元素的字体为：斜体、加粗、12 像素尺寸，依次选用仿宋、仿宋_GB2312，即首选仿宋，客户机无仿宋字体时使用仿宋_GB2312。

```
p
{
 font-style:italic;
 font-weight:bold;
 font-size:12px;
 font-family: "仿宋","仿宋_GB2312";
}
```

font-style 属性表示字体是否倾斜，默认取值 normal，即不倾斜。

font-weight 表示字体加粗程度，可以取值 100～900，默认为 400，也可以设置为 normal、bold、bolder、lighter 的形式，normal 相当于 400，bold 相当于 700。

font-size 表示字体尺寸，能取绝对数值：可以设置长度值（如像素数、磅值等），也可以取 small、medium、large 等值，浏览器将其解释为数值；也能取相对于父元素字体尺寸的相对值：可以设置 larger、smaller，也可以设置百分比。

font-family 表示字体家族名称，相当于 HTML 语言 font 标记的 face 属性，可以用逗号分隔多个字体名称，以备客户机未安装某些字体时按顺序选用，若都未安装，浏览器会使用默认字体。

CSS 的 font 属性可以代替上述属性，统一设置字体，用空格间隔各个字体属性，上例可以等价写为

```
p
{
 font: italic  bold   12px    "仿宋","仿宋_GB2312";
}
```

这种情况在 CSS 中很常见，如下述背景定义属性，都可以用 background 属性统一设置背景来代替，不再赘述。

② 常用的文本属性。

例 2-16 定义样式类 textCenterUnderline，设置文本水平居中，带下画线。

```
.textCenterUnderline
{
    text-align:center;
    text-decoration:underline;
}
```

text-align 属性用来设置文本水平对齐方式，text-decoration 属性表示文本修饰的种类，注意下画线是文本修饰，而不是字体属性。

③ 常用的背景属性和值。

例 2-17 使用样式定义 id 为“td0_0”的单元格背景为相对路径图像文件“images/bg0_0.gif”，背景图居右、下（以实现与右侧、下方单元格背景图没有缝隙的效果），背景图不平铺（若单元格比背景图尺寸大，则单元格左、上留白）。

```
#td0_0
```

```
{
    background-image: url(images/bg0_0.gif);
    background-position: right bottom;
    background-repeat: no-repeat;
}
```

其中 background-image 属性的值“url(images/bg0_0.gif)”表示背景图的 URL 为相对路径表示的“images/bg0_0.gif”。其他不再赘述。

④ 常用的边框属性和值。

例 2-18　定义 rightBorder 样式类，右边框为 1 像素宽的蓝色实线。

```
.rightBorder
{
    border-right-width:1px;
    border-right-style:solid;
    border-right-color:Blue;
}
```

其中 border-right-style 属性为右边框的样式，取值可以是 solid（实线）、dotted（点画线）、dashed（虚线）等。CSS 定义元素的边框时，既可以统一指定边框，也可以按位置分别指定左、右、上、下边框，还可以按项目分别指定边框的宽度、样式、颜色，也可以针对某位置的某项目。即 border 属性、border-left 等属性、border-width 属性、border-left-width 等属性都可以使用。

边框 border 内部留白即内边距，用 padding 表示，外部留白即外边距，用 margin 表示。如下 CSS 定义将使表格等块元素居中：margin:0 auto。

2.4.3　CSS 的使用

在 HTML 网页中 CSS 的应用形式有 3 种：外部样式表、内部样式表、内联样式，这 3 种形式的 CSS 作用范围依次减小。

1. 外部样式表

样式表文件（.css）独立于网页文件，所以称为外部样式表。适用于多个网页文档共用同一套样式的情况。

使用外部样式表的方法之一是在网页文档 head 标记中使用 link 标记做关联声明，本书仅讨论此方法，例如：

```
<head>
    <link rel="stylesheet" type="text/css" href="mystyle.css" />
</head>
```

link 标记是仅包含属性的空元素。rel 属性表示所关联的种类，“stylesheet”表示引用外部样式表；type 属性表示所关联文件的数据类型，“text/css”表示样式表文本类型；href 属性表示所关联的文件 URL，此处是相对 URL。

做好关联声明后，就可以在当前网页文档中按照 CSS 选择器规则使用外部样式表文件中定义的样式了。浏览器会加载外部样式表进行级联，用以格式化文档。

外部样式表可以在任何文本编辑器中进行编辑。文件不能包含任何的 html 标记。样式表应该以.css 扩展名进行保存。

在 VS.NET 中，不但可以直接写 CSS 代码，还可以用可视化的方法完成 CSS 定义，给不熟悉 CSS 的开发者带来了方便。

例 2-19　使用外部样式表，在网页中显示一个段落，背景颜色为红色，字号为 40px，字体为宋体，字体颜色为黄色。

① 创建或打开网站，在解决方案管理器中，用鼠标右键单击网站根节点，在弹出的菜单中选择

“添加新项”。

② 在弹出的对话框中选择“样式表”模板，使用默认文件名 StyleSheet.css，单击“添加”按钮，弹出如图 2-14 所示的窗口。

③ 在“CSS 大纲”面板或“StyleSheet.css”文档选项卡的空白处用鼠标右键单击，在弹出的菜单中选择“添加样式规则”，将弹出如图 2-15 所示的对话框。

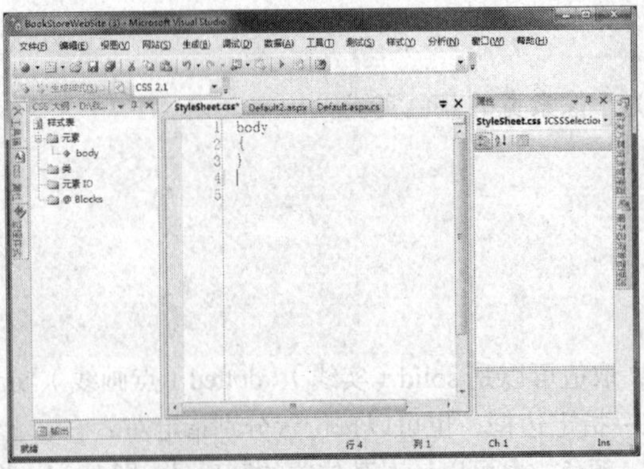

图 2-14　样式表页面

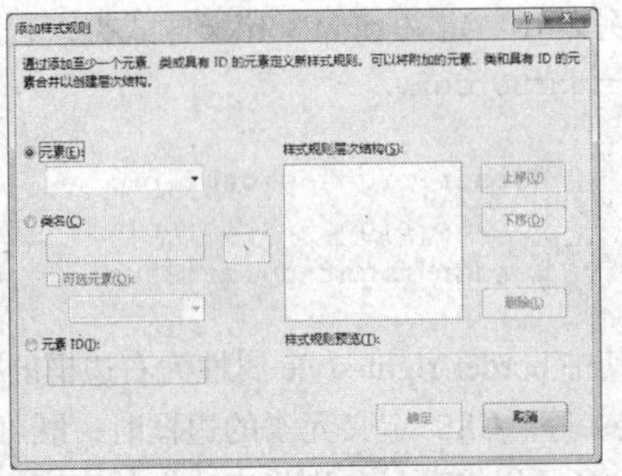

图 2-15　添加样式规则

④ 在左侧选择基本的选择器，本例选中“元素”单选钮，在下拉框中选择“p”元素，然后单击“确定”按钮，则 StyleSheet.css 文档中出现 p 元素样式声明，如图 2-16 所示。

⑤ 用鼠标右键单击大纲面板或文档选项卡中的 p 元素声明，在弹出菜单中选择“生成样式”，出现如图 2-17 的“修改样式”对话框，可以用可视化的方法声明样式的 font-family 等属性，最后单击“确定”按钮，并保存 StyleSheet.cs 样式表文档。

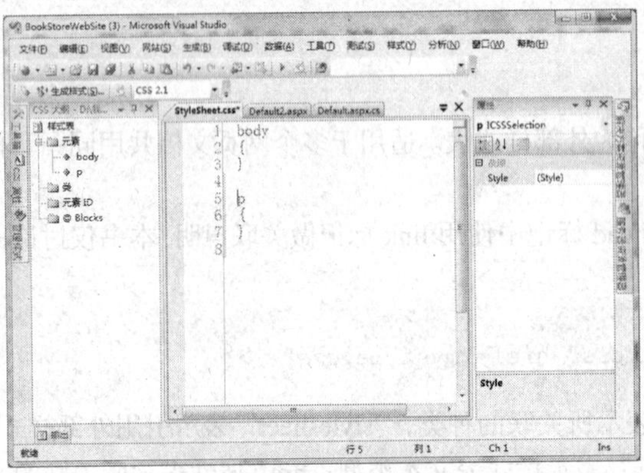

图 2-16　添加元素

图 2-17　“修改样式”对话框

以上步骤③、④、⑤是可视化声明样式的方法，读者对 CSS 较熟悉时，也可以直接在“StyleSheet.css”文档中键入如下声明：

```
p{
     background:Red;
     font-size:40px;
     font-family:宋体;
     color:Yellow;
}
```

⑥ 在解决方案管理器中，用鼠标右键单击网站节点，添加新项，添加 HTML 网页“HTMLPage.htm”。使用源视图，在其 head 标记插入 link 标记：<link rel="Stylesheet" type="text/css" href="StyleSheet.css" />，以引用外部样式表。

⑦ 在“HTMLPage.htm”源视图的 body 元素中，插入 p 标记，输入文字，以查看样式效果。

用鼠标右键单击“HTMLPage.htm”，选择“在浏览器中查看”，并保存更改，在浏览器中可以看到样式效果如图 2-18 所示。

2. 内部样式表

不使用.css 文件也可以定义样式表，HTML 使用 style 标记定义文档内部的样式表。当单个文档需要特殊的样式时，就应该使用内部样式表。

style 标记一般放在 head 标记内，例如：

```
<head>
   <title></title>
   <link rel="Stylesheet" type="text/css" href="StyleSheet.css" />
   <style>
        p
        {
          font-size:20px;
        }
    </style>
</head>
```

用以上 HTML 代码代替例 2-19 中 HTMLPage.htm 页面的 head 标记，则内部样式表和外部样式表级联，显示的结果如图 2-19 所示，比较图 2-18，可见 font-size 变小了。

图 2-18　例 2-19 的样式效果

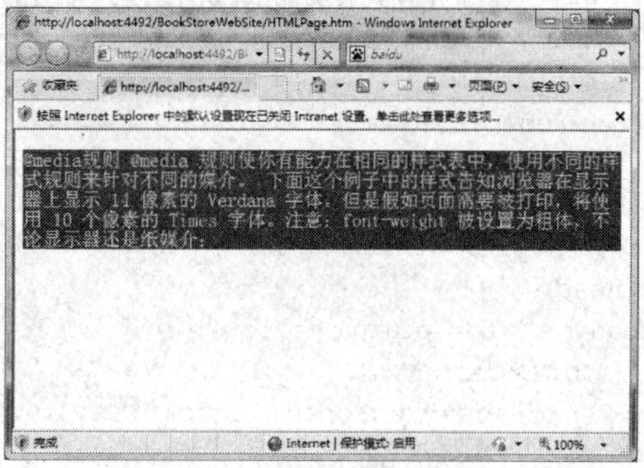

图 2-19　内部样式表、外部样式表级联的效果

3. 内联样式

不使用选择器也可以定义样式表，每个 HTML 标记都有 style 属性，style 属性定义的称为内联样式表。需要一次性为某个元素定义样式时，应使用内联样式表。

由于内联样式表将表现和内容混杂在一起，因此损失掉样式表的许多优势，请慎用这种方法。

定义内联样式的操作方法很多，可以直接写代码，也可以使用属性面板的“Style”属性。请读者先用属性设置的可视化方法练习，并在源视图中查看相关 HTML 标记的 Style 属性代码，较熟悉时，可使用直接写代码的方法。

2.4.4　CSS 有效规则（选学）

所谓级联样式表（CSS），就是因为应用于某个元素的各级样式表，级联为一，层叠合并生效：各样式表中不同属性定义的合并生效；同属性定义冲突的层叠（覆盖）生效，后应用的覆盖先应用的，也就是后应用的定义有效级别更高。

（1）加载：多个内部样式表和外部样式表，按照在 HTML 文档中声明的先后顺序加载。内联样式表最后加载。这使得内联样式表有效级别最高。

（2）应用：某个元素单一选择器的情况下，按加载顺序应用；但某个元素定义多种选择器情况下，先应用元素名称选择器，再应用样式类选择器，最后应用元素 id 选择器。这使得不论加载先后，id 选择器在各选择器中有效级别最高。

内联样式表没有选择器，一直具有最高的有效级别。

父元素的属性定义将应用于所有子元素。如定义了 body 元素的样式为“text-align:center”，则所有子元素的文本都会居中，除非单独定义某个子元素的 text-align 属性为 center 之外的值。这是因为先加载父元素的样式，所以子元素覆盖父元素的定义。

如果所有位置都没有某个属性的样式定义，则浏览器会使用一个默认的样式。

另外，在样式定义后添加“!important”记号，可以使得此样式具有最高有效级别。

虽然可以用多种方式使用样式表，但其有效性与浏览器有关，建议开发人员在设计时仅使用一两种方式，避免陷入复杂的有效规则泥潭。

例 2-20 测试 CSS 有效规则。

① 用记事本建立一个如下内容的 test.css 文件，作为外部样式表：

```
#p1
{
    color:lime;
}
```

② 用记事本建立如下内容的 test.htm 网页，存放位置与 test.css 相同：

```
<html>
  <head>
     <title>关于样式表的测试</title>
     <link type="text/css" rel="stylesheet" href="test.css"/>
     <style>
      p{color:white;}
      .redFont  { background-color:red; color:blue;
   }
     </style>
 </head>
 <body style="color:yellow">
     <br/><br/>
     <p class="redFont" id="p1" style="color:gray">今天是星期五</p>
     <br/><br/>
  </body>
</html>
```

③ 在浏览器中打开 test.htm，查看效果，文字应为灰色，背景为红色，请读者分析原因。

④ 删除 p1 元素的 style 属性，再查看效果，文字应为黄绿色（lime），请读者分析原因。

⑤ 请读者做类似上一步的修改，查看并分析。

2.4.5 自测

1. 单项选择题

（1）CSS 的所谓“级联”是指（ ）。

（a）是一种标记语言　　（b）不同的样式表互相级联，层叠为一而生效

（c）其文件扩展名为.css，有级联的意思　　（d）CSS 是与 HTML 有联系的

（2）下面说法错误的是（ ）。

（a）CSS 可以将网页内容和样式分离　　（b）CSS 可以控制页面的布局

（c）CSS 可以使许多网页风格一致　　（d）CSS 可以实现与用户的交互功能

（3）CSS 语法中，用于指明此样式应用于哪些 HTML 元素的部分称为（ ）。

（a）选择器　　（b）属性　　（c）值　　（d）样式

（4）以下不用做 CSS 选择器的是（ ）。

（a）元素名称　（b）样式类名　（c）元素 id　（d）Style 属性

（5）关于样式 font:italic bold 12px "仿宋","仿宋_GB2312"，最正确的描述为（　）。

（a）定义字体是粗体

（b）定义斜体、加粗、12 磅字号、仿宋或仿宋_GB2312 字体

（c）定义斜体、加粗、12 号字大小、仿宋或仿宋_GB2312 字体

（d）定义斜体、加粗、12 像素字号、仿宋或仿宋_GB2312 字体

（6）关于样式 text-align:center; text-decoration:underline，最正确的描述为（　）。

（a）文本水平居中，带下画线　（b）文本垂直居中，带下画线

（c）文本水平居中，带删除线　（d）文本垂直居中，带删除线

（7）关于样式 background-image: url(images/bg0_0.gif); background-position: right bottom; background-repeat: repeat-x，最正确的描述是（　）。

（a）背景图为 image/bg0_0.gif，右下对齐，背景图不平铺

（b）背景图为 image/bg0_0.gif，右下对齐，背景图平铺

（c）背景图为 image/bg0_0.gif，右下对齐，背景图水平平铺

（d）背景图为 image/bg0_0.gif，右下对齐，背景图垂直平铺

（8）关于样式 border:2px solid blue，最正确的描述是（　）。

（a）边框为蓝色 2 磅虚线　（b）边框为蓝色 2 像素点画线

（c）边框为蓝色 2 磅实线　（d）边框为蓝色 2 像素实线

（9）关于样式 margin:0 auto，最正确的描述是（　）。

（a）外边距的垂直边距为 0，水平边距自动

（b）内边距的垂直边距为 0，水平边距自动

（c）外边距的水平边距为 0，垂直边距自动

（d）内边距的水平边距为 0，垂直边距自动

（10）不属于 CSS 应用形式的是（　）。

（a）外部样式表　（b）外联样式表

（c）内部样式表　（d）内联样式表

（11）独立保存为文件的 CSS 应用形式是（　）。

（a）外部样式表　（b）外联样式表

（c）内部样式表　（d）内联样式表

（12）使用 style 标记声明的 CSS 是（　）。

（a）外部样式表　（b）外联样式表

（c）内部样式表　（d）内联样式表

（13）使用 style 属性声明的 CSS 是（　）。

（a）外部样式表　（b）外联样式表

（c）内部样式表　（d）内联样式表

（14）没有选择器的 CSS 是（　）。

（a）外部样式表　（b）外联样式表

（c）内部样式表　（d）内联样式表

（15）最晚加载的 CSS 是（　）。

（a）外部样式表　（b）内部样式表

（c）父元素有效的 CSS 设置　（d）内联样式表

（16）有效级别最高的 CSS 是（　）。

（a）外部样式表　（b）内部样式表

（c）父元素有效的 CSS 设置　　　　　　　　（d）内联样式表

（17）关于标记<link rel="stylesheet" type="text/css" href="mystyle.css" />，说法错误的是（　　）。

（a）此标记在页面的 head 标记中，表示引用外部样式表

（b）外部样式表文件 mystyle.css 必须与当前网页在同一个文件夹下

（c）type 表示 link 标记所关联引用的类型

（d）link 标记可能关联引用多种类型

（18）若要在当前网页中定义一个独立类的样式 myText，使具有该类样式的文本字体为“Arial”，字体大小为 9 磅，行间距为 13.5pt，以下定义方法中，正确的是（　　）。

（a）<style> .myText{Font-Familiy:Arial;Font-size:9pt;Line-Height:13.5pt} </style>

（b）.myText{Font-Familiy:Arial;Font-size:9pt;Line-Height:13.5pt}

（c）<style> .myText{FontName:Arial;FontSize:9pt;LineHeight:13.5pt} </style>

（d）<style> .myText{FontName:Arial;Font-ize:9pt;Line-eight:13.5pt} </style>

2. 判断题

（1）CSS 在所有的浏览器中样式效果都完全相同。

（2）在 CSS 级联中，外部样式表有最高的有效级别。

（3）对没有规定的样式，浏览器将提供默认值。

（4）<link rel="javascript" type="text/javascript" href="script.js" />标记表示引用外部样式表。

（5）VS .NET 中的样式表可以用可视化方法生成。

2.4.6 演练

1. 实验题目

级联样式表。

2. 实验目的

- 初步掌握 CSS 定义的基本语法（选择器、属性、值）。
- 初步掌握在 VS.NET 环境利用 CSS 进行网页样式控制的方法。
- 了解 CSS 级联的规则。

3. 实验内容

（1）设计两个 HTML 页面。

p1.htm 页面如图 2-20 所示。

p2.htm 页面如图 2-21 所示。

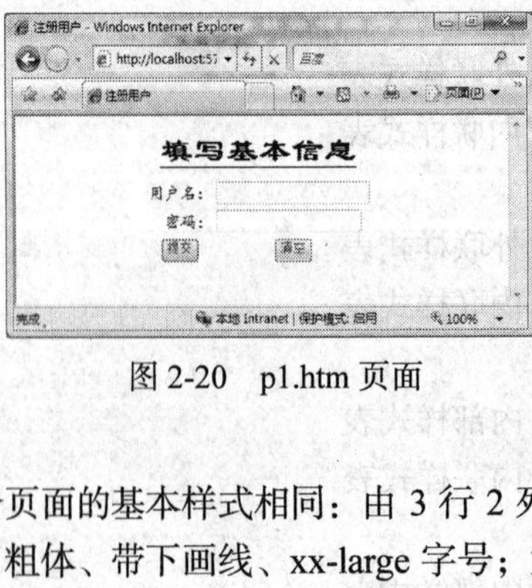

图 2-20　p1.htm 页面

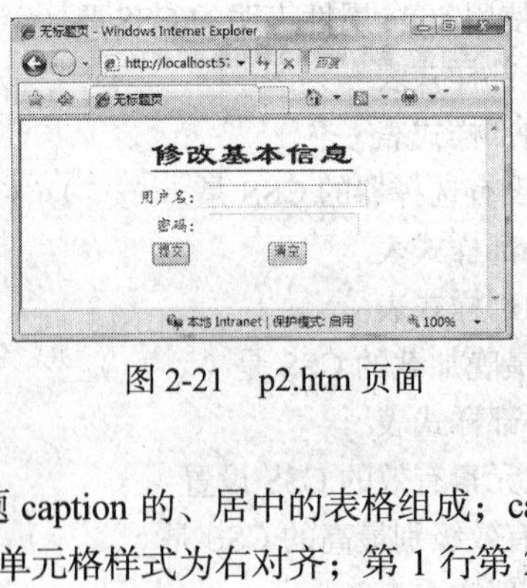

图 2-21　p2.htm 页面

提示：

①两个页面的基本样式相同：由 3 行 2 列的、带标题 caption 的、居中的表格组成；caption 的样式为隶书、粗体、带下画线、xx-large 字号；第 1 行第 1 单元格样式为右对齐；第 1 行第 2 单元格样

式为左对齐；第 2 行样式和第 1 行相同；第 3 行第 1 单元格中有一个 Input（Submit）按钮，绿色文本；第 3 行第 2 单元格中有一个 Input（Reset）按钮，红色文本。

为了上述风格的统一，应该使用外部样式表，由上面两个页面引用该外部样式表。

② 两个页面的文字颜色不同，p1.htm 为默认黑色，p2.htm 为蓝色。

这可以用 p2.htm 的 body 元素的内联样式表实现。

（2）修改外部样式表文件，观察两个页面一致的变化，体会只需修改样式表文件，就可以保持大量网页风格一致的好处。

4. 实验步骤

由读者写出。

5. 实验总结

由读者总结。

2.5 决策与计划

2.5.1 页面布局及样式设计的决策

本章的学习情境是网上书店管理系统网页的布局和样式的设计，目前流行的页面布局方式主要有表格和 DIV+CCS 两种，它们各有优点。

（1）表格方式：简单，好用，学起来很容易上手，可以清晰地表现数据。各种浏览器都支持，基本上不会变形。但是代码冗余较多，维护起来也不怎么方便。

（2）DIV+CSS 方式：代码冗余小，所以网站打开速度快一些。修改设计时更有效率，只需到 CSS 里找到相应的 id，就可以修改页面的样式，不会破坏页面其他部分的布局样式，维护起来非常方便，而且可以保持视觉的一致性，并且可以更好地被搜索引擎收录。但是兼容性稍差，往往在 IE6 里面看着整个网页是好的，但是到了 IE7、IE8 或者火狐里面就全乱了。

作为注重业务逻辑的网站开发者，而非专业美工人员，笔者建议：表格做页面整体布局，DIV 做局部布局，使用 CSS 进行样式设计，这就是本章我们采用的方法。

2.5.2 页面布局及样式设计的计划

网上书店管理系统包括前台和后台两种主要的布局风格，其中前台布局和样式要求更高些，本部分设计前台页面。

观察比较如图 2-1、图 2-2 所示的前台页面，两者的整体布局相同，实际上，可以用 ASP.NET 提供的母版页功能实现所有前台页面的相同布局，母版页技术在后面的章节介绍，本节只研究布局和样式。考虑到表格的兼容性好，主要采用表格标记来实现前台网页布局，前台页面的布局设计工作主要是表格设计工作。前台网页都具备如图 2-22 所示的布局和样式。为了内容清晰，在中部和底部之间有一个水平分割线。

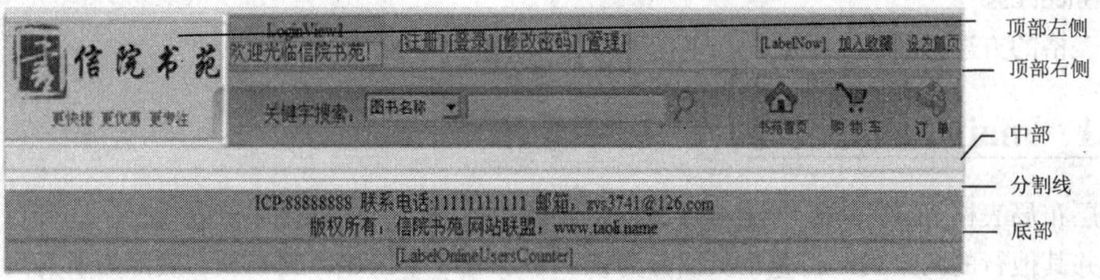

图 2-22　前台页面共有的布局和样式

1. 布局

整个页面可以设计为一个 4 行 1 列的主表格布局，分为顶部行、中部行、分割线行、底部行。所有前台页面的顶部和底部均相同，中部容纳不同页面特有的内容。顶部行使用一个 1 行 2 列的嵌套表格，左列为 logo 图，右列为通用操作部分。

整个页面也可以设计为 4 行 2 列的主表格布局，顶部行左列为 logo 图，右列为通用操作部分，中部以下各行单元格合并。与上面方案相比，省掉一个嵌套表格。

同一个页面的布局设计有很多方式，读者也可以试用其他方式。本系统前台页面各布局表格间的关系及 id 参见图 2-23。

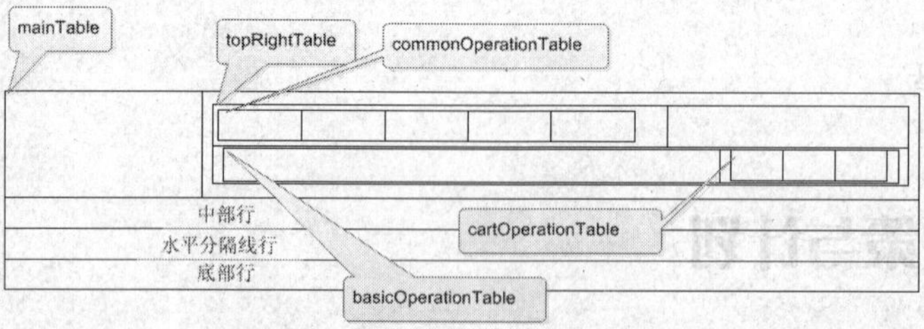

图 2-23　母版页布局表格关系

2. 样式

ASP.NET 有特殊文件夹管理功能，针对网站开发过程中的各种存储需要，设置固定名称的文件夹，能够简化程序员的管理工作。如针对数据库存储，可添加“App_Data”文件夹，将数据库文件放在此文件夹中，ASP.NET 将自动保护这些文件，不允许客户端用户下载；针对网站中独立于网页的公用代码文件，应存储在“App_Code”文件夹中，ASP.NET 将自动编译、自动引用代码中的对象。针对网站样式与外观的特殊文件夹是主题文件夹“App_Themes”，ASP.NET 能够使此文件夹中的外观样式定义便于被引用。

在解决方案管理器中用鼠标右键单击网站根节点，选择“添加 ASP.NET 文件夹”，选择“主题”，即可创建“App_Themes”文件夹。

ASP.NET 将一套外观样式称为一个“主题”，切换主题就能够切换网站的外观。主题实际上是在“App_Themes”文件夹中的子文件夹。用鼠标右键单击“App_Themes”节点，用同样的操作可以新建一个主题子文件夹。

我们将本节中涉及的样式声明都放在一个主题文件夹下，以便于管理。

2.6 实施

下载本章学习情境网站“Chapter2Learnsituation”，已经包含“defaultTheme”主题，并包含了本节所需的图片、用户控件。本节暂不使用母版页，而对“Default.aspx”页面进行操作。

用鼠标右键单击“defaultTheme”节点，而非网站根节点，用例 2-19 所描述的方法新建外部样式表“StyleSheet.css”。

插入表格的方法参照例 2-13。

2.6.1 mainTable 设计

最外层布局表格 mainTable 包含 4 行 2 列，分别为顶部行、中部行、分隔线行、底部行，除顶部行外，合并其他行的两个列。将整个页面分为顶、中、底 3 个区域，其中顶、底部为所有页面共用，顶部左侧放入网站徽标，右侧放入 topRightTable。第 3 行放入工具箱中名为 Horizontal Rule 的 HTML 控件。

设置属性 class="mainTable"，mainTable 类外部样式包括“margin: 0 auto”样式，即上下留白 0 像素，左右留白让浏览器控制，可使表格水平居中；还包括“width: 100%”样式，即宽度为 100%，可使表格水平填满页面。

再设置属性 cellpadding="0"、cellspacing="0"，即单元格边距、间距属性为 0，可使各单元格间紧凑、不留缝隙。

顶部行左单元格放入 Image 服务器控件，设置 ID 为“ImageLogo”，设置 ImageUrl 为“App_Themes/defaultTheme/images/logo.gif”。顶部行右单元格放入 topRightTable 表格。

顶部行的左右单元格分别使用 id 选择器的外部样式“#td0_0”、“#td0_1”，如下所示：

```
#td0_0
{
    width: 210px;
    height: 90px;
    background-image: url(images/bg0_0.gif);
    background-position: right bottom;
    background-repeat: no-repeat;
}
#td0_1
{
    width: 100%;
    height: 90px;
    background-image: url(images/bg0_1.gif);
    background-position: bottom;
    background-repeat: repeat-x;
}
```

这两个样式表规定了相同的高度，左单元格宽度 90px，左单元格的尺寸与将放入左单元格的 Image 控件尺寸相同，即与网站 Logo 的尺寸相同，网站 Logo 图的尺寸是 210px × 90px。为了使顶部行左右两单元格柔和过渡并且顶部和中部有美观的视觉分界，这两个单元格均设置了背景图，左右两个背景图要无缝接合，所以左背景图居右底，右背景图由于水平方向平铺，不需要再设置居左。由于网站 Logo 采用 gif 透明格式，左单元格中即使放入 Image 控件，其背景图也可以显示。

背景图的路径是主题文件夹下的相对路径，与主题名称无关，如果更换网站主题，除了更改网站配置文件，只需在新主题文件夹下相同的相对位置建立这些图片即可，这是在 ASP.NET 标准的主题文件夹 App_Themes 下设计外部样式表的好处，如果将这两个样式表改为内部样式表，第一个背景图的相对路径必须写成“App_Themes/defaultTheme/images/bg0_0.gif”，这将使网站改变主题变得复杂些。

中部行单元格暂时留空即可。

底部设计参见后续部分。

2.6.2　topRightTable 设计

topRightTable 位于 mainTable 的顶部右单元格，是 2 行 2 列的表格，合并第 2 行的两列。

设置属性 class="horizontalFill"，horizontalFill 类外部样式只包含“width: 100%”样式。

设置属性 cellpadding="0"、cellspacing="0"。

第 1 行左单元格放入 commonOperationTable 表格。右单元格从解决方案管理器“UserControls”文件夹中拖入“UC_AddFavorite_SetHomepage_ShowTime”用户控件，设置此单元格属性 class="contentRight"，contentRight 类外部样式只包含“text-align: center”样式，即单元格中内容居右，使用户控件位于网页右上角。

第 2 行放入 basicOperationTable 表格。

2.6.3 commonOperationTable 设计

commonOperationTable 位于 topRightTable 的第 1 行左单元格，是 1 行 5 列的表格。

第 1 单元格放入工具箱“登录”选项卡的 LoginView 控件。单击 LoginView1 控件的智能按钮，在任务列表中，选择“视图”下拉框中的“AnonymousTemplate”，即编辑匿名用户（未登录）时显示的界面，在 LoginView1 控件中直接输入“欢迎光临信院书苑！”字样。再选择“视图”下拉框中的“LoggedInTemplate”，在 LoginView1 控件中放入一个 LoginName 控件，接着输入“，您好！”字样。

第 2 单元格先输入两个空格，以与第一单元格内容做一个粗略的间隔，再放入 LinkButton 控件，设置其 ID 为“LinkButtonRegister”，Text 为“[注册]”。

第 3 单元格放入 LoginStatus 控件，设计其 LoginText 为“[登录]”，LogoutText 为“[注销]”。

第 4 单元格放入 LinkButton 控件，设置其 ID 为“LinkButtonChangePassword”，Text 为“[修改密码]”。

第 5 单元格放入 LinkButton 控件，设置其 ID 为“LinkButtonManage”，Text 为“[管理]”。

2.6.4 basicOperationTable 设计

basicOperationTable 位于 topRightTable 的第 2 行，是 1 行 2 列的表格。

设置属性 class="horizontalFill"，实现水平填满。

左单元格放入“UC_BookSearch”用户控件，设置单元格属性 class="contentCenter"，contentCenter 类外部样式只包含“text-align: center”样式，即单元格内容居中，是用户控件居中，再设置单元格属性 width="550px"，使用户控件左右留空。右单元格放入 cartOperationTable 表格。

2.6.5 cartOperationTable 设计

cartOperationTable 位于 basicOperationTable 的右单元格，是 1 行 3 列的表格。

3 个单元格都放入 ImageButton 控件，都设置内联样式 style="padding-left: 20px"，即单元格内左侧边距 20 像素，使各单元格内容有间隔、不局促。

第 1 单元格的 ImageButton 控件实现链接到主页功能，设置 ID 为“ImageButtonDefaultPage”，ImageUrl 属性为"～/App_Themes/defaultTheme/images/ImageButtonDefaultPage.gif"。

第 2 单元格的 ImageButton 控件实现查看购物车链接，设置 ID 为“ImageButtonCart”，ImageUrl 属性为"～/App_Themes/defaultTheme/images/ImageButtonCart.gif"。

第 3 单元格的 ImageButton 控件实现查看订单链接，设置 ID 为“ImageButtonOrders”，ImageUrl 属性为"～/App_Themes/defaultTheme/images/ImageButtonOrders.gif"。

上述 3 个图片按钮，静态指定了包含特定主题名称的 ImageUrl，将不能随网站配置文件中的主题改变而自动改变图片路径。若需自动改变，可以做与 ImageLogo 类似的处理。

2.6.6 底部设计

作为练习，底部未采用嵌套表格布局，而采用层布局，包括顺序排列的两个层：bottomDiv1、bottomDiv2。

其中 bottomDiv1 的 class 属性为“contentCenter”，即其内容居中。层内包含若干文本和一个邮箱链接：<a href="mailto:邮箱：zys3741@126.com">邮箱：zys3741@126.com</a>。

bottomDiv2 设置了内联样式：style="text-align: center; color: Green; margin-top: 3px; margin-bottom: 4px;"，使内容居中，内容的颜色为绿色，顶部留白 3 像素，底部留白 4 像素。层内放入一个 Label 控件，

设置 ID 为“LabelOnlineUsersCounter”，用于配合程序代码，显示在线用户数量。

2.7 检查与评价

1. 检查

① 样式的设置是否合理，在网页中能否正常引用，不出现问题。

② 页面的布局是否合理，能否在 IE8 浏览器上都能够正常显示。

③ 在图片、视频、音频等不能正常显示或播放时是否影响网页的显示效果。

2. 评价

网上书店管理系统的页面布局非常重要，这里仅仅介绍了很少的一部分，样式的设计也只介绍了本章案例情景中所涉及的部分，虽然介绍得不多，但关于页面的布局和样式的设计的主要知识已经涵盖，希望通过学习本部分的知识能够完成整个网上书店管理系统的布局和样式的设计。

2.8 训练

完成图书详细页面的布局设计。

要求：综合使用表格和层实现页面布局，使用图像控件、文本控件按钮控件完成图书信息的呈现等，显示效果如图 2-24 所示。

图 2-24　图书详细页面

第3章 学习情境：页面的客户端交互

3.1 学习情境引入

上一章介绍了应用 HTML 超文本标记语言和 CSS 级联样式表等技术进行页面的布局和样式的设计，HTML 和 CSS 都是客户端静态内容的设计技术，静态内容是网页设计的基础，但只有静态内容的网页无法完成丰富的交互功能。

浏览器还支持文档对象模型 DOM、JavaScript 语言等技术，使得我们可以将 HTML 文档中的元素视为编程对象，通过 JavaScript 程序控制这些对象完成与用户的交互，还可以控制 HTML 元素及其样式，使网页成为动态网页。实现动态网页的 HTML、CSS、DOM、客户端脚本语言（如 JavaScript）等综合技术，称为“动态 HTML 技术”（DHTML）。

本章即通过对 DOM 和 JavaScript 技术的学习，完成页面的客户端的交互。

3.1.1 客户端交互的功能需求

网站与用户的交互，如果在服务器端实现，需要经过 HTTP 请求和响应，会使人感觉反应迟缓，用户体验较差。DHTML 技术使得用户与网站之间，通过浏览器在客户端就可以进行交互，从而提高了用户体验，在网站的开发中得以广泛应用。

比如，在我们的网上书店管理系统中，要在购物车中删除某一本书时，立即弹出一个删除警告框进行提示；再比如，很多网站的页面上都有“设为主页”和“添加收藏”等，这些功能都是用 DHTML 技术实现的。

3.1.2 客户端交互的功能展示

在网上书店系统中需要利用 DHTML 技术实现以下功能。

1. 弹出删除确认对话框

此功能要求当在购物车中单击“取消”按钮时，立即弹出一个删除确认对话框进行提示，以引起操作者的注意，以防止误操作。

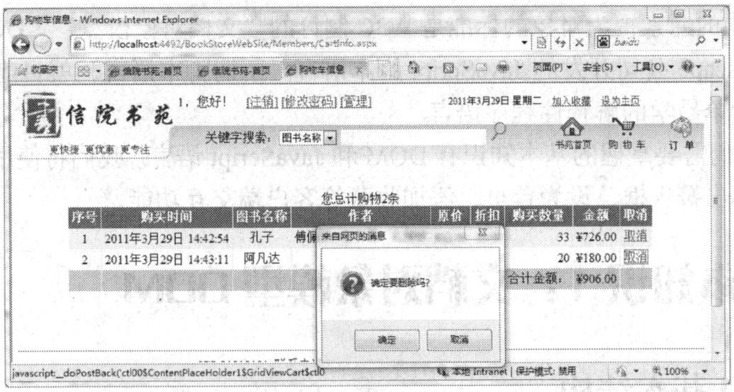

图 3-1　弹出删除警告框

2. 设为主页

图 3-2　设为主页提示对话框

此功能要求当单击“设为主页”链接按钮的时候，会弹出一个浏览器内置的对话框，供用户选择是否将当前页设为主页。

3. 添加收藏

图 3-3　“添加收藏”对话框

此功能要求当单击“添加收藏”链接按钮的时候，会弹出一个浏览器内置的对话框，供用户选择是否将当前页添加到收藏夹。

3.1.3　客户端交互功能实现的技术分解

上述客户端交互都是随用户的单击弹出一个对话框，这类似于 Windows 桌面程序的事件机制。实际上，只需要浏览器将 HTML 元素（含 CSS 样式）视为“对象”就可以拥有“事件”，使用客户端编程语言就可以编写“事件处理程序”了。

将 HTML 文档中的元素视为对象的标准是 W3C 制订的“文档对象模型”（DOM），最流行的客户端编程语言是 Netscape 公司开发的 JavaScript 脚本语言。所谓脚本语言，就目前情况，可以理解为依附于其他程序、简单易学的解释性程序语言。

所以，这一章我们需要掌握的基本知识有 DOM 和 JavaScript 语言。我们将使用这些技术，完成网上书店管理系统中弹出警告框、设为首页、添加收藏等客户端交互功能。

3.2 基本知识 1：文档对象模型 DOM

3.2.1 DOM 基本结构

文档对象模型（Document Object Model，DOM）是 DHTML 的基础，是由 W3C 制定的标准，定义了编程访问和操作 HTML 文档的标准方法。

DOM 把 HTML 文档的元素视为对象，每个对象都有自己的属性和行为，通过对这些属性和行为的控制可以改变它们的状态和动作。

如同 HTML 文档结构一样，DOM 也是一个树形模型，每个标记都是一个对象，但为了更加方便地控制文档显示，在 HTML 文档中元素对象之上，又定义了 window、document 等几个对象，称为“顶级对象”，顶级对象在浏览器级别上，分别控制与整个文档有关的各种属性和行为，DOM 对象的层次关系如图 3-4 所示。

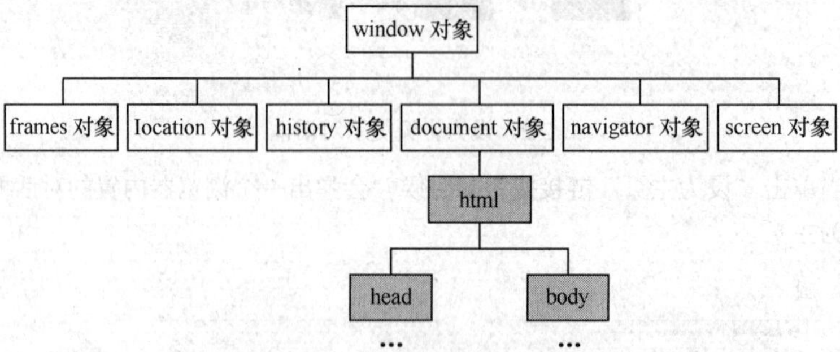

图 3-4 DOM 对象的层次关系示意图

可见，window 对象是 DOM 顶层对象，其他对象都是 window 对象的下层对象，其中 document 对象代表整个 HTML 文档，包含文档中的所有元素对象（HTML DOM 对象）。

实际中，随浏览器厂商、版本不同，以及 DOM 标准的版本不同，会存在兼容性的问题，下面仅从编程角度介绍常用的 DOM 顶级对象。

3.2.2 DOM 顶级对象简介

1. window 对象

简单说，window 对象是浏览器窗口（或选项卡）对象，为文档提供一个显示的容器。只要浏览器窗口打开，即使还没有加载任何页面，也会自动建立 window 对象。

通过 JavaScript 等脚本程序，可以使用 window 对象对浏览器窗口进行新建、设置等操作，还可以弹出简单对话框。

window 对象在层次中位于最高一层，浏览器中的所有内容，包括页面及其他浏览器中设置的信息都存放在 window 对象或者它的子对象中。一般情况下，所有的脚本操作都是假定在当前窗口中进行的，所以调用 window 对象的方法、属性，或者引用 window 的下级对象时，可以省略 window 对象，比如：window.alert()可以简写为 alert()，window.document 可以简写为 document。下面通过几个例子介绍 window 对象常用的属性和方法。

例 3-1　打开新窗口，访问桃李网。

在 VS .NET IDE 中，新建 HTML 页面 HTMLPage.htm，设置 title，并在 head 标记中输入 script 标记及其内容如下：

```
<head>
    <title>打开新窗口的例子</title>
    <script type="text/javascript">
        window.open("http://www.taoli.name");
    </script>
</head>
<body>
</body>
```

在浏览器中查看页面，如图 3-5 所示。

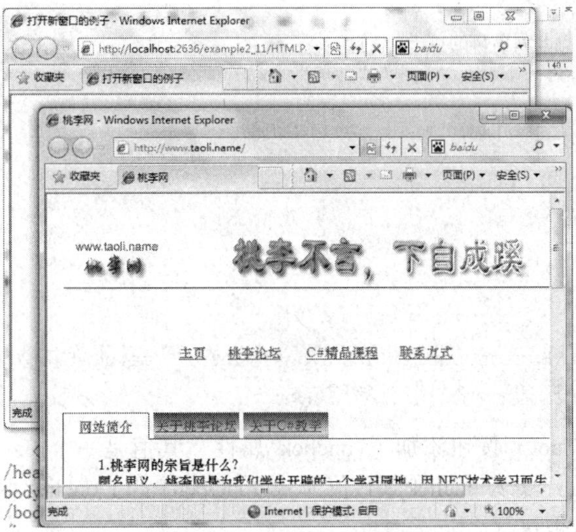

图 3-5　使用 window 对象的 open 方法打开新窗口

代码中 script 是客户端脚本标记，其中内容为客户端脚本程序，其 type 属性指示客户端脚本语言的类型，此处是 JavaScript 语言。window 对象的 open 方法用于新建浏览器窗口（根据浏览器设置，可能打开新选项卡），参数为打开的网址。open 方法还有其他参数，请有兴趣的读者自行查阅资料。

本例中，在浏览器打开 HTMLPage.htm 网页时，首先初始化该网页的浏览器窗口，并自上而下解释并执行网页文档中的 HTML 代码，从而呈现网页，至 head 标记中，解释执行 script 标记中的 window.open 方法，直接发生了跳转，新建浏览器窗口，在新窗口中解释并呈现显示 http://www.taoli.name 网页，然后才进入 HTMLPage.htm 网页的 body 标记，由于 body 标记中没有其他内容，所以呈现一个空白的 HTMLPage.htm 页面。

例 3-2　单击页面中的“桃李网”按钮，打开新窗口，访问桃李网。

① 在 VS .NET IDE 中，新建 HTMLPage.htm 页面，使用拆分视图。

② 从工具箱的 HTML 选项卡中，拖动一个 Input(Button)控件到设计界面中（或到源代码的 body 标记中），这是一个客户端按钮，请观察源代码的变化。

③ 选中设计界面中的按钮控件，在属性面板中，设置其 ID 属性为“ButtonOpenTaoLi”，Value 属性设置为“新窗口打开桃李网”。

④ 在文档选项卡上部的“客户端对象和事件”下拉框中选择 ButtonOpenTaoLi 对象（已有 id 属性的 HTML 元素会出现在此下拉列表中），如图 3-6 所示。

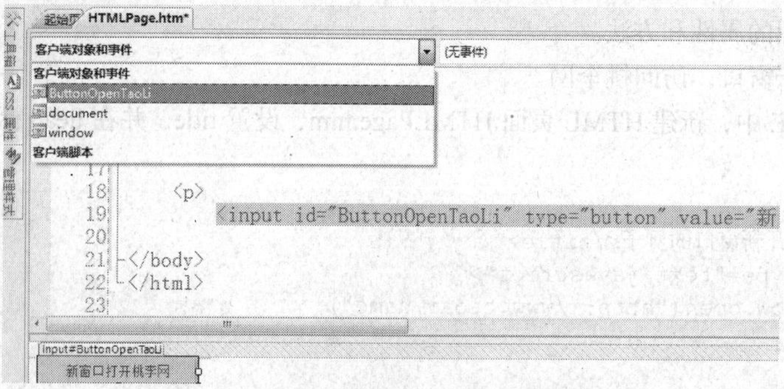

图 3-6　可视化添加客户端对象的事件

⑤ 在右侧的下拉框中选择 onclick 事件，VS .NET 自动生成相关的客户端代码如下：

```
<head>
    <title>单击按钮打开新窗口的例子</title>
    <script language="javascript" type="text/javascript">
// <!CDATA[
        function ButtonOpenTaoLi_onclick() {

        }
// ]]>
     </script>
</head>
<body>
     <p>
        <input id="ButtonOpenTaoLi" type="button" value="新窗口打开桃李网" onclick=
"return ButtonOpenTaoLi_onclick()" /></p>
</body>
```

代码中 ButtonOpenTaoLi 按钮添加了 onclick 属性，其值是一个 JavaScript 表达式：return ButtonOpenTaoLi_onclick()，意为 onclick 属性值为 ButtonOpenTaoLi_onclick 函数的返回值，这使得按钮发生单击事件时该函数被执行。

代码中同时添加了 script 标记及相关客户端脚本程序，其中为了兼容旧版本浏览器，script 标记除了 type 属性，还自动生成了 language 属性（此属性已经不推荐使用）。script 中的程序包含一个 function 声明，即 JavaScript 语言的函数声明，此函数名为 ButtonOpenTaoLi_onclick，JavaScript 的函数声明有参数、无返回值类型。JavaScript 语言的注释语句是以“//”开头的，注释语句不会被浏览器执行，但会被 XHTML 解析器解析，默认情况下，XHTML 解析器会将所有的“<”、“>”认为是 HTML 标记，以“<!CDATA[”（应为“<![CDATA[”）开头、“]]>”结尾注释语句是为了使得 XHTML 解析器不再解析它们包裹的 JavaScript 程序，从而不会将小于号、大于号误认为是 HTML 标记，其作用相当于转义字符。

⑥ 在 ButtonOpenTaoLi_onclick 函数中输入“window.open("http://www.taoli.name");”语句，在浏览器中查看网页，单击“新窗口打开桃李网”按钮，可见如图 3-7 所示呈现结果。

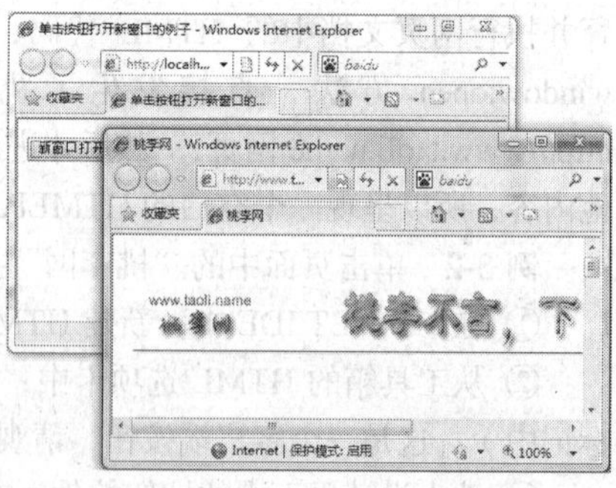

图 3-7　例 3-2 呈现结果

例 3-3　设置浏览器状态栏文本。

参考例 3-2 的步骤，加入 HTML 按钮，ID 设为“ButtonSetStatusText”、Value 设为“设置状态栏”，输入 onclick 事件函数代码等如下：

```
<head>
    <title>设置浏览器状态栏的例子</title>
    <script language="javascript" type="text/javascript">
```

```
// <!CDATA[
        function ButtonSetStatusText_onclick() {
            window.status="这是您设置的状态栏文本";
        }
// ]]>
    </script>
</head>
<body>
    <p>
        <input id="ButtonSetStatusText" type="button" value="设置状态栏" onclick="return
ButtonSetStatusText_onclick()" /></p>
</body>
```

其中 window 对象的 status 属性表示浏览器窗口的状态栏文本。在浏览器中查看网页，单击“设置状态栏”按钮，如图 3-8 所示。

例 3-4　弹出一个警告对话框。

网页主要代码如下：

```
<head>
    <title>弹出警告对话框的例子</title>
    <script language="javascript" type="text/javascript">
// <!CDATA[
        function ButtonAlert_onclick() {
            alert("现在执行了 window.alert 方法");
        }
// ]]>
    </script>
</head>
<body>
    <p>
        <input  id="ButtonAlert"  type="button"  value=" 弹 出 警 告 框 "  onclick="return
ButtonAlert_onclick()" /></p>
</body>
```

执行 window 对象的 alert 方法，将弹出一个警告框，其参数为警告框中显示的文本。上述代码书写中，省略了 window 对象。在浏览器中查看网页，单击按钮，效果如图 3-9 所示，该警告对话框和下述确认对话框都是模态对话框。

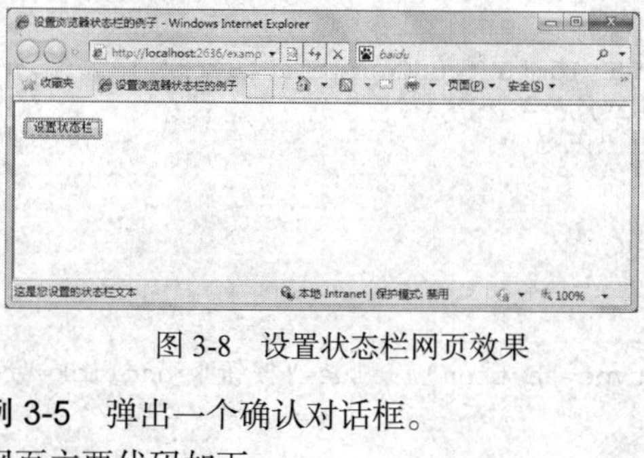

图 3-8　设置状态栏网页效果

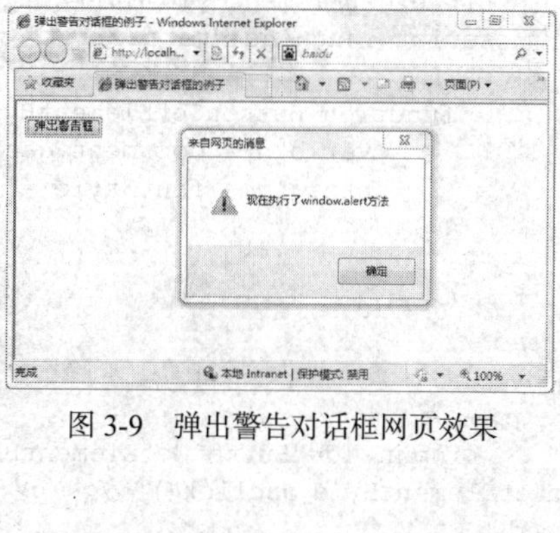

图 3-9　弹出警告对话框网页效果

例 3-5　弹出一个确认对话框。

网页主要代码如下：

```
<head>
    <title>弹出确认对话框的例子</title>
    <script language="javascript" type="text/javascript">
// <!CDATA[
        function ButtonConfirm_onclick() {
            var r = window.confirm("您要打开桃李网吗？")
            if (r == true) {
```

```
                    window.open("http://www.taoli.name");
                }
            }
    // ]]>
        </script>
    </head>
    <body>
        <p>
            <input id="ButtonConfirm" type="button" value="访问桃李网" onclick="return
ButtonConfirm_onclick()" /></p>
    </body>
```

代码中，调用 window 对象的 confirm 方法，弹出一个确认对话框，并定义变量 r 保存 confirm 方法的返回值，作为一种简单的脚本语言，JavaScript 虽然是类 C 语言，但不是强类型语言，用 var 来声明所有变量。confirm 方法返回的是一个 bool 值，代码中，根据此返回值，进行程序分支，决定执行何种操作。

在浏览器中查看网页，单击按钮，如图 3-10 所示，进一步单击“确定”按钮，可在新窗口打开桃李网，单击“取消”按钮，则什么都不做。

window 对象还有 setInterval、setTimeout 等方法，可以定时执行一个函数，这在客户端编程中也较常用，请读者自行查阅资料。

2. document 对象

document 对象代表整个网页，是客户端编程中最常用的对象。通过此对象，我们可以对 HTML 页面中的所有元素进行访问，并可以向页面中动态添加文本以及各种 HTML 元素。在此仅介绍最常用的用法。

通过 document 对象访问 HTML 元素的方式不只一种，W3C 标准推荐使用的方式是通过 getElementById、getElementsByName、getElementsByTagName 等方法获取对象。getElementById 通过元素 id 获取单个对象，getElementsByName 通过元素 name 获取同名对象数组，getElementsByTagName 通过元素标记名称获取同类对象数组。getElementById 最为常用。

例 3-6 使用 getElementById 方法访问 HTML 元素。

```
    <head>
        <title>getElementById 的例子</title>
        <script language="javascript" type="text/javascript">
    // <!CDATA[
            function ButtonGetElementById_onclick() {
                var btn = document.getElementById("ButtonGetElementById");
                btn.style.fontStyle = "italic";
            }
    // ]]>
        </script>
    </head>
    <body>
        <p>
            <input id="ButtonGetElementById" type="button" value="按钮" onclick="return
ButtonGetElementById_onclick()" /></p>
    </body>
```

document 对象的 getElementById 方法的参数为元素 id 字符串，返回值为具有此 id 的 HTML 元素对象。

在按钮事件处理代码中，使用变量 btn 代表查找到的对象，btn.style 则为 btn 对象的样式，功能与 CSS 样式表相同，设置 btn.style.fontStyle 为“italic”，即设置 btn 对象的字体风格为斜体，此设置立即生效。

在浏览器中查看网页，单击按钮后，效果如图 3-11 所示。

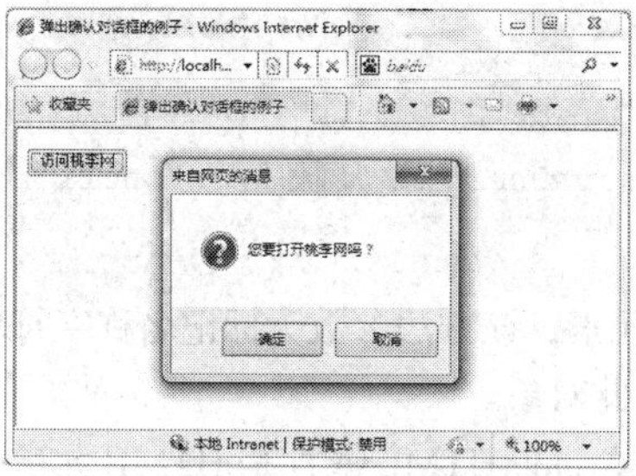

图 3-10　弹出确认对话框网页效果

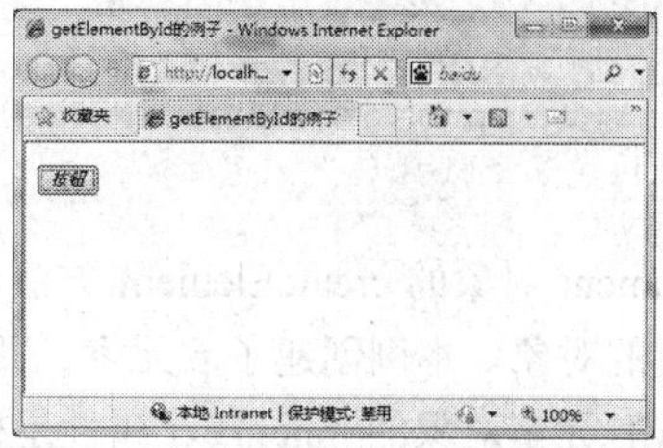

图 3-11　使用 getElementById 访问 HTML 元素的例子

例 3-7　在网页中动态输出文本。

```
<head>
     <title>document.write 动态输出文本的例子</title>
     <script language="javascript" type="text/javascript">
// <!CDATA[
         function ButtonWrite_onclick() {
              document.write("Hello world!");
         }
// ]]>
       </script>
</head>
<body>
     <p>
         <input id="ButtonWrite" type="button" value="显示 HelloWorld" onclick="return
ButtonWrite_onclick()" /></p>
</body>
```

代码中，document 对象的 write 方法能够在网页上显示文本，其参数为输出字符串（也可以是 HTML 元素字符串，包括 script 元素）。网页初始显示效果如图 3-12 所示。

单击按钮后，执行效果如图 3-13 所示。由图可见，document.write 方法初始化了文档页面，页面原有的标题和内容都不见了，只显示 write 方法输出的字符串。

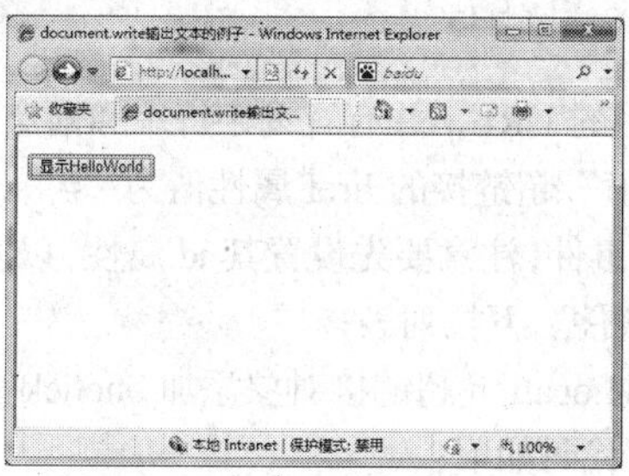

图 3-12　例 3-7 网页初始效果

图 3-13　例 3-7 单击按钮后的显示效果

例 3-8　动态添加 HTML 元素。

本例保持原页面内容，在页面中添加一个段落。代码为：

```
<head>
     <title>动态添加 HTML 元素的例子</title>
     <script language="javascript" type="text/javascript">
// <!CDATA[
         function ButtonWrite_onclick() {
              var objP = document.createElement("p");
              objP.innerText = "保留原来页面内容，动态添加的文本";
              document.body.appendChild(objP);
         }
// ]]>
     </script>
```

```
    </head>
    <body>
        <p>
            <input id="ButtonWrite" type="button" value="添加段落" onclick="return 
ButtonWrite_onclick()" /></p>
    </body>
```

document 对象的 createElement 方法用于创建 HTML 元素，该方法参数为标记名称字符串，返回值为创建的对象。本例创建了 p 元素，并用 objP 变量表示此对象。

HTML 元素对象的 innerText 属性是标记中的显示文本，innerHTML 属性是 HTML 元素中的所有内容。本例中给 objP 对象的 innerText 属性赋值，也就创建了段落中的文本，此处也可用 innerHTML 代替 innerText。

HTML DOM 对象的 appendChild 方法在该元素对象中添加一个嵌套的子对象。此处将 objP 对象添加到了 body 对象中。

在浏览器中查看页面，单击按钮后的效果如图 3-14 所示。

3. location 对象

location 对象对浏览器窗口的当前页面地址进行管理。当前页面的 URL 存放在 location 对象中，使用 location 对象的属性，可以直接访问这个 URL 的各个部分，而不必再进行字符串分析编程。location 对象还具有导航方法，可以使浏览器窗口导航到指定地址。

例 3-9 location 对象的属性。

① 为演示完整的 location 对象的属性，在页面中设计锚点链接，再添加一个“显示 location 对象属性值”的超链接，HTML 代码如下：

```
    <body>
        <a href="HTMLPage.htm?id=1&name=mike#bottom">到页尾</a>
        <p>1</p><p>2</p><p>3</p><p>4</p><p>5</p><p>6</p><p>7</p><p>8</p><p>9</p><p>10
</p><p>11</p><p>12</p><p>13</p><p>14</p><p>15</p><p>16</p><p>17</p><p>18</p><p>19</p><
p>20</p>
        <a name="bottom">页尾</a>
        <a id="showLocation" href="#">显示对象 location 属性值</a>
    </body>
```

代码中，“到页尾”超链接的 href 属性值为相对路径的 URL，并有查询字符串和锚点。“页尾” a 标记定义了“bottom”锚点。“显示 location 对象属性值”超链接的 href 属性值为“#”，使此链接实际不会发生跳转，但此链接包含 onclick 属性，可以处理事件，注意要先设置其 id 属性，以使 VS .NET IDE 可以感知到该元素，才能将其列入“客户端对象和事件”下拉列表；

② 使用“客户端对象和事件”等下拉列表，为 showLocation 超链接对象添加 onclick 事件委托，也可以手工输入相关的标记和属性。最后键入 JavaScript 代码如下：

```
    function showLocation_onclick() {
                var str = "href 属性值为： " + location.href + "\n" +
                "protocol 属性值为： " + location.protocol + "\n" +
                "host 属性值为： " + location.host + "\n" +
                "hostname 属性值为： " + location.hostname + "\n" +
                "port 属性值为： " + location.port + "\n" +
                "pathname 属性值为： " + location.pathname + "\n" +
                "search 属性值为： " + location.search + "\n" +
                "hash 属性值为： " + location.hash;
                alert(str);
        }
```

JavaScript 语言中的字符串连接操作与 C#相同。此代码用 location 对象的属性构成了一个字符串，并用 window 对象的 alert 方法显示在对话框上。

在浏览器中查看网页，先单击“到页尾”超链接，再单击“显示 location 对象属性值”超链接，呈现效果如图 3-15 所示。

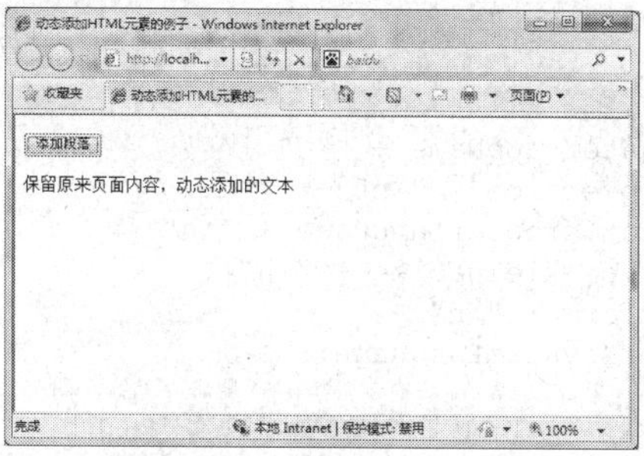

图 3-14　动态添加段落元素

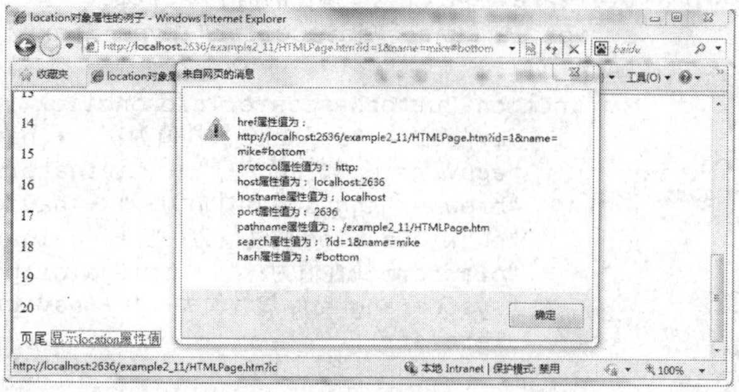

3-15　location 对象属性的例子效果

请读者结合浏览器地址栏显示的当前网页完整地址，自行分析每个属性代表的含义。

例 3-10　location 对象提供的网页刷新方法。

location 对象的 reload 方法是最常用的网页刷新方式，此方法令当前网页刷新，此方法一般没有参数。编写 HTML 代码如下：

```
<head>
    <title>用 location 对象进行网页刷新的例子</title>
    <script language="javascript" type="text/javascript">
// <!CDATA[
        function ButtonReload_onclick() {
            location.reload();
        }
// ]]>
    </script>
</head>
<body>
    <input id="TextTestRefresh" type="text" />
    <input id="ButtonReload" type="button" value="刷新" onclick="return ButtonReload_
onclick()" />
</body>
```

网页中添加了一个 TextTestRefresh 文本框（可以手工输入，或使用工具箱），以供测试网页刷新。在浏览器中查看网页，如图 3-16 所示，在文本框中输入一些文本，然后单击“刷新”按钮，观察刷新效果。

图 3-16　使用 location 对象进行网页刷新

location 对象提供的导航方法还有 assign 和 replace，都以一个 URL 为参数，执行这两个方法都会使页面导航到参数 URL 页面，但导航后，replace 方法不支持浏览器的后退操作，即不能通过单击浏览器的“后退”按钮返回执行 replace 方法前的原页面，assign 方法支持后退操作。

4. navigator 对象

navigator 对象的属性包含有关导航器工具软件的信息，即浏览器的信息。

例 3-11　获取浏览器的信息。

本例代码如下，其结构类似于例 3-9，请读者自行分析。

```
<head>
    <title>navigator 对象属性的例子</title>
    <script language="javascript" type="text/javascript">
// <!CDATA[
        function ButtonNavigatorInfo_onclick() {
            var str = "appName 属性值为：" + navigator.appName + "\n" +
            "appVersion 属性值为：" + navigator.appVersion + "\n" +
            "browserLanguage 属性值为：" + navigator.browserLanguage + "\n" +
            "cookieEnabled 属性值为：" + navigator.cookieEnabled + "\n" +
            "platform 属性值为：" + navigator.platform + "\n" +
            "systemLanguage 属性值为：" + navigator.systemLanguage;
            alert(str);
        }
// ]]>
    </script>
</head>
<body>
    <input id="ButtonNavigatorInfo" type="button" value="查看浏览器信息" onclick=
"return ButtonNavigatorInfo_onclick()" />
</body>
```

网页效果如图 3-17 所示。其中 Trident 为浏览器排版引擎名称，即浏览器“内核”，“内核”加“外壳”后就形成了各种浏览器，“外壳”指用户界面，各种浏览器的不兼容源自内核不同，如 FireFox 浏览器使用 Gecko 内核，所以初学者易将内核和浏览器混淆，如称“腾讯 TT 浏览器使用 IE 内核”等，说法不够准确。

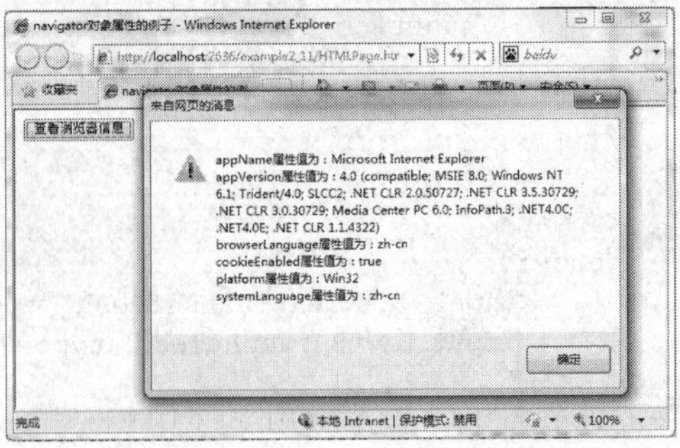

图 3-17　navigator 对象的属性展示

5. history 对象

history 对象对当前浏览器窗口（或选项卡）已经访问过的网址进行管理，其 length 属性表示历史记录 URL 的个数，常用其下列 3 个方法调用历史记录中的 URL，以实现浏览器导航。

- back 方法：等效于浏览器中的“后退”按钮。
- forward 方法：等效于浏览器中的“前进”按钮。
- go 方法：使用整型参数决定导航到哪一条历史记录，如：go(-1)相当于 back()，go(-2)相当于执行两次 back()。

6. frame 对象

在 HTML 代码中使用 frame 框架标记（配合 frameset 框架集标记），能够将浏览器窗口划分为多个部分（即框架），每个部分显示一个网页，每个框架网页单独刷新。

一般说来，frame 对象在 window 对象的下层，但文档中包含 frameset 框架集时，每个 frame 对象都包含一个 window 对象，每个 window 对象有自己的 DOM 结构。由于这样的结构破坏了 DOM 层次，并且其功能又可以用 iframe 标记、AJAX 技术等代替，所以，不建议使用 frameset、frame。

iframe 标记用 src 属性指示要加载的子文档 URL。

3.2.3　DOM 对象的事件

前面介绍了 JavaScript 对 DOM 顶级对象的基本操作，也包含了对 HTML DOM 对象的创建和修改操作，修改操作包括修改属性值（如 innerHTML、innerText 等）、修改样式（style 属性）等操作。

实际上，在用户交互中，经常要对 HTML DOM 对象的事件进行处理，window 对象还有一个 event 子对象，用于维护事件状态，如事件对象、鼠标、键盘的状态等。本部分仅介绍 event 对象的基本使用，更详尽的内容请参阅其他书籍。

例 3-12　event 对象的使用。

为 window 对象添加 onmousemove、onkeypress、onclick 事件，编写事件代码，然后在网页中添加几个 HTML 控件，并设置 body 的 border 样式，得到如下网页代码：

```
<head>
    <title>event 对象的例子</title>
    <script language="javascript" type="text/javascript">
// <!CDATA[
        function window_onmousemove() {
            window.status = 'X=' + window.event.x + ' Y=' + window.event.y;
        }
        function window_onkeypress() {
            alert(event.keyCode);
        }
        function window_onclick() {
            alert(event.srcElement);
        }
// ]]>
    </script>
</head>
<body style="border: solid 1px blue" onmousemove="return window_onmousemove()"
onkeypress="return window_onkeypress()" onclick="return window_onclick()">
    <p>
        <input id="Button1" type="button" value="button" /><input id="Text1" type=
"text" /><input
            id="Checkbox1" type="checkbox" /></p>
</body>
```

可见，为 window 添加 onmousemove 等事件，实际上为 body 元素生成了 onmousemove 等属性。onmousemove 事件由用户在 body 中移动鼠标而产生，其处理函数代码中，使用 event 对象的 x 属性和 y 属性获取鼠标位置，将其显示在浏览器窗口状态栏上。onkeypress 事件由用户按下并松开某个键盘按键而产生，其处理函数代码中，使用 event 对象的 keyCode 属性，将所按键的键码用警告框显示出来。onclick 事件由用户对 body 的单击而产生，其处理函数代码中，使用 event 对象的 srcElement 属性，将单击的元素对象用警告框显示出来，默认显示元素对象的类型名称。

由于浏览器窗口中的区域并不全部属于 body 对象，在鼠标移过窗口下部区域时，并不会触发 onmousemove 事件。为了演示更清楚，为 body 标记添加了 border 样式属性。

在浏览器中查看网页，单击控件后的效果如图 3-18 所示。

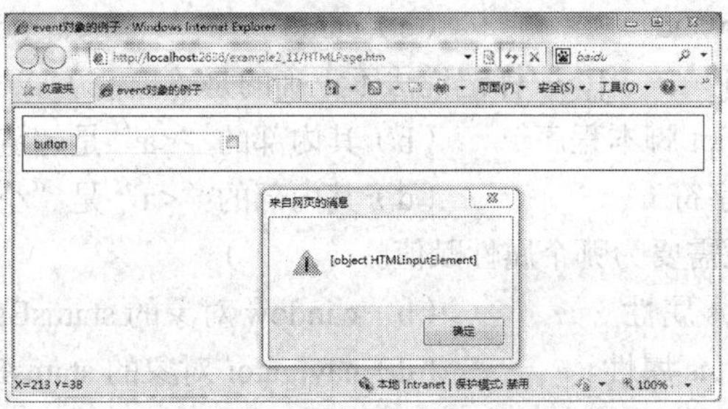

图 3-18　event 对象使用例子的网页效果

需要说明的是，上述 event 的 x、y、keyCode、srcElement 等属性仅在 Trident 内核（IE 浏览器）有效，并有版本限制，而且目前不是 W3C 标准，有关详情，请读者查阅其他资料。

3.2.4　自测

1. 单项选择题

（1）下列描述错误的是（　　）。

（a）DHTML 是 HTML 基础上发展的一门语言
（b）根据处理用户操作位置的不同，动态网页技术可分为服务器端动态技术和客户端动态技术
（c）客户端的 DHTML 技术包括 HTML、CSS、DOM 和客户端脚本语言
（d）DHTML 侧重于网页内容的动态呈现，ASP.NET 技术侧重于网页内容的动态组织

（2）DOM 是（　　）。
（a）文档对象模型　　（b）动态 HTML
（c）客户端脚本　　（d）超文本标记语言

（3）下列能将 HTML 文档的元素视为对象的技术是（　　）。
（a）HTML　　（b）CSS　　（c）DOM　　（d）JavaScript

（4）下列说法不正确的是（　　）。
（a）DOM 和 HTML 都是树形结构
（b）DOM 对象和 HTML 元素一一对应
（c）HTML 元素的属性和样式都可以用 JavaScript 控制
（d）DOM 有若干“顶级对象”

（5）DOM 模型中的最顶级对象是（　　）。
（a）window　　（b）document　　（c）history　　（d）location

（6）用于控制浏览器窗口的 DOM 对象是（　　）。
（a）window　　（b）navigator　　（c）history　　（d）location

（7）新建浏览器窗口的方法是（　　）。
（a）window.new()　　（b）document.open()
（c）window.open()　　（d）document.new()

（8）网页中插入脚本，需要使用哪个标记？（　　）
（a）javascript　　（b）script
（c）link　　（d）a

（9）VS .NET 2008 IDE 中，某控件没有出现在“客户端对象和事件”下拉框中，最可能因为（　　）。
（a）此控件不是客户端对象　　（b）VS. NET 智能感知失败
（c）电脑反应迟钝　　（d）没设置控件的 id 属性

（10）要处理 HTML 按钮控件的单击事件，需为其哪个属性赋值？（　　）
（a）onclick　　（b）id　　（c）name　　（d）style

（11）关于“<![CDATA[”、“]]>”标记说法不正确的是（　　）。
（a）常用来包裹 JavaScript 脚本程序　　（b）其内部的“<a”是超链接的开始标记
（c）其作用相当于转义字符　　（d）其内部的“<a”是“小于 a”的意思

（12）设置浏览器状态栏需要为哪个属性赋值？（　　）
（a）window 对象的 status 属性　　（b）window 对象的 statusBar 属性
（c）navigator 对象的 status 属性　　（d）navigator 对象的 statusBar 属性

（13）输出警告框文本的方法是（　　）。
（a）document.write()　　（b）document.writeln()
（c）window.alert()　　（d）window.confirm()

（14）HTML 按钮控件表示所显示文本的属性为（　　）。
（a）Text　　（b）id　　（c）value　　（d）name

（15）输出确认框的方法是（　　）。
（a）document.write()　　（b）document.writeln()
（c）window.alert()　　（d）window.confirm()

（16）代表文档的 DOM 对象是（　　）。

（a）window　　（b）document

（c）history　　（d）location

（17）根据元素 id 获取对象的方法是（　　）。

（a）document.getElementById　　（b）document.getElementsByTagName

（c）document.getElementsByName　　（d）document.all

（18）设置 obj 对象的字体样式为斜体的语句为（　　）。

（a）obj.font="斜体"　　（b）obj.style.font="italic"

（c）obj.fontStyle="italic"　　（d）obj.style.fontStyle="italic"

（19）以下说法正确的是（　　）。

（a）document.write 方法只能在网页中显示文本

（b）document.write 方法只能在网页中输出 HTML 标记

（c）document.write 方法会初始化网页并输出字符串

（d）document.write 方法能够在指定的文档位置输出文本

（20）以下说法错误的是（　　）。

（a）document 对象的 createElement 方法可以创建 HTML 元素

（b）HTML 元素对象的 innerText 属性表示标记中显示的文本

（c）HTML 元素对象的 innerHTML 属性表示标记中嵌套的 HTML 标记

（d）HTML 元素对象的 appendChild 方法表示添加一个 body 对象

（21）分析当前页面的地址应使用哪个 DOM 对象？（　　）。

（a）window　　（b）document　　（c）history　　（d）location

（22）“http://www.google.com.hk/webhp?hl=zh-CN&sourceid=cnhp”网页中，location.host 的值为（　　）。

（a）http:　　（b）www.google.com.hk

（c）/webhp　　（d）? hl=zh-CN&sourceid=cnhp

（23）location 对象的刷新方法是（　　）。

（a）replace　　（b）go　　（c）assign　　（d）reload

（24）包含浏览器信息的 DOM 对象是（　　）。

（a）window　　（b）browser　　（c）navigator　　（d）frame

（25）以下说法最准确的是（　　）。

（a）腾讯浏览器使用 IE 内核

（b）FireFox 与 IE 不兼容源自外壳不同

（c）使用 IE 内核的浏览器都与 FireFox 有不兼容之处

（d）IE 使用的排版引擎（内核）不同于 FireFox 浏览器

（26）管理已访问网址列表的 DOM 对象是（　　）。

（a）window　　（b）document　　（c）location　　（d）history

（27）可能实现本窗口前进 2 条网页历史记录的是（　　）。

（a）history.back(2)　　（b）history.forward(2)

（c）history.go(-2)　　（d）history.go(2)

（28）frame 对象可以用哪个标记代替？（　　）

（a）frameset　　（b）div　　（c）table　　（d）iframe

（29）管理 DOM 对象事件的 DOM 对象是（　　）。

（a）window　　（b）onclick　　（c）script　　（d）event

（30）IE 中代表事件发出对象的是（　　）。

（a）event.keyCode　（b）event.target　（c）event.srcElement　（d）event.x

（31）IE 中代表事件发生时鼠标横坐标的是（　　）。

（a）event.keyCode　（b）event.target　（c）event.srcElement　（d）event.x

3.2.5 演练

1. 实验题目

DOM 相关对象的使用。

2. 实验目的

- 通过调用操作，了解 DOM 对象基本结构。
- 掌握 window、document 的基本使用。
- 学会 location、history 等顶级对象的基本使用。
- 学会 HTML DOM 对象的基本控制操作。

3. 实验内容

（1）做教材例题。

（2）上网查阅资料，较全面地了解各个对象。

参考网站 http://www.w3school.cn。

4. 实验步骤

由读者写出。

5. 实验总结

由读者总结。

3.3 基本知识 2：JavaScript 脚本语言简介

3.3.1 概述

JavaScript 是由 Netscape 公司开发的一种基于对象的网页脚本编程语言，它支持客户端和服务器端应用程序的开发。JavaScript 解决了 HTML 和 CSS 样式只能做静态网页的缺陷，将静态网页变成了动态网页，使用户对网页的操作更加方便。网络资料中，常把 JavaScript 简称 JS。

JavaScript 被 ECMA（欧洲计算机制造商协会）吸收为客户端脚本标准，此标准称为 ECMAScript，它是 JavaScript 的子集。微软实现 ECMAScript 标准的客户端脚本语言成为 JScript，一般认为，JScript 是 JavaScript 的超集。实际上，在本书范围内，使用的浏览器均为 IE，也就是说，我们在 VS .NET 环境中编写 JavaScript 语言的客户端脚本，在 IE 中查看网页时，用 IE 的 JScript 解释器解释运行这些脚本程序，这并不影响我们的编程，以后不再提及 JScript。

1. JavaScript 语言特点

JavaScript 脚本语言也是类 C 语言，与 C#语法有很多相似。JavaScript 脚本语言的主要语法特点如下。

① 变量不必声明类型，但赋值后类型自动确定，也需要转换。

② 基本数据类型、运算符、流程控制与 C#语言类似。

③ 字符串类型、布尔类型等，对象的初始化等，空值 null，与 C#语言类似。

④ 自定义函数无返回值类型声明。

2. JavaScript 脚本程序的使用

（1）内部脚本程序：只在一个页面中使用的 JavaScript 程序用 script 标记包围，添加到 HTML 文档中，可以添加到 head 部分，也可以添加到 body 部分，但要注意 HTML 文档是顺序解释的，不能在前面调用后面定义的脚本函数，因此，一般将 script 标记添加到 head 部分。

（2）外部脚本程序：多个页面共用的 JavaScript 脚本程序，可以独立保存为.js 扩展名的文件（不包括 script 标记），然后在页面文档中，使用如下 HTML 代码，将此文件指定给 script 标记的“src”属性，就可以和使用内部脚本一样使用这个外部文件中的脚本了。

```
<head>
    <script src="xxx.js" …/>
</head>
```

使用 JavaScript 脚本时，还要注意：函数中的脚本语句通常是由对象事件调用的，如果没发生相关事件，这些函数将不会运行；但脚本语句还可以不在任何函数中，它们将会随着文档的顺序加载，而被顺序运行。

3.3.2　数据类型和变量

JavaScript 是弱类型语言，变量不必声明类型，但赋值后类型自动确定。

1. 数据类型

JavaScript 的数据类型如表 3-1 所示。

表 3-1　JavaScript 数据类型

数据类型	说明	举例
字符串型	使用单引号或双引号括起来的一个或多个字符	如"ASP.NET"、'X='等
数值型	包括整数或浮点数（包含小数点的数或科学记数法的数）	如-128、12.9、6.98e6 等
布尔型	布尔型常量只有两种状态，即 true 或 false	如 event.returnValue=false
对象型	用于指定 JavaScript 程序中用到的对象	如网页表单元素
null 值	可以通过给一个变量赋 null 值来清除变量的内容	如 a=null
undefined	表示该变量尚未被赋值	如 var a

其中对象类型包括内置对象和自定义函数对象，将在后面章节介绍。JavaScript 不包含字符类型，单、双引号均可用于字符串类型。

2. 数据类型转换

（1）隐式转换。

如：

```
var s = "123";
alert(s*100);
```

显示结果为“12300”。在表达式“s*100”中，JavaScript 解释器对 s 进行了从字符串型到数值型隐式转换。

（2）强制转换。JavaScript 的强制转换类似于 C#中的 Convert 对象的成员方法，使用函数来完成转换，包括 Boolean()、Number()、String() 3 个强制转换函数，但它们是全局函数，详情见后。

另外 JavaScript 对象也包含 toString()成员方法，用于将基本数据类型、内置对象或自定义函数转换成字符串表示，转换规则也与 C#各种的 ToString()成员方法类似。同时，要将字符串转换为整型数值和浮点小数值，可以分别使用全局函数 parseInt()和 parseFloat()，详情见后。

试图用对象的成员方法 toString()转换 null 和 undefined 值时，会出现异常，String()则不会。

3. 变量

JavaScript 的变量统一用"var"关键字声明，标识符命名规则与 C#相近，大小写敏感，不再详述。

3.3.3 运算符、表达式、流程控制

1. JavaScript 运算符

JavaScript 的运算符与 C#类似，也支持 new 操作符初始化对象、this 操作符指代当前对象等，还支持 delete 操作符删除对象。不再详述。

2. JavaScript 的流程控制

JavaScript 的流程控制与 C#类似，其中 for 语句的循环变量不包括类型声明，其他不再详述。

3.3.4 函数

本部分介绍 JavaScript 的常用函数。

1. 全局函数

JavaScript 中定义了一些全局函数，这些函数不与任何具体对象发生联系，因此称为全局函数。全局函数在脚本的编写中很有用处。下面列举几个常用的全局函数作为参考，不再举例。

（1）eval(字符串)。eval()函数的功能就是执行括号内的字符串，如果字符串代表一个表达式，那么函数将对这个表达式进行运算；如果字符串代表一条或多条语句，那么函数就执行这些语句。

（2）parseInt(字符串)和 parseFloat(字符串)。parseInt()和 parseFloat()函数的作用是将括号内的字符串转变为整数和浮点数(小数)。网页中使用表单(form)时，从文本框中取出来的值，都属于字符串类型，若想运算需先将它们转换成整数或浮点数类型，此时可利用这两个函数完成类型转换的工作。parseInt 还支持基数转换，如 parseInt("10",2)返回 2。

（3）isNaN(表达式)。isNaN()函数用于判断表达式是否为数值型，在使用 parseInt(字符串)和 parseFloat(字符串)函数时，如果字符串不代表一个数值，此时两个函数都会返回 NaN(NaN 的意思是 Not a Number，指出不是一个数字)。通常，在使用上述函数后，还需要用 isNaN 函数进行判断，看字符串是否为数值，如果不是，需做其他处理。

（4）Boolean(对象)、Number(对象)、String(对象)。3 个函数是强制转换函数，其参数是对象。Boolean()将对象转换为布尔值，Number()将对象转换为数值；String()将对象转换为字符串。Number 与 parseInt 和 parseFloat 函数一样，如果转换失败，将返回 NaN。

（5）escape(字符串)和 unescape(字符串)。escape()和 unescape()函数是一对功能相反的函数，对应于对字符串进行编码和解码的工作。浏览器对 URL 代码采用 ISO—Latin—1 字符集进行编码，此时的空格、汉字等都用%开头的代码取代。可以采用 unescape()函数进行解码，还原成原来的样式。相反，也可以用 escape()函数编码，变成 URL 需要的格式。

2. 自定义函数

JavaScript 函数是对象类型，对象可用变量存储，因此在定义方面、使用方面，均可以将函数当做一个变量来对待，语法上非常灵活多样，此处仅介绍基本语法。

（1）函数定义。

创建函数的基本语法如下：

```
function 函数名(var1,var2,...,varN)
{
   代码…
}
```

不需要返回值类型声明，参数名是可选部分，如果没有参数时使用一个空括号。参数中不需要参

数类型。如果函数需要返回一个值给调用函数时，代码块中应该包括 return 语句。函数允许嵌套，即在一个函数中还允许调用其他函数。

例 3-13　下面的函数会返回两个数相乘的值（a 和 b）。

```
function prod(a,b)
{
    x=a*b;
    return x;
}
```

同 C#一样，调用上面这个函数时，必须传入两个参数，如：product=prod(2,3)，从 prod() 函数的返回值是 6，这个值会存储在名为 product 的变量中。

（2）函数的调用。函数只有在被调用时才执行。有两种形式的函数调用语句。

函数名(参数列表)；

变量名= 函数名(参数列表)。

其中第 1 种形式适合于不返回参数的调用，第 2 种形式适合于返回参数的调用。这与 C#相同。

3.3.5 常用内置对象

在 JavaScript 程序中，除了可以操作 DOM 对象，JavaScript 本身也是基于对象的编程语言，有很多有用的内置对象。每个对象有它自己的属性、方法和事件。

1. 字符串对象 String

除了字符串数据类型，JavaScript 还内置字符串对象类型，两者一般混用，其用法和 C#的 String 对象很相似。

例 3-14　字符串对象的例子。

本例使用 string 对象的常用属性和方法。在内置脚本 script 标记中输入如下代码：

```
var str = "JavaScript is a scripting language.";
var s1, s2, s3, s4,s5;
s1 = "str.length";
s2 = "str.toUpperCase()";
s3 = "str.indexOf('S')";
s4 = "str.substring(4,6)";
s5 = "str.substr(4,6)";
document.write("str: " + str + "<br/>");
document.write(s1 + ": " + eval(s1) + "<br/>");
document.write(s2 + ": " + eval(s2) + "<br/>");
document.write(s3 + ": " + eval(s3) + "<br/>");
document.write(s4 + ": " + eval(s4) + "<br/>");
document.write(s5 + ": " + eval(s5) + "<br/>");
```

代码中，首先声明了一个 str 变量，赋值后 str 成为一个字符串对象，变量 s1、s2、s3、s4、s5 用来存储对 str 对象进行 5 种成员调用的表达式字符串。然后使用 document 对象的 write 方法，将各种成员的值写入网页文档中，每个 write 方法的参数都包括表达式字符串部分，以及通过 eval 全局函数将表达式字符串运算后得到的结果字符串部分，还包括一个换行标记。

在浏览器中查看网页，得到如图 3-19 所示的效果。

请读者自行分析、总结各个成员的功能和使用方法，注意 substr 方法和 C#的 SubString 方法功能相同，substring 方法与 C#的 SubString 方法功能不同。

此外，字符串对象的 split 方法实现分割字符串功能：

```
var str="张三,李四,王五,赵六";
var listArray =str.split(",");
```

此代码将字符串 str 以逗号作为分隔符，分解成字符数组 listArray。

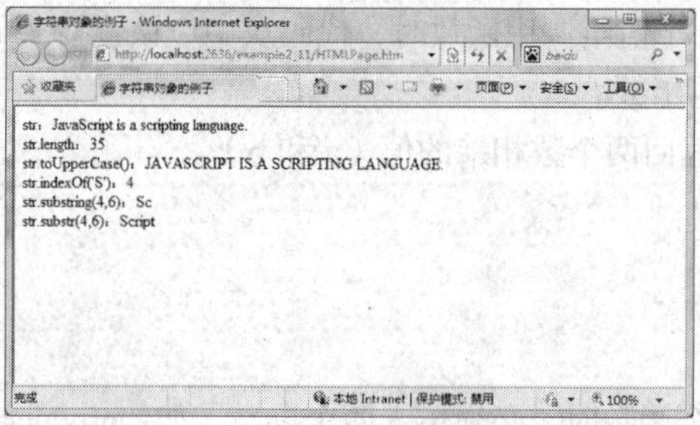

图 3-19　字符串对象例子的显示效果

JavaScript 的字符串对象还有其他方法，如 fromCharCode(字符代码)方法，可以将字符代码转换为字符，读者可以试将此方法用于例 3-13，从而直接显示键盘字符。

2. 数组对象 Array

JavaScript 的数组对象，其属性和方法与 C#数组的属性和方法很类似。

例 3-15　数组对象使用的例子。

在网页中放入一个 Select 控件，修改 id 和 name 属性，并直接修改其 option 标记源码，再为其指定 onchange 事件，编写事件处理函数脚本程序，得到如下代码：

```
<head>
    <title>数组对象的例子</title>
    <script language="javascript" type="text/javascript">
         function SelectProvince_onchange() {
              var ops = new Array();
              ops = document.getElementsByTagName("option");
              var str="";
              for (i = 0; i < ops.length; i++) {
                     str += ops[i].value;
                     if (ops[i].selected) str += "  被选中";
                     str += "\n";
              }
              alert(str);
          }
     </script>
</head>
<body>
     <select id="SelectProvince" name="Provinces" onchange="return SelectProvince_onchange()">
         <option value="北京">北京</option>
         <option value="天津">天津</option>
         <option value="山东">山东</option>
         <option value="上海">上海</option>
         <option value="广东">广东</option>
     </select>
</body>
```

select 元素是一个下拉框，其 onchange 事件在用户改变选择项时发生。代码中先声明了一个 ops 变量，并用 new 关键字和 Array 内置类构造函数进行了实例化，此处参数为空，即元素个数为 0，该参数可以是参数个数，还可以是逗号分隔的元素列表。document 对象的 getElementsByTagName 方法可以获取特定标记名称的元素集合，代码中使用一个赋值语句，使得数组变量 ops 存储了网页中所有 option 元素对象。option 元素具有 value 属性，包括供提交的文本值，还具有 selected 属性，表示此选项当前是否被选中。代码又

图 3-20　数组对象例子的显示效果

声明了字符串变量 str，并用 for 循环遍历 ops 的各个元素，在 str 字符串中，每行一个元素：保存其 value，若当前选中则记录“被选中”字样。代码的最后用警告对话框显示字符串变量 str。请注意：对话框显示的字符串，由 JavaScript 解释器解释，认为“\n”是换行符；用 document.write 写入网页的字符串，由 HTML 解析器解析，认为“
”是换行符。

在浏览器中查看网页，改变省份下拉框的选中项后，网页效果如图 3-20 所示。

3. 日期对象 Date

JavaScript 中没有日期时间数据类型，但有日期对象。

例 3-16　制作数字时钟。

① 在网页中加入一个 div，id 为“nowDiv”。

② 在 head 中加入 script 标记，输入如下脚本程序。

```
setInterval("show()", 1000); //设置每 1000 毫秒调用一次 show 函数
function show() {
            var date = new Date(); //空参数初始化 Date 对象，获得当前日期时间
            var now = "";
            now = date.getFullYear() + "-"; //取年份
            now = now + (date.getMonth() + 1) + "-"; //取月，0～11 对应 12 个月
            now = now + date.getDate() + " ";
            now = now + date.getHours() + ":";
            now = now + date.getMinutes() + ":";
            now = now + date.getSeconds() + "";
            document.getElementById("nowDiv").innerHTML = now; //在 div 内显示 now 字符串
}
```

代码用 window 对象的 setInterval 方法设置每 1000 毫秒调用一次 show 函数。show 函数中，使用 Date 对象的空参数构造函数，得到包含当前日期时间的变量 date，定义变量 now 存放时间字符串，接下来逐个调用 Date 对象的 getFullYear、getMonth 等方法分别获取当前日期时间的各个部分，组合到 now 字符串中，最终显示在 nowDiv 层元素中。需要注意的是，Date 对象使用的月份数值范围是 0～11。

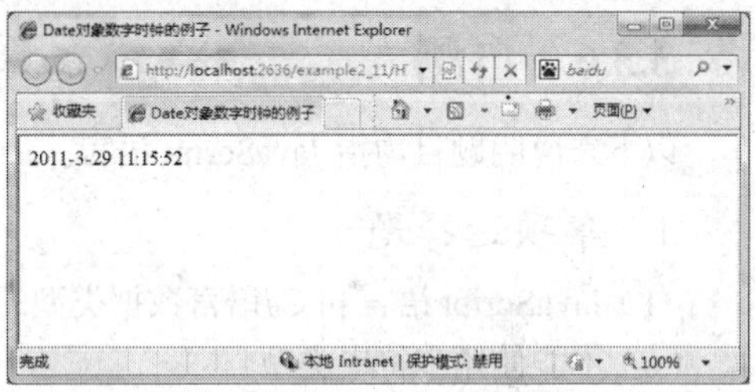

图 3-21　数字时钟的显示效果

在浏览器中查看网页，效果如图 3-21 所示。

Date 对象也提供了 toString()方法，但转换得到的字符串格式与图 3-21 有区别，请读者自行验证。

Date 对象构造函数可以带年月日等参数，如“var gq = new Date(cur.getFullYear(), 9, 1)”；初始化一个当年 10 月 1 日的 Date 对象。

Date 对象的 getDay()方法可获取星期几。getTime()方法获取相对毫秒数值，此毫秒数是自 1970 年 1 月 1 日 0 时整（北京时间 8 时整）开始的相对值。Date 对象也可以用这样的相对毫秒数值初始化，如 var date = new Date(1000) ;date 变量包含的是北京时间 1970 年 1 月 1 日 8 时 0 分 1 秒。

Date 对象还有其他属性和方法，不再详述。

4. 数学对象 Math

JavaScript 的数学对象提供了许多强大的数学运算功能，完全能够满足编写脚本中对于数学运算的需要。数学对象与前面几种对象不同，它不需要使用 new 操作符来创建，而可以直接使用 Math 来调用数学对象，其属性也就是标准数学常量，其方法构成了数学函数库。所有的属性和方法都是静态的，其使用格式为：“Math.属性”和“Math.方法”。

数学对象中有许多属性，例如，PI 代表圆周率的值，运算时可以直接使用 Math.PI 来获得圆周率。除此而外，Math.SQRT2 代表 2 的平方根、Math.LN2 代表 2 的自然对数等等。

数学对象中有许多方法，现在介绍下面 5 种。

① min(值 1,值 2)与 max(值 1,值 2)。min()与 max()都有两个参数，分别代表两个值。min()的功能是返回两个数值中的小者；max()返回两个数值中的大者。例如，min(12,8)返回 8，max(12,8)返回 12。

② round(数值)、ceil(数值)和 floor(数值)方法。round()、ceil()和 floor() 3 个方法都是将参数取整后返回，不同之处是取整的方法不同。round()方法是将参数四舍五入后取整；ceil()方法是返回大于或等于参数的最小整数；floor()方法是返回小于或等于参数的最大整数。例如，round(3.5)返回 4，ceil(3.5)返回 4，floor(3.5)返回 3。

③ random( )方法。使用 random()方法能够产生 0～1 的一个随机数，当我们需要用一定范围的数字测试某个项目时，利用它产生数据特别方便。例如，想显示 100 个从 10 到 100 之间的随机数时，可以利用下面的程序：

```
var i;
var ss = new Array(100);
for (i = 0; i < 100; i++) {
     ss[i] = Math.round((100 - 10) * Math.random()) + 10;
}
alert(ss);
```

④ sqrt(数值)方法。sqrt()方法的功能是返回数值的平方根。例如，要取 2 的平方根有两种形式，一种是运用 Math.SQRT2 属性，另外一种方法就是用 Math.sqrt(2)方法。

⑤ abs(数值)方法。abs()方法的功能是返回数值的绝对值。例如，取-98 的绝对值，可以利用 Math.abs(-98)得到。

除此以外，JavaScript 中可以用 sin(数值)、cos(数值)和 tan(数值)方法获取数值的正弦、余弦和正切函数数值。利用 asin(数值)、acos(数值)和 atan(数值)获得反正弦、反余弦和反正切函数数值。这里的数值都是代表弧度值。

JavaScript 还内置了正则表达式 RegExp、错误信息 Error 等对象，请有兴趣的读者自学。

3.3.6 自测

以下未说明题目均指 JavaScript 语言。

1. 单项选择题

（1）JavaScript 语言和 C#语言数据类型的不同在于（　　）。

（a）不能使用字符串类型　　（b）不能使用布尔类型

（c）不能声明变量的类型　　（d）不同类型的变量赋值不需要转换

（2） JavaScript 和 C#的函数不同之处在于（　　）。

（a）只有全局函数，不能作为对象的方法　　（b）自定义函数无返回值

（c）自定义函数无参数列表　　（d）自定义函数无返回值类型声明

（3）以下对 JavaScript 理解最准确的是（　　）。

（a）JScript 是 JavaScript 的简称

（b）JavaScript 是网景公司开发的一种 Java 脚本语言，其目的是为了简化 Java 的开发难度

（c）FireFox 和 IE 浏览器对 ECMAScript 支持的不同导致了一些兼容性问题

（d）IE 内置了对 JavaScript 语言的支持

（4）外部 JavaScript 脚本文件的扩展名是（　　）。

（a）.js　　（b）.css　　（c）.htm　　（d）.html

（5）引用外部脚本文件，需指定 script 标记的哪个属性？（　　）

（a）href　　（b）source　　（c）file　　（d）src

（6）以下不是 JavaScript 强制类型转换函数的为（　　）。

（a）Boolean()　（b）Number()　（c）String()　（d）escape()

（7）只能用于将字符串参数转换为数值的是（　　）。

（a）Boolean()　（b）Number()　（c）String()　（d）parseInt()

（8）eval(alert("kkk"))的执行结果是（　　）。

（a）在网页中显示"kkk"　（b）在网页中显示"alert("kkk")"

（c）弹出对话框显示"kkk"　（d）弹出对话框显示"alert("kkk")"

（9）支持基数转换的函数是（　　）。

（a）Number()　（b）String()　（c）parseInt()　（d）parseFloat()

（10）判断某字符串是否不为数值的函数是（　　）。

（a）split()　（b）Number()　（c）isNaN()　（d）parseInt()

（11）以下实现 URL 编码的函数是（　　）。

（a）Number()　（b）String()　（c）URL()　（d）escape()

（12）要实现两整数相加的 JavaScript 函数，以下定义正确的是（　　）。

（a）function int plus(int a,int b){ return a+b;}

（b）function plus(int a,int b){return a+b;}

（c）function plus(a,b){return a+b;}

（d）function int plus(a,b){return a+b;}

（13）已知 var s = "javascript! "。以下哪个选项可以返回"va"两个字母？（　　）

（a）s.substring(2,2)　（b）s.substring(2,4)

（c）s.substr (3,2)　（d）s.substr(3,4)

（14）将字符串分割为数组的函数是（　　）。

（a）String()　（b）split()

（c）Array()　（d）toString()

（15）select 元素的 onchange 事件表示（　　）。

（a）复选框的选中状态改变事件　（b）单选钮的选中状态改变事件

（c）文本框的选中文本改变事件　（d）下拉框的选择项改变事件

（16）空参数初始化的 Date 对象值为（　　）。

（a）undefined　（b）1900 年 1 月 1 日 0 时整

（c）1970 年 1 月 1 日 0 时整　（d）当前日期时间

（17）Date 对象表示为数值，此数值代表从哪个时间开始的相对值？（　　）

（a）1900 年 1 月 1 日 0 时整　（b）1970 年 1 月 1 日 0 时整

（c）0000 年 1 月 1 日 0 时整　（d）当前日期时间

（18）能产生 0～1 的一个随机数的表达式为（　　）。

（a）Rand()　（b）Math.Rand()

（c）Math.round()　（d）Math.random()

2. 判断题

（1）JavaScript 语言是 Java 语言的另一版本。

（2）一般认为 JavaScript 语言是浏览器的脚本语言。

（3）JavaScript 语言应用于控制网站服务器数据对象的属性和行为。

（4）JavaScript 语言是编译语言。

（5）JavaScript 语言是强类型语言。

（6）JavaScript 对象语法支持封装、继承和多态。

（7）所有可执行语句都必须出现在函数中。

（8）字符串使用双引号括起来，也可以使用单引号括起来。

（9）undefined 值表示空值。

（10）变量统一用“var”关键字声明。

（11）JavaScript 是大小写无关的程序语言。

（12）JavaScript 的 for 循环语法与 C#完全相同。

（13）JavaScript 自定义函数的形参列表中，没有类型声明部分。

（14）Array 对象声明时不必说明最大元素数。

3.3.7 演练

1. 实验题目

JavaScript 的使用。

2. 实验目的

- 学会使用 JavaScript 语言对 DOM 对象编程的基本方法。
- 初步掌握 JavaScript 的函数调用、内置对象的使用。
- 初步练习使用 alert 等函数调试 JavaScript 程序的方法。

3. 实验内容

① 结合本节所学知识，自己做出各个例子，并认真观察分析结果。

② 利用 JavaScript 制作一个倒计时显示，如图 3-22 所示。

图 3-22 国庆节倒计时

4. 实验步骤

由读者写出。

5. 实验总结

由读者总结。

3.4 决策与计划

本章的学习情境是网上书店管理系统的客户端交互功能的实现，这需要使用客户端的动态技术。

浏览器端的动态技术是多项技术的综合，即在浏览器文档对象模型 DOM 的基础上，综合运用 HTML、CSS、脚本、事件等技术，实际应用中是比较复杂的，如果还要考虑浏览器带来的不兼容因素，则更需要经过大量实践才能掌握这些技术。

本学习情境所需的客户端交互比较简单，只有购物车删除时弹出确认框、设为主页和加入收藏 3 项交互。

1. 购物车删除时弹出确认框

在购物车页面中，此交互要求当用户单击某行的“取消”按钮时弹出确认对话框，给用户提示，供用户选择是否执行删除。

理论上，此功能可以用服务器端技术实现：用户单击“取消”按钮时，以 get 或 post 方式带参数重新请求网页，服务器端检查参数，在响应页面中包含弹出确认对话框的客户端脚本程序，并将此页面返回客户端。注意，在 HTTP 协议中，服务器端不可能“绕过”浏览器，而在客户端弹出对话框。所以，这样的实现白白多了网络往返，并浪费了服务器资源。

此功能理应用客户端动态技术实现，使用 window 对象的 confirm 方法，即可实现此功能。

2. 设为主页

在前台页面，提供 “设为主页”功能，能够调用浏览器的内置功能，以完成相关操作。不同的浏览器此功能的调用方法不同，我们仅就 IE 浏览器实施此功能。

经查阅资料，要实现 IE 的“设为主页”功能，需要两个步骤。

① 通过设置“设为主页”超链接对象样式表的 behavior 属性，使该对象具备调用 IE 默认功能中 homepage 功能的行为，语句为：obj.style.behavior='url(#default#homepage)'，obj 代表“设为主页”超链接。

② 通过“设为主页”超链接对象调用 setHomePage 方法，将当前 URL 设为首页，语句为：obj.setHomePage(location .href)。

3. 加入收藏

与“设为主页”类似，经查阅资料，IE 浏览器的加入收藏功能，可通过 IE 对 window 对象的扩展属性 external 实现，该属性包含 addFavorite 等方法，该方法的两个参数分别代表加入收藏的 URL、收藏的标题。语句为：window.external.addFavorite(location.href, "信院书苑")。

3.5 实施

本章学习情境仅使用 HTML 页面实现相关功能。

3.5.1 购物车页面弹出删除对话框功能

网上书店系统的购物车页面数据删除有 3 个步骤：数据生成、删除提示、数据删除，数据生成、数据删除都是由服务器端程序完成的，包括“取消”链接也是服务器动态生成的，客户端仅完成删除提示。但此处不涉及服务器技术，使用静态数据，并用客户端技术实现提示和数据删除。也就是说，为了学习情境的完整性，我们仍完成数据生成、删除提示、数据删除 3 个步骤，但本小节使用的技术，仅删除提示功能被应用在网上书店系统中。

操作步骤如下。

① 新建网站，添加 HTML 页。

② 在 body 标记内插入 2 行 9 列表格，输入标题行数据。

③ 在表格第 2 行输入模拟数据，并设置此行 tr 标记 id 为“row1”，最后一列放置“取消”超链接，设置“取消”超链接的 id 属性为“del”，为“取消”超链接添加 onclick 事件。

表格设计效果如图 3-23 所示。

序号	购买时间	图书名称	作者	原价	折扣	购买数量	金额	取消
1	2011-4-1	阿凡达	张三	20	10	10	200	取消

图 3-23　购物车模拟表格设计效果

“取消”超链接相关代码如下：

```
<a href="#" id="del" onclick="return del_onclick()">取消</a>
```

④ 编写 del 超链接的 onclick 事件处理函数，代码如下：

```
function del_onclick() {
    var result = confirm("确认删除？");
    if (result) {
        var r = document.getElementById("row1");
        r.parentNode.removeChild(r);
    }
}
```

代码中，确认对话框返回代表用户选择的布尔值，定义 result 变量保存此值。在 result 为 true 时，首先取得对数据行对象的访问（用变量 r 表示），然后访问 r 对象的 parentNode 父节点对象，调用其 removeChild 方法，移除 r 对象。需要说明的是，此处指定了数据行对象的 id，对于多个动态数据行，实际的网上书店系统中，另有办法确定要删除的数据行。

3.5.2 “设为主页”和“加入收藏”功能

网上书店系统的这两个功能是用服务器端技术实现的，其实完全可以用客户端技术实现。接着使用上面小节的网页，操作步骤如下：

① 将“设为主页”和“加入收藏”链接排列在网页顶部，紧跟在 body 开始标记后，输入 table 元素：

```
<body >
    <table style="margin:0 0 auto auto">
        <tr>
            <td><a id="setHomePage" href="#">设为主页</a></td>
            <td><a id="addFavorite" href="#">加入收藏</a></td>
        </tr>
</table>
```

内联样式“margin:0 0 auto auto”表示元素外部边距的上、右为 0，下、左则按默认方式布局，在 IE8 等浏览器中的排版效果为水平居右、垂直靠顶。注意设置超链接的 id 属性。

② 为两个超链接添加 onclick 事件，输入代码如下：

```
function setHomePage_onclick() {
    event.srcElement.style.behavior = "url(#default#homepage)";
    event.srcElement.setHomePage(location.href);
}
function addFavorite_onclick() {
    window.external.addFavorite(location.href,"信院书苑")
}
```

代码中 event.srcElement 代表 setHomePage 超链接对象。

3.6 检查与评价

1. 检查

在浏览器中查看页面，检查功能是否实现。

本节的检查点主要有能否恰当地使用 JavaScript 动态客户端脚本语言来协助服务器端控件实现系统的功能；单击“删除”后是否可弹出警告对话框，单击“确定”后是否可删除相应行的数据，单击“设为主页”或“加入收藏”后是否可实现相应的功能等。

2. 评价

本章主要是使读者学会对客户端交互技术的灵活使用，掌握使用 JavaScript 操作 DOM 的方法。对于传统的 HTML 语言来说，很难开发出具有动态和交互性的网页，而 DHTML 可以实现这一点，我们可以将 JavaScript 嵌入到普通的 HTML 网页中并由浏览器执行，从而实现动态实时的效果，提高用户体验，并大大降低服务器的负荷，提高执行的效率。

3.7 训练

1. 题目

制作个人图书订购单的网页。

2. 要求

制作一个个人图书订购单的网页，效果如图 3-24 所示，要求：

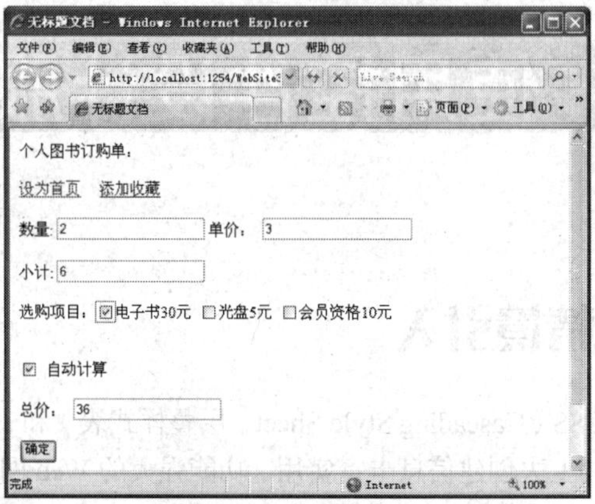

图 3-24 图书订购单

（1）添加“设为首页”和“添加收藏”功能；
（2）小计可以自动计算数量和单价的乘积；
（3）选购项目的复选框选中后会被自动计算。

第4章 学习情境：使用控件设计服务器页面

4.1 学习情境引入

在学习了 HTML、CSS（Cascading Style Sheet，层叠样式表）和 JavaScript 等重要的技术与语言后，我们还不能马上去创建信息丰富实用、功能强大的 Web 网站，还有很多问题值得我们考虑，比如：怎么访问数据库？怎么保证网站安全？

前面学习的这些技术都是在浏览器端完成的，设计的页面可以直接在浏览器中显示。而现代网站的许多功能都在服务器端实现，即我们需要设计的是包含服务器程序的动态网站，在本书中，就是要设计 ASP.NET 服务器网站。自本章开始，提及网站即指 ASP.NET 网站，网页即指 ASP.NET 网页。

通过本章的学习，我们要熟悉 ASP.NET 网页和控件的基本使用方法，并使用服务器控件完成新书入库页面的界面设计。

4.1.1 新书入库服务器页面的功能需求

本章的学习情境是完成新书入库服务器页面的设计。其页面如图 4-1 所示。

该页面上部菜单是后台管理页面固定的部分，我们要设计的新书入库页面只包含从“新书入库”标题开始往下的内容，其设计界面如图 4-2 所示。

4.1.2 新书入库服务器页面的技术分解

组织新书入库这样一个页面，需要使用 ASP.NET 网页技术和服务器控件技术。

1. Web 窗体页技术

ASP.NET 网页与前面学习的 HTML 网页有很多不同，其扩展名是.aspx，称为“Web 窗体页”，Web 窗体页是 ASP.NET 网站的基本单元，Web 窗体页使用 ASP.NET 控件进行功能组织，包括数据库访问和网站安全等功能。

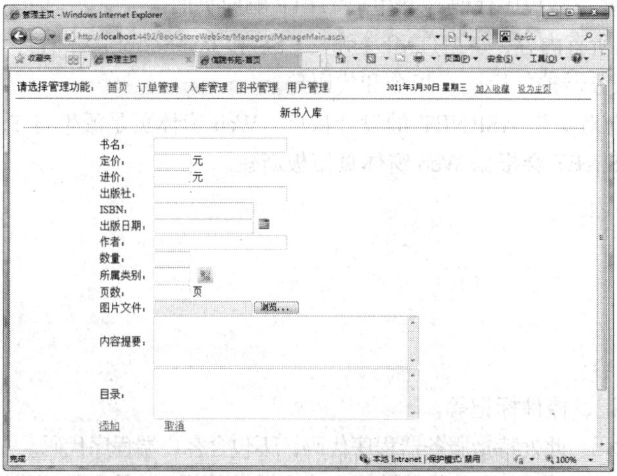

图 4-1　新书入库服务器页面

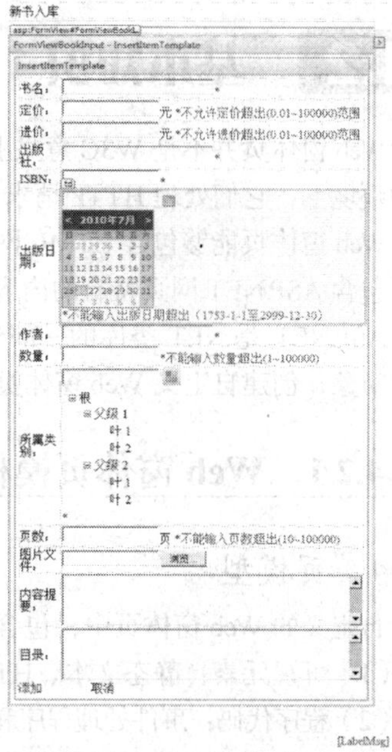

图 4-2　新书入库页面的控件设计

通过 HTTP 协议，Web 窗体页将成为客户端浏览器窗体中的一个文档，不能将它简单对应到 Windows Form。但 Web 窗体页是 ASP.NET 核心技术的综合体现，使得我们可以用与编写桌面程序类似的方式开发网站，这是 ASP.NET 强大功能的体现之一。

Web 窗体页技术包括页面的常用属性、方法，以及由此涉及的 ASP.NET 常用对象；还包括页面的基本事件，以及由此涉及的页面生命周期和 ASP.NET 运行的基本原理。事件驱动是 ASP.NET 开发的基本特点。

2. 服务器控件技术

ASP.NET 的另一个强大功能就是 ASP.NET 提供了种类丰富、功能强大、使用简单的服务器控件。开发者可以直接使用许多种服务器控件来组织网页，通过控件的事件代码实现复杂的功能，其中就包括业务逻辑相关的数据库访问功能和网站安全功能。被请求网页经过 ASP.NET 处理，一个服务器网页变成一个客户端网页，一个控件可能变成一个或多个 HTML 标记。

最终要变成 HTML 标记，这是在一个开发者看来，ASP.NET 服务器控件与 Windows 窗体控件的最大不同。

新书入库页面包含了多种控件，下面简单列出了这些控件及其在本页面中的作用。

（1）TextBox 控件：文本框控件，用于输入各种图书信息。

（2）Label 控件：标签控件，用于显示错误信息，如图中的 LabelMsg。

（3）LinkButton 控件：超链接按钮，用于添加图书或取消本次操作，如“添加”和“取消”按钮。

（4）ImageButton 控件：图片按钮，用于弹出日历控件等，如“出版日期”文本框后的按钮。

（5）Calendar 控件：日历控件，用于选择日期，如“出版日期”后显示的日历。

（6）FileUpload 控件：文件上传控件，用于实现图片文件的上传，此控件由文本框和“浏览”按钮的组合而成。

（7）RequiredFieldValidator 验证控件：用于在客户端验证必填信息是否已经输入。

（8）RangeValidator 验证控件：用于在客户端验证输入的图书信息是否在合理的范围内。

实际上这些控件的共同容器是 FormView——一个数据控件，本部分仅学习基本的服务器控件技术，在后续章节将专门研究数据控件等服务器控件。

4.2 基本知识 1：Web 窗体页

Web 窗体页并不是 W3C 意义上的网页，它更像“网页生成器”，在 Web 服务器（IIS 软件等）提供的环境下，它们处理 HTTP 请求，运行服务器程序代码，并生成 HTTP 响应页面。

Web 窗体页能够包含 HTML 网页中的所有内容，如：HTML 标记、CSS 和 JavaScript 脚本程序等，还可包含 ASP.NET 网页特有的内容，如服务器控件标记、指令和代码等。

ASP.NET 是.NET 类库的一部分，面向对象是 ASP.NET 的设计特点，Web 窗体页是派生自 Page 类的对象，创建自定义 Web 窗体页时，VS.NET 会根据 Web 窗体页模板新建。

4.2.1 Web 窗体页模板

1. 页模型

自定义的 Web 窗体页中，包含两类内容。

（1）可视元素：静态文本、HTML 标记、控件标记等。

（2）程序代码：事件处理程序和其他代码。此处特指服务器程序代码，不包含客户端程序代码。

ASP.NET 提供管理可视元素和代码的两种模型：单文件页模型和代码隐藏页模型。单文件页模型，顾名思义，是将可视元素与程序代码混杂放在.aspx 网页文件中，其中程序代码部分一般用包含 runat="server"属性的 script 代码块包裹；代码隐藏模型（Code Behind）即 C#程序代码与可视元素分离，以分部类的形式存放在.aspx.cs 文件中，不出现在.aspx 文件中。不论哪种模型，ASP.NET 都对 Web 窗体页进行编译、运行，得到最终返回给浏览器的 HTML 页面。

单文件页模型使得文件管理更简洁，并使得对象化的程序编译、发布和部署更简单；但把呈现和逻辑混杂在一起，使得网页代码结构不清晰，不便于界面设计和逻辑设计的分工。所以，本书建议使用代码隐藏模型。

2. 新建 Web 窗体页

① 新建网站。

② 新建网页：在解决方案资源管理器中用鼠标右键单击网站根节点，选择“添加新项”，在如图 4-3 所示的对话框中，选择“Web 窗体”模板，并选中“将代码放在单独的文件中”复选框，由于网站中已经存在 Default.aspx 网页，所以此新建页默认名称为“Default2.aspx”，单击“添加”按钮。

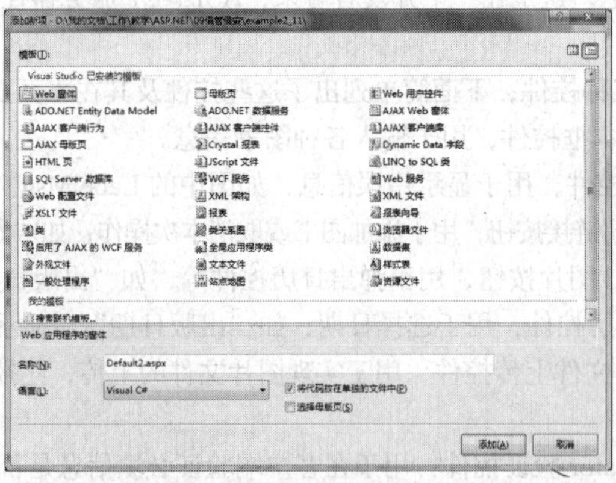

图 4-3 新建代码分离的 Web 窗体页

③ 对 Default2.aspx 文件选项卡使用拆分视图，如图 4-4 所示。本书有时简称.aspx 源视图中的代码为“标记代码”。

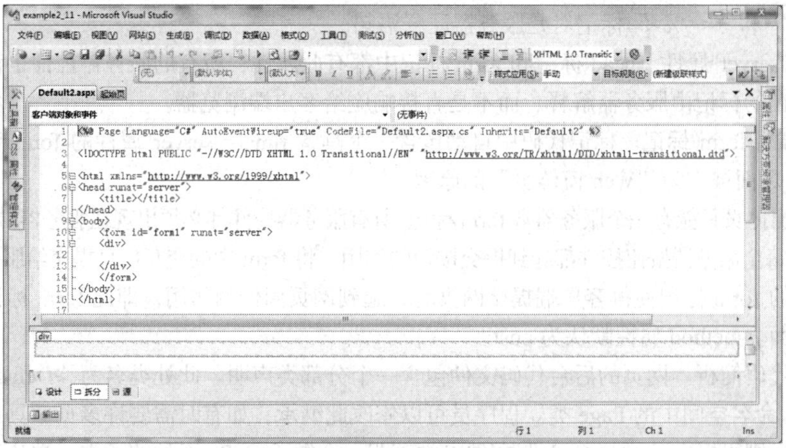

图 4-4　新建 Web 窗体页.aspx 文件

④ 按 F7 键，或使用解决方案资源管理器单击“Default2.aspx.cs”，可见 Default2.aspx.cs 文件代码如图 4-5 所示。本书有时简称.aspx.cs 文件中的代码为“后台代码”。

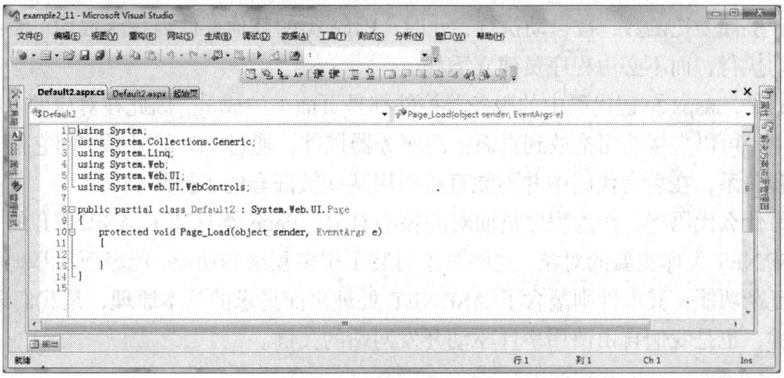

图 4-5　新建 Web 窗体页.aspx.cs 文件

3. 代码简析

（1）标记代码简析及页面语法。aspx 页面有一些特定的语法，这些语法具备语言无关性。与 HTML 文档相比，aspx 页面文档有以下 3 处不同。

① @Page 指令。

代码首行为：

```
<%@ Page Language="C#" AutoEventWireup="true" CodeFile="Default2.aspx.cs" Inherits="Default2" %>
```

这称为“@Page 指令”。

其中“<%…%>”表示服务器嵌入代码块，这种标记内可以包括 C#逻辑代码，还可包含多种内容。

- “<%@”表示嵌入的是页面指令，页面指令相当于 ASP.NET 页面编译器的编译参数。@Page 指令是页面指令的一种。其中 Language 属性指明页面的服务器端编程语言为 C#；AutoEventWireup 属性指定自动调用页面生命周期事件；CodeFile 属性指明此.aspx 文件相关的后台代码文件为 Default2.aspx.cs。Inherits 属性指定编译此网页时要继承的基类分部类。其他页面指令如@Master、@Register、@Control 等指令，见后续章节。
- “<%$”表示嵌入的是 ASP.NET 表达式，ASP.NET 表达式是基于运行时计算的信息设置控件属性的一种声明性方式，最常见的用途是在数据源控件中引用连接字符串，详见后续章节。
- “<%#”表示嵌入的是 ASP.NET 数据绑定表达式，主要用于创建服务器控件属性和数据源之间的数据绑定，详见后续章节。

- “<%--”和“<--%>”标记对是服务器注释语句。

② runat="server"属性。head 标记和 form 标记中都有此属性，所有的服务器控件也都有此属性。此属性指示所在的标记由服务器解释，而不是直接响应给客户端浏览器。

③ 服务器端 form 标记。标记代码中自动包含一个具备 runat="server"属性的 form 窗体标记，此标记正是 aspx 页面被称为“Web 窗体页”的原因。

一个 Web 窗体页只能有一个服务器端 form 标记，所有服务器控件都必须出现在服务器端 form 标记内，此 form 标记中每个服务器按钮控件都起到提交按钮的作用，将 form 中的交互信息提交给服务器。

服务器端的 form 标记使得客户端提交网页时，起到网页回传的作用，即此 form 标记的 action 属性默认为本页面。method 属性默认为 post。

（2）后台代码简析。网页的后台代码文件包含一个分部类声明。此处类名为“Default2”，继承自 System.Web.UI 命名空间中的 Page 类。程序员可以修改此继承，如有时需要许多页面具备相同的自定义属性和行为，则可以在“App_Code”文件夹中声明一个继承自 Page 类的子类，再让其他页面继承自此子类。

代码中还包含一个 protected 访问限制的 Page_Load 方法，此方法包含两个参数，在@Page 指令的 AutoEventWireup 属性为 true 时，此方法在页面加载时（ASP.NET 响应 HTTP 请求，初始化页面后发生），作为 Load 事件委托函数，被自动执行，此时，Page 类的其他事件委托函数均可直接定义在代码文件中，被自动执行，而不必由程序员建立委托。

需要说明的是，.aspx 标记代码中的服务器控件都是页面类的成员，因此在对应的 Default2.aspx.cs 后台代码文件中，可以直接使用拖放到页面中的服务器控件，通过 ID 就可以访问它们，只不过有些数据控件有嵌套关系，在后台代码中并不能直接引用某些被嵌套的子控件。

我们可以写什么代码呢？作为程序员面对的核心对象，Page 类封装了 ASP.NET 的主要功能。其许多属性是 ASP.NET 类库重要的对象，这些对象封装了很多复杂的功能，能轻而易举地实现早期网站开发平台中的复杂功能；其事件则蕴含了 ASP.NET 处理页面请求的基本原理，是我们理解 ASP.NET 网站开发的关键，也是我们自由使用事件驱动开发网站的关键。

4.2.2 Page 类的 Request 和 Response 属性对象

1. Request 对象

Page 类的 Request 属性用于获取 HttpRequest 对象实例，代表此次 HTTP 请求的所有信息。

Request 对象包含了引发本次页面处理的 HTTP 请求信息，并加入了 Web 服务器（IIS 等）的环境变量。所以，使用 Request 对象，可以访问 get 或 post 方式送来的客户端数据，如查询字符串、控件值、Cookie 值等，也包含浏览器版本信息、客户端 IP 地址、客户端公开的系统信息等，还可以访问 Web 服务器的环境变量。

例 4-1 将 HTTP 请求信息保存到文本文件。

在 Page_Load 函数中写入相关 C#代码如下：

```
protected void Page_Load(object sender, EventArgs e)
{
    Request.SaveAs("c:\\request.txt", true);
}
```

Request 对象的 SaveAs 方法能够将 HTTP 请求信息保存到服务器指定的文件中，HTTP 请求和响应都包含标头（Header）和内容（Body）两部分，该方法的第 1 个参数是文件的物理路径，第 2 个参数表示是否包含 HTTP 头信息。

在浏览器中查看或调试运行网站（调试运行将会检查编译网站中的所有网页），得到空白网页时，由于 Page 类的 Load 事件已经被执行，可查看 c:\\request.txt 文件，观察 HTTP 请求信息。

在 Windows 7 默认环境下，登录管理员账号不能访问 C 盘根目录，暂请读者将本例的文件路径更换为有权限的路径。

Request 对象有若干属性，用于直接访问 HTTP 请求中的信息，以及服务器环境变量，如 Request.Url 表示此次请求的 URL 字符串等。较为常用的是使用 Request 对象获取查询字符串和控件值。

例 4-2　使用 Request 获取请求信息。

① 在新建 Web 窗体页中，使用工具箱，放入 3 个控件：一个“标准”选项卡的 TextBox 控件，ID 为“TextBox1”；一个“HTML”选项卡的 Input(Text)控件，ID 为“Text1”，务必设置其 name="TextBoxClient"属性；一个“标准”选项卡的 Button 控件，此按钮可产生提交网页的作用。

② 编写 Page_Load 事件委托函数代码：

```
protected void Page_Load(object sender, EventArgs e)
{
    Response.Write("QueryString:id="+Request.QueryString["id"]+"<br/>");
    Response.Write("TextBox1.Text:" + TextBox1.Text+"<br/>");
    Response.Write("TextBoxClient.Text:" + Request.Form["TextBoxClient"]);
}
```

代码中，Request.QueryString 用于获取请求中的查询字符串参数集合，Request.QueryString["id"]则表示查询字符串中的 id 参数值。Request.Form 用于获取请求中的控件集合，注意控件必须用 name 属性获取。对于标准服务器控件的属性值，直接访问即可，不必使用 Request.Form 等方法。

③ 在浏览器中查看网页，在地址栏中添加“?id=22”字样的查询字符串，然后回车（不是单击 Button），可见如图 4-6 所示网页效果。

④ 在两个文本框中分别输入文本“服务器控件”、“HTML 控件”字样，单击 Button 按钮，以引起网页回发提交数据，则出现如图 4-7 所示网页效果。由图可见，服务器控件的值在回发后被保持，HTML 控件的值则不能保持，其原理参见后续章节。

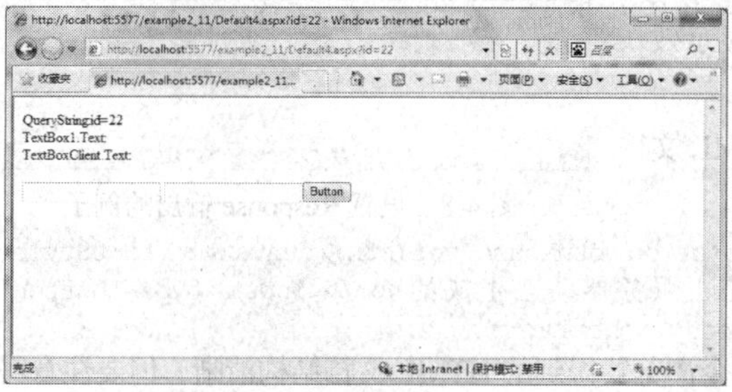

图 4-6　使用 Request 对象获得请求中的查询字符串

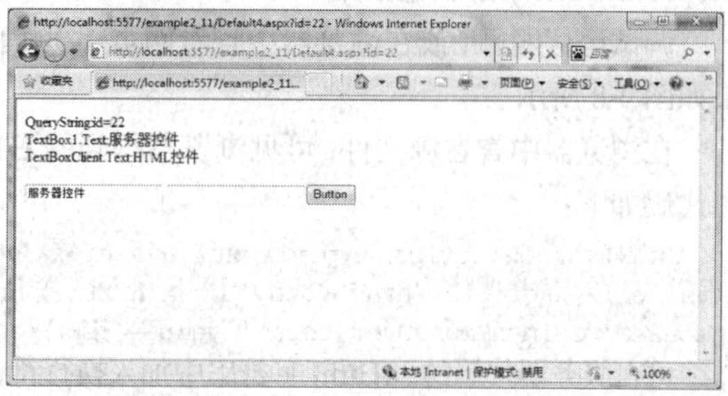

图 4-7　使用 Request 对象获得 HTML 控件值

2. Response 对象

Page 类的 Response 属性用于获取 HttpResponse 对象实例，代表 ASP.NET 正在操作的 HTTP 响应信息。

服务器响应的信息可能是各种类型，影响到客户端浏览器行为（参见前述章节）。有关这些类型的互联网标准，最早用于电子邮件系统，被称为多用途互联网邮件扩展（Multipurpose Internet Mail Extensions, MIME）。为使浏览器正确解释 HTTP 响应，Response 对象的 ContentType 属性用于指明 HTTP 响应输出流的 MIME 类型，默认值为“text/html”表示 html 网页，再如“image/jpeg”表示 jpeg 等图像文件。客户端对 aspx 网页的请求，经过 ASP.NET 处理，仍然使用“text/html”标准网页类型，向客户端响应。有人认为，这样的网页才称为动态网页，从技术角度，这也是说得通的。

Response 对象常用于控制响应输出，如直接写入文本（含 HTML 标记、JavaScript 脚本）、图像，设置 Cookie 等，并可实现无条件页面跳转（Response.Redirect 方法，见后续章节）。

例 4-3　设置 Response 输出，用服务器程序生成客户端页面的内容。

新建 Web 窗体页 Default4.aspx，在代码分离文件中编写 Page 对象的 Load 事件委托函数如下：

```
protected void Page_Load(object sender, EventArgs e)
{
    string strJs = "<script type='text/javascript'>"
                    + "function btnMouseOver(btn){"
                    + "btn.style.fontStyle='italic';"
                    + "}</script>";
    string strBtn="<input type='button' onmousemove='btnMouseOver(this)' value='按钮'/>";
    string strHtml="<html><head>"
                +strJs+"</head><body>"
                +"以下HTML按钮是由服务器动态生成的<br/>"
                +strBtn
                +"</body></html>";
    Response.Write(strHtml);
    Response.Flush();
    Response.End();
}
```

此代码用 3 个字符串变量定义写入网页的文本，strJs 表示包含一个函数的 JavaScript 脚本，strBtn 表示包含一个按按钮的 HTML 标记文本，strHtml 表示将要写入网页输出的所有 HTML 文本。

Response 对象的 Write 方法实现将对象写入输出流的功能，其参数可以是字符串等多种对象。

Response 对象的 Flush 方法将所有缓冲的输出发送给客户端；End 方法除了 Flush 的功能，还停止当前页面的处理。此例中对 Flush 方法和 End 方法的调用，逻辑上是没有必要的，因为 Page_Load 函数执行结束后，会自动将缓冲的输出流发送到客户端，并结束当前页面的处理。需要说明的是，在 Flush 或 End 之后，是不能调用 Response.Redirect 方法进行页面跳转（见后续章节“服务器重定向”部分）的，因为在向客户端发送了 HTTP 响应标头（HTTP Header）后，无法再重定向；另外，Response.Flush() 后的 Response.Write()语句仍起作用，Response.End()后的 Response.Write()语句则无效。

调试运行网站（或在浏览器中查看网页），页面显示效果如图 4-8 所示。

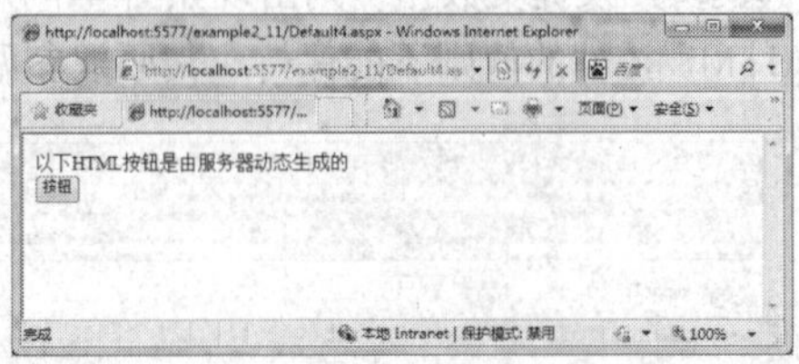

图 4-8　设置 Response 输出的例子

在浏览器中查看源文件，可见浏览器得到的 HTML 文档代码如下：

```
<html><head><script type='text/javascript'>function btnMouseOver(btn){btn.style.fontStyle='italic';}</script></head><body>以下HTML按钮是由服务器动态生成的<br/><input type='button' onmousemove='btnMouseOver(this)' value='按钮'/></body></html>
```

可在服务器代码的 strHtml 字符串中加入换行符，令浏览器得到的 HTML 文档结构清晰，但要注意需要加入“\n”换行符，而不是“
”换行符，这是因为，在 ASP.NET 按照服务器语言（C#）语法编译网页 aspx.cs 代码文件，与 aspx 页面文件一起，生成 HTTP 响应网页时，HTML 标记语言仅被视为普通字符串，直到在客户端浏览器中，将要呈现网页时，“<br/>”才被解释为换行标记。

4.2.3　Page 类的 Server 属性对象

Page 类的 Server 属性用于获取 HttpServerUtility 对象实例，该对象封装了 ASP.NET 提供的一些工具方法，如路径映射、编/解码、服务器传输和执行等。

例 4-4　用 Server 对象进行路径映射，修改例 4-1，将 HTTP 请求信息保存到网站根路径。

将例 4-1 中的 SaveAs 方法代码改为：

```
Request.SaveAs(Server.MapPath("~/request.txt"), true);
```

Server 对象的 MapPath 方法能够得到映射成虚拟根路径的服务器物理路径，其参数为虚拟根路径，其中“~/”代表网站的虚拟根目录。由于 Request.SaveAs 方法只接受物理路径，以上语句不能写成 Request.SaveAs("~/request.txt", true)。

调试运行网站后，查看网站根目录下的 request.txt 文件。

使用 Server 对象进行编/解码、服务器传输等功能，参见后续章节。

4.2.4　Page 类的 Context 属性对象

Page 类的 Context 属性用于获取 HttpContext 对象实例，该对象包含了当前页面相关的请求、响应、会话、应用程序信息。

在 aspx 页面程序中，Request 和 Context.Request 是等价的。在非页面类程序中，可以用 HttpContext.Current 访问当前 HttpContext 实例。实际上，HttpContext 对象实例作为 Page 的上下文环境，是早于 Page 就出现了，详见后续章节“页面生命周期”部分。

4.2.5　Page 类的其他常用属性

1. IsPostBack 属性

该属性为 bool 类型，如果是为响应客户端回发而加载该页，则为 true；否则为 false，表示为响应客户端初始请求而加载该页。在浏览器地址栏中敲回车，会产生初始请求；刷新网页，则与上次请求相同。

客户端回发一般是由用户单击了 Web 窗体中的提交按钮引起的，包含窗体信息的 HTTP 请求数据，以 post 方式提交给本页处理。客户端初始请求，一般是用户直接使用网页 URL 的结果，其 HTTP 请求数据以 get 方式送给本页处理。

例 4-5　IsPostBack 属性的使用。

① 设计与例 4-2 相同的页面。

② 编写网页的 Page_Load 事件委托函数如下：

```
protected void Page_Load(object sender, EventArgs e)
{
    if (!IsPostBack)
    {
        Response.Write("这是初始请求。请求方式：" + Request.RequestType);
    }
    else
    {
        Response.Write("TextBox1.Text:" + TextBox1.Text + "<br/>");
        Response.Write("TextBoxClient.Text:" + Request.Form["TextBoxClient"]);
        Response.Write("这是回发请求。请求方式：" + Request.RequestType);
    }
}
```

代码中，使用 Request 对象的 RequestType 属性得到请求的方式（get 或 post）。

③ 运行网站，得到如图 4-9 所示页面，光标放入 IE 地址栏，敲回车键，也可得到同样的网页效果。

④ 在两个文本框中分别输入“服务器控件”、“HTML 控件”字样，单击 Button 按钮，得到如图 4-10 所示的网页效果。请读者自行分析。

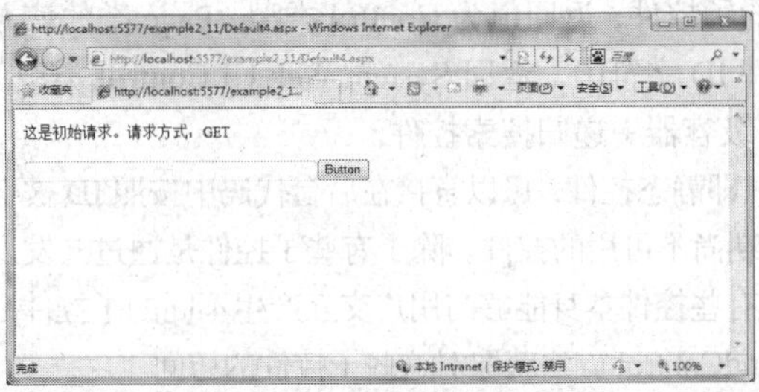

图 4-9　输入地址访问的效果

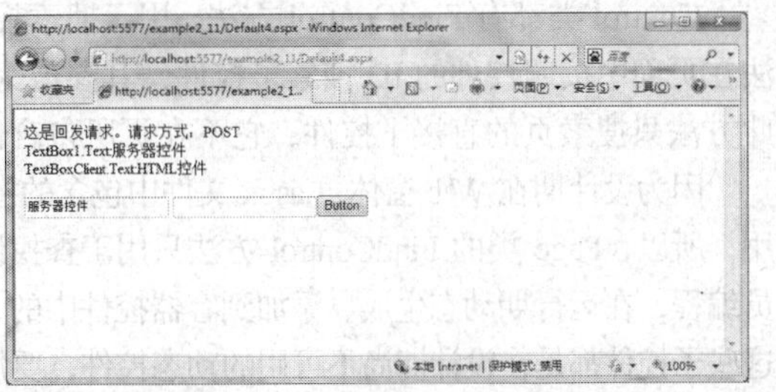

图 4-10　单击按钮提交网页的效果

2. Controls 控件集合属性

网页作为一种控件容器，Controls 属性表示 Page 中包含的控件对象集合，其每个元素是

System.Web.UI.Control 类型。

3. ClientScript 属性对象

Page 类的 ClientScript 属性是一个 ClientScriptManager 类对象实例，该对象封装了在服务器端对客户端脚本的操作。

静态的客户端脚本程序可以直接写在.aspx 文件中。有时需要动态添加客户端脚本，可以用 Response 对象实现，如例 4-3；也可以用 ClientScript 对象实现；还可以通过控件对象的属性实现（见控件部分）。

例 4-6 在服务器程序中动态添加脚本，给用户提示信息。

① 在网页中放入 TextBox 控件，设置其 ID 为“TextBoxUserName”，再放入 Button 控件。

② 双击 Button1，编写 Button1 的 Click 事件委托函数如下：

```
protected void Button1_Click(object sender, EventArgs e)
{
   if (TextBoxUserName.Text != "abc")
   {
      ClientScript.RegisterStartupScript(this.GetType(), "InputError", "alert('输入有误!')", true);
   }
}
```

ClientScript 对象的 RegisterStartupScript 方法用于在网页中注册启动脚本，即加入在浏览器加载网页前就会运行的客户端脚本程序。该方法的第 1 个参数是此脚本的类型，第 2 个参数是此脚本的键，这两个参数共同确定此脚本在网页中的唯一标识，一般情况下，用此脚本所在容器的类型（此处是 Page 的类型）表示此脚本的类型，用脚本的名称表示此脚本的键；该方法的第 3 个参数是脚本程序内容；第 4 个参数设置是否为此脚本添加 script 标记。

在浏览器中查看网页，单击 Button 按钮，得到如图 4-11 所示的网页。

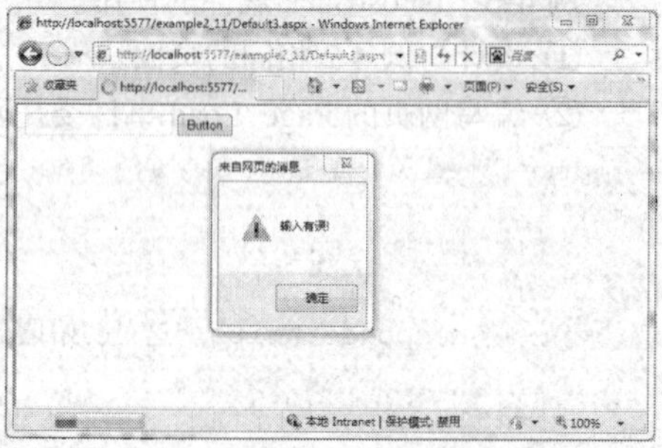

图 4-11 在服务器动态添加脚本

4. View State、Session、Application 属性对象

Page 类的这 3 种属性分别对应保持状态的对象，详见后续章节。

4.2.6 Page 类的常用方法

1. FindControl 方法

Control 类都有 FindControl 方法，用于搜索控件的子控件，返回值为 Control 类型。Page 类的该方法在页面中按照控件的 ID 搜索子控件，其参数为控件 ID 字符串，返回 System.Web.UI.Control 类型。此方法只搜索页的直接子控件，它不在页所包含的各级容器中递归搜索控件。

因为设计期在 Web 窗体页.aspx 文件中包含的控件，即静态控件，可以直接在后台代码中按照 ID 被引用，所以，Page 类的 FindControl 方法只用于查找设计期尚不可用的控件。除了有些子控件是通过开发人员编程，在运行期动态生成、添加到容器控件中的，还有些控件本身能够与用户交互产生不同的子控件，这些子控件都是在设计期尚不可用的动态控件，要用 FindControl 方法获取对这些子控件的访问。

2. DataBind 方法

Page 类的 DataBind 方法继承自 Control.DataBind 方法，该方法完成数据绑定，执行该方法时，将解析控件及所有子控件的数据绑定表达式，并从数据源取得数据。此方法起到刷新数据的作用。绑定到数据源控件的数据呈现控件，在数据改变后，数据源控件能够自动执行数据绑定；但当程序员为数据呈现控件指定数据来源，而未绑定到数据源控件时，在数据改变后，可能需要调用 DataBind 方法刷新数据。

4.2.7　Page 类的事件

ASP.NET 是基于事件开发的，事件是我们编程的入口，这使得我们在实现业务逻辑时，可以使用与桌面程序相同的简单思路。不了解 Page 类的事件，就无法进行 ASP.NET 页面编程。

事件的发生时机和环境参数是掌握事件的两个要点。事件的发生与对象的生存周期密切相关，要掌握页面事件，需要了解页面生命周期，相关内容详见后续章节。

4.2.8　自测

1. 选择题

（1）Web 窗体页是（　　）。

（a）System.Windows.Forms.Form 类在 Web 中的应用

（b）一个标准的 HTML 网页

（c）浏览器可以将其解释成标准的 HTML 网页

（d）派生自 System.Web.UI.Page 类的对象

（2）代码隐藏模式的 Web 窗体页不会包含的内容是（　　）。

（a）HTML 标记和 CSS 定义　　（b）JavaScript 脚本程序

（c）C#后台代码　　（d）System.Web.UI.Form 对象

（3）在 VS 2008 中，若使用 C#语言，在代码隐藏模式中，后台代码的文件后缀是（　　）。

（a）aspx.cs　　（b）aspx.c

（c）aspx.aspx　　（d）aspx.vb

（4）以下说法错误的是（　　）。

（a）ASP.NET 是网站开发语言　　（b）ASP.NET 开发是基于事件的

（c）ASP.NET 是面向对象的　　（d）ASP.NET 是.NET 类库的一部分

（5）以下说法错误的是（　　）。

（a）Web 窗体页可以包含 HTML 页面的所有内容

（b）Web 窗体页可以包含服务器程序代码，HTML 页面不能

（c）Web 窗体页由服务器“运行”，生成 HTML 页面

（d）Web 窗体页在服务器“运行”时，可以直接访问客户端浏览器

（6）以下说法最准确的是（　　）。

（a）Web 窗体页文件的扩展名是.htm

（b）一个 Web 窗体页可能包含两个文件

（c）.aspx 文件包含了 Web 窗体页的所有内容

（d）一个 Web 窗体页一定包含.aspx.cs 文件

（7）以下说法错误的是（　　）。

（a）单文件页模型使网站文件管理更简单

（b）代码隐藏页模型使网页设计结构清晰

（c）单文件页模型中的服务器程序代码也用 script 标记包裹

（d）代码隐藏页模型中的服务器程序代码也用 script 标记包裹

（8）使用 VS.NET 2008 模板生成.aspx 和.html 两种空文档，关于其不同之处，以下哪项说法不正

确？（　　）

（a）.aspx 文档中包含@Page 指令

（b）.aspx 文档中 head 标记和 form 标记都有 runat="server"属性

（c）.aspx 文档中 head 标记和 body 标记都有 runat="server"属性

（d）.aspx 文档中包含 form 标记

（9）表示页面指令的服务器标记为（　　）。

（a）<%@　　（b）<%$　　（c）<%#　　（d）<%--

（10）可以用于引用配置文件中连接字符串的服务器标记为（　　）。

（a）<%@　　（b）<%$　　（c）<%#　　（d）<%--

（11）表示数据绑定表达式的服务器标记为（　　）。

（a）<%@　　（b）<%$　　（c）<%#　　（d）<%--

（12）表示服务器注释的服务器标记为（　　）。

（a）<%@　　（b）<%$　　（c）<%#　　（d）<%--

（13）关于.aspx 文件中的 form 标记，说法错误的是（　　）。

（a）服务器端 form 标记带有 runat="server"属性

（b）一个 Web 窗体页只能有一个 form 标记

（c）所有的服务器控件都必须出现在服务器端 form 标记内

（d）服务器端 form 标记内的每个服务器按钮都起到提交按钮的作用

（14）自定义的公共类代码应放在哪个文件夹下？（　　）

（a）App_Code　　（b）App_Data　　（c）App_Themes　　（d）App_Browsers

（15）后台代码中 Page_Load 方法的访问修饰符是（　　）。

（a）private　　（b）protected　　（c）internal　　（d）public

（16）关于 Page_Load 等方法作为页面事件委托函数自动执行的条件，说法不正确的是（　　）。

（a）@Page 指令的 AutoEventWireup 属性值为 true

（b）Page_Load 方法命名要和事件相符

（c）Page_Load 方法返回值类型为 void

（d）Page_Load 方法可包含任意类型的形参

（17）关于标记代码中的控件，说法正确的是（　　）。

（a）标记代码中的所有控件在后台代码中都可以用 ID 直接访问

（b）标记代码中的所有服务器控件在后台代码中都可以用 ID 直接访问

（c）服务器 form 中的直属子控件在后台代码中都可以用 ID 直接访问

（d）服务器 form 中的直属服务器子控件在后台代码中都可以用 ID 直接访问

（18）关于 Request 说法不正确的是（　　）。

（a）Request 是 Page 类的重要属性

（b）Request 是 HttpRequest 类的对象

（c）Request 封装了 HTTP 请求的信息

（d）Request 是 ASP.NET 的内置对象，随网站程序运行就被实例化了

（19）Request 对象不包含的信息是（　　）。

（a）客户端的在线时间　　（b）查询字符串

（c）浏览器信息　　（d）Cookie 值

（20）以下哪一项不是关于 Response 的应用？（　　）

（a）输出文本　　（b）输出脚本　　（c）获取查询字符串　　（d）页面跳转

（21）能用于获取请求中查询字符串参数的是（　　）。

（a）Request.SaveAs　　（b）Request.QueryString
（c）Request.Url　　（d）Request.Form

（22）关于 Response 说法不正确的是（　　）。
（a）Response 是 Page 类的重要属性
（b）Response 是 HttpResponse 类的对象
（c）Response 封装了 HTTP 响应的信息
（d）Response 是 ASP.NET 的内置对象，由程序员在 Page_Load 中完成实例化

（23）下列写入 Response 对象的信息不能被浏览器正确解释的是（　　）。
（a）HTML 标记　　（b）JavaScript 程序　　（c）C#程序　　（d）Cookie

（24）专门实现将缓冲的响应信息立即发送给浏览器的方法是（　　）。
（a）Response.Write　　（b）Response.Flush
（c）Response.Redirect　　（d）Response.End

（25）以下程序段正确的是（　　）。
（a）Response.Write("OK"); Response.Flush();
（b）Response.Flush(); Response.Redirect("http://www.taoli.name");
（c）Response.End(); Response.Redirect("http://www.taoli.name");
（d）Response.End(); Response.Write("OK");

（26）关于 Server 说法不正确的是（　　）。
（a）Server 是 Page 类的重要属性
（b）Server 是 HttpResponse 类的对象
（c）Server 封装了 ASP.NET 的一些工具方法
（d）Server 是 ASP.NET 的内置对象，不必由程序员实例化

（27）能将网站虚拟路径映射为服务器物理路径的方法是（　　）。
（a）Server.MapPath　　（b）Server.HtmlEncode
（c）Server.UrlDecode　　（d）Server.Transfer

（28）关于 Context 说法不正确的是（　　）。
（a）Context 是 Page 类的重要属性
（b）Context 是 HttpContext 类的对象
（c）Context 封装了 ASP.NET 待处理的上下文信息
（d）Context 是 Page 类的属性，在构造页面类时被实例化

（29）以下用于判断是否是初始请求的页面属性为（　　）。
（a）AutoEventWireup　　（b）Request
（c）IsPostBack　　（d）ClientScript

（30）在 IE8 中，不一定产生初始请求的浏览器操作是（　　）。
（a）单击收藏夹条目　　（b）在地址栏输入 URL，回车
（c）刷新　　（d）单击历史记录

（31）服务器 form 标记的 action 属性和 method 属性在网页回发时的默认值为（　　）。
（a）默认主页和 get　　（b）当前页和 get
（c）默认主页和 post　　（d）当前页和 post

（32）Request 对象关于请求方式的属性是（　　）。
（a）method　　（b）RequestType　　（c）Type　　（d）post

（33）表示网页中控件集合的属性是（　　）。
（a）IsPostBack　　（b）Controls　　（c）ClientScript　　（d）ViewState

（34）关于在 Web 窗体页中使用客户端脚本的说法错误的是（　　）。
（a）可以直接在标记代码中写入客户端脚本
（b）可以用 Response.Write 方法在网页中输出客户端脚本源代码
（c）可以用 ClientScript 对象在网页中注册客户端脚本
（d）可以用服务器控件的 ClientScript 属性插入客户端脚本
（35）关于 ClientScript.RegisterStartupScript 方法说法正确的是（　　）。
（a）该方法的第二个参数是客户端脚本源代码
（b）该方法向网页中添加在网页加载前就会由浏览器运行的脚本
（c）这是在 Web 网页中使用客户端脚本的唯一方法
（d）该方法为所注册的客户端脚本添加 script 标记
（36）关于 FindControl 方法说法正确的是（　　）。
（a）页面中的所有控件都可以用页面的 FindControl 方法查找到
（b）服务器控件的 FindControl 方法用于查找子控件
（c）页面中的控件在后台代码中必须用 FindControl 方法引用
（d）FindControl 方法根据控件的 Name 属性查找控件
（37）关于 DataBind 的方法说法不正确的是（　　）。
（a）该方法起到刷新数据的作用
（b）当修改数据库后，必须调用此方法以刷新显示
（c）该方法解析绑定表达式，从数据源获取数据
（d）当修改数据库后，必须调用此方法刷新未绑定到数据源控件的显示控件

2. 判断题

（1）要在.aspx 文件中写入服务器代码，除了使用带有 runat="server"属性的 script 标记，还可以使用<%…%>指令。
（2）如要新建单文件网页，需要选中“将代码放在单独的文件中”复选框。
（3）Web 窗体页就是 html 网页。
（4）一个 Web 窗体页可能包含一个.aspx 文件和一个.aspx.cs 文件。
（5）按 F7 键可从.aspx 设计视图切换到.aspx.cs 后台代码，要切换回来，需要按 Shift+F7 组合键。
（6）.aspx 文档中的“<%…%>”表示浏览器注释语句。
（7）runat="server"表示在服务器端运行。
（8）Web 窗体页是 Page 类的子类，不允许修改此派生关系。
（9）服务器 form 标记初始请求时 method 属性值为 get，回发时 method 属性值为 post。
（10）Page 类的事件与 Page 对象的生命周期密切相关。

4.2.9 演练

1. 实验题目

Page 类的属性、方法。

2. 实验目的

- 掌握使用 Request 获取 QueryString 和控件值的操作。
- 掌握使用 Response 控制网页输出的操作。

- 掌握使用 Server 进行路径映射等操作。
- 掌握根据 IsPostBack 属性进行程序分支的操作。

3. 实验内容

（1）做教材例题。

（2）练习。

设计网页，实现如下功能：网页中包含 Input(Text)控件和一个 Button 控件，当用户在文本框中输入“admin”字样，并单击 Button 回发网页后，在网页中显示网站的服务器物理路径。

4. 实验步骤

由读者写出。

5. 实验总结

由读者总结。

4.3 基本知识 2：Web 窗体页中的控件

4.3.1 控件类型

在 ASP.NET 中，控件是一个可重用的对象，它有自己的属性和方法，可以响应事件。在 ASP.NET 中通过在网页中部署控件来进行页面布局，控件是组成 ASP.NET 页面内容的主要元素。控件的使用，增强了 Web 页面的功能和处理能力，减少了 Web 页面的代码，降低了 Web 页面的设计难度。学习 ASP.NET 网站开发，主要是掌握使用控件。

ASP.NET 的类库中包括大量的控件，从某种意义说，ASP.NET 中对象化设计的控件都是服务器控件，但本书根据 ASP.NET 对各种控件的不同处理，将它们分为 HTML 控件、服务器控件和用户自定义控件等类型。此后本书所提到的“服务器控件”专指标记代码中具有 runat="server"属性的控件。

1. HTML 控件

默认情况下它属于客户端（浏览器端）控件，但也可以将其转换成服务器端控件。每个控件对应于一个 HTML 元素的标记。HTML 控件不是 Page 类的成员对象，无法在后台代码中访问，除非将其转换成服务器控件。

2. 服务器控件

这类控件标记代码中具有 runat="server"属性，不仅包括最常见的按钮、文本框等控件，还有一些特殊用途的控件，比如：验证控件、数据控件、导航控件、登录控件等。前面提到，服务器控件最终要转为 HTML 元素标记，如 Button 将转为 type="submit"的 Input 元素，但服务器控件与 HTML 元素标记之间不一定是一对一的对应关系，如 Calendar 日历控件将转为一个包含很多元素的 table 标记，而单行和多行的 TextBox 控件将会有不同的转换结果。许多服务器控件还将自动生成相关的客户端脚本。

3. 用户自定义控件

ASP.NET 允许由开发人员自行定义控件。用户控件可以在项目内不同网页中重复使用，从而提高了网站开发的效率，同时还能使各网页的显示风格一致。用户自定义控件包括两种：用户控件（UserControl）和自定义控件（CustomControl）。用户控件有点像一个 Page，是能够在其中放置标记和 HTML 控件、Web 服务器控件的容器，然后，可以将用户控件作为一个单元对待，为其定义属性和方法。自定义控件是编写的一个类，此类从 Control 类 或 WebControl 类派生。创建用户控件要比创建自定义控件方便很多。用户控件可以通过重用现有的控件，使复杂用户界面的设计变得方便、一致。

4.3.2 HTML 控件

1. HTML 控件的特点

HTM 控件是在 ASP.NET 中对象化的 HTML 元素，从基类 System.Web.UI.HtmlControls. HtmlControl 直接或间接派生的类，都直接映射到 HTML 元素上。HTML 控件由 HTML 标记衍生而来，HTML 控件在外形上与普通的 HTML 标记相同。默认情况下 HTML 控件属于客户端控件，服务器只将其视为文本，不处理其事件。

但是，为了适应 ASP.NET 应用的需要，可以将 HTML 控件转换成 HTML 服务器控件，几乎所有的 HTML 控件标记加上 runat="server"属性后，都可以变成“HTML 服务器控件”，成为 Page 类的成员对象，可以在后台代码中通过其 id 访问，从而在服务器端对它们进行编程和处理。

2. 几种常用的 HTML 控件

下面介绍几种常用的 HTML 控件。

（1）常用输入控件。form 标记中可以使用多种形式的 HTML 控件，由用户输入信息（键盘鼠标输入），value 属性表示呈现的文本，它们大多都是 Input 控件，根据 type 属性的不同，有不同的呈现形式，下面是几个较常用的。

① Input(Button)：普通按钮，type="button"。

② Input(Reset)：复位按钮，type="reset"，恢复 form 中的控件值为服务器响应给出的原始值。

③ Input(Submit)：提交按钮，type="submit"，提交 form 中的控件值到服务器。

④ Input(Text)：文本框，type="text"，保存用户输入的文本，以备提交。

⑤ Input(Hidden)：隐藏控件，type="hidden"，用户看不到此控件，但可以提交。

⑥ Textarea：多行文本框。

（2）布局控件。

① Table 控件：见前述章节 table 标记。

② Div 控件：见前述章节 div 标记。

③ Horizontal Rule 控件：见前述章节 hr 标记。

4.3.3 常用服务器控件

服务器控件是具备 runat="server"属性的控件，原生服务器控件（不是从 HTML 控件转换来的）对应的标记都有“asp:”前缀，对应的控件类都从 System.Web.UI.Control 类直接或间接派生。在工具箱中除“HTML”选项卡外的控件都是服务器控件。这些控件功能丰富，面向对象，ASP.NET 开发人员可以使用服务器控件代替绝大多数的客户端控件，并获得更多的功能，可以直接在后台代码中用 ID 访问，还可以绑定到数据源。

1. Label 控件

用于在页面上显示不可编辑的文本。除非要编程控制这些文本，否则不必使用 Label 控件。直接在页面标记代码中设计静态文本，可以获得更高的性能。

例 4-7 利用 Label 控件显示当前系统日期和时间。

① 新建页面，输入静态文本“当前服务器时间：”字样，在其后拖入 Label 控件。

② 编写后台代码如下：

```
protected void Page_Load(object sender, EventArgs e)
{
    Label1.Text = DateTime.Now.ToString();
}
```

执行结果如图 4-12 所示。

2. TextBox 控件及事件处理

此控件供用户输入文本。根据 TextMode 属性值，TextBox 控件可能被转换为不同的 HTML 标记发送到客户端：

① SingleLine，单行编辑框，转换为：Input type="text"元素；

② MultiLine，带滚动条的多行文本框，转换为：textarea 元素；

③ Password：密码输入框，所有输入字符都用特殊字符(例如“*”)来显示，转换为：Input type="password"。

此控件具有 TextChanged 事件，但是作为服务器控件的服务器端事件，必须回传才有被执行的可能。

例 4-8 使用 Button 回发，执行 TextBox 控件的 TextChanged 事件委托函数。

① 在页面中拖入一个 TextBox 控件和一个 Button 控件。

② 双击 TextBox1，编写其 TextChanged 事件委托函数如下：

```
protected void TextBox1_TextChanged(object sender, EventArgs e)
{
    Response.Write("changed");
}
```

其中 Button 控件起到提交网页的作用，使服务器有机会执行后台代码。

③ 在浏览器中查看网页，先修改文本框内容，在单击按钮前，网页没有被提交，也就没有改变，单击按钮后，网页中才显示“changed”，如图 4-13 所示。

图 4-12　显示系统日期和时间

图 4-13　单击按钮提交后才执行服务器事件的效果

实际上，除了 Button 控件被转换为 Input(Submit)提交按钮，由浏览器解释其单击而自动引起回发之外，ASP.NET 为不能自动引起回发的许多控件设计了 AutoPostBack 属性，此属性为 true 时，ASP.NET 会在生成的客户端网页中添加客户端脚本程序，以使得这类控件也能引起提交。

例 4-9 设置 AutoPostBack 属性，执行 TextBox 的 TextChanged 事件委托函数。

在例 4-8 基础上，删掉 Button 控件，并设置 TextBox1 控件的 AutoPostBack 属性为 true。

在浏览器中查看网页，在文本框中输入文本后，必须单击网页空白处，使得焦点离开文本框，同时观察浏览器状态栏，可见如图 4-14 所示效果。

实际上 TextChanged 这样的服务器事件很少使用，我们可以使用客户端事件获得更好的用户体验。一方面，如前所述，静态的客户端脚本，可以直接写在.aspx 文件中，即我们可以在标记代码中，使用 DOM 和 JavaScript 技术，直接编写静态的事件响应。如为 TextBox 服务器控件标记添加 onKeyPress 属性如下：

```
<asp:TextBox ID="TextBox1" runat="server" onKeyPress="document.title+=String.fromCharCode
(event.keyCode)" </asp:TextBox>
```

另一方面，可以使用服务器控件的 Attributes 属性，动态添加服务器控件的客户端属性。这是除 Response.Write 和 ClientScript 之外的另一种添加动态客户端脚本的方式，例如：

```
protected void Page_Load(object sender, EventArgs e)
{
    TextBox1.Attributes.Add("onKeyPress", "document.title+=String.fromCharCode(event.keyCode)");
}
```

两种方法都可获得如图 4-15 所示的效果，由于执行客户端事件，并不需要网页回发。

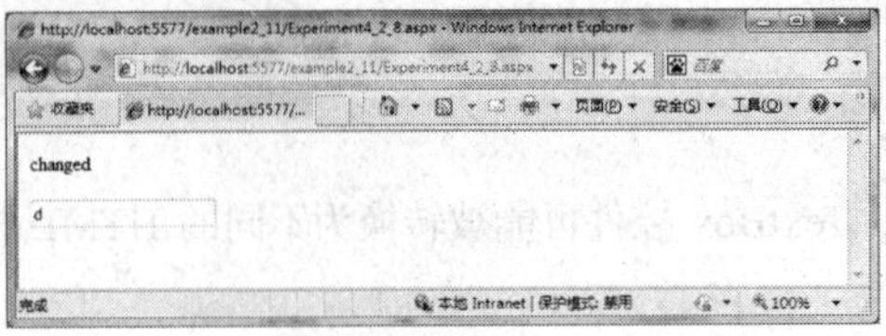

图 4-14　文本框的 AutoPostBack 属性为 true 时执行服务器事件的效果

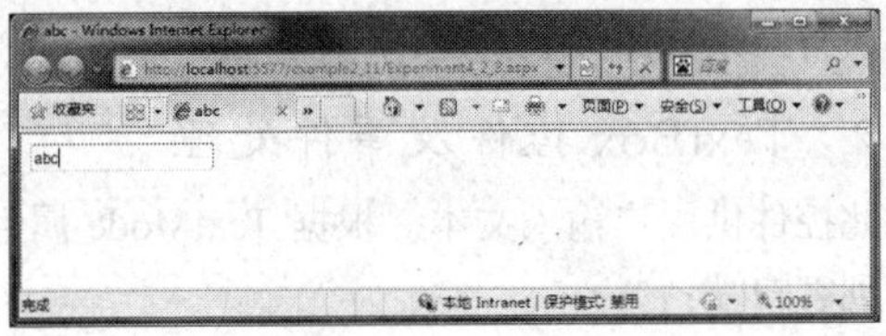

图 4-15　静态或动态添加的 TextBox 服务器控件的 onKeyPress 客户端事件效果

上面用 onkeypress 客户端事件来响应用户输入，而没有使用与 TextChanged 服务器事件对应的 onchange 客户端事件，这是为了获得更快速的用户体验。在实际中，要根据业务需求确定合适的事件。

3. Button、LinkButton 和 ImageButton 按钮控件

服务器控件中的按钮分为 3 种：Button、LinkButton 和 ImageButton。它们外观上有区别，转换成的 HTML 标记也不同。

① Button 转换为：Input type="submit"，被单击时浏览器自动提交网页。

② LinkButton 转换为：a 标记，ASP.NET 设置其被单击时浏览器回发网页。

③ ImageButton 转换为：Input type="image"，被单击时浏览器自动提交网页。

用户单击按钮后，除了发生 Click 事件，还发生 Command 事件。Command 事件用在多个按钮控件共用一个事件处理函数的场合，常与按钮的 CommandName、CommandArgument 属性配合，以在事件处理时区分不同的按钮，并获取事件参数，详见后续章节。Click 事件早于 Command 事件。

需要注意的是，按钮控件具有 PostBackUrl 属性，可设置单击按钮控件时，回发当前网页到另一个网页。这时由于不存在对当前页的请求（有些情况参见后面章节跨页回发部分），当前页中编写的 Click、Command 事件处理代码不会被执行。

另外，按钮还具备 OnClientClick 属性，用于静态设置客户端单击事件处理程序。

4. Image 控件

Image 控件对应 img 元素，其 ImageUrl 属性指向图像文件。Image 控件可以直接使用网站虚拟根目录。

5. HyperLink 控件

HyperLink 控件对应 a 标记，其 NavigateUrl 属性表示超链接的目标 URL。

6. FileUpload 控件

FileUpload 是文件上传控件，实现文件从客户机发送到服务器的功能。该控件显示一个文本框和一个“浏览”按钮，文本框用于输入希望上传到服务器的文件的名称，“浏览”按钮用于显示一个客户机的打开对话框。

例 4-10　上传文件，并显示上传文件的大小和扩展名。

① 在页面拖入一个 FileUpload 控件、一个 Button 按钮。

② 编写 Button1 的 Click 事件委托函数代码如下：

```
protected void Button1_Click(object sender, EventArgs e)
{
    //保存上传文件的目录
    string savePath = Server.MapPath("~/upload");
    //如果不存在目录则创建
    if (!System.IO.Directory.Exists(savePath))
    {
        System.IO.Directory.CreateDirectory(savePath);
    }
    //如果有上传文件
    if (FileUpload1.HasFile)
```

```
        {
            savePath += FileUpload1.FileName;//得到保存文件的路径
            FileUpload1.SaveAs(savePath);//保存上传文件
            Response.Write(FileUpload1.PostedFile.ContentLength + "字节<br/>");
            Response.Write(System.IO.Path.GetExtension(FileUpload1.FileName) + "<br/>");
        }
}
```

FileUpload 控件的 FileName 属性为所上传文件的客户端名称；HasFile 属性指示 FileUpload 控件是否包含文件；PostedFile 属性获取上传文件对应的 HttpPostedFile 对象，其 ContentLength 属性为文件字节数；SaveAs 方法将上传文件的内容保存到 Web 服务器上的指定物理路径，此处上传到网站根路径中的 upload 文件夹，若此文件夹不存在，则创建此文件。

在浏览器中查看网页，单击“浏览”按钮，选定客户端文件，再单击 Button 按钮以提交网页，得到如图 4-16 所示的响应效果。

7. Calendar 控件

Calendar 是日历控件，供用户从中选择日期，并回发。Calendar 控件将会转换为一个复杂的 table 标记。

例 4-11　使用 Calendar 选择日期显示在文本框中。

① 在页面中拖入一个 TextBox 控件、一个 Calendar 控件，注意 Calendar 控件有智能标记（任务按钮），可供自动套用格式；

② 双击 Calendar 控件，编写其 SelectionChanged 事件委托函数如下：

```
protected void Calendar1_SelectionChanged(object sender, EventArgs e)
{
    TextBox1.Text = Calendar1.SelectedDate.ToLongDateString();
}
```

Calendar 控件默认显示当月日历，其 SelectionChanged 事件在用户单击改变了选择的日期后发生；SelectedDate 表示选中的日期，为 DateTime 类型。

在浏览器中查看网页，单击选择某日期，观察浏览器状态栏，可见网页自动回发，所得响应页面如图 4-17 所示。

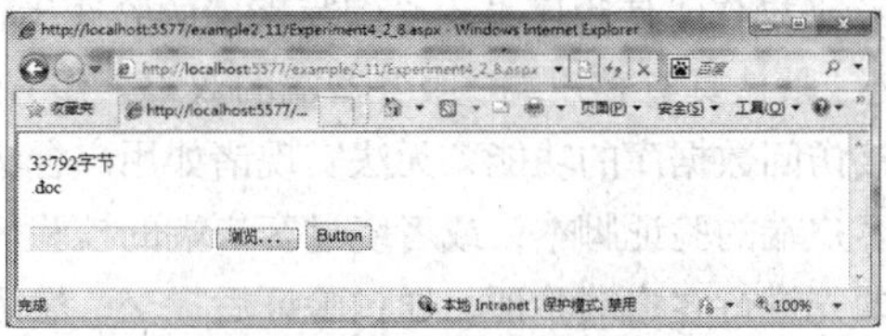

图 4-16　文件上传

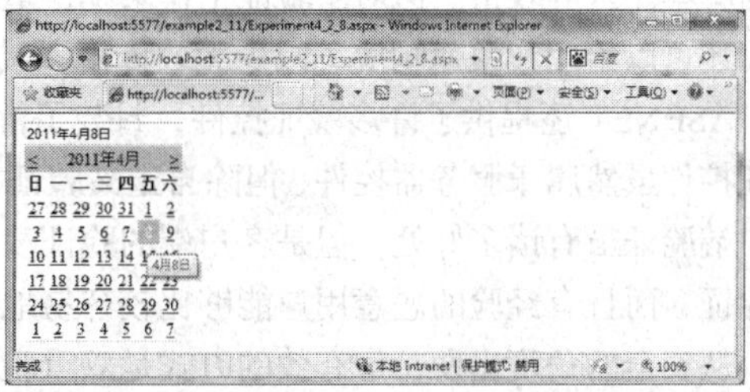

图 4-17　使用 Calendar 控件填写日期

4.3.4　控件的事件处理

控件（包括页面）的事件包括用户交互事件和服务器端生命周期事件，其中用户交互事件均在客户端引发，可以在服务器端处理，也可以在客户端处理。

用户交互事件在服务器端处理时，需要首先将事件的信息传送到服务器，待服务器处理完毕以后再返回到浏览器，比浏览器处理多一个信息往返的过程，使得用户等待时间增加。而使用客户端处理时，无需回发，用户体验更好，但是处理的能力受限于浏览器本身，比如对于数据库的操作和安全性等方面的问题；另外，从浏览器的发展趋势来看，越来越多的智能终端如手机、电子书等，都可以利用有线、无线等方式通过宽带网连入到因特网中，而这些客户设备的性能各不相同，甚至可能根本不具备处理事件的能力。这种情况下，强调用服务器（而不是用浏览器）来处理事件是合适的。

具体来说，ASP.NET 网站开发中，控件事件的处理应掌握如下原则。

（1）重视用户体验。根据业务逻辑，简单的用户交互采用客户端技术实现，以减少事件处理中信息往返的次数。

（2）充分利用服务器功能。对于数据库操作和安全性等方面的问题我们采用服务器端事件处理。ASP.NET 功能强大的根本原因在于拥有一个强大的.NET 框架服务器平台。此平台不仅提供了强大的类库，还提供了各种完善的服务。程序将在平台的监控下运行，运行完后还能根据浏览器的类型智能地返回不同的信息。因此由服务器处理事件不仅能力强，而且更加安全。

需要知道的是，ASP.NET 并没有对客户端浏览器做任何改变，浏览器仅仅在单击提交按钮等情况下，才会提交网页，而在用户改变文本框控件中的文本等情况下，并不会提交网页。所以，已经编写了服务器处理代码的用户的操作，并不是每发生一次就向服务器传送一次信息，当服务器端按钮等控件被单击时（Click 事件），才集中向服务器传递事件信息。对于其他支持改变（Change）事件的服务器端控件，如文本框、下拉列表框、单选按钮、复选框等，ASP.NET 在上次请求时已为它们生成客户端脚本，使得当它们的 Change 事件发生时，先将事件的信息暂时保存在客户端的缓冲区中，等到下一次向服务器传递信息时（单击按钮时），再和其他信息一起发送给服务器，以减少传送信息的频度。

如果有的控件的 Change 事件需要立即得到服务器响应时，只需要将该控件的 AutoPostBack 的属性设为 true 即可。值得注意的是，这种设置不宜过多，否则会频繁发生回发事件，降低网站的运行效率。

（3）客户端服务器端共同处理。有时候，我们可以同时采用客户端和服务器端技术共同处理，在尽量提高用户体验的情况下，执行服务器事件处理。如前述章节，我们介绍的在删除一条记录时弹出一个警告对话框的例子：当我们选择删除时，弹出一个对话框，当用户确认后，才回发执行服务器删除事件处理。

服务器控件中的验证控件默认就是客户端和服务器端共同处理的。

4.3.5 验证控件

我们开发 Web 应用程序的目的是为用户提供信息和收集数据，为避免用户的不正确输入，需要进行数据验证。

默认情况下，ASP.NET 将在处理 HTTP 请求之初，就对提交的数据进行安全性验证，可以避免恶意的脚本注入等攻击。但对于验证工作来说，最好是提交前、在客户端就执行验证，不但可以减少攻击，还可以给用户快速响应，减少无效传输，减轻服务器负担。

ASP.NET 还提供了许多验证控件，封装了常用的验证操作，使程序员不必编写繁琐的验证代码。验证控件虽然属于服务器控件，但除自定义验证控件外，默认具有客户端、服务器端的双重工作方式。客户端验证虽有诸多好处，但是客户端的验证没有直接访问数据库的功能，无法实现诸如用户合法性的验证，而且有经验的恶意用户能够比较容易地破坏客户端的验证脚本，或者绕过客户端的校验。因此，从安全的角度出发，最有效的方式是双重验证，即先进行客户端验证，通过验证后提交，然后再进行服务器端的验证。

1. 验证控件的类型

ASP.NET 提供了多种适合不同验证需要的验证控件：RequiredFieldValidator 必须字段验证控件、RangeValidator 范围验证控件、CompareValidator 比较验证控件、RegularExpressionValidator 正则表达式验证控件、CustomValidator 自定义验证控件，这些验证控件验证失败时的错误信息可以在验证控件中显示，也可以通过的 ValidationSummary 验证摘要控件显示。

以下是这些验证控件共同的常用属性。

① ControlToValidate：要验证的输入控件，每个验证控件必须设置此属性。

② ErrorMessage：显示的错误信息，可以在 ValidationSummary 控件中显示。Text 属性也是错误信息，但只能在验证控件中显示。

③ ValidationGroup：验证所属组别。在多种功能的页面中，为防止某功能验证失败影响整页提交，可利用此属性对每个功能分别验证，每个功能中引起提交的按钮控件也具备 ValidationGroup 属性值，并且每个功能分组内的各个 ValidationGroup 属性值应该相同，并区别与其他功能分组的 ValidationGroup 属性值。

④ EnableClientScript：开启客户端验证，默认 true。即首先执行客户端验证（有关客户端验证代码会自动生成并下载到浏览器），如果通过，才回发执行服务器端验证。

⑤ IsValid：是否已经通过验证。验证控件执行简单或复杂的逻辑比较，最终得到布尔值。

这些验证控件共同的常用方法为 Validate()，即执行验证。一般不用显式调用。

2. 验证控件的使用

（1）RequiredFieldValidator 必须字段验证控件。RequiredFieldValidator 必须字段验证控件也称为非空验证控件，用于对必须输入的信息进行验证，如果没有输入则提示错误。

例 4-12　添加除数、被除数必须输入验证。

① 页面设计：布局表格中包含 3 处静态文本、3 个文本框控件、2 个 RequiredFieldValidator 控件和一个按钮，参见图 4-18。

② 选中第 1 个 RequiredFieldValidator 控件，将 ControlToValidate 属性的值设为 "TextBox1"，设置其 ErrorMessage 属性为"未填写被除数"；将另一个验证控件的 ControlToValidate 属性值设为 "TextBox2"；设置其 ErrorMessage 属性为"未填写除数"。

不输入必填字段即单击"计算"按钮的部分页面效果如图 4-18 所示。

（2）RangeValidator 范围验证控件。RangeValidator 是范围验证控件用于验证输入的值是否在指定的范围内，由于不同的类型有不同的比较方式，因此不但需要设定最大、最小值，还需设置值类型，分别对应 MaximumValue、MinimumValue 和 Type 属性。

例 4-13　添加除数、被除数验证是否是 1 ~ 100 的整数。

① 页面设计：布局表格中包含 3 处静态文本、3 个文本框控件、1 个按钮和 2 个 RangeValidator 控件，参见图 4-19。

② 选中 RangeValidator 控件，将 ControlToValidate 属性的值设为"除数"右侧的文本框的 ID，即 "TextBox2"；设置其 ErrorMessage 属性为"取值范围不正确"；将 Type 属性的值设为 "Integer"；将 MinimumValue 的值设为"0"；将 MaximumValue 的值设为"100"。

输入超出范围的除数后，单击"计算"按钮，网页结果如图 4-19 所示。

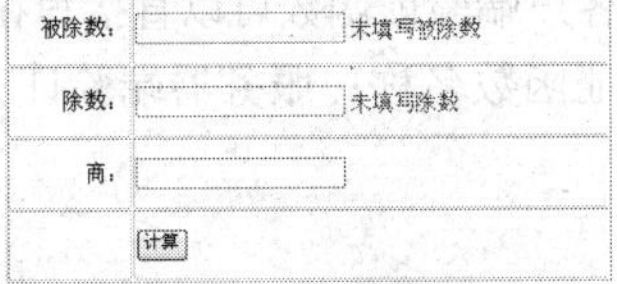

图 4-18　RequiredFieldValidator 控件使用

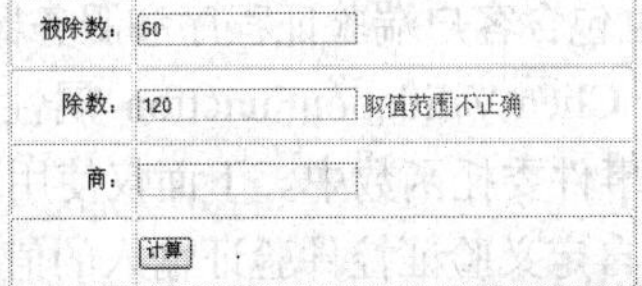

图 4-19　RangeValidator 控件使用

（3）CompareValidator 比较验证控件。CompareValidator 是比较验证控件，用于将被验证控件的值与常数值或其他控件的值进行比较。除了要设置要比较的值或要比较的控件，以及比较的类型，还需要设置比较操作符。

① ControlToCompare/ ValueToCompare 属性表示要比较的控件/要比较的值，这两个属性同时设置时，ControlToCompare 优先。

② Type 属性表示比较的类型，决定比较的方式。

③ Operator 属性是比较操作符，可以取 Equal（等于）、NotEqual（不等于）、GreaterThan（大于）、GreaterThanEqual（大于等于）、LessThan（小于）、LessThanEqual（小于等于）和 DataTypeCheck（数据格式检查）等枚举值。如果将 Operator 属性设为 DataTypcChcck 则忽略 ControlToCompare 和

ValueToCompare 属性，仅对待验证控件进行 Type 类型检查，这很常用。

例 4-14 验证除数是否不为零。

① 页面设计：布局表格中包含 3 处静态文本、3 个文本框控件、1 个按钮和 1 个 CompareValidator 控件，参见图 4-20。

② 主要步骤：选中 CompareValidator 控件，将 ControlToValidate 属性的值设为“除数”右侧的文本框的 ID，即“TextBox2”，设置其 ErrorMessage 属性为“除数不能为 0”；将 Operator 属性的值设为“NotEqual”；将 ValueToCompare 的值设为“0”。

输入除数为 0 后，单击“计算”按钮，结果如图 4-20 所示。

（4）RegularExpressionValidator 正则表达式验证控件。RegularExpressionValidator 正则表达式验证控件可以用来验证输入是否与某个字符串模式相匹配，比如具备 6 位数字的邮编，以及电话号码、身份证号、电子邮件地址等。此控件理论上可以替代前面所有的验证控件。

正则表达式是用一些特殊字符组成的表达式，对目标字符串进行匹配操作，结合其他函数可以进行验证、提取、更改等操作。正则表达式使得程序简洁优雅；但语法复杂，执行效率也不算高，本书不涉及 C#语言的正则表达式语法。

ASP.NET 内置了许多常用的正则表达式，直接选用即可。RegularExpressionValidator 控件的 ValidationExpression 属性表示用于验证匹配的正则表达式。

例 4-15 验证身份证号。

① 输入静态文本，拖入 1 个按钮、1 个文本框控件、1 个 RegularExpressionValidator 控件和 1 个按钮。

② 设置 RegularExpressionValidator 控件的 ControlToValidate 属性的值设为文本框的 ID，即“TextBox1”，设置其 ErrorMessage 属性为“身份证号格式不正确”；将 ValidationExpression 属性的值设为“中华人民共和国身份证号码（ID 号）”。

输入不合法的身份证号，单击“提交”按钮，网页运行结果如图 4-21 所示。

图 4-20 CompareValidator 控件显示结果

图 4-21 RegularExpressionValidator 控件的使用

（5）CustomValidator 自定义验证控件。CustomValidator 是自定义验证控件，验证方法可以通过自己编程设计。也包含客户端验证程序和服务器端验证程序，客户端验证函数可以直接写在标记代码中，并通过控件的 ClientValidationFunction 属性指定客户端验证函数名称；服务器端验证程序需要写在 ServerValidate 事件委托函数中。下面仅使用服务器端验证。

例 4-16 自定义验证控件验证输入的值是偶数。

① 输入静态文本，拖入 1 个文本框、1 个 CustomValidator、1 个按钮控件，参见图 4-22。

② 设置 CustomValidator 控件的 CustomValidator 属性的值设为文本框的 ID，即“TextBox1”，设置其 ErrorMessage 属性为“你输入的不是偶数”。

③ 编写 ServerValidate 事件委托函数如下：

```
protected void CustomValidator1_ServerValidate(object source, ServerValidateEventArgs args)
{
    int val= Convert.ToInt32(args.Value);
    if(val % 2==0)
    {
        args.IsValid=true;
    }
    else
```

```
        {
            args.IsValid=false;
        }
    }
```

输入非偶数，单击“提交”按钮的运行结果图 4-22 所示。

（6）ValidationSummary 验证摘要控件。ValidationSummary 是验证摘要控件，可以在网页上显示所有验证错误信息列表。通过 DisplayMode 属性可设置验证信息的显示模式；设置 ShowMessageBox 为 true 可在启用客户端验证时用警告框显示验证信息。

例 4-17　设计一个注册用户页面，验证用户名、密码、年龄、身份证号和电子邮箱。

① 页面设计：设计如图 4-23 所示的表格，其中“注册”按钮右侧为 ValidationSummary 控件，各控件及属性参见下面的步骤。

图 4-22　自定义验证控件的使用

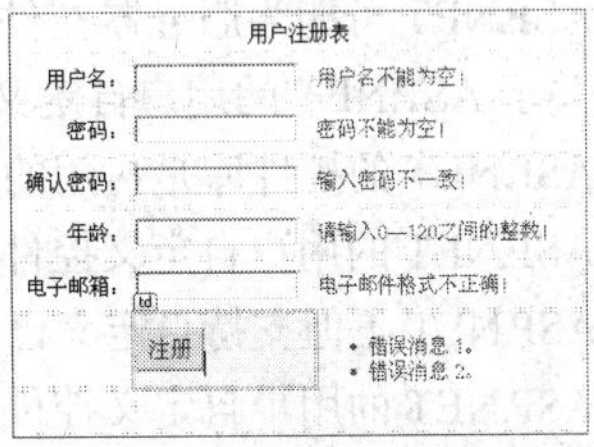

图 4-23　ValidationSummary 验证控件的页面设计

② 选中 RequiredFieldValidator1 控件，将 ControlToValidate 属性的值设为文本框“TextBoxUserName”，设置其 ErrorMessage 属性为“用户名不能为空”。

③ 选中 RequiredFieldValidator2 控件，将 ControlToValidate 属性的值设为文本框“TextBoxPassword”，设置其 ErrorMessage 属性为“密码不能为空”。

④ 选中 CompareValidator1 控件，将 ControlToValidate 属性的值设为文本框“TextBoxRetypePwd”，将 ControlToCompare 属性的值设为文本框“TextBoxPassword”，设置其 ErrorMessage 属性为“输入密码不一致”。

⑤ 选中 RangeValidator1 控件，将 ControlToValidate 属性的值设为文本框“TextBoxAge”，设置其 ErrorMessage 属性为“请输入 0～120 之间的整数”；将 Type 属性的值设为“Integer”，将 MinimumValue 的值设为“0”，将 MaximumValue 的值设为“120”。

⑥ 选中 RegularExpressionValidator1 控件，将 ControlToValidate 属性的值设为文本框“TextBoxEmail”，设置其 ErrorMessage 属性为“电子邮件格式不正确”，将 ValidationExpression 属性的值设为“Internet 电子邮件地址”。

在浏览器中查看，输入信息后单击“注册”按钮的结果如图 4-24 所示。

需要注意的是，在 AutoPostBack 为 true 的控件和验证控件共存时，由于引起回发的控件并不自动引起服务器端页面验证（提交按钮默认引起服务器端页面验证），使再次响应的页面中验证控件恢复为初始的隐藏状态，从而导致已有客户端验证错误信息被清除，这种情况下，设置回发控件的 CausesValidation 属性为 true，或者在回发事件处理后调用页面（或验证控件）的 Validate 方法即可。

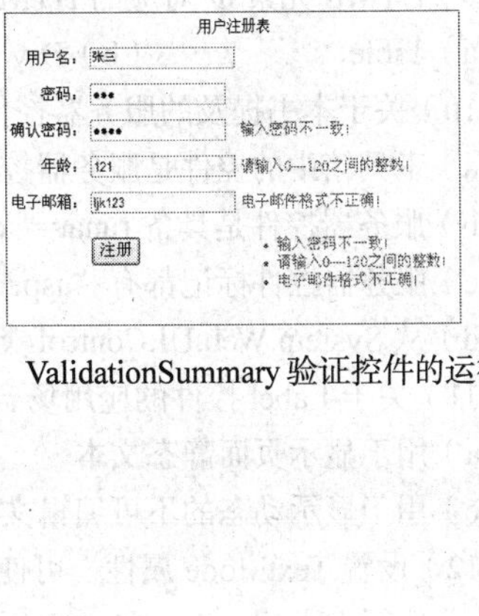

图 4-24　ValidationSummary 验证控件的运行结果

4.3.6　自测

1. 单选题

（1）以下不属于 ASP.NET 控件的种类是（　　）。

（a）HTML 控件　（b）ActiveX 控件　（c）Web 服务器控件　（d）用户自定义控件

（2）关于 HTML 控件，说法错误的是（　　）。

（a）HTML 控件是标记，而服务器控件是对象类

（b）一个 HTML 控件对应一个 HTML 元素

（c）HTML 控件可以被转换成服务器控件

（d）ASP.NET 不处理 HTML 控件的事件

（3）关于服务器控件，说法正确的是（　　）。

（a）ASP.NET 对服务器控件和 HTML 控件做的处理完全相同

（b）服务器控件的功能和 HTML 控件一样，只是 HTML 控件不能用在 aspx 网页中

（c）服务器控件和 HTML 标记一一对应

（d）ASP.NET 可能为服务器控件自动生成客户端脚本程序

（4）关于 ASP.NET 的用户自定义控件，说法最准确的是（　　）。

（a）ASP.NET 的控件库是封闭的，不允许用户自定义控件

（b）ASP.NET 的用户自定义控件像 Windows 窗体程序的自定义控件一样，都是定义派生类

（c）ASP.NET 不但支持自定义已有控件的派生类控件，还支持组合控件式的用户控件

（d）ASP.NET 的用户自定义控件技术非常复杂

（5）HTML 控件都是以下哪个类的派生类？（　　）

（a）System.Web.Control

（b）System.Web.WebControls.WebControl

（c）System.Web.UI.Page

（d）System.Web.UI.HtmlControls.HtmlControl

（6）将 HTML 控件转换成服务器控件的方法是（　　）。

（a）添加“<asp:”前缀

（b）从 System.Web.UI.Control 派生

（c）改从工具箱的“标准”选项卡拖放控件

（d）在标记代码中添加 runat="server"属性

（7）服务器 form 中的 HTML 子控件转成服务器控件后，在后台代码中（　　）。

（a）可通过其 name 属性访问　（b）可通过其 ID 属性访问

（c）必须使用 FindControl 方法访问　（d）必须使用 Controls 索引器访问

（8）工具箱中的哪个控件是 HTML 复位按钮？（　　）

（a）Input(Button)　（b）Input(Submit)　（c）Input(Reset)　（d）Input(Text)

（9）HTML 元素 hr 对应的 HTML 控件是（　　）。

（a）Table　（b）Div　（c）Hr　（d）Horizontal Rule

（10）关于本书提及的服务器控件说法错误的是（　　）。

（a）工具箱中的控件是服务器控件

（b）服务器控件是具备 runat="server"属性的控件

（c）服务器控件标记都有“asp:”前缀

（d）从 System.Web.UI.Control 类派生

（11）关于 Label 控件的应用场合，较准确的描述是（　　）。

（a）用于显示页面静态文本　（b）用于显示不可编辑文本

（c）用于显示动态的不可编辑文本　（d）用于显示可编辑文本

（12）设置 TextMode 属性，可使得 TextBox 具有多种使用形式，但不可用作（　　）。

（a）单行文本框　（b）多行文本框　（c）密码输入框　（d）隐藏输入框

（13）关于 TextBox 控件已定义好的 TextChanged 事件委托函数，说法正确的是（　　）。

（a）每当文本框文本变化时此函数被执行

（b）除非添加一个 Button 按钮，否则此函数不会被执行

（c）设置 TextBox 的 AutoPostBack 为 true，则每当文本框文本变化时此函数被执行

（d）网页中文本框的 TextChanged 事件只在文本框失去焦点后触发

（14）关于 TextBox 控件的事件，说法正确的是（　　）。

（a）TextChanged 这样的服务器事件很少用，而用 onKeyPress 服务器事件代替

（b）从响应用户输入角度说，TextChanged 服务器事件比 onkeypress 客户端事件的用户体验好

（c）所有的服务器事件委托函数都需要网页回发，才有机会被执行

（d）所有的客户端事件处理函数都需要网页回发，才有机会被执行

（15）服务器控件中显示为链接的按钮是（　　）。

（a）Button　　（b）Input(Button)　　（c）LinkButton　　（d）ImageButton

（16）关于按钮控件的 Command 事件，说法正确的是（　　）。

（a）不是在按钮被单击时发生的

（b）处理 Command 事件，通常需要获取 CommandName 和 CommandArgument 属性值

（c）早于 Click 事件发生

（d）常用于在一个按钮控件具备多个事件处理函数的场合

（17）对页面 A 中的某 Button，编写了 Click 事件、Command 事件委托函数，设置了 PostBackUrl 值为页面 B，且页面 B 中不涉及页面 A，在浏览器中单击此按钮时（　　）。

（a）执行 Click 事件委托函数

（b）依次执行 Click 事件和 Command 事件委托函数

（c）执行 Command 事件委托函数

（d）Click、Command 事件委托函数都不会执行

（18）对页面 A 中的某 Button，编写了 Click 事件、Command 事件委托函数，编写了 OnClientClick 客户端事件处理程序，设置了 PostBackUrl 值为页面 B，且页面 B 中不涉及页面 A，在浏览器中单击此按钮时（　　）。

（a）执行客户端事件处理程序

（b）依次执行客户端事件处理程序、Click、Command 事件委托函数

（c）执行 Click、Command 事件委托函数

（d）不执行任何事件处理程序

（19）建立在“D:\Visual Studio .NET 2008\Projects\WebSites\”文件夹下的 MyWebSite 网站，其中某网页的 Image 控件使用网站下的“App_Themes\ Theme1\point.jpg”图像，为便于网站发布到不同文件夹，Image 控件的 ImageUrl 属性应为（　　）。

（a）D:\Visual Studio .NET 2008\Projects\WebSites\ App_Themes\ Theme1\point.jpg

（b）App_Themes\ Theme1\pointer.jpg

（c）\App_Themes\ Theme1\pointer.jpg

（d）~/App_Themes\ Theme1\pointer.jpg

（20）ASP.NET 中超链接控件是（　　）。

（a）LinkButton　　（b）HyperLink　　（c）a　　（d）Input(Link)

（21）FileUpload 控件代表客户端文件名称的属性是（　　）。

（a）FileName　　（b）PostedFile　　（c）HasFile　　（d）SaveAs

（22）FileUpload 控件代表所上传文件对象的属性是（　　）。

（a）FileName　　（b）PostedFile　　（c）HasFile　　（d）SaveAs

（23）FileUpload 控件用于判断是否包含上传文件的属性是（　　）。
（a）FileName　（b）PostedFile　（c）HasFile　（d）SaveAs
（24）FileUpload 控件将上传的客户端文件保存为指定服务器文件的方法是（　　）。
（a）FileName　（b）PostedFile　（c）HasFile　（d）SaveAs
（25）关于 Calendar 控件，说法错误的是（　　）。
（a）默认显示当月日历
（b）通常使用其 SelectionChanged 方法选择不同的日期
（c）SelectedDate 属性表示被选中的日期
（d）Visible 属性为 false 时不显示此控件
（26）验证控件不具备的作用是（　　）。
（a）避免用户输入错误　（b）避免服务器遭受 Web 攻击
（c）验证用户身份是否合法　（d）验证用户输入是否合法
（27）除自定义验证控件外，验证控件默认验证方式为（　　）。
（a）客户端验证　（b）服务器端验证
（c）客户端、服务器端双重验证　（d）需要开发人员设置
（28）以下哪项不是客户端验证的好处？（　　）
（a）响应用户输入较快　（b）减少无效网络传输
（c）减轻服务器负担　（d）杜绝 Web 攻击
（29）验证必填字段是否为空的验证控件是（　　）。
（a）RequiredFieldValidator　（b）RangeValidator
（c）CompareValidator　（d）RegularExpressionValidator
（30）对用户输入进行范围验证的控件是（　　）。
（a）RequiredFieldValidator　（b）RangeValidator
（c）CompareValidator　（d）RegularExpressionValidator
（31）注册新用户时，验证“密码”和“确认密码”是否一致，应采用（　　）。
（a）RequiredFieldValidator　（b）RangeValidator
（c）CompareValidator　（d）RegularExpressionValidator
（32）注册新用户时，验证“电子邮箱”是否合法，最简单的是采用（　　）。
（a）RequiredFieldValidator　（b）RangeValidator
（c）CompareValidator　（d）RegularExpressionValidator
（33）必须编写验证程序才能使用的验证控件是（　　）。
（a）RequiredFieldValidator　（b）RangeValidator
（c）CompareValidator　（d）CustomValidator
（34）每个验证控件必须手工设置的属性是（　　）。
（a）ControlToValidate　（b）ErrorMessage
（c）ValidationGroup　（d）EnableClientScript
（35）验证控件对象用于在 ValidationSummary 控件中显示验证失败信息的属性为（　　）。
（a）ControlToValidate　（b）ErrorMessage
（c）ValidationGroup　（d）Text
（36）某页面有登录功能和游客浏览功能，登录功能部分使用了验证控件，为保证匿名用户正常提交网页，必须设置验证控件的哪个属性？（　　）
（a）ControlToValidate　（b）ErrorMessage
（c）ValidationGroup　（d）EnableClientScript

（37）不同的值类型有不同的比较方式，因此为了使 RangeValidator 控件正常工作，要保证哪个属性设置正确？（　　）

（a）ControlToValidate　　（b）MaximumValue
（c）MinimumValue　　（d）Type

（38）要用 CompareValidator 控件验证用户输入是否小于 0，不需要设置的属性是（　　）。

（a）ControlToValidate　　（b）ControlToCompare
（c）ValueToCompare　　（d）Type

（39）RegularExpressionValidator 控件表示验证用正则表达式的属性是（　　）。

（a）ControlToValidate　　（b）Expression
（c）ValidationExpression　　（d）ErrorMessage

（40）要在页面中集中显示验证错误提示信息时，最简单的是用（　　）。

（a）Label 控件　　（b）Response.Write 方法
（c）ValidationSummary 控件　　（d）RegularExpressionValidator 控件

2. 判断题

（1）ASP.NET 的服务器控件可看做 ASP.NET 的功能单元。
（2）ASP.NET 的服务器控件在响应页面中必会转为 HTML 元素。
（3）HTML 控件也可以绑定到数据源控件。
（4）HTML 控件可以直接在后台代码中用 ID 访问。
（5）页面中的不可编辑文本都应该用 Label 控件实现。
（6）用 Label 代替静态文本会提高网页性能。
（7）FileUpload 控件的 FileName 属性代表上传的服务器端文件名。
（8）Calendar 控件可以实时显示服务器时间。
（9）服务器控件只能有服务器端事件处理程序。
（10）HTML 控件（未转换为服务器控件）只能有客户端事件处理程序。
（11）完成同样操作的服务器端处理程序比客户端处理程序响应更慢。
（12）有些客户端设备不支持客户端程序。
（13）数据库操作一般用服务器端程序完成。
（14）服务器控件执行客户端事件处理程序可以通过直接编写标记代码实现。
（15）服务器控件执行客户端事件处理程序必须通过 Attributes 属性实现。
（16）服务器端验证更加安全可靠。
（17）验证控件的验证失败提示信息只在验证控件中显示。
（18）必须通过 Text 属性设置验证控件的验证失败提示信息。
（19）使用 CompareValidator 控件，不但将用户输入与某个常数值或控件值进行比较，还能检查用户输入的类型是否合法。
（20）AutoPostBack 属性为 true 的控件回发时也会自动引发服务器端验证。

4.3.7　演练 1

1. 实验题目

标准服务器控件。

2. 实验目的

- 掌握服务器控件的基本使用技能。

- 观察服务器控件事件与网页回发关联。
- 练习根据业务逻辑使用服务器控件。

3. 实验内容

（1）做教材例题。

（2）练习。

设计网页，实现协助用户填写出版日期的功能：网页中包含文本框 TextBoxPublishDate、日历控件 CalendarPublishDate、按钮 ButtonDisplayCalendar，但日历控件默认不显示（Visible=false），单击按钮时，日历控件显示，选择日期后，将选中的日期显示在文本框中。

4. 实验步骤

由读者写出。

5. 实验总结

由读者总结。

4.3.8 演练 2

1. 实验题目

验证控件。

2. 实验目的

- 掌握 RequiredFieldValidator、RangeValidator、CompareValidator 控件的使用方法。
- 掌握用 ValidationSummay 控件集中显示错误的方法。
- 掌握使用 RegularExpressionValidator 控件内置的验证表达式模板进行正则验证的方法。

3. 实验内容

设计购物页面，显示商品名称（静态文本）、库存总数量（不可修改），由用户输入购买数量，并请用户输入手机号码。要求验证各个输入框不能为空，并验证用户输入的数量大于 0，且小于库存总数量，还要验证用户输入的手机号码格式正确。

4. 实验步骤

由读者写出。

5. 实验总结

由读者总结。

4.4 决策与计划

4.4.1 新书入库页面决策

1. 页模型选择

由于代码隐藏页模型逻辑清晰、便于维护，我们选用代码隐藏页模型。

2. 控件类型选择

由于图书入库的信息最后要保存在数据库中，所以我们主要采用服务器控件来实现本页面的功能。本章学习情境中已经包含相关用户控件，直接使用即可。

新书入库页面实现的功能是将新书信息保存在数据库中，由于有多项图书信息需要填写并且输入的信息要保证合理，所以就需要在录入数据库前对输入的信息进行验证。对于验证控件，全部开启客户端验证。

本章不涉及数据库操作，只完成控件使用页基本页面设计。

4.4.2　新书入库页面计划

1．页面设计

① 暂不关心数据显示控件，仅在页面中使用一个表格，作为整个页面布局的框架。

② 在表格当中采用文本框作为图书信息的输入方式，并使用两个多行文本框。

③ 使用日历控件辅助输入日期，并用 ImageButton 控件控制日历控件的显示/隐藏。

④ 图书类别树是一个 UC_CategoryTree 用户控件，直接从解决方案资源管理器中拖来使用，辅助输入图书类别代码，并用 ImageButton 控件控制图书类别树控件的显示/隐藏。

⑤ 使用 LinkButton 控件实现向数据库添加数据（本章仅作网页提交，不涉及数据库）和取消本次操作的功能。

⑥ 上传图片文件使用 FileUpload 控件，并使用一个 Label 控件显示上传错误信息。

⑦ 使用 RequiredValidator 控件和 RangeValidator 控件进行必填验证和输入范围验证。

2．基本逻辑

本例完成与界面相关的简单逻辑。

（1）控制日历等控件的显示/隐藏。以出版日期日历控件为例，该控件 Visible 属性的初始值为 false，每当对应的图像按钮被单击时，对其 Visible 属性取反即可。图书类别树控件的显示/隐藏控制与此相同。

（2）图片文件上传。单击“浏览”按钮后，选定客户端图像文件，单击“添加”按钮，才提交文件。

（3）日历控件辅助输入。可参见例 4-11。

（4）图书类别树控件辅助输入。图书类别树控件是一个用户控件，公开了 SelectedNodeChanged 事件，以及 CurrentNode 属性节点对象，CurrentNode 对象包含 Value 属性，为字符串类型，表示当前选中的节点对应的图书类别代码。

（5）文本框清空。单击“取消”按钮后，清空各个文本框。可以通过 Controls 属性遍历各个子控件，判断子控件的类型，如果是 TextBox 类型，则将其清空。

4.5　实施

下载 Chapter4Learnsituation 代码，此网站已包含本章学习情境所需用户控件等环境。

1．页面设计

新建一个命名为 BookInput.aspx 的 Web 窗体页，添加一个表格进行布局，如图 4-25 所示。

左侧单元格中的文字均为静态文本。

所有输入控件均为文本框：书名文本框 TextBoxBookName；定价文本框 TextBoxBookPrice；进价文本框 TextBoxInputPrice；出版社文本框 TextBoxBookPublisher；ISBN 文本框 TextBoxBookISBN；出版日期文本框 TextBoxBookPublishDate；作者文本框 TextBoxBookAuthor；数量文本框 TextBoxBookQuantity；所属类别文本框 TextBoxCategoryID；页数文本框 TextBoxBookPageCount；内容提要文本框 TextBoxBookAbstract，TextMode 属性值为 MultiLine，Height 属性值为 70px，Width 属性值为 400px；目录文本框 TextBoxBookContents，其他属性设置同内容提要文本框。

图片文件不需要输入控件，只用文件上传控件 FileUploadBookImage，在服务器代码中处理图片文件。使用一个标签控件 LabelMsg 显示上传文件错误信息。

除图片文件、内容提要、目录三个字段外，其他字段均为必填项，对相关 RequiredFieldValidator 验证控件，只设置其 ControlToValidate 属性，其他属性默认；定价、进价、出版日期、数量、页数字段都配置 RangeValidator 验证控件，其中定价、进价的输入范围为 0.01~100000 的 Double 类型数据，出版日期的输入范围为 1753-1-1 至 2999-12-30 的 Date 类型数据，数量的输入范围为 1~100000 的 Integer 类型数据，页数的输入范围为 10~100000 的 Integer 类型数据。

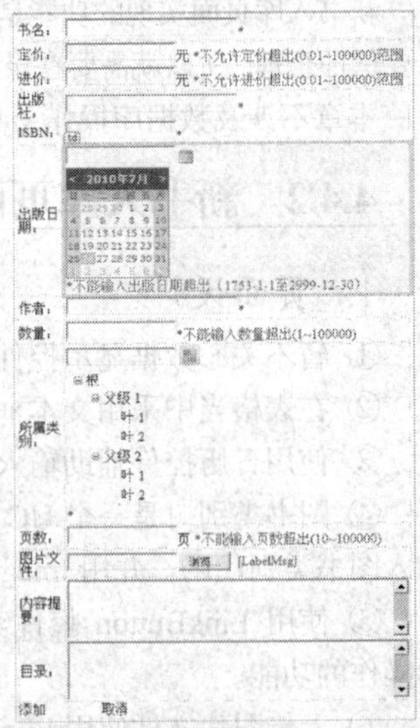

图 4-25　新书入库页面的布局

出版日期字段使用 ID 为 CalendarPublishDate 的日历控件辅助用户输入日期数据，同时使用 ID 为 ImageButtonShowCalendarPublishDate 的图像按钮控件，控制日历控件的显示/隐藏。类似地，图片文件字段使用 ID 为 UC_CategoryTree1 的图书类别树控件辅助用户输入图书类别数据，同时使用 ID 为 ImageButtonShowCategoryTree 的图像按钮控件，控制图书类别树控件的显示/隐藏。需要注意的是，ImageButton 被单击时会引发网页验证，若未通过客户端验证，则不会提交网页，从而导致服务器端事件处理代码不能执行，即导致日历控件或图书类别树控件无法显示，要解决这一问题，可以设置 ImageButton 的 CausesValidation 属性为 false，使单击按钮时不引发网页验证；也可设置 ImageButton 的 ValidationGroup 属性，使之不同于页面中验证控件的 ValidationGroup 属性（为空也可以），使单击按钮时不引发验证控件所在功能组的验证。

还使用“添加”链接按钮 LinkButtonInsert 和“取消”链接按钮 LinkButtonCancel，其中“添加”按钮仅完成回发后的图片文件处理功能，“取消”按钮完成文本框清空功能。

2. 逻辑代码

（1）控制日历等控件的显示/隐藏。以下代码对日历控件的显示状态取反。

```
protected void ImageButtonShowCalendarPublishDate_Click(object sender, ImageClickEventArgs e)
{
    CalendarPublishDate.Visible = ! CalendarPublishDate.Visible;
}
```

（2）图片文件上传。以下代码需要对 System.IO 命名空间的引用。可参见例 4-10。

```
string AllowedFileTypesFilter = ".jpg|.gif|.png|.tif|.bmp";
protected void LinkButtonInsert_Click(object sender, EventArgs e)
{
        string ext = Path.GetExtension(FileUploadBookImage.FileName);
   if (FileUploadBookImage.HasFile)
   {
      if(checkFileExt(ext))
      {
         string severFileName = "~/BookPics/" + TextBoxBookName.Text + "_" + TextBoxBookAuthor.
Text+ext;
         FileUploadBookImage.SaveAs(Server.MapPath(serverFileName));
      }
      else
      {
         LabelMsg.Text = "只能选择" + AllowedFileTypesFilter + "图像文件上传！";
      }
   }
}
```

代码中，定义了 AllowedFileTypesFilter 字段，用“|”间隔各个文件扩展名，规定了允许上传的文件类型。此段代码将上传文件保存在“~/BookPics”文件夹中，文件名使用“图书名称_图书作者”的组合形式，以避免文件命名冲突，文件扩展名与客户端文件扩展名相同。程序中还使用 checkFileExt 自定义方法检查了文件扩展名，相关代码如下：

```
private bool checkFileExt(string ext)
{
    string[] allowedExts = AllowedFileTypesFilter.Split(
                        new char[] { '|' }, StringSplitOptions.RemoveEmptyEntries);
    foreach (string extension in allowedExts)
    {
        if (string.Compare(ext, extension, true) == 0)
        {
            return true;
        }
    }
    return false;
}
```

该方法的形参 ext 表示待检查的文件扩展名，返回值为 true，表示扩展名合法。代码中，先使用 string 对象的 Split 方法将包含合法扩展名的 AllowedFileTypesFilter 字段值分割为字符串数组 allowedExts，然后使用 string 类的 Compare 静态方法，忽略大小写，将 ext 与数组中的扩展名逐个比较，相同则返回 true，若遍历数组没有匹配的扩展名，则返回 false。

（3）日历控件辅助输入。类似于例 4-11，将所选日期填入文本框即可，代码如下：

```
protected void CalendarPublishDate_SelectionChanged(object sender, EventArgs e)
{
    TextBoxBookPublishDate.Text = CalendarPublishDate.SelectedDate.ToShortDateString();
    CalendarPublishDate.Visible = false;
}
```

（4）图书类别树控件辅助输入。由于图书类别树控件是用户控件，需要手工建立控件对象的 SelectedNodeChanged 事件委托，下面的代码在 Page_Load 中完成此委托：

```
protected void Page_Load(object sender, EventArgs e)
{
    UC_CategoryTree1.SelectedNodeChanged += uc_CategoryTree_SelectedNodeChanged;
}
```

对应的事件委托函数与日历控件辅助输入相似：

```
void uc_CategoryTree_SelectedNodeChanged(object sender, EventArgs e)
{
    TextBoxCategoryID.Text = UC_CategoryTree1.CurrentNode.Value;
    UC_CategoryTree1.Visible = false;
}
```

（5）清空文本框。不能使用 HTML 控件 Input(Reset)按钮来完成此功能，因为该控件只将各文本框恢复力服务器端送来的初始值，因此不能清除日期文本框。

```
protected void LinkButtonCancel_Click(object sender, EventArgs e)
{
    foreach (Control c in Controls)
    {
        if (c is TextBox)
        {
            (c as TextBox).Text = "";
        }
    }
    LabelMsg.Text = "";
}
```

上述代码还同时清除了 LabelMsg 控件的文本。

4.6 检查与评价

1. 检查

（1）功能检查。

① 图片能否正常上传。

② 在上传非图片文件时，是否能正常处理。

③ 是否能弹出日历控件等。

④ 在日历控件中选择日期后能否填入相应的文本框。

⑤ 各验证控件是否能正确验证。

（2）性能检查。

多用户检查：打开多个浏览器程序（不是新建窗口），访问此网页进行测试。

（3）其他检查。

① 界面布局检查：非 IE 浏览器是否可以正常显示等。

② 输入边界检查：用户输入错误信息时程序健壮性如同。

2. 评价

（1）功能评价方法。

本章学习情境是 BookInput.aspx 服务器页面的设计，采用了多种服务器控件来实现本页面的功能。掌握并灵活选择服务器控件，是本次的技能任务，也是使用 ASP.NET 开发网站的基本功。所以应立足于控件选择、控件使用，进行功能评价。

（2）性能评价方法。

本任务主要从以下方面评价和自我评价此网站的性能：

① 是否尽量使用静态文本；

② 是否做到恰当的灵活运用控件快速完成网页开发。

4.7 训练

1. 题目

设计图书详细信息页面 BookDetails.aspx。

2. 要求

下载本章的学习情境代码 Chapter4Learnsituation，在 VS 2008 IDE 中打开此网站。要求熟练选择控件，完成 BookDetails.aspx 页面的设计，如图 4-26 所示。

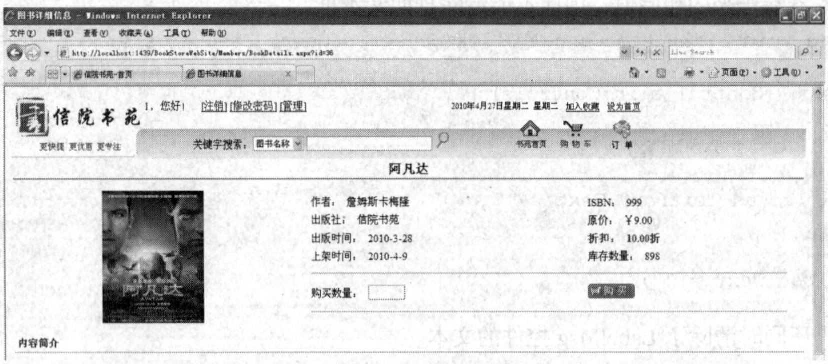

图 4-26　BookDetails.aspx 服务器页面

第5章

学习情境：使用 ASP.NET 状态管理实现购物车

5.1 学习情境引入

上一章掌握了使用服务器控件设计 aspx 页面的基本技能，终于在功能强大的服务器网站设计之旅上迈出了第一步，网站就是由一个一个的页面组成的，用相似的方法，我们就可以设计一个又一个的页面来组成整个网站。

然而，网页之间是有数据联系的，比如网上书店的购物车功能：我们在一个页面选书加入购物车，在另一个页面得到这些购书数据并显示。要做到这一点，仅用以前的技能就不够了。

5.1.1 网上书店的购物车功能需求和主要问题

1. 功能需求

网上书店需要购物车功能，先购书，然后下订单，由于下订单需要数据库操作，本章只介绍购书部分。

会员的购书行为如图 5-1 所示，结合前面网上书店系统的展示，购书过程描述如下。

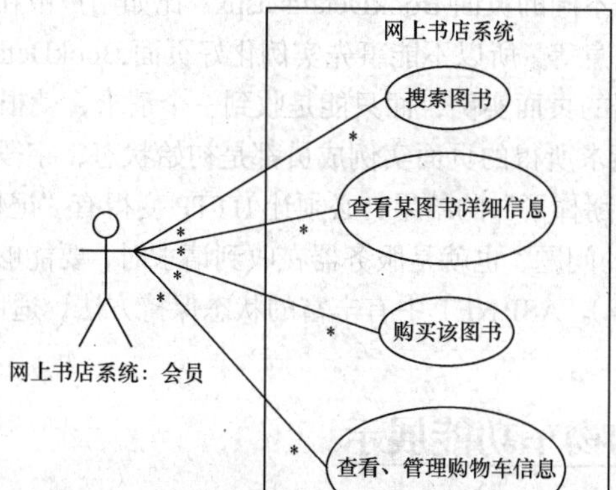

图 5-1　会员购书行为的详细描述

① 会员在主页搜索到了某些图书。

② 通过主页书名超链接到该图书的详细信息页面，填入购买数量，将其加入购物车。

③ 在购物车页面中浏览刚才的购物车数据（也可以删除购物车数据）。

2. 主要问题

（1）问题描述。

① 记录*多次*购书数据：每个用户可以连续重复上述的购书过程，以购买不同的图书，而在个人购物车中，可以看到每次购买得到的图书数据。也就是图书详细信息页面能够记录每次的购书数据。

② 记录*多用户*购书数据：一个网站可能多个用户同时访问，每个用户都将在个人购物车中看到自己的购物数据。也就是图书详细信息页面在记录购书数据时能够区分用户。

③ *跨页传递*购书数据：购物车页面能够获得图书详细信息页面的购物数据，用来浏览和管理，即可以在两个页面请求之间记住购物车信息。

（2）问题分析。以我们桌面程序设计的经验来看，这根本不应成为问题，只需要加一些变量，每次用户单击时记录一些值就可以实现。但在网站程序中却成为了问题，因为 HTTP 是没有“记忆”的，它本身不会记住是哪个用户曾经访问过哪个网页，对于“无记忆”的 HTTP 而言，某个用户第一次访问页面 BookDetails.aspx 和第二次访问页面 BookDetails.aspx 之间没有什么联系，它不知道这是两次不同的购书。同样，也不知道是否不同的用户来访问。让我们看例 5-1。

例 5-1 设置页面字段变量，无法实现计数的反面例子。

在一个新的 Web 窗体页中，添加一个 Button，修改其 Text 为“提交”，并编写如下的后台代码：

```
public partial class _Default : System.Web.UI.Page
{
    int requestTimes = 0;
    protected void Page_Load(object sender, EventArgs e)
    {
        requestTimes = requestTimes + 1;
        Response.Write(requestTimes);
    }
}
```

在浏览器中查看本页面，多次点击“提交”按钮，查看网页显示的数值。

结果与分析：由于 HTTP 没有“记忆”，默认情况下，ASP.NET 每次收到请求都会重新实例化对应的页面类，造成 requestTimes 变量的值每次都初始化为 0，因此该页面总是显示 1。

为什么 ASP.NET 要每次都重新实例化对应的页面类？这是因为我们设计的是动态网页，可能有许多用户同时访问我们的网站，即使单个用户也可能多次和网页交互，这些用户即使都访问页面 BookDetails.aspx，也可能看到不同的页面 BookDetails.aspx：比如用户甲在浏览图书 1 的详细信息，用户乙则在浏览图书 2 的详细信息等。所以不能事先实例化好页面 BookDetails 类，等待用户来请求，那会导致给他们响应有同样数据的页面实例，而只能是收到一个请求，就根据用户请求实例化所请求的页面，如果不加处理，每次请求所得的页面实例成员都是初始状态，字段变量值总是初始值。

看来，要避免这种“狗熊掰棒子”的结果，必须让 HTTP 变得有“记忆”。要让 HTTP 变得有“记忆”，实际上是一个保持状态的问题，也就是服务器在收到请求时，要能够得到上次请求的状态（包括网页的数据和客户端的标识等）。ASP.NET 中有丰富的状态保持方法，适用于各种场合。保持了状态，就可以解决前面提到的问题了。

5.1.2 网上书店购物车功能展示

从教材网站下载 BookStoreWebSite 源码，在本机调试运行。从首页以“test”用户名登录，单击某书名链接，则会打开图书详细信息页面，如图 5-2 所示，输入购买数量，单击“购买”按钮。重复此过程若干次，以建立多条购书数据。单击页面上部的“购物车”链接查看购物车，如图 5-3 所示。

图 5-2　图书详细信息页面

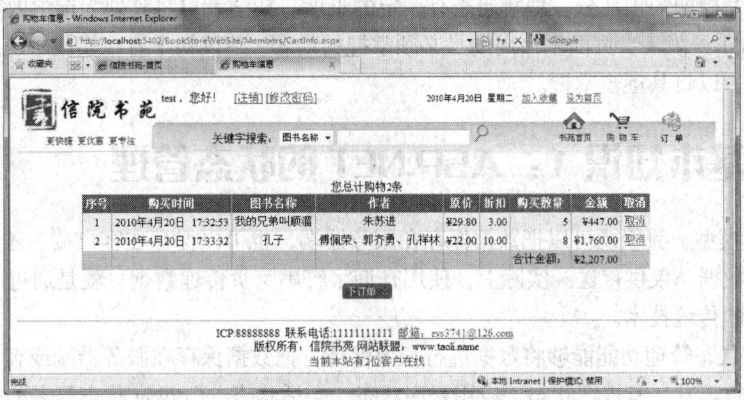

图 5-3　“test”用户的购物车

重新打开一个 IE 程序窗口（不能是选项卡），以另一个用户名“ee”登录，按照前述过程，购买不同的若干图书。再查看其购物车，如图 5-4 所示，比较两图可知，“ee”用户、“test”用户能够分别保存每次的购物数据。

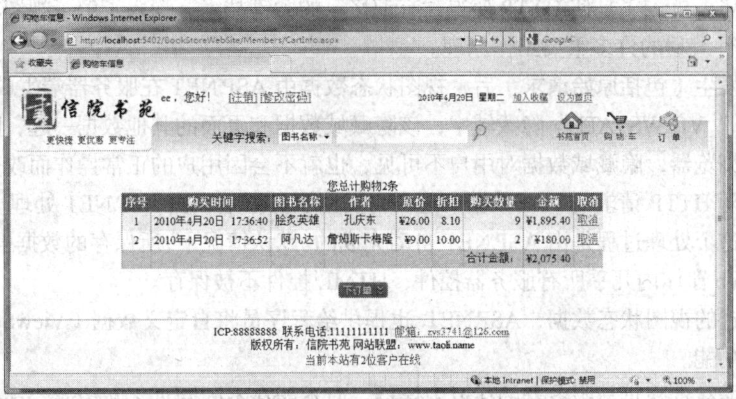

图 5-4　“ee”用户的购物车

5.1.3 网上书店购物车技术分解

1. 技术分解

实现购物车的技术方案并不唯一，但总是要既保持购物车数据状态，并进行跨页传递，所以，ASP.NET 中有以下两部分相关技术。

（1）ASP.NET 的状态管理。ASP.NET 采用多种技术来保持页面级别的状态，以及其他级别的状态，使得动态网站的开发变得简单而灵活，这是 ASP.NET 的核心技术。

对于程序员，使用 ASP.NET 提供的状态是很容易的，但要灵活运用它们，就需要了解 aspx 页面的生命周期，熟悉了页面生命周期后，ASP.NET 网站开发中的许多问题就可以迎刃而解，这也是我们把状态管理作为 ASP.NET 的核心技术的理由之一。

（2）ASP.NET 跨页面数据传递技术。在页面之间传递数据的技术也很多，有的完全是传统的 HTTP 协议所支持的，有的只在 ASP.NET 的支持下才能使用，这也是与页面生命周期有关的常用技术。

2. 学习安排

学习 ASP.NET 状态管理、跨页数据传递的相关知识后，实现购物车功能，并进行检查和评价，是本章的主要内容。

关于页面生命周期知识部分，理解起来有一定的难度，初学者可将其列为选学内容。但要成为一个熟练的 ASP.NET 开发者，页面生命周期是必须掌握的内容，建议初学者在实施中遇到问题后，反复查阅此部分内容，以将其逐步掌握。

5.2 基本知识 1：ASP.NET 的状态管理

根据 HTTP 模型，我们既可以把数据保存在服务器端，也可以保存在客户端，还可以只在 HTTP 协议中临时保存数据，仅供传送。实际上，使用查询字符串跨页传递数据，就是通过 HTTP 协议临时保存并传送数据的传统技术。

ASP.NET 的状态管理功能能够将数据进行长效保持，把数据保存在服务器端或客户端。ASP.NET 的状态管理功能很丰富，有视图状态、应用程序状态、会话状态、Cookie 状态等多种类型，这些功能保持数据的机制各不相同，体现在数据位置不同、数据生存期不同、与网站用户的关系不同，因此，适用场合也不同，编程方式也不同。

5.2.1 视图状态

视图状态（ViewState）是使 HTTP 变得“有记忆”的关键技术，深入了解了视图状态，就能理解 ASP.NET 基于事件编程的许多重要工作原理。

在每次请求发生（包括原始请求）后，视图状态数据由 ASP.NET 在服务器端生成，默认情况下，存放在页面中的“_VIEWSTATE”隐藏域中，该隐藏域数据和页面的其他数据一起，随 HTTP 响应数据发送给客户端浏览器，隐藏域数据对用户不可见，也就不会因用户的正常操作而改变，当用户再次请求本网页时，随 HTTP 请求的 Post 数据一起，再发回服务器端，由 ASP.NET 处理。

视图状态的这个处理过程是由 ASP.NET 自动完成的。默认情况下，所保存的数据也是自动筛选的，这些数据涉及 Web 窗体内几乎所有服务器控件，HTML 控件不被保存。

除了自动筛选的视图状态数据，ASP.NET 也提供给程序员将自定义数据（ViewState 变量）保存在视图状态中的功能。

视图状态只能在本网页与服务器的往返中保持，而不能在不同网页之间传递，这是和其他状态所不同的地方。

关于视图状态，要学会 ViewState 变量使用的基本技能，要在理解视图状态和页面生命周期事件的关系的基础上，掌握何时可以禁用自动的视图状态。

1. 视图状态隐藏域

隐藏域并不是 ASP.NET 的新技术，而属于传统的 HTML 技术，是客户端页面代码中的一个<input type="hidden">标记，浏览器并不将其呈现给用户，所以称为隐藏域。

ASP.NET 中用于存放视图状态数据的隐藏域是自动生成、经过编码的 HTML 标记，程序员和用户都不参与该区域的数据读写，在网页回发时，隐藏域数据随着 HTTP 请求发回服务器，由 ASP.NET 处理。例 5-2 展示了视图状态隐藏域，例 5-3 展示了视图状态隐藏域数据随着 HTTP 请求回发的情况。

ASP.NET 还提供了 HiddenField 服务器控件，也会生成客户端隐藏域标记，程序员可以用 HiddenField 控件保存自定义信息，在网页回发时，程序员还可以通过读取该控件的值，从而取得 HTTP 协议的“记忆”。例 5-4 利用 HiddenField 控件“记忆”对本页的请求次数。

另外，由于 HiddenField 控件也可以在浏览器中被客户端程序访问，因此可以用来充当服务器端和客户端的中间变量，在服务器 C#程序和客户端 Javascript 程序之间交换数据。

例 5-2　查看 ASP.NET 的视图状态隐藏域。

在网站项目解决方案管理器中，用鼠标右键单击网站根结点，选择“添加新项”，添加一个“Web 窗体”，按 F5 键调试运行项目，在 IE8 浏览器中，选择“页面”按钮下的“查看源文件”，可以看到如下页面 HTML 原始源代码：

```
<input type="hidden" name="_VIEWSTATE" id="_VIEWSTATE" value="/wEPDwUJNzgzNDMwNTMzZGTe0ees
NzYuihpAHggRVfxGxli7QQ==" />
```

> **分析**　本例在服务器端只包含一个“空”页面，但 ASP.NET 生成的客户端网页代码中，自动产生了视图状态数据的隐藏域，value 属性中的值是经过编码的，保存了本页面中 ASP.NET 认为需要“记忆”的数据。

例 5-3　查看视图状态隐藏域数据随着 HTTP 请求回发。

在例 5-2 中的 Web 窗体页上，放上一个 Button 控件，修改其 ID 为“ButtonSubmit”，Text 为“提交”，编写其 Click 事件委托函数如下：

```
protected void ButtonSubmit_Click(object sender, EventArgs e)
{
    Request.SaveAs("c:\\request.txt", true);
}
```

在浏览器中查看本页面，按照例 5-2 中的方法在浏览器中查看源文件，可看到自动生成的视图状态隐藏域标记：

```
<input type="hidden" name="_VIEWSTATE" id="_VIEWSTATE" value="/wEPDwUKMTQ2OTkzNDMyMWRkm
N60Y81Lx0LZIGBNhhmeMMu7oco=" />
```

再点击页面的“提交”按钮，然后打开 C 盘的 request.txt 文件，可以看到视图状态数据也被回发，相关数据如下：

```
__VIEWSTATE=%2FwEPDwUKMTQ2OTkzNDMyMWRkmN60Y81Lx0LZIGBNhhmeMMu7oco%3D
```

> **分析**　① 比较例 5-2 和例 5-3 中的 input 标记，可以看到它们 value 属性不同，这是因为例 5-3 中的 Web 窗体页多了一个 Button 按钮，所以视图状态数据不同。
>
> ② “提交”按钮的 Click 事件委托函数用 Request 对象的 SaveAs 方法实现了将 HTTP 请求数据保存在 C 盘的 request.txt 文件中的功能。
>
> ③ 比较例 5-3 中源文件和回发请求中的视图状态数据，可以发现在回发请求中，分别用“%2F”、“%3D”代替了源数据中的“/”和“=”字符，这是 HTTP 协议所规定的，除此之外，回发前后的视图状态数据并未发生变化。

例 5-4 利用 ASP.NET 的 HiddenField 控件，使 HTTP 协议“记忆”上次请求的数据（使用 Response.Write 方法，显示当前是对本页面的第几次请求）。

在项目中添加一个 Web 窗体页，放上一个 HiddenField 控件，修改其 ID 属性为“HiddenFieldRequestCounter”，修改其 value 属性为“0”，放上一个 Button 控件，修改其 Text 为“提交”。编写 Page_Load 事件委托函数如下：

```
protected void Page_Load(object sender, EventArgs e)
{
    int 请求次数=Convert.ToInt32(HiddenFieldRequestCounter.Value);
    请求次数=请求次数+1;
    HiddenFieldRequestCounter.Value=请求次数.ToString();
    Response.Write(请求次数);
}
```

在浏览器中查看本页面，多次点击“提交”按钮，查看网页显示的数值。

分析

① “提交”按钮没有任何事件代码，其作用只是引发页面回发请求。

② HiddenFieldRequestCounter 控件保存了上次响应页面时的请求次数，这是在两次响应之间能够保持“记忆”，实现计数的关键，例 5-1 是一个未使用控件或其他方法导致不能实现请求计数的反例，我们不能用字段来记忆本页面上次响应的数据，而应该用 HiddenField 或 ViewState 变量。

③ 注意不能用刷新页面的办法代替“提交”按钮，因为刷新的作用只是把刚才相同的请求再发送一次，即 HiddenFieldRequestCounter 计数数据为上一次提交的数据。

④ 如果每次在浏览器中查看源文件，可以看到 HiddenFieldRequestCounter 也生成了一个隐藏域标记，其 value 数据未经编码，并且每次请求数据不同。但每次视图状态的隐藏域并未改变。

2. ViewState 变量

程序员可以用 ViewState 变量保存页面级的数据，在别的页面中无法访问它们。ViewState 变量是一个 StateBag 类型。StateBag 数据是一个键值对元素集合，其中键数据是 string 类型，相当于变量名，可以用作 ViewState 集合的索引项；值数据是 object 类型，可以看作变量的值。相比之下，HiddenField 变量只能保持一个 string 值。

StateBag 类具有集合类型的常用方法和属性，如 Add()方法、Count 属性等。

例 5-5 利用 ASP.NET 的 ViewState 变量，使 HTTP 协议“记忆”上次请求的数据（使用 Response.Write 方法，显示当前是对本页面的第几次请求）。

在项目中添加一个 Web 窗体页，放上一个 Button 控件，修改其 Text 为“提交”。编写 Page_Load 事件委托函数如下：

```
protected void Page_Load(object sender, EventArgs e)
{
    if (!IsPostBack)
    {
        ViewState["requestCounter"] = 0;
    }
    int 请求次数 = Convert.ToInt32(ViewState["requestCounter"]);
    请求次数 = 请求次数 + 1;
    ViewState["requestCounter"] = 请求次数;
    Response.Write(请求次数);
}
```

在浏览器中查看本页面，多次点击“提交”按钮，查看网页显示的数值。

分析

① 与例 5-4 相比，本例使用 ViewState 变量代替 HiddenField 控件完成了同样的功能，从而节省了一个控件，减少了客户端和服务器端往返的数据。

② 如果每次在浏览器中查看源文件，可以看到视图状态隐藏域的数据每次都发生改变，这是因为其中包含了请求次数的计数值。

③ ViewState 变量和 HiddenField 本质上都是传统的隐藏域技术。ASP.NET 还有更新颖实用的状态管理技术。

3. 视图状态和页面的生命周期事件（选学）

（1）页面生命周期。如前所述，要在用户连续访问页面时予以恰当的事件响应，必须“记忆”用户操作前、操作后的页面状态（主要是上次响应时的视图状态数据、本次提交的 Post 数据），视图状态在“记忆”过程中起到了关键的作用，但要完整了解“记忆”的过程，有必要学习页面的生命周期。

响应原始请求和回发请求的页面生命周期是不同的。响应原始请求，是产生页面并“记忆”的过程；响应回发请求（PostBack），是产生页面，恢复“记忆”，并根据请求做出改变，然后重新“记忆”的过程。ASP.NET 还允许发出回调请求（CallBack，客户端程序调用服务器端的方法，而不是回传整个页面，ASP.NET 只需响应方法的返回值），回调是 AJAX 技术的基础。有时将回发和回调统称为回传。

图 5-5 列出了 ASP.NET 2.0 的页面生命周期，ASP.NET 3.5 的页面生命周期与之相同。从 Web 服

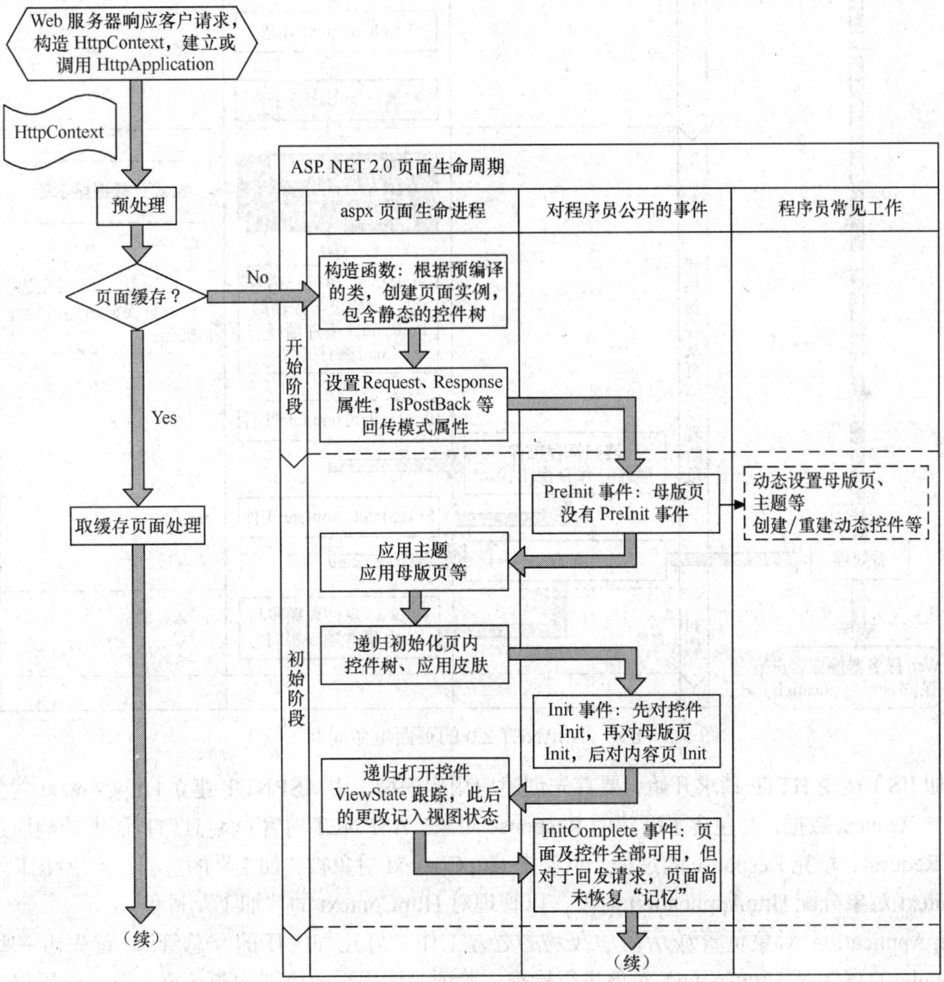

图 5-5（a）　ASP.NET 2.0 的页面生命周期

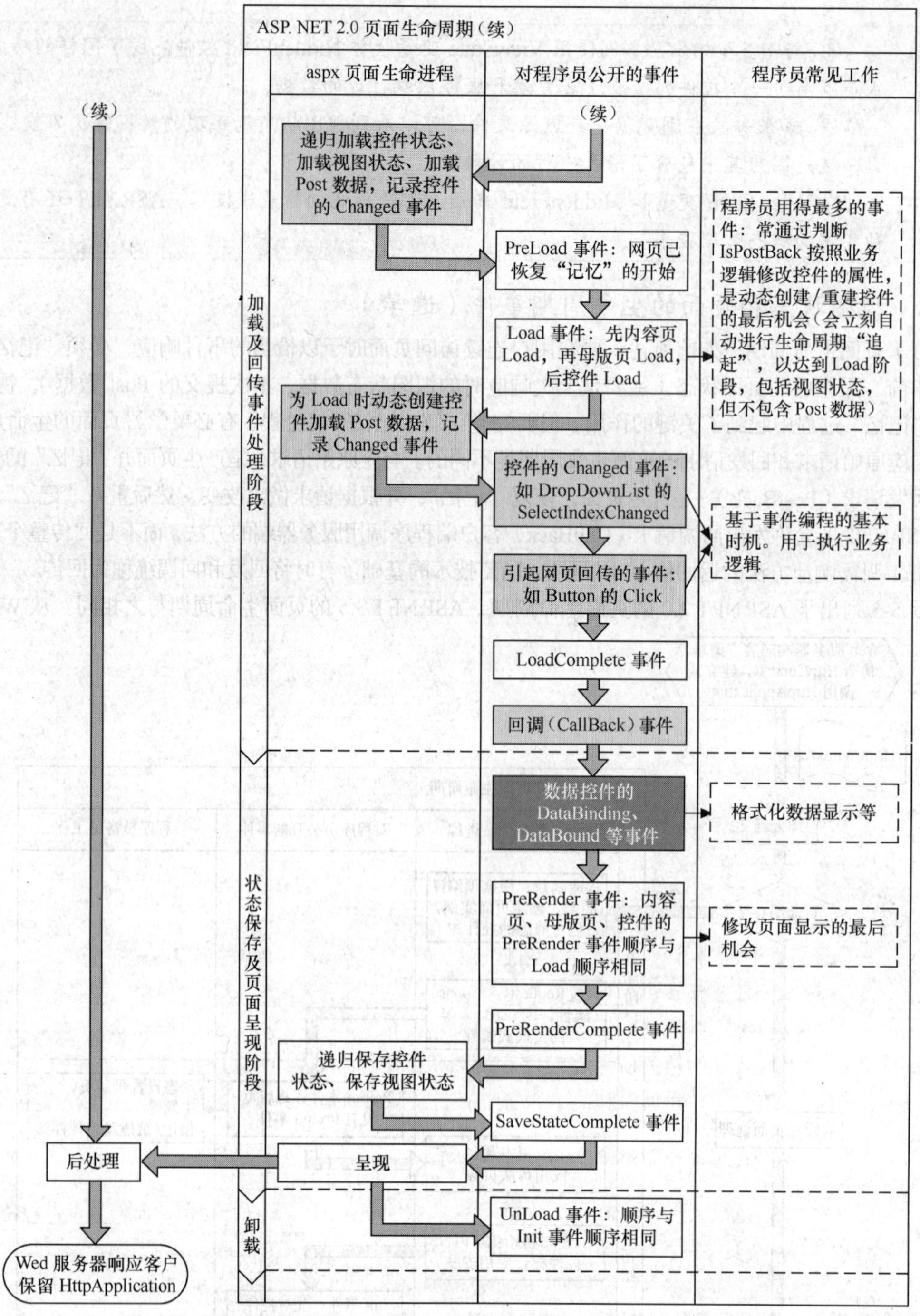

图 5-5（b） ASP.NET 2.0 的页面生命周期（续）

务器（如 IIS）接受 HTTP 请求开始，要首先创建应用程序域，由 ASP.NET 建立 HttpContext 对象，该对象包含 Request 数据，并包含了新建的 Response 对象，ASP.NET 对客户端 HTTP 请求的响应过程就是分析 Request、填充 Response 的过程，也就是 HttpContext 对象被“加工”的过程。ASP.NET 给每个 HttpContext 对象分配 HttpApplication 对象，以管理对 HttpContext 的“加工”过程。

HttpApplication 对象负责*应用程序级别的处理*工作，好比加工厂的“总管”。首先由一些称为 HttpModule 的程序对 HttpContext 对象进行检查、验证、调用页面级别构造函数、获取应用程序级别的状态数据等“加工”，这称为预处理，HttpModules 就是一些预加工“工人”。实际上，还有一些 HttpModules 负责后处理工作，主要完成释放资源等的收尾工作。高级 ASP.NET 开发人员可以通过将自定义的 HttpModule 插入到“流水线”，来干预应用程序级别的处理过程。

*页面级的处理*处在预处理和后处理之间，是“加工”的核心。客户端请求的可能是 aspx 页面，也可能是别的资源（通过扩展名区分），对不同类型的请求，有不同的 HttpHandler 来进行核心“加工”。高级 ASP.NET 开发人员可以通过自定义 HttpHandler 来代替默认的“加工”，从而改变页面级的处理过程。图 5-5 所示的页面生命周期就是指 ASP.NET 内置的 HttpHandler 对 aspx 请求的处理过程。

在处理页面的过程中，包含了*控件级的处理*，熟练的 ASP.NET 开发人员可以通过自定义服务器控件来设计控件的属性和行为，从而在控件级别改变默认的处理过程。但自定义控件并不能改变控件的生命周期行为。

控件也有生命周期，并且和页面的生命周期基本同步。除了设计期就放在页面中的静态控件，程序员还可以在页面生命周期内创建动态控件。关于程序员动态创建的控件，若是在 Page 的 PreInit 事件委托函数中创建的，会由 ASP.NET 打开控件视图状态跟踪，并和 Page 一起进入 Init 阶段，并一直保持同步；若是在 Page 的 Load 事件委托函数中创建的，在执行 form1.Controls.Add()方法后，会由 ASP.NET 控制自动“追赶”页面的生命周期，经历打开视图状态跟踪、初始化阶段，到达 Load 阶段，对于回发重建的动态控件，还要加载视图数据，从而和页面一起恢复“记忆”，并在 Page 的 Load 事件后，加载 Post 数据，达到和 Page 一致的生命阶段。若在打开控件的视图状态跟踪之前改变动态控件的属性，则这些改变不会被记入视图状态；若在 Page 的 Load 的事件之后，动态创建控件，则这些控件永远不会获得 Post 数据。

除了程序员赋值、网站用户输入，控件的数据还有 3 个方面的来源：初始化数据、视图状态数据（或控件状态数据，见后）、Post 数据，控件中的数据由最后的赋值决定。

通过图 5-5 我们可以看到，HttpContext 对象经过预处理后，如果启用了页面缓存，且缓存可用，将取缓存的页面进行处理，不再启动页面生命周期。

页面生命周期包含开始、初始化、加载及回传事件处理、状态保存及页面呈现、卸载等阶段。图中浅灰色背景的方框表示只有回传页面才会经历的处理，深灰色背景的表示页面中有数据绑定控件时才会经历的处理。请读者通过看图找出在哪个事件时页面已经完全恢复“记忆”，在哪个事件后页面已经按照客户端的请求完成修改，并在母版页、数据库访问等章节后再来看此图，深入理解页面的生命周期，尽快完成从新手到资深开发人员的升华。

（2）控制视图状态数据。视图状态数据是存放在页面隐藏域中，每次往返都要包含这些数据，默认情况下，ASP.NET 自动为所有服务器控件在视图状态中保存数据（并非所有数据）。为了减少往返数据，加快响应，ASP.NET 为页面和每个服务器控件提供了 EnableViewState 属性，允许程序员根据需要禁用服务器控件的视图状态。

若在页面 aspx 代码的@Page 指令中添加 EnableViewState="false"属性，例 5-5 将不能实现计数功能。

何时禁用控件或页面的视图状态？禁用视图状态会引起什么后果？禁用视图状态是否会使服务器控件数据无法保持？下面我们通过例 5-6、例 5-7、例 5-8 来说明。

例 5-6　使用下拉框让用户选择地区（启用视图状态、静态绑定数据，往返数据少）。

① 在 Web 窗体页中放一个 DropDownList 控件，修改 ID 为 DropDownListZone，EnableViewState 属性默认为 true，暂不为 DropDownListZone 绑定选择项，直接在浏览器中查看页面，查看源文件，并用记事本记录视图状态数据，关闭浏览器。

② 使用 DropDownListZone 的任务按钮中的“编辑项”，添加“北京”、“上海”、“天津”、“重庆”四个项，再次在浏览器中查看页面，查看源文件，在记事本中比较两次的视图状态数据。

③ 为实现选择功能，在任务按钮中选中“启用 AutoPostBack”复选框，并在页面中显示所选项以模拟对选择功能的处理：使用属性面板，为 DropDownListZone 控件创建 SelectIndexChanged 事件委托函数如下：

```
protected void DropDownListZone_SelectedIndexChanged(object sender, EventArgs e)
{
   Response.Write(DropDownListZone.SelectedValue);
}
```

再次在浏览器中查看页面，反复选择不同的选项，观察页面显示。

结果与分析：DropDownListZone 未绑定数据和绑定数据两种情况下，视图状态数据长度相同。这说明，ASP.NET 并没有把静态绑定的数据（在页面的 aspx 代码中可以看到的数据）筛选到视图状态中。实际上，在 Page 的 Init 事件发生前，才开始跟踪服务器控件的数据，若启用视图状态，在此之后被修改的控件数据就会被加入到视图状态（未修改过的不会被加入），而之前的修改（包括静态的或者动态的修改）总是不会被加入视图状态，静态数据的赋值早于 Init 事件，所以对希望保持状态的动态控件，最好在 Page 的 PreInit 事件委托函数中创建，以便此后的属性修改能被自动保存到视图状态。另外，选项改变时，页面能正常显示选中的项。

例 5-7 使用下拉框让用户选择地区（启用视图状态、动态绑定数据，往返数据多）。

将例 5-6 的第②步改为：在 Page_Load 方法中通过编程给 DropDownListZone 添加项，代码如下：

```
protected void Page_Load(object sender, EventArgs e)
{
   if (!IsPostBack)
   {
      DropDownListZone.Items.Add("北京");
      DropDownListZone.Items.Add("上海");
      DropDownListZone.Items.Add("天津");
      DropDownListZone.Items.Add("重庆");
   }
}
```

其他步骤和例 5-6 相同。在浏览器中查看页面，查看源文件，比较数据绑定前后的视图状态，反复选择不同的选项，观察页面显示。

结果与分析：DropDownListZone 绑定数据时比未绑定数据时视图状态数据明显增多。实际上，因为 Page 的 Load 事件晚于 Init 事件，所以被修改的 DropDownListZone 控件数据将加入到视图状态。另外，选项改变时，页面能正常显示选中的项。

注意：如果去掉 if(!IsPostBack)条件，会导致回发后 DropDownListZone 中重复绑定选项数据，这是因为视图状态中已经包含了下拉框的原有选项集合。

例 5-8 使用下拉框让用户选择地区（禁用视图状态，事件响应不正常）。

① 将 DropDownListZone 的 EnableViewState 属性设为 false，其他与例 5-6 相同，即采用静态绑定数据的方法。在浏览器中查看页面，反复选择不同的选项，观察页面显示。

② 将 DropDownListZone 的 EnableViewState 属性设为 false，其他与例 5-7 相同，即采用动态绑定数据的方法。在浏览器中查看页面，反复选择不同的选项，观察页面显示。

结果与分析：

- 下拉框静态绑定数据情况下，禁用视图状态，不能使视图状态数据减少。
- 下拉框静态绑定数据情况下，禁用视图状态，选项改变时，页面显示不正常：默认显示第一个选项“北京”，选择后面的任何选项，页面回发并正常显示，但当选择过其他选项（如“上海”）后，再选择“北京”，则页面回发但不显示所选项，就像没有改变选项一样。

  发生这种现象的原因是：在启用视图状态的情况下，视图状态数据保存了上次的响应状态，本次的控件值由 Post 数据保存，只要用户选择了下拉框不同的选项，当 AutoPostBack 为 true 时，浏览器将两个数据同时回发，ASP.NET 初始化页面后，DropDownListZone 选中项默认为“北京”，按照视图状态数据设置 DropDownListZone 下拉框的数据（“上海”），将页面恢复到上次响应时的原状态（“上海”），在处理 Post 数据时，比较原状态（“上海”）和 Post 数据中的现状态（“北京”），判断出应该激发 SelectIndexChanged 事件。下面是启用视图状态情况下，选项由“上海”改变为“北京”的相关回发请求数据：

```
……__VIEWSTATE=%2FwEPDwUJNjQ2NTQxNTc2D2QWAgIDD2QWAgIBDxBkZBYBAgFkZIPvNdV4Ixi8CS1YSv9
EBrApGzKU……DropDownListZone=%E5%8C%97%E4%BA%AC
```

其中，_VIEWSTATE 值中包含了编码过的数据“上海”，DropDownListZone 的值为“北京”的 URL 编码。

在禁用视图状态的情况下，上次的选择状态未能保存，虽然用户选择了不同的选项，当 AutoPostBack 为 true 时，浏览器也将数据回发，ASP.NET 初始化页面后，由于其中没有上次响应时的下拉框选项数据，DropDownListZone 的选项只是默认值“北京”，在处理 Post 数据时，将“北京”与 Post 数据的现状态（“北京”）比较，判断出不应该激发 SelectedIndexChanged 事件。下面是禁用视图状态情况下，选项由“上海”改变为“北京”的相关回发请求数据：

```
……__VIEWSTATE=%2FwEPDwUJNjQ2NTQxNTc2ZGQ4b14QHUj9GB%2BPNRTvVk%2Bb3tLlXQ%3D%3D……DropD
ownListZone=%E5%8C%97%E4%BA%AC
```

其中，_VIEWSTATE 值中没有原状态数据“上海”（即使原状态为“天津”等，视图状态数据相同），DropDownListZone 的值为“北京”的 URL 编码。

- 下拉框动态绑定数据情况下，禁用视图状态，能够使视图状态数据减少。
- 下拉框动态绑定数据情况下，禁用视图状态，选项改变时，下拉框中无选项数据。发生这种现象的原因是：由于有 if(!IsPostBack)条件，并且禁用了视图状态，回发情况下下拉框不进行数据绑定。只要去掉 if(!IsPostBack)条件即可解决此问题。
- 下拉框动态绑定数据情况下，禁用视图状态，去掉 if(!IsPostBack)条件，页面显示不正常：选择任何选项，回发后，页面上都没有选中项的显示，并且下拉框一直显示第一个选项“北京”。发生这种现象的原因与下拉框静态绑定数据、禁用视图状态的情况类似，但由于 ASP.NET 初始化页面时，下拉框 DropDownListZone 没有选项数据，不激发 SelectIndexChanged 事件。

通过上述例子，我们得出结论：可以使用静态数据的场合，不要使用动态数据，以减小视图状态数据，加快响应；使用静态数据或动态数据的场合，在不需要 Changed 事件时，禁用视图状态，以减小视图状态数据。

另外，服务器控件数据除了可以保存在视图状态中，还可以保存在控件状态（ControlState）中，控件状态无法由控件的使用者禁用，有些控件的 Changed 事件相关数据保存在控件状态中，这时禁用视图状态对控件的 Changed 事件没有影响。如 GridView 禁用视图状态，SelectIndexChanged 事件仍能正常激发，但可能会造成不必要的数据库访问，这时应该通过调试，在数据库访问和客户端往返造成的性能影响之间权衡。关于控件状态，程序员可以在自定义 Web 控件时保存少量的、重要的数据，此处不做深入探讨。

5.2.2 应用程序状态

应用程序状态（Application）对象由整个网站的所有网页、所有用户共用，适合用于保持网站应用程序级的共享信息，可以实现跨页面数据传递，即可以认为整个网站应用程序只有一个 Application 对象实例。

Application 对象是 HttpApplicationState 类的实例。由程序员用声明或定义的方式创建，存储在服务器内存中，当客户端第一次访问网站时被创建，退出网站应用程序或关闭服务器时被撤销，即网站运行时一直可用。

应用程序状态是纯粹的服务器端技术，与客户端无关，不像视图状态出现在客户端和服务器端的往返行程中，只会影响服务器性能，不会影响传输性能，对于瓶颈是网络传输的网站环境，对响应速度影响较小。

HttpApplicationState 类具有集合类型的常用方法和属性，如 Add()方法、Count 属性。HttpApplicationState 没有公开的事件，应用程序级别的事件由 HttpApplication 对象公开，程序员可以在网站根目录的 Global.asax 文件中使用其事件委托函数。Global.asax 是应用程序级别的事件处理文件，可以在解决方案资源管理器中添加，每个网站应用程序只能有一个 Global.asax 文件。

与 ViewState 变量不同的是，Application 对象的索引可以是 string 类型的变量名，也可以是 int 类型的序号，另外 Application 对象的键数据不区分大小写，不要试图依靠大小写来区分多个变量。

需要注意的是，由于全局共用，可能多个用户、多个网页要同时写入同一个 Application 变量，而发生冲突，因此，在对 Application 变量进行赋值操作前，需要先加锁，禁止其他操作，写入后解锁。为此，Application 对象提供了 Lock 和 UnLock 方法，例如：

```
Application.Lock();
Application["counter"] = Convert.ToInt32(Application["counter"]) + 1;
Application.UnLock();
```

稍后我们实现一个网站在线用户数量计数器，来进一步学习 Application 对象的应用。

5.2.3 会话状态

1. 会话状态概述

会话状态（Session）对象是为单个用户保存的状态，可以实现跨页面数据传递，但不同的用户即使对同名的 Session 变量，也不能互相访问，对于已经登录的用户和匿名用户都是如此，这是因为不同的用户有不同的会话 ID（SessionID）。

Session 对象指 HttpSessionState 类的实例。ASP.NET 为每个新访问网站的用户创建独立的 Session 对象，默认存储在服务器内存中，也可以设置为保存在数据库中以避免内存存储的易失性，Session 还有其他的保存方式，并且有丰富的管理功能，应该说，Session 是 ASP.NET 中最强大的状态管理技术。

与 Application 对象不同的是，为了防止在客户关闭网站时（此时 HTTP 协议不会通知服务器）服务器继续无限期维护 Session 对象，设置了 Session 对象的过期时间，默认为 20 分钟，即不论用户是否关闭网站，如果在 20 分钟内用户没有发出过任何请求，对应该用户的 Session 对象将被撤销，以后的同一用户的请求也将创建新的 Session 对象。

会话状态数据不出现在客户端和服务器端的往返行程中，但 SessionID 除外。简单说，ASP.NET 在接受一个客户端浏览器程序的原始请求后生成新的 SessionID，附加到响应数据送给该客户端，此后该客户端浏览器程序的每次请求都将包含此 SessionID。实际上，ASP.NET 还将在用户登录、注销以及会话过期等情况下，对 SessionID 做其他的处理。

HttpSessionState 类不但具有集合类型的常用方法和属性，还有会话管理的方法和属性。网站程序中管理会话状态的 SessionStateModule 对象还提供了 Session 的 Start 和 End 事件，但这些事件是应用程序级别的，是在 ASP.NET 创建 Session 对象和撤销 Session 对象时发生，并不特定于某个用户的 Session 对象，程序员可以在 Global.asax 文件中使用 Session_Start 和 Session_End 事件委托函数。

Session 对象的访问方法与 Application 对象相似，但写入操作不需要加、解锁。

与 ViewState 相似的是，Session 默认启用，但可以被禁用。可以设置@Page 指令的属性，在页面级别禁用 Session：

```
<%@ Page EnableSessionState="false"%>
```

也可以在网站级别禁用 Session，需要在网站根目录下的 web.config 文件中设置：

```
<configuration>
   <system.web>
      <pages enableSessionState="false" />
   </system.web>
</configuration>
```

在网站级别用 pages 节禁用 Session 后，若要在单个网页启用 Session，只需设置@Page 指令的 EnableSessionState="true"即可，即遵从最小范围有效性原则，类似变量发生重命名时的处理规则。

2. Session 对象基本成员

（1）属性。

① Mode：当前会话状态的模式，只能读取，SessionStateMode 枚举类型。如果希望设置该属性的值，需要在 Web.config 文件中添加 sessionState 节。该属性主要用于管理 Session 的存储方式，取值有 Off、InProc、StateServer、SQLServer、Custom 五种。

- InProc 是默认的方式，存储在网站应用程序进程中，即内存中。
- StateServer 方式，存储在网站应用程序进程之外的一个专用进程中，也是在内存中，对大型网站提供更高级的管理功能。
- SQL Server 方式，存储在 SQL Server 数据库文件中，适用于永久保持 Session 的场合，但理论上存取速度慢。
- Off 方式，关闭 Session 功能，即使设置页面的@Page 指令属性 EnableSessionState="true"也不能再启用 Session。

② SessionID：会话的唯一标识符，只能读取，string 类型。不同用户的 SessionID 不相同。SessionID 是会话状态机制在客户端和服务器端往返的数据。

③ IsCookieless：SessionID 是否存储在 Cookie 中，只能读取，bool 类型。在 Web.config 文件中的 sessionState 节，应写为 cookieless，而不是 IsCookieless。如果为 false，会话 ID 将嵌入在 HTTP 请求的 URL 中，此时要防止针对会话 ID 的攻击。

④ TimeOut：单位的会话状态过期时间，可以读写。Int32 类型。但通常在 Web.config 文件中设置该值。

例 5-9　在 Web.config 文件中配置 Session 的属性。

```
<configuration>
   <system.web>
      <sessionState  mode="InProc"  cookieless="true"  timeout="30" />
   </system.web>
</configuration>
```

本例配置 Session 在进程内存储，不使用 Cookie 传递 SessionID，Session 的超时时间为 30 分钟。

（2）方法。Abandon：取消当前会话，无返回值，无参数。在 Mode 属性为 InProc 情况下，调用此方法会引起 SessionStateModule 对象执行 Session_End 事件。

（3）相关事件。HttpSessionState 类不处理事件，但 SessionStateModule 类有针对会话管理的事件，程序员可以在 Global.asax 文件中处理下面两个应用程序级的会话事件。

① Start 事件：在 ASP.NET 创建新会话时发生。此事件在被请求页面的构造函数之后、IsPostBack 等属性被设置之前发生，早于所有的页面事件。通常用来处理网站访问日志。

客户端原始请求后的正常回发，并不引起 ASP.NET 创建新会话。如果发送的请求未包含会话标识符、会话标识符无效或与会话标识符关联的会话已过期，则会创建新的会话。调用 Abandon 方法后，如果有后续处理，比如后续调用 Response.Redirect 方法，也会创建新的会话。

② End 事件：会话 Abandon 或过期后发生。

5.2.4　Cookie 状态（选学）

1．Cookie 概述

Cookie 也属于传统的浏览器技术。Cookie 状态一方面与 Session 状态类似，也可以为单个用户保存状态，但 Cookie 数据是保存在客户端，由浏览器管理。

浏览器将 Cookie 保存在本地计算机中，按照不同的 URL 分隔 Cookie 的共享范围，同一个网站的 Cookie 可以在多个网页中共享，即 Cookie 也可以实现跨页面数据传递。

即使打开两个独立的浏览器进程（不是按 Ctrl+N 组合键）访问同一个路径下的网页，也将共用相同的 Cookie 数据，此时将会由服务器端 ASP.NET 分配两个 SessionID，即会话状态不能共用。所以，严格来说，Cookic 是为不同的客户端设备保存状态，会话状态则是为单个用户进程保存状态。

与 Session 对象类似的是，Cookie 在客户端有一定的过期时间，默认在浏览器关闭时 Cookie 过期，过期的 Cookie 数据将不可正常访问。Cookie 的过期时间可以由程序员定义，为某 Cookie 项定义一个早于当前时间的过期时间，是程序员实现此 Cookie 项删除操作的唯一方法。

Cookie 也可以被禁用，但与 ViewState、Session 不同的是，必须在客户端浏览器中设置是否禁用 Cookie。也就是说，ASP.NET 网站管不着客户端是否、何时进行启用和禁用 Cookie 的操作，要考虑客户端禁用 Cookie 的情况，不能完全依赖 Cookie 进行状态保存。比如，Cookie 是用来保存和传递客户标识（指 SessionID）的默认方式，当客户端禁用 Cookie 时，ASP.NET 将用 URL 来传递 SessionID。请读者自行练习客户端浏览器中的禁用 Cookie 等设置项。

在用户请求（包括原始请求）时，有效的 Cookie 作为 HTTP 请求头标，以字符串形式由客户端浏览器发送到服务器端，ASP.NET 在预处理阶段将其包装成 HttpCookie 类的实例对象，供程序员使用，ASP.NET 在 HTTP 响应中，再将其发回客户端浏览器。这和 ViewState 有些类似，但它们是两种完全不同的技术，比如：

① ViewState 是页面级别的，多个页面之间不能共享；Cookie 可以在网站级别共享。

② ViewState 主要目的是供服务器端保持页面状态，主要在服务器端操作，不要在客户端改变 ViewState 数据；Cookie 的服务器端操作只是给客户端浏览器发出操作指令，所有的操作最终都是由客户端浏览器完成；Cookie 与隐藏域类似，是客户端程序和服务器程序交互数据的常用方式。

③ ViewState 的 HTML 基础技术是隐藏域，本身没有最大长度限制；Cookie 则由浏览器限制长度。

④ 浏览器仅仅把 ViewState 和隐藏域看成页面的一部分，不做专门的管理；但浏览器对 Cookie 有更多的管理功能，如启用、禁用、保存到硬盘、处理过期等，Cookie 的属性和操作是最终取决于客户端浏览器的行为，服务器端 ASP.NET 仅仅是为程序员提供了操作 Cookie 的一个接口，ASP.NET 不对 Cookie 做任何实质的管理。

Cookie 对象在 ASP.NET 服务器端程序中是 HttpCookie 类的实例，在客户端程序中是一个带有附加属性的键值对组成的字符串。需要注意的是，服务器端收到的 Cookie 信息仅包括未过期的 Cookie 的键和值，不包括附加属性，访问 HttpCookie 对象的附加属性（如过期时间 Expires）总是为初始值。

2. Cookie 的特性

由于服务器端和客户端编程语言（分别以 C#和 Javascript 为例）不同，各属性的命名、类型都有一定差异，但含义相同。以下介绍以 C#语言为主。

（1）基本属性。

① Name：表示 Cookie 对象的名称，是不能包含分号等特殊字符的字符串。在 Javascript 中使用 camel 命名规则，即为 name，下同。该属性出现在 HTTP 请求中。

② Value：表示 Cookie 对象的值，是不能包含分号等特殊字符的字符串。默认值为空字符串。该属性出现在 HTTP 请求中。

在 Javascript 中，为防止特殊字符影响 Cookie 的处理，程序员需要将值字符串进行 URL 编码，然后再赋给 Value 属性。服务器端将自动处理编码。

（2）附加属性。附加属性规定了 Cookie 对象的有效期、访问范围、安全性等。这些属性只能设置，浏览器使之生效，无法读取这些属性的当前值，它们不出现在 HTTP 请求中。Cookie 并不是真正的键值对，不同访问范围的 Cookie 被浏览器视为不同的 Cookie，即 name 属性不是区分 Cookie 的唯一标识。

① Expires：到期时刻，DateTime 类型。在 Javascript 中需将其转换为字符串再写入 Cookie。默认将 Cookie 保存在内存中，在断开连接后失效，当关闭浏览器后相关的 Cookie 消失；若设置了该属性值，浏览器就将对应的 Cookie 保存在外存中，到达到期时刻后失效，浏览器不再将其作为 HTTP 请求的一部分发送给服务器。

② Path：Cookie 的访问范围属性之一，对应访问者（某个页面）的 URL 中的路径部分，字符串类型。默认情况的访问范围是设置 Cookie 的网页所在路径，如在 http://www.taoli.name/registedUser/default.aspx 页面中设置一个 Cookie，Path 默认为"/registedUser"，即只有/registedUser 路径下的网页可以访问此 Cookie，父路径下的网页不能访问此 Cookie，但父路径的 Cookie 可以被子路径访问。

③ Domain：Cookie 的访问范围属性之一，对应访问者（某个页面）的 URL 中的域名部分，字符串类型。默认值为设置 Cookie 的网页所在站点的基本域名。

一般来说，该属性值中至少有两个点分隔符（"."），客户端 Javascript 中要求 domain 属性值以点分隔符开头，如".taoli.name"，服务器端 C#中无此要求。

需要注意的是，为防止不同站点互相影响，正常情况下，Cookie 不允许跨域访问，即设置和读取某 Cookie 的所有网页应该在同一域名下。如在 http://www.taoli.name/default.aspx 页面中设置一个 Cookie，可以将其 Domain 属性设为"taoli.name"，但设置为"google.cn"是无效的。

④ Secure：Cookie 的安全性属性，是否仅对使用安全套接字（SSL）(即使用 HTTPS 协议）的连接传输对应的 Cookie，bool 类型。默认值为 false。在 Javascript 中该属性为 true 表示为"secure"字符串，而不是"secure=true"字符串。

（3）Cookie 的使用限制。每个客户机最多只能存储 300 个 Cookie。每个网站域最多可以设置 20 个 Cookie，超过时，先前存在的某一个 Cookie 将被删除。每个 Cookie 不得超过 4KB（包括所有属性），超过部分将被截断。

3. Cookie 的使用

由于 Cookie 在客户端被视为字符串，而在服务器端被对象化，因此对 Cookie 的使用操作在客户端和服务器端大相径庭。

（1）客户端通过 Javascript 语言使用 Cookie。下面列出了通过 Javascript 语言设置、读取、删除特定的 Cookie 的方法，这些代码比较完整，初学者可以不详读，而是直接引用这些代码。

```
<script type="text/javascript">
function setCookie( name, value, expires, path, domain, secure )
{
    var today = new Date();
    if ( expires )
    {
      expires = expires * 24 * 60 * 60 * 1000;
    }
    var expires_date = new Date( today.getTime() + expires );
    document.cookie = name+"="+ encodeURI( value ) + ( ( expires ) ? ";expires=
"+expires_date.toUTCString() : "" ) + ( ( path ) ? ";path=" + path : "" ) + ( ( domain ) ?
";domain=" + domain : "" ) + ( ( secure ) ? ";secure" : "" );
}
function getCookie( name )
{
     var start = document.cookie.indexOf( name + "=" );
     var len = start + name.length + 1;
     if ( ( !start ) && ( name != document.cookie.substring( 0, name.length ) ) )
     {
        return null;
     }
     if ( start == -1 ) return null;
     var end = document.cookie.indexOf( ';', len );
     if ( end == -1 ) end = document.cookie.length;
     return decodeURI( document.cookie.substring( len, end ) );
}
function deleteCookie( name, path, domain )
{
```

```
    if ( getCookie( name ) ) document.cookie = name + "=" + ( ( path ) ? ";path=" + path : "") +( ( domain ) ? ";domain=" + domain : "" ) + ";expires=Thu, 01-Jan-1970 00:00:01 UTC";
  }
  </script>
```

setCookie()是设置 Cookie 的函数。为方便调用，到期时间参数以天为单位。Javascript 不检查函数的实参个数是否与形参匹配，没有对应的实参的形参值为 null。new Date()语句生成包含当前日期时间的 Date 对象；getTime()获取 Date 对象的时间对应的整数值；encodeURI()实现对 value 属性的 URL 编码，toUTCString()将 Date 对象转换为通用时间字符串。为 document.cookie 进行一次字符串赋值，就可以写入一个 Cookie，两次赋值将视为两个 Cookie。

getCookie()是读取 Cookie 的函数。document.cookie 包含了当前可以访问的所有有效 Cookie，但只包括 name 和 value 属性的键值对，以分号分隔每个 Cookie，如“userId=abc;pwd=123”。对 document.cookie 进行字符串操作，就可以获得某个特定 name 对应的 value。decodeURI()实现对 value 属性的 URL 解码。

deleteCookie()是删除 Cookie 的函数，最多需要 name、path、domain 3 个参数来确定一个唯一的 Cookie。设置某个 Cookie 的到期时刻为过去的一个时间，即可使该 Cookie 立即失效，由于此 Cookie 可能仍然存在于外存中，同时指定 value 为未定义的值，可以防止过期 Cookie 被利用进行网站攻击。

（2）服务器端通过 C#语言使用 Cookie。页面对象的 Request.Cookies 属性包含了客户端发来的有效 Cookie 的键值对，用于读取已有 Cookie。Response.Cookies 属性包含了将要传递给客户端浏览器的 Cookie 集合，用于设置和删除 Cookie。不管是意图改写还是删除原有 Cookie，Response 中的 Cookie 可以全部是在服务器端新建的，客户端浏览器接收后，同名、同访问范围的 Cookie 将会被改写（而不是新建），过期时刻早于当前时间的 Cookie 将设为失效（即删除）。

服务器端写入 Cookie 的常用方法是实例化一个新的 HttpCookie 对象，然后用 Response.Cookies.Add()方法添加到 HTTP 响应中，发给客户端浏览器处理。直接访问 Request.Cookies 集合中一个不存在的 Cookie，将会引发异常；直接访问 Response.Cookies 集合中一个不存在的 Cookie，将会造成新建此 Cookie。

下面列出了使用 C#语言调用 ASP.NET 的功能设置、读取、删除 Cookie 的代码，也供初学者直接调用。

```
  protected void SetCookie(string name, string value, int expireDays, string path,string domain,bool secure)
  {
     HttpCookie cookie = new HttpCookie(name);
     cookie.Value = Server.UrlEncode(value);
     cookie.Expires = DateTime.Now.AddDays(expireDays);
     cookie.Path = path;
     cookie.Domain = domain;
     cookie.Secure = secure;
     Response.Cookies.Add(cookie);
  }
  protected string GetCookie(string name)
  {
     try
     {
        return Server.UrlDecode(Request.Cookies[name].Value);
     }
     catch
     {
        return null;
     }
  }
  protected void DeleteCookie(string name, string path,string domain)
  {
     HttpCookie cookie = new HttpCookie(name);
     cookie.Expires = DateTime.Now.AddDays(-10d);
```

```
    cookie.Path = path;
    cookie.Domain = domain;
    Response.Cookies.Add(cookie);
}
```

其中，SetCookie()是设置 Cookie 的方法，DateTime.Now.AddDays(expireDays)返回一个 expireDays 天后的时间。GetCookie()是按名称获取 Cookie 值的方法。DeleteCookie()是删除 Cookie 的方法。

请读者自行练习调用上述方法操作 Cookie。要注意，由于客户端和服务器端对 path 属性的默认值不同，而导致同一网页中，JavaScript 设置的 Cookie 不能被服务器端删除，反之亦然，这是浏览器没有找到对应的 Cookie 的原因。只要在服务器端和客户端都指定相同的 path 就可以了。

在服务器端和客户端交互使用 Cookie 时，有时会遇到中文乱码的情况，只要恰当地成对运用 JavaScript 和 ASP.NET 中 Server 对象的编/解码方法，就可以解决。如上述代码中 JavaScript 的 encodeURI()和 ASP.NET 的 Server.UrlDecode()。

5.2.5　自测

1. 选择题

（1）将数据保存在客户端的状态管理方式是（　　）。
（a）视图状态　（b）应用程序状态　（c）会话状态　（d）Cookie 状态

（2）服务器端为单个用户保持状态的状态管理方式是（　　）。
（a）视图状态　（b）应用程序状态　（c）会话状态　（d）Cookie 状态

（3）服务器端多客户、多页面共享的状态管理方式是（　　）。
（a）视图状态　（b）应用程序状态　（c）会话状态　（d）Cookie 状态

（4）单个页面数据保持的状态管理方式是（　　）。
（a）视图状态　（b）应用程序状态　（c）会话状态　（d）Cookie 状态

（5）ASP.NET 提供了丰富的状态保持功能，多数可以在页面之间互相共享，除了（　　）之外。
（a）视图状态　（b）应用程序状态　（c）会话状态　（d）Cookie 状态

（6）默认情况下，用来保持 SessionID 的状态管理方式是（　　）。
（a）视图状态　（b）应用程序状态　（c）会话状态　（d）Cookie 状态

（7）要实现一个网站在线人数计数器，最方便的是使用（　　）。
（a）视图状态　（b）应用程序状态　（c）会话状态　（d）Cookie 状态

（8）使用隐藏域保持数据的状态管理方式是（　　）。
（a）视图状态　（b）应用程序状态　（c）会话状态　（d）Cookie 状态

（9）ASP.NET 可以响应 DropDownList 控件的 SelectedIndexChanged 事件，其基础的状态管理技术是（　　）。
（a）视图状态　（b）应用程序状态　（c）会话状态　（d）Cookie 状态

（10）只能存储字符串的状态管理方式是（　　）。
（a）视图状态　（b）应用程序状态　（c）会话状态　（d）Cookie 状态

（11）通过配置文件，可以设置多种存储位置的状态管理方式是（　　）。
（a）视图状态　（b）应用程序状态　（c）会话状态　（d）Cookie 状态

（12）默认情况下，页面的数据绑定控件数据量很大时，会造成大量数据在客户端和服务器端往返的状态管理方式是（　　）。
（a）视图状态　（b）应用程序状态　（c）会话状态　（d）Cookie 状态

（13）没有任何数据在服务器端和客户端之间往返的状态管理方式是（　　）。
（a）视图状态　（b）应用程序状态　（c）会话状态　（d）Cookie 状态

（14）由服务器管理过期时间的状态管理方式是（　　）。

（a）视图状态　　（b）应用程序状态　　（c）会话状态　　（d）Cookie 状态

（15）由客户端管理过期时间的状态管理方式是（　　）。

（a）视图状态　　（b）应用程序状态　　（c）会话状态　　（d）Cookie 状态

（16）网站程序结束时，状态数据丢失的状态管理方式是（　　）。

（a）视图状态　　（b）应用程序状态　　（c）会话状态　　（d）Cookie 状态

（17）已登录用户注销时，对应的状态数据不再保持的状态管理方式是（　　）。

（a）视图状态　　（b）应用程序状态　　（c）会话状态　　（d）Cookie 状态

（18）可以跨服务器共享的服务器端状态管理技术是（　　）。

（a）视图状态　　（b）应用程序状态　　（c）会话状态　　（d）Cookie 状态

（19）默认按照不同用户保存在服务器内存中的状态管理方式是（　　）。

（a）视图状态　　（b）应用程序状态　　（c）会话状态　　（d）Cookie 状态

（20）默认按照浏览器进程保存在客户机内存中的状态管理方式是（　　）。

（a）视图状态　　（b）应用程序状态　　（c）会话状态　　（d）Cookie 状态

（21）默认不区分用户和网页，保存在网站程序内存空间的状态管理方式是（　　）。

（a）视图状态　　（b）应用程序状态　　（c）会话状态　　（d）Cookie 状态

（22）默认保存为页面内容一部分的状态管理方式是（　　）。

（a）视图状态　　（b）应用程序状态　　（c）会话状态　　（d）Cookie 状态

（23）为临时保存网站用户的购物车数据，最恰当的服务器端状态管理技术是（　　）。

（a）视图状态　　（b）应用程序状态　　（c）会话状态　　（d）Cookie 状态

（24）写入时，需加锁、解锁的状态管理方式是（　　）。

（a）视图状态　　（b）应用程序状态　　（c）会话状态　　（d）Cookie 状态

（25）为记住用户的登录状态，长时间后可以自动登录、提交服务器身份验证，所使用的状态管理方式是

（a）视图状态　　（b）应用程序状态　　（c）会话状态　　（d）Cookie 状态

（26）默认将状态数据保存在服务器内存中的状态管理方式是（　　）。

（a）视图状态和应用程序状态　　（b）应用程序状态和会话状态

（c）会话状态和 Cookie 状态　　（d）Cookie 状态和视图状态

（27）可以设置过期时间的状态管理方式是（　　）。

（a）视图状态和应用程序状态　　（b）应用程序状态和会话状态

（c）会话状态和 Cookie 状态　　（d）Cookie 状态和视图状态

（28）状态数据出现在客户端和服务器往返行程中的状态管理方式是（　　）。

（a）视图状态　　（b）视图状态和应用程序状态

（c）视图状态和会话状态　　（d）视图状态和 Cookie 状态

（29）可以在 ASP.NET 中配置为禁用的状态管理方式是（　　）。

（a）视图状态　　（b）视图状态和应用程序状态

（c）视图状态和会话状态　　（d）视图状态和 Cookie 状态

（30）同一程序段的 Application["Counter"]和 Application["counter"]，大小写不同，是（　　）。

（a）同一个变量　　（b）不同的变量　　（c）不确定　　（d）以上都不对

（31）HttpCookie 的过期日期和时间属性为（　　）。

（a）TimeOut　　（b）Expires　　（c）Now　　（d）DateTime

（32）HttpSessionState 的会话终止时间属性为（　　）。

（a）TimeOut　　（b）Expires　　（c）Now　　（d）DateTime

（33）删除 Cookie 的方法是（　　）。

（a）Delete()　　　　　　　　　　（b）Remove()

（c）设置过期日期和时间为过去的值　（d）设置 Value 为空

（34）一般情况下，一个 Cookie 不超过（　　）。

（a）300KB　　（b）20KB　　（c）4KB　　（d）20MB

（35）SessionStateModule 对象提供了会话的（　　）事件，程序员可以在 Global.asax 中编写其事件委托函数。

（a）Init 和 Load　　（b）Start 和 End　　（c）Begin 和 End　　（d）Load 和 PreRender

（36）关于视图状态说法正确的是（　　）。

（a）视图状态可以跨页面访问共享

（b）视图状态在服务器内存中保持数据

（c）禁用视图状态对系统功能没有任何影响

（d）视图状态是 ASP.NET 基于事件编程功能的重要技术基础

（37）关于会话状态说法不正确的是（　　）。

（a）会话状态通过 SessionID 区分不同用户

（b）默认情况下，会话状态只适合保持用户的临时数据

（c）会话状态伸缩性很强，不但可以跨页面，还可以跨服务器使用

（d）会话状态只能保持字符串数据

（38）页面生命周期事件 Init、Load、PreRender、PreInit 的正确顺序是（　　）。

（a）PreInit—Init—Load—PreRender　（b）PreInit—Init—PreRender—Load

（c）Load—PreInit—Init—PreRender　（d）Load—PreRender—PreInit—Init

（39）动态更换母版页应该在页面的（　　）事件委托函数中编程。

（a）Load　　（b）Init　　（c）PreRender　　（d）PreInit

（40）动态更换页面主题应该在页面的（　　）事件委托函数中编程。

（a）Load　　（b）Init　　（c）PreRender　　（d）PreInit

（41）以下（　　）事件委托函数中创建的动态控件不能自动获得 Post 数据，即页面回发后新页面的控件数据不再是提交时的数据。

（a）Page_Load　　（b）Page_PreInit　　（c）Page_Init　　（d）Button1_Click

2. 简答题

（1）Page 对象的 Init 和 Load 事件哪个早？

（2）在 PreInit 的事件委托函数中，可以编写什么程序？

（3）页面回传事件的处理发生在 Load 之前还是之后？

（4）控件的数据绑定发生在回传事件处理之前还是之后？

（5）最后修改显示的处理机会是什么事件？

5.2.6　演练

1. 实验题目

状态管理。

2. 实验目的

- 熟悉 ASP.NET 状态管理的作用。
- 通过实例，初步掌握不同情况下，选用不同的状态保存方式。

- 进一步熟练网页和控件的使用。

3. 实验内容

① 参考例 5-1、例 5-5，实现通过 ViewState 变量实现网上投票的网站程序。

② 查阅资料，编写利用 Cookie 限制客户端重复投票的网站程序。

4. 实验步骤

由读者写出。

5. 实验总结

由读者总结。

5.3 基本知识 2：跨页面数据传递

在桌面程序中，对于两个 Form 实例之间数据传递的问题，我们可以用两种思路来解决：一种是把数据保存在一个 Form 实例中，供另一个 Form 实例引用；另一种思路是设计一个公共类，用它的成员保存数据，供两个 Form 实例存取。

比如，我们可以为窗体 A 公开一个属性 Cart，并给窗体 A 类实例 a 的 Cart 属性赋值，在窗体 B 中访问 a.Cart 就可以了；或者用构造函数参数的方式，即在从窗体实例 a 中打开窗体 B 类实例 b 的时候，用这样的语句实例化："FormB b=new FormB(cart);"，这当然要重写窗体 B 的构造函数，将接收的 cart 参数赋给一个字段保存。不管是将数据保持在 a 中还是 b 中，这都属于第一种思路。我们还可以设计一个公共类 C，定义一个字段 Cart，并公开它，甚至直接用数据库代替这个公共类，这都属于第二种思路。

网站程序中，多个 Web 窗体之间跨页面的数据传递技术看起来与之大不相同，其实思路是类似的。经常应用的跨页面数据传递技术有查询字符串、Session 状态、Cookie 状态、跨页回发、服务器传输等。其中查询字符串相当于构造函数传参方式，跨页回发、服务器传输相当于公开属性的方式；因为 Session 和 Cookie 的保存和管理是独立于每个页面的（尽管 ASP.NET 为了使用方便将其封装为 Page 类的属性），所以从机制上说，它们属于公共类的方式。

状态管理中的 ViewState 变量只能在一个页面中保持数据；Application 通常处理应用程序级别的数据，虽然可以实现跨页数据传递，但更多的是用作定义全局环境参数的只读变量。

对于 Session 和 Cookie，前面已有介绍，至于它们在跨页数据中的应用，只要在源页面写入 Session 或 Cookie，在目标页面读取即可，不再详述。另有一种技术是用户配置信息（Profile），默认在数据库中存储，类似数据库存储方式的 Session，不做详述。本节主要介绍查询字符串、跨页回发、服务器传输技术。

5.3.1 使用查询字符串跨页数据传递

1. 查询字符串简介

查询字符串（QueryString）是 URL 中路径后的一个组成部分，用于在请求网页时就传递若干名值对参数，参数以？开头，以&间隔。如在谷歌网站搜索"ASP.NET"时，URL 为：http://www.google.cn.hk/search?hl=zh-CN&newwindow=1&q=ASP.NET&aq=f&oq=，其中"?hl=zh-CN&newwindow=1&q=ASP.NET&aq=f&oq="即为查询字符串部分，传递了 5 个参数：hl 值为 zh-CN，newwindows 值为 1，q 值为 ASP.NET，aq 值为 f，oq 值为空。

查询字符串跨页传递数据，只有字符串操作，简单高效，兼容性好，可以跳转到任意的 URL。但数据显示在浏览器地址栏中，因此，为了网站数据安全，不要将数据表名、字段名直接作为查询字符串参数名称；使用查询字符串，有时还会遇到 URL 长度限制和宽字节字符编码格式的问题。

2. 在源页面设置查询字符串

（1）超链接页面跳转。HTML 中的<a>标记实现了网页跳转，其 href 属性指向目标 URL，可以包含查询字符串，以在页面间传递参数。例如：

```
<a href="http://www.google.cn/search?q=ASP.NET">到 Goole 搜索"ASP.NET" </a>
```

即可实现带查询字符串的页面跳转，以“ASP.NET”为查询关键字参数直接跳转到谷歌搜索结果页面。

超链接跳转是 HTML 的基本功能，兼容性好，并可以跳转到本网站外的页面。与客户端脚本相结合，可以实现与用户交互的变量参数传递。例如：

```
<input type="text"  id="keyTxt" />
<a href="javascript:location.href=('http://www.google.cn/search?q='
+document.getElementById('keyTxt').value);">到 Goole 搜索</a>
```

（2）服务器重定向。服务器重定向是 ASP.NET 提供的超链接跳转的服务器端后台代码编程形式。例如：在页面上放置一个 ID 为 TextBoxSearchKey 的文本框，则如下代码实现与前述超链接跳转相同的功能：

Response.Redirect("http://www.google.cn/search?q="+TextBoxSearchKey.Text);

服务器重定向机制与超链接相同，都会以原始请求的方式启动 ASP.NET 新的请求管线，以处理目标页面。*需要注意的是，源页面的处理立即停止，Response.Redirect()后面的语句将不会执行。*比如：ASP.NET 提供的 Login 组合控件有默认的身份验证功能，但如果编辑 Login 控件的模板，编写“登录”按钮的 Click 事件委托函数，使用 Response.Redirect()方法实现登录后的页面跳转，结果导致无法继续完成身份验证，正确的登录跳转方法是设置 Login 控件的 DestinationPageUrl 属性。

3. 在目标页面读取查询字符串

目标页面中将接收源页面通过 URL 传来的查询字符串参数。动态 HTML 技术中，JavaScript 已经将此 URL 封装为 location 对象，具有 href、protocol、host、hostname、port、pathname、search、hash 等属性，其中的 search 即包含查询字符串部分（含？和&符号），不再详述。

ASP.NET 对页面跳转，将构造新的目标页面实例，并在预处理中，将查询字符串封装为 HttpRequest 类的 QueryString 属性，在页面后台代码中，可以用 Request.QueryString["q"]的形式来获取或设置 q 参数的值。

由于在客户端脚本和服务器端后台代码中，都可以设置和使用查询字符串，因此查询字符串可以用于客户端 JavaScript 脚本和服务器 C#程序的数据交互。

5.3.2　跨页回发传递数据

1. 跨页回发简介

设置源页面中 Button 等控件的 PostBackUrl 属性为目标页面的 URL，则在客户端浏览器中单击此按钮时所产生的回发称为跨页回发。设置 PostBackUrl 属性将导致引发跨页提交的 Button 等控件的 Click 事件可能不被响应。

用户的原始请求是以 Get 方式提交到服务器的，默认情况下，ASP.NET 的 Button 等控件引起网页自身的回发，以 Post 方式提交请求到服务器，请求中包含视图状态数据和 Post 数据，可供网页恢复“记忆”。跨页回发时，请求仍是 Post 方式的，带有源页面的视图状态数据和 Post 数据，因此，在目标页面中，可以恢复源页面的上次状态和现状态，并对源页面进行访问，这样就可以实现跨页面数据传递了。

访问目标页面的 PreviousPage 属性，将实例化源页面、启动源页面的生命周期，所以，在目标页面中可以通过 PreviousPage 属性访问源页面的属性、公开成员、控件等，不像 Session 传值那样，Session 传值需要在所有未禁用 Session 的页面生命周期中长期进行维护操作。因此，跨页回发比较适合两个页面之间的传值。与查询字符串传值相比，跨页回发在服务器端发生数据传递，效率高、安全性好。

跨页回发中，在目标页面代码中对 PreviousPage 源页面的访问不但会引起源页面的生命周期，还会执行引起跨页回发的按钮单击事件委托函数（在目标页面代码中不调用源页面，则不会执行），如果在源页面代码中，不判断是否由于跨页回发引起页面生命周期，可能会引起混乱和调试困难。可以用*源页面的* IsCrossPagePostBack 属性判断是否因跨页回发而引起源页面生命周期，目标页面的 IsCrossPagePostBack 属性总是 false。

2. 跨页回发的例子

例 5-10 使用跨页回发技术，传递参数，模拟跨页数据查询。

添加两个 aspx 页面，分别命名为 GetParameterPage.aspx 和 SearchResultPage.aspx。在 GetParameterPage 中添加 4 个服务器控件，设置 Button 的 PostBackUrl 属性指向 SearchResultPage.aspx，得到如下前台服务器标记：

```
<form id="form1" runat="server">
<div>
    查询条件：<br />
     查询性别为<asp:DropDownList ID="DropDownListSex"  runat="server">
            <asp:ListItem Selected="True">男</asp:ListItem>
            <asp:ListItem>女</asp:ListItem>
        </asp:DropDownList>
    ，并且年龄大于<asp:TextBox ID="TextBoxMinAge" runat="server">
            </asp:TextBox>
    小于<asp:TextBox ID="TextBoxMaxAge" runat="server"></asp:TextBox>
    的学生<br />
    <asp:Button ID="ButtonCrossPostBack" runat="server" Text="查询" PostBackUrl="~/
SearchResultPage.aspx" />
</div>
</form>
```

编写 SearchResultPage 的后台服务器代码如下：

```
protected void Page_Load(object sender, EventArgs e)
{
    string pSex = ((DropDownList)PreviousPage.FindControl("DropDownListSex")).SelectedValue;
    string pMinAge = ((TextBox)PreviousPage.FindControl("TextBoxMinAge")).Text;
    string pMaxAge = ((TextBox)PreviousPage.FindControl("TextBoxMaxAge")).Text;
    SearchByParams(pSex, pMinAge, pMaxAge);
}

private void SearchByParams(string pSex, string pMinAge, string pMaxAge)
{
    //应包含查询数据库的逻辑代码，此处仅将参数显示在网页中
    Response.Write("查询年龄在" + pMinAge + "--" + pMaxAge + "的" + pSex + "学生");
}
```

在浏览器中查看 GetParameterPage.aspx 页面，输入参数，单击“查询”按钮，查看结果。

结果与分析

① 本例实现了网站的常用功能：用户在一个页面中确定参数，网站在另一个页面中显示查询结果，其中参数传递部分用跨页回发完成，数据查询部分仅做参数显示，请读者完成数据库访问部分的学习后，自行完成。

② 通过跨页回发，在目标页面中，通过 PreviousPage.FindControl()方法可以获得源页面的控件的现值。(DropDownList)PreviousPage.FindControl("DropDownListSex") 是在源页面中查找 ID 为 “DropDownListSex”的控件，由于返回值是 Control 类型，在访问其 SelectedValue 属性前，需要先将其转换为 DropDownList 类型。

③ 分别在两个页面的 Page_Load()事件委托函数中设置断点，观察程序执行流程，可以发现源页面的按钮跨页回发后，直接进入目标页面生命周期，至 PreviousPage 调用处，启动源页面生命周

期，完成源页面生成和恢复“记忆”后，返回目标页面，目标页面 UnLoad 后，源页面 UnLoad。说明：由于调试器优化，即使设置了断点，也可能不能在调试器中引起源页面中断，在目标页面 Page_Load()函数中，添加 if(PreviousPage.IsCrossPagePostBack)，即访问源页面的属性，则可以看到源页面的调试中断。

5.3.3　服务器传输

1. 服务器传输简介

服务器传输是在服务器后台代码中，用 Server.Transfer()方法将当前页面（源页面）的相关信息传输到目标页面。

与跨页回发相似，服务器传输发生在服务器端，效率高、安全性好。在目标页面代码中，也使用 PreviousPage 属性访问源页面的控件值和公开值，来实现跨页面的数据传递，但 PreviousPage.IsCrossPagePostBack 属性为 false。

服务器传输中源页面和目标页面的生成次序是不同的。在服务器端看来，跨页回发是由用户启动，从处理客户端对目标页面的回发请求开始，首先执行目标页面生命周期，当需要引用源页面时，在目标页面代码中调用 PreviousPage 属性引起源页面的生命周期，生成源页面实例以供访问。而服务器传输是从处理客户端对源页面的请求开始，首先执行源页面生命周期，由源页面代码引起目标页面的生命周期，即在目标页面的生命周期开始时，源页面实例已经存在了。

虽然是用户对源页面的请求，但执行服务器传输后，服务器响应的是目标页面，即在客户端浏览器中显示的是目标页面内容，然而，浏览器地址栏中仍然显示源页面的 URL。这比较适合程序员希望对用户隐藏目标页面 URL 的场合。

服务器传输要求源页面和目标页面必须在同一个网站应用程序中，跨页回发则无此限制。

Server 对象另有一个 Execute 方法，可以调用另一个页面，执行其程序，并将结果返回到当前位置。请读者自行查阅此方法，不再详述。

2. 服务器传输的例子

例 5-11　使用服务器传输，完成例 5-10 的要求。

仿照例 5-10，添加两个页面 GetParameterPage.aspx 和 SearchResultPage.aspx。对比例 5-10，仅做如下修改：在 GetParameterPage.aspx 页面中，将按钮控件的 ID 属性改为“ButtonServerTransfer”，清空其 PostBackUrl 属性值，添加其 Click 事件委托函数：

```
protected void ButtonServerTransfer_Click(object sender, EventArgs e)
{
    Server.Transfer("SearchResultPage.aspx");
}
```

在浏览器中查看 GetParameterPage.aspx 页面，输入参数，单击“查询”按钮，查看结果。

结果与分析：

① 本例实现了网站的常用功能：用户在一个页面中确定参数，网站在另一个页面中显示查询结果，其中参数传递部分用跨页回发完成，数据查询部分仅做参数显示，请读者完成数据库访问部分的学习后，自行完成。

② 通过跨页回发，在目标页面中，通过 PreviousPage.FindControl()方法可以获得源页面的控件的现值。

③ 分别在两个页面的 Page_Load()事件委托函数中设置断点，观察程序执行流程，可以发现源页面的按钮跨页回发后，直接进入目标页面生命周期，至 PreviousPage 调用处，启动源页面生命周期，完成源页面生成和恢复“记忆”后，返回目标页面，目标页面 UnLoad 后，源页面 UnLoad。说明：由于调试器优化，即使设置了断点，也可能不能在调试器中引起源页面中断，在目标页面 Page_Load()函数中，添加 if(PreviousPage.IsCrossPagePostBack)，即对源页面的属性进行一次访问，则可以看到源页面的调试中断。

5.3.4 自测

（1）可以作为跨页数据传递手段的状态管理方式是（　　）。

（a）会话状态

（b）会话状态和应用程序状态

（c）会话状态、应用程序状态和 Cookie 状态

（d）会话状态、应用程序状态、Cookie 状态和视图状态

（2）不可以跨服务器共享数据的跳转方式是（　　）。

（a）Response.Redirect()　　（b）Server.Transfer()

（c）HyperLink　　（d）PostBackUrl

（3）目标页的 PreviousPage 属性不为 null 的跳转方式是（　　）。

（a）Response.Redirect()　　（b）Server.Transfer()

（c）HyperLink　　（d）浏览器直接输入 URL

（4）源页面的 IsCrossPagePostBack 属性为 true 的跳转方式是（　　）。

（a）Response.Redirect()　　（b）Server.Transfer()

（c）HyperLink　　（d）PostBackUrl

5.3.5 演练

1. 实验题目

状态管理。

2. 实验目的

- 熟悉 ASP.NET 状态管理的作用。
- 通过实例，初步掌握不同情况下，选用不同的状态保存方式。
- 进一步熟练网页和控件的使用。

3. 实验内容

① 参考例 5-10，实现使用跨页回发技术，传递参数，模拟跨页数据查询。

② 使用查询字符串，实现上述同样的功能。

4. 实验步骤

由读者写出。

5. 实验总结

由读者总结。

5.4 决策与计划

5.4.1 决策

本章的学习情境是一个书店购物车。书店购物车中的图书信息应该是存放在数据库中的，但此任务暂时不包含数据库访问，我们的注意力应该放在页面数据保持和跨页传递上。

采用何种数据保持和传递方式，是影响网站性能的重要因素，常常被对初学者忽略。

1. 购物车技术设计分析

（1）技术需求分析。实现购物车功能需要设计两个页面：一个页面 BookDetails.aspx，供用户浏览

图书信息、购买图书，另一个页面 CartInfo.aspx，供用户浏览、修改、删除自己的购物信息。页面 BookDetails.aspx 每次显示 1 条图书信息。

根据学习情境引入中的问题描述，购物车数据保持的要求可以总结为：多次、多用户、跨页传递。ASP.NET 的每种状态保持技术都能够在多次回发访问的情况下保持数据，那么，我们就需要选择一种分用户的跨页面访问技术用于购物车。

另外需要注意，服务器控件中的数据将自动在回发中保持，但 Html 控件不能。

（2）备选技术分析。能实现数据保持和跨页面数据传递的常用技术有应用程序状态、会话状态、Cookie 状态、查询字符串、跨页回发和服务器传输。如前分析，购物车不但是跨页的，还是分用户的，因此，应用程序状态不必考虑。

Cookie 状态很大程度上依赖于客户端的配置，因此，和其他所有客户端技术一样，应当列为“不可靠”的技术，在有其他备选方案的情况下，不应优选 Cookie 技术。

查询字符串使用简洁快速，占用资源少，非常适合少量数据的传输；我们可以针对每次加入购物车的数据构造一个查询字符串，所以，在此场合可以使用查询字符串，但这往往是程序员的偏好。另外，如果有非标准 URL 字符数据需要传输（如？、=、&、汉字等），还必须注意客户端与服务器端编、解码的问题。所以，查询字符串在本任务中不合适。

跨页回发技术和服务器传输技术类似，都是通过在目标页面访问 PreviousPage 来得到源页面数据，适合于源页面和目标页面是“一对一”的情况。在本任务中，由于用户可能先后在多个图书详细信息页面 BookDetails.aspx 中购买了图书，然后才打开购物车管理页面 CartInfo.aspx，即源页面和目标页面是“多对一”的，这在动态页面中很常见。因此，跨页回发和服务器传输技术在本任务中并不适用。

会话状态是分用户的，可以跨页面，功能强大，使用方便，且默认在内存中存储，免去了序列化/反序列化存储的开销，性能较高；缺点是默认 20 分钟失效，可能会造成个别用户的购物车数据丢失，另外在数据量过大时，会因内存消耗而造成网站总体性能下降。在购物车需求中，可以仅存储用户所选择图书的简要数据，数据量不大；且购物车数据并非关键应用，一般可以认为，用户能够承受 20 分钟（可设置）不访问站点造成的数据丢失。如果在测试中发现数据丢失给用户带来不便，可以通过延长失效时间，或者将会话状态设置为永久存储来改进，伸缩性很好。因此会话状态是本任务中较合适的技术。

实际上，会话状态能够满足多数数据保持任务，但也因此而被滥用，从而可能导致网站性能的下降。

2. 购物车技术决策

根据上述分析，页面 BookDetails.aspx 中，我们采用服务器控件，显示图书信息，以及接受用户选择信息，在每次页面回传时，ASP.NET 将自动保持控件数据。由于需要分用户保存购物数据，我们采用 Session 技术，在每次单击“购买”按钮而回传时，编写服务器程序将控件数据中的购物数据存放在 Session 变量中。

在用户希望查看购物车信息，而从页面 BookDetails.aspx 导航到页面 CartInfo.aspx 时，我们在页面 CartInfo.aspx 的服务器程序中直接读取上述的 Session 变量。

5.4.2 计划

1. 购物车数据设计

购物车 Session 中仅存储图书的简要信息。为便于操作，不是把每项信息都分别存放在不同的 Session 里，而是先用各项简要信息构造一个购物车对象，再将这个购物车对象整个地存储在一个 Session 中。因此，需要根据希望存储的信息，构造一个购物车类。

多页面共用的类，应该在 App-Code 文件夹中声明。

图 5-6 给出了 C#数据类型描述的购物车对象的数据结构。由于图书编号用于数据库操作，对某个购物车来说，并不连续编号，因此又增加了序号字段。

完整的网上书店系统的数据都存储在数据库管理系统中，但在网站编程中的数据库操作及控件都与桌面程序有所不同，这将在后续章节学习。为了专注于数据保持和传递，我们暂不关心数据库操作。如图 5-7 所示，当用户购买图书时，从图书详细信息页面的控件中获取购物车数据，来构造购物车对象，本章不关心页面控件中的数据如何来自数据库。另外，本章只关心购书和购物车管理，也不关心购物车数据在订单中的进一步使用。

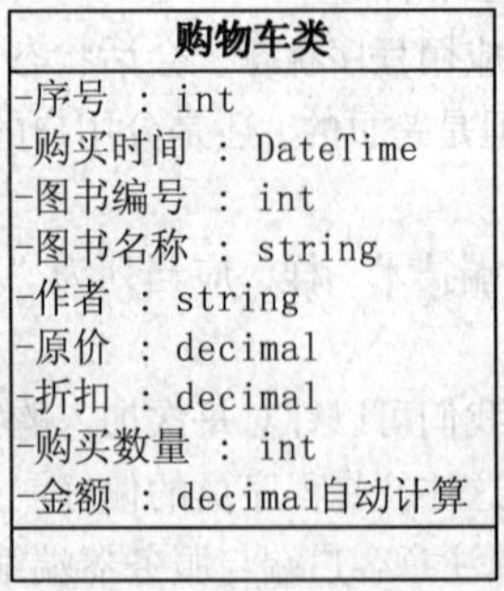

图 5-6　购物车数据结构

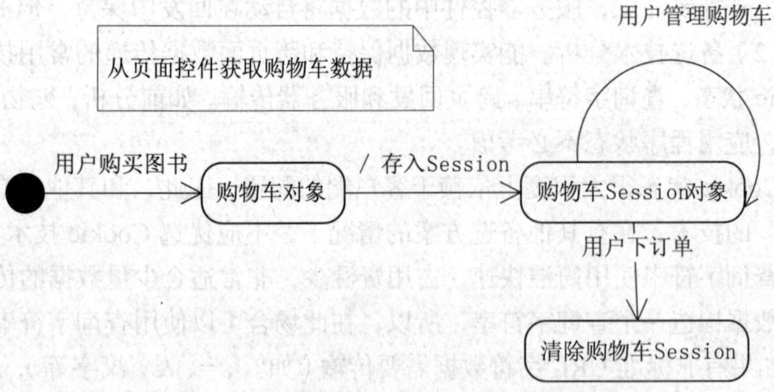

图 5-7　购物车数据对象的使用状态

2. 购物车相关活动的逻辑描述

图 5-8 对购物车的相关活动进行了逻辑描述。用户在图书详细信息页面，试图购买图书，至发送购买成功的页面提示为止，图书详细信息页面要经过一系列的处理活动，将初始化好的购物车对象存入购物车 Session，需要时，即可在购物车页面显示购物车 Session 数据。

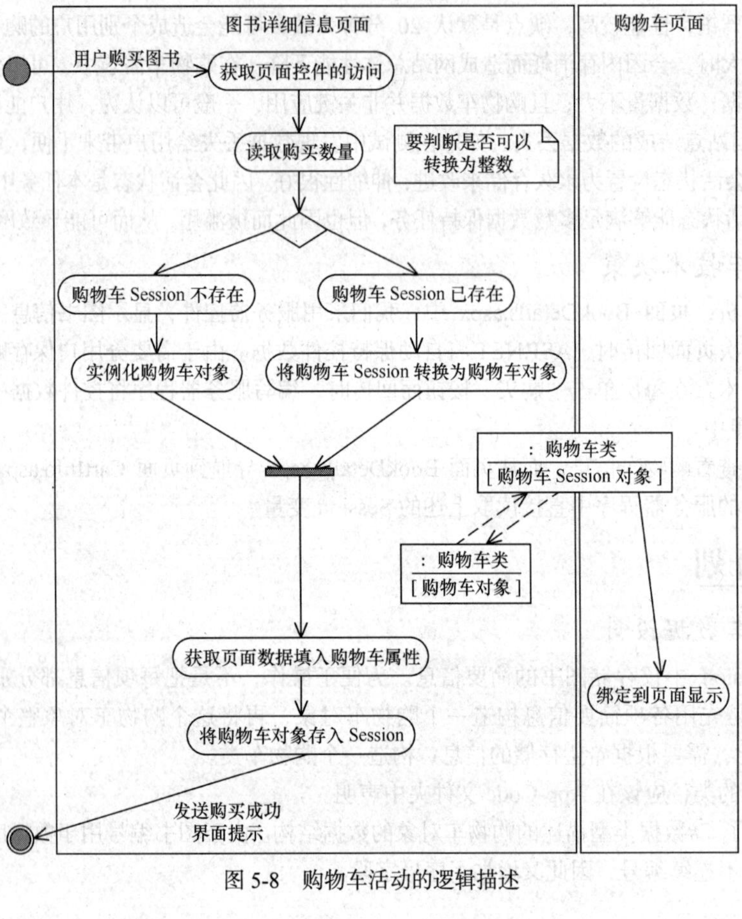

图 5-8　购物车活动的逻辑描述

5.5 实施

下载 Chapter5Learnsituation 代码，此代码已经包含本章学习情境所需的网站环境，只需在 App_Code 文件夹下设计购物车类 ClassCartTable，并在图书详细信息页面 BookDetails.aspx 和购物车页面 CartInfo.aspx 中编写购物车相关活动代码。

5.5.1 购物车类

在解决方案资源管理器中，App-Code 文件夹下，打开 ClassCartTable.cs 文件，设计 ClassCartTable 类，实现如图 5-6 的购物车对象，参考代码如下：

```
using System;
using System.Data;

public class ClassCartTable:DataTable
{
    public ClassCartTable()
    {
        this.Columns.Add(new DataColumn("序号",typeof(int)));
        this.Columns.Add(new DataColumn("购买时间", typeof(DateTime)));
        this.Columns.Add(new DataColumn("图书编号", typeof(int)));
        this.Columns.Add(new DataColumn("图书名称",typeof(string)));
        this.Columns.Add(new DataColumn("作者",typeof(string)));
        this.Columns.Add(new DataColumn("原价", typeof(decimal)));
        this.Columns.Add(new DataColumn("折扣", typeof(decimal)));
        this.Columns.Add(new DataColumn("购买数量", typeof(int)));
        this.Columns.Add(new DataColumn("金额", typeof(decimal),"原价 * 折扣 * 购买数量"));
    }
}
```

此类派生自 DataTable 类，这样在每次购书时，仅为其增加一个新数据行即可。类中仅包含一个构造函数成员，初始化了表的结构，包含下列数据列：序号、购买时间、图书编号、图书名称、作者、原价、折扣、购买数量、金额。其中，序号仅用于显示；金额列为自动计算列，已经通过定义列表达式实现自动计算，此列不必赋值。

5.5.2 购物车相关活动的实施

1. 图书详细信息页面

根据图 5-8，在 BookDetails.aspx 的“购买”按钮 Click 事件委托函数中，编写相关活动代码。在 BookDetails.aspx.cs 中，已经声明了“购买”按钮的 Click 事件委托函数，如下所示：

```
protected void ImageButtonBuy_Click(object sender, ImageClickEventArgs e)
{
   在此处编写购物车相关活动逻辑代码
}
```

（1）获取页面控件的访问。设计 BookDetails.aspx 网页时，由于数据库访问的需要，页面 WebForm 中包含一个数据绑定子控件，而包含图书数据的控件以这个子控件为父控件，所以，在 CS 代码中，不能直接用图书数据控件的 ID 来访问它们。由于“购买”按钮 ImageButtonBuy 和图书数据的控件放在了同一个父控件中，所以，调用 ImageButtonBuy 的 Parent 的 FindControl 方法，就可以获取图书数据控件的访问（引用）。参考代码如下：

```
Control parentControl = (sender as ImageButton).Parent;
TextBox tbBuyCount = (TextBox)parentControl.FindControl("TextBoxBuyCount");
HiddenField hfBookId = (HiddenField)parentControl.FindControl("HiddenFieldBookId");
```

```
Literal ltPrice=(Literal)parentControl.FindControl("LiteralPrice");
Literal ltDicount=(Literal)parentControl.FindControl("LiteralDiscount");
Literal ltTitle = (Literal)parentControl.FindControl("LiteralTitle");
Literal ltAuthor = (Literal)parentControl.FindControl("LiteralAuthor");
```

首先，将 sender 事件参数转换为 ImageButton 类，通过其 Parent 属性，获取对图书数据控件的父控件的引用，将此引用声明为 parentControl；然后，按照购物车类需要的字段，事先在 BookDetails.aspx 标记代码中查找对应的控件 ID，通过 parentControl 的 FindControl 方法，逐一获取图书数据控件的引用。

（2）读取购买数量。购买数量是页面中唯一需要用户输入的数据，而用户可能输入错误的数量信息，以至于无法将其转换为整数，因此需要额外检查这个输入值。对于用户输入的数量超出库存量的情况，程序中并未处理，而是由处理订单的管理员人工处理，比如，管理员可以马上进货，做新书入库处理。这部分参考代码如下：

```
int buyCount=0;
if(!Int32.TryParse(tbBuyCount.Text,out buyCount))
{
   ClientScript.RegisterStartupScript(this.GetType(),
            "buyCountInputError", "alert('您输入的购买数量有误！')", true);
   Response.End();
}
```

调用 Int32 类的 TryParse 方法，尝试将购买数量文本框控件的 Text 转换为 Int32，如果转换成功，buyCount 变量保存转换结果，TryParse 返回 true，否则，用注册启动脚本的方法，让浏览器弹出一个警告框。启动脚本是添加在页面标记代码头部的脚本，浏览器解释所在页面时将会首先执行该脚本。

用 ClientScriptManager 类的 RegisterStartupScript 方法可以注册启动脚本，其四个参数分别为注册脚本的类型、键名、内容，以及是否自动为脚本内容添加<script>标记。每个脚本的类型和键名参数的组合都是页面中唯一的，脚本类型参数的作用只是与键名参数组合确定一个脚本，第一个实参 this.GetType()是将所在页面的类型用作了注册脚本的类型。许多从 Windows 窗体程序转过来的程序员，经常会问“服务器端编程，如何给用户弹出一个对话框”，这种方法就是解决办法之一。

（3）获取购物车对象。由于购物车相关活动是可以多次重复的，必须累计每次的购物数据，所以，每次处理购物活动时，需要从购物车 Session 中取出已有的购物车对象，然后根据所购图书信息添加新的购物车数据行，再将其存回购物车 Session。并且，如果购物车 Session 尚不存在，就需要新实例化一个购物车对象，然后添加新行，存入购物车 Session。参考代码如下：

```
ClassCartTable cart;
if (null == Session["Cart"])
{
   cart = new ClassCartTable();
}
else
{
   cart = Session["Cart"] as ClassCartTable;
}
```

（4）根据控件值构建购物车数据行。新建购物车对象的数据行根据页面控件的值等数据给该数据行赋值，就实现了添加购物项的操作，参考代码如下：

```
DataRow book = cart.NewRow();
book["序号"] = cart.Rows.Count + 1;
book["购买时间"] = DateTime.Now;
book["图书编号"] = Convert.ToInt32(hfBookId.Value);
book["图书名称"] = ltTitle.Text;
book["作者"] = ltAuthor.Text;
book["原价"] = Convert.ToDecimal(ltPrice.Text);
book["折扣"] = Convert.ToDecimal(ltDicount.Text);
book["购买数量"] = Convert.ToInt32(tbBuyCount.Text);
cart.Rows.Add(book);
```

"序号"是购物车对象中已有的购物项数（数据行数）加一而获得的，这样保证一个购物车中的序号是连续的；"购买时间"是服务器当前的时间；注意购物车对象的数据列是类型化的，赋值前需要进行必要的类型转换。此代码需要引用 System.Data 命名空间。

（5）将购物车对象存入购物车 Session。Session 可以接受 object 类型的对象，因此可以直接将购物车对象存为购物车 Session：

```
Session["Cart"] = cart;
```

（6）购物成功提示。再次使用注册启动脚本的方式提示用户，并清空购买数量文本框：

```
tbBuyCount.Text = "";
ClientScript.RegisterStartupScript(this.GetType(),
    "addCartSuccess", "alert('已经成功加入购物车!点击页面上部\"购物车\"图标可以查看购物车。')",
true);
```

2. 购物车页面

根据图 5-8，在 CartInfo.aspx 的页面 Load 事件委托函数中，编写相关活动代码。在 CartInfo.aspx.cs 中，已经声明了 Page_Load 函数，如下所示：

```
protected void Page_Load(object sender, EventArgs e)
{
  调用 bindCartData 私有方法，实现将购物车 Session 数据绑定到显示界面。
}
```

购物车页面 CartInfo.aspx 将购物车 Session 绑定到页面显示控件。对于数据绑定的实质内容，在后续章节学习，在本章学习情境代码 Chapter5Lernsituation 中，CartInfo.aspx.cs 已经定义了一个绑定方法 bindCartData，以购物车 Session 为参数直接调用即可：

```
bindCartData(Session["Cart"]);
```

5.6 检查与评价

1. 检查

（1）功能检查。

① 是否有多次加入购物车功能：是否能够多次将正确的数据累积到购物车中。

② 是否有多用户使用购物车功能：是否能够区分不同用户，使同时登录的用户看到各自的个人购物车。

③ 是否可以随时查看购物车：是否可以跨页面查看购物车信息。

（2）性能检查。

多用户登录同一页面，是否可以正常访问：发布网站到 IIS 中，多机访问进行测试检查。

（3）其他检查。

① 代码规范性检查：命名规则检查，合理使用注释语句。

② 界面布局检查：非 IE 浏览器是否可以正常显示等。

③ 输入边界检查：用户输入错误信息时，程序健壮性。

2. 评价

（1）功能评价方法。功能评价应该以功能完整性和用户体验为重点。

多用户、多次、跨页使用购物车功能，是功能评价的要点。在单机进行多用户测试时，由于 ASP.NET 的 Session 是区分不同客户端进程的，因此，只需要打开不同的浏览器窗口（不是按 Ctrl+N 组合键），就可以创建不同的客户端进程，进而可以用不同的用户名登录网站，分别进行购书活动，观察购物车信息是否是区分用户的。

（2）性能评价方法。本任务规模很小，引起的性能问题可能不多，但针对本章内容，应从以下方面评价和自我评价此网站的性能。

① 是否尽量使用静态文本。

② 是否关闭不必要的 ViewState：这可以通过在浏览器中查看源文件进行检查评价。

③ 是否尽量减少 Session 对网站性能的影响。比如，尝试另一种使用 Session 实现购物车的方法：仅在 Session 中存储图书编号信息列表，而不是存储简要图书信息，与示例代码相比，Session 变量明显缩小了，但由于显示购物车时，仅存储图书编号的方案会增加一次检索，所以网站的整体性能还需要进一步评价。

（3）其他评价方法。

① 代码要合理缩进，合理运用 Pascal 和 camel 命名规则。

② 每个方法要有 XML 注释，复杂的算法要有注释。

③ 作为完整功能的网上书店的购物车部分，应该足够重视界面的多浏览器支持。

5.7 训练

1. 题目

网站在线人数统计。

2. 要求

下载本章的学习情境代码 Chapter5Lernsituation，在 VS 2008 IDE 中打开此网站，编辑“~/MasterPage.master.cs”文件，找到如下代码：

```
LabelOnlineUserCounter.Text = "当前本站有" + Application["userCount"].ToString() + "位客户在线";
```

此代码在页面中的 ID 为 LabelOnlineUserCounter 的 Label 控件上显示当前在线人数，在线人数来自 Application["userCount"]变量，再打开“~/Global.asax”文件，在 Application_Start 事件委托函数中已经初始化了 Application["userCount"]变量：

```
Application["userCount"] = 0;
```

但尚未完成根据会话事件进行在线人数增减的功能，请根据本章基本知识补充代码实现这一功能。

3. 提示

在网站应用程序开始时，会触发 Application 对象的 Start 事件。而每个用户（实际上是客户端进程）访问网站时，都会建立一个会话，触发 Session_Start 事件，当会话结束时，会触发 Session_End 事件，这些事件委托函数代码都在 Global.asax 文件中。

第6章

学习情境：使用数据库技术实现后台管理

6.1 学习情境引入

上一章掌握了使用 ASP.NET 的多种技术保持页面数据、跨页面传递数据的技能，我们不再担心用户在各个网页之间“跳来跳去”时如何与用户交互的问题了。

在管理大量的图书信息的时候，我们当然要用到数据库技术，但是，ASP.NET 网站程序与 Windows 窗体程序的数据库访问有所不同，我们还需进一步掌握 ASP.NET 网站程序数据库访问的技能。

6.1.1 网上书店后台管理的功能需求

网上书店的后台管理需要多种管理功能。

- 订单管理：订单查询、处理功能。
- 入库管理：新书入库、入库记录查询功能。
- 图书管理：图书信息修改、类别管理功能。
- 会员管理功能。

1. 订单管理

（1）订单查询。可以按照各种订单信息进行复合搜索，并可查看订单明细信息。可供搜索的信息包括：订单编号、订货人、收件人、地址、邮编、电话、送货方式、付款方式、订货时间、处理说明、是否已出库、是否已完成等。

（2）订单处理。显示所有未完成处理的订单，可查看订单明细，进行出库（减少库存数量）、填写处理说明、设置订单完成状态等操作。

2. 入库管理

（1）新书入库。可以输入完整的图书信息，并对用户输入进行验证。可输入的必填信息包括：书名、定价、进价、出版社、ISBN、出版日期、作者、数量、所属类别、页数，选填信息有：图片文件、内容提要、目录。当指定图片文件时，要从客户端上传图片文件到服务器。

要求记录到入库信息表，然后，根据图书信息表中是否已经存在此种图书，修改图书信息表：若存在，增加库存数量；若不存在，添加新的图书信息数据行。

（2）入库查询。根据图书信息关键字查询入库信息表中的信息。

3. 图书管理

（1）图书信息修改。根据图书信息关键字查询图书信息表中的信息，“先查询，再修改”，允许修改除图书编号以外的全部图书信息。未重新指定图片文件视为不修改图片文件，未输入摘要、目录也视为不修改摘要、目录。

（2）类别管理。要求操作前可以查看树形显示的已有分类信息，可以新建、删除、修改类别信息。若图书信息表中尚存在某类别及其子类别的图书，该类别不允许删除。除类别编号不可修改外，类别名称、所属父类别、描述信息均可修改。

4. 会员管理

显示会员账户的常用信息，并提供账户解锁、删除功能。常用信息包括：用户名、邮箱、地址、邮编、电话、是否已锁定、是否在线、注册时间、最后登录时间、订单数等。已有订单的用户账户不允许删除，在线用户允许删除，但给出警告信息。

6.1.2 网上书店后台管理的展示

前面已经介绍过，参见第1章。

6.1.3 网上书店后台管理技术分解

初学者看起来比较复杂的网上书店的后台管理从技术角度分析只有两部分技术：网站程序如何从数据库获取数据、如何在页面上呈现数据。虽然从应用上说，修改数据与获取数据是不同的，但在技术上，修改数据是获取数据的同类操作，技术环节相同。

1. 数据获取技术

（1）使用 ADO.NET 基本结构的数据获取技术。简要了解.NET 技术框架后，我们就会知道，在.NET 框架中的数据库访问技术称为 ADO.NET。.NET 框架提供的几乎所有功能在 ASP.NET 网站开发中都可用，当然包括 ADO.NET，这正是 ASP.NET 非常强大的原因之一。所以，我们开发 ASP.NET 网站程序和 Windows 窗体程序，可以使用同样的 ADO.NET 基本结构，即“数据提供者+数据集”的开发方式，如图 6-1 所示。

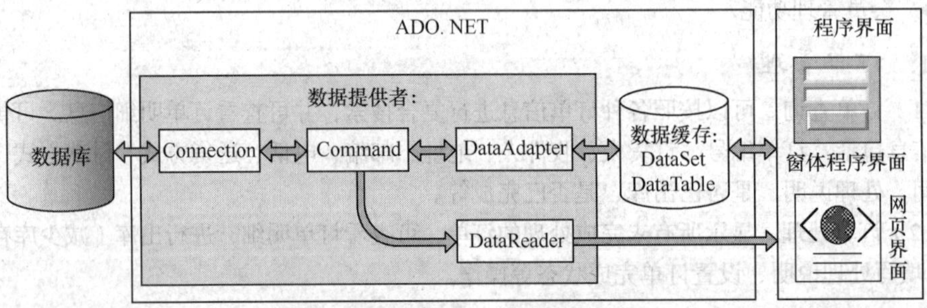

图 6-1　ADO.NET 应用程序基本结构

如果暂不关心数据库和程序界面部分，开发采用这种基本结构的应用系统时，首先要确定合适的数据提供方式，即使用 DataReader 还是 DataAdapter 来提供数据，然后编写程序代码获取数据。以使用 DataAdapter 连接 SQL Server 数据库为例，在数据获取方面，大致要进行以下步骤的编程。

① 用连接字符串参数实例化 SqlConnection 组件，以连接到数据库。

② 用 SQL 命令参数实例化 SqlCommand 组件（并指明使用上述 SqlConnection 组件实例连接数据库），以执行特定的 SQL 命令。

③ 用上述 SqlCommand 实例来实例化 SqlDataAdapter 组件。

④ 实例化 DataSet 或 DataTable。

⑤ 调用 SqlDataAdapter 实例的 Fill 方法获取数据（及 Update 方法修改数据），填充到 DataSet 或 DataTable。

（2）快速开发的数据获取技术。我们知道，在 Windows 窗体程序设计中，除了“数据提供者+数据集”的方式，也就是使用 DataAdapter 或 DataReader 编写程序的方式，在 VS .NET 2008 中还可以使用“数据源”面板，为窗体程序自动创建 TableAdapter 部件，封装 ADO.NET 的数据提供者功能，结合 DataSet 和 BindingSource 组件，使整个数据编程变得可视化，以供程序员更快、更简单地编写窗体程序。

使用 VS .NET 2008 开发网站程序时，不但仍然可以使用 TableAdapter 部件（“添加新项”→“数据集”），而且 ASP.NET 还提供了多种快速开发的数据获取技术（数据源组件）。ASP.NET 的数据源组件是高度封装的，通常情况下，我们只需设置数据源组件的一些属性，就可以与数据绑定控件一起，实现数据获取/修改、显示、排序、分页、编辑等功能，使网站开发变得更轻松。

快速数据获取技术是对基本结构的数据获取技术进行了进一步封装，是目前最常用的数据获取技术。

2. 数据绑定控件

除了快速数据获取技术不同于 Windows 窗体程序，目前网站程序还使用了专门的数据绑定控件。

虽然 ASP.NET 网站程序也采用基于控件事件的开发模型，这大大方便了开发人员，但这毕竟是利用状态管理技术模拟出来的（请仔细研究页面生命周期部分），并不能够把网站程序和窗体程序使用的控件对应起来，所以，图 6-1 的程序界面部分的窗体程序界面和网页界面中，使用的数据绑定控件不同。

综上，在数据库访问方面，网站程序不同于 Windows 窗体程序的技术有：快速开发的数据获取技术（数据源组件）、数据绑定控件。本章将重点学习这些技术。

ASP.NET 针对各种数据源设计了多种数据源组件；同时设计了多种数据绑定控件，来满足各种查询要求和不同的更新逻辑。这使得 ASP.NET 的数据操作有了丰富的使用组合，也包含许多技巧。我们将以应用场合为线索，比如：单条件查询、多条件查询、插入、修改、删除等，在实际要求中介绍这些技术，而不是完全从“类”的角度去学习它们。

另外，为了实施数据库操作，必须首先建立相关的数据库，本章将首先介绍网上书店系统的数据库。

本章将在网上书店数据库背景下，学习数据源组件、数据绑定控件的基本知识，以应用为线索，展示不同应用场合下的网站数据库访问的基本技能，实现网上书店系统的后台管理。

网上书店系统虽使用了 ADO.NET 基本结构的数据获取技术，但本章不再详细学习。

6.2 背景知识：网上书店系统的数据库（选学）

本节涉及的数据库均可通过下载网上书店管理系统源码得到，因此，只关心 ASP.NET 的读者可以跳过此节内容。

6.2.1 创建数据库的操作

在 VS 2008 IDE 中，可对 SQL Server 2005 Express 进行数据库的各种管理，包括数据定义和数据操作。

1. 新建数据库

在“解决方案管理器”中，用鼠标右键单击网站名，选择“添加新项”选项，在出现的对话框中选择“SQL Server 数据库”，输入数据库文件名“bookStore.mdf”，单击“添加”按钮，系统出现如图 6-2 所示的警示对话框，选择“是”，这样就会建立一个空数据库，而且在“服务器资源管理器”中将自动建立与该数据库的连接，另外，ASP.NET 的保护机制不允许客户端下载“App_Data”文件夹中的文件，从而可以使数据受到保护。

在“服务器资源管理器”中，也可以创建 SQL Server 数据库。但要注意的是，数据库文件默认存放位置是所选 SQL Server 服务器的数据文件夹，比如，SQL Server 2005 Express 服务器的默认数据库文件位置为：“C:\Program Files\Microsoft SQL Server\MSSQL.1\MSSQL\Data”，在发布网站时，需要再将此文件夹中的数据库文件复制到“App_Data”文件夹中，并修改网站的连接字符串。

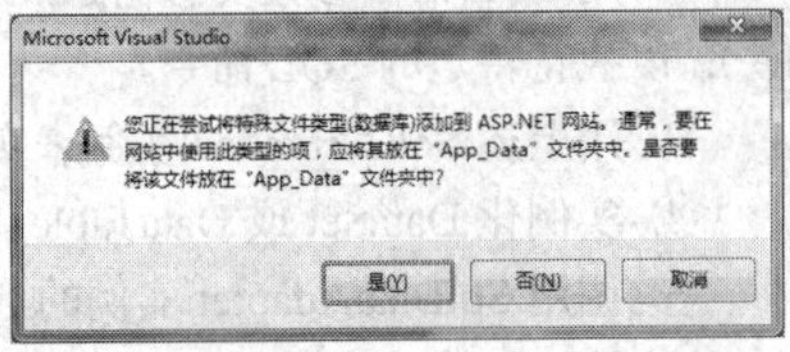

图 6-2　数据库文件位置的提示对话框

2. 添加数据库对象

在“App_Data”文件夹中创建新数据库后，在“服务器资源管理器”中，展开新数据库 bookStore.MDF 节点，将自动连接该数据库，并可定义各种数据库对象，如图 6-3 所示。

（1）添加表。用鼠标右键单击“表”节点，选择“添加新表”选项，会出现表结构文档选项卡，就可以定义表结构，保存时，会提示输入表名。

（2）添加数据库关系图。用鼠标右键单击“数据库关系图”节点，选择“添加新关系图”选项，即可选择已有表，在表视图间拖动鼠标，即可在表间建立外键关系，如图 6-4 所示，按住 OrderDetails 表 BookID 列的左侧拖动到 Books 上，将出现两个对话框，供选择表和列，以及修改外键关系的属性，默认情况下，单击“确定”按钮即可。

图 6-3　在服务器资源管理器中展开数据库节点

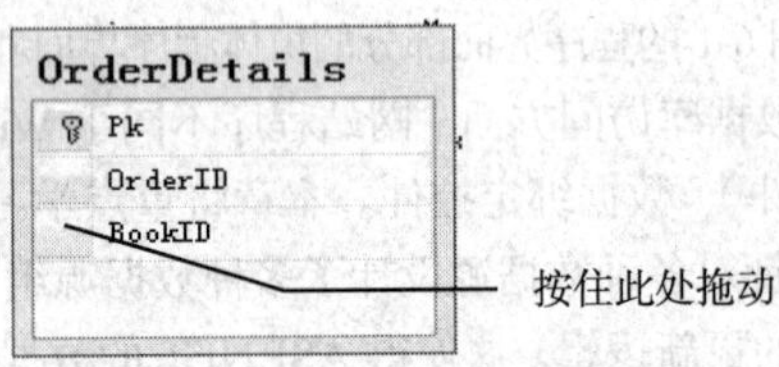

图 6-4　可视化添加新关系图

（3）添加存储过程。用鼠标右键单击“存储过程”节点，选择“添加新存储过程”选项，会出现可供编辑的存储过程文档选项卡，并已有“Create Procedure”语句，编辑完成后，单击工具栏的保存按钮，即可运行此创建存储过程的语句。

（4）添加触发器。在已经添加完成 Orders 表的情况下，展开“表”节点，用鼠标右键单击“Orders”，选择“添加新触发器”选项，会出现可供编辑的触发器文档选项卡，并已有“Create Trigger”语句，编辑和保存方法与存储过程类似。

6.2.2　业务数据表

网上书店数据库包含自动生成的 ASP.NET 角色和成员资格数据部分，以及业务数据部分，本章仅涉及根据需求建立的业务数据部分。

1. 图书类别表

用于保存图书类别信息，命名为 Categorys。类别信息本身是树形结构的，通过每个类别的“父类别 ID”来转化为关系结构。该表设计结构如图 6-5 所示。

2. 图书信息表

用于保存图书信息，在进货、销售、库存链条中，用作库存表，命名为 Books，其结构如图 6-6 所示。

Categorys

列名	简洁类型	标识	可以为 Null	说明
CategoryID	int	☑	否	图书类别ID
CategoryName	nvarchar(50)	☐	是	图书类别名称
FatherID	int	☐	是	父类别ID
CategoryDescription	nvarchar(255)	☐	是	图书类别描述

图 6-5　图书类别表

Books

列名	简洁类型	标识	可以为 Null	说明
BookID	int	☑	否	图书ID
BookName	nvarchar(50)	☐	否	图书名称
BookPrice	decimal(18, 2)	☐	否	定价
BookDiscount	decimal(18, 2)	☐	否	销售折扣
BookPublisher	nvarchar(50)	☐	否	出版社名称
BookISBN	nvarchar(20)	☐	否	ISBN
BookPublishDate	datetime	☐	否	出版日期
BookAuthor	nvarchar(50)	☐	否	作者
BookQuantity	int	☐	否	库存数量
CategoryID	int	☐	否	所属类别
BookImage	nvarchar(256)	☐	是	图片文件虚拟根路径
BookPageCount	int	☐	否	总页数
BookAddTime	datetime	☐	否	上架时间（首次入库时间）
BookAbstract	nvarchar(4000)	☐	是	摘要
BookContents	nvarchar(4000)	☐	是	目录

图 6-6　图书信息表

3. 入库表

用于记录进货信息，如图 6-7 所示。

4. 用户表

保存了用户（会员）信息，会员账户的其他信息保存在自动生成的 ASP.NET 角色和成员资格数据表中，故此表命名为 User2，其结构如图 6-8 所示。关于 ASP.NET 角色和成员资格，参见后续章节的介绍。

5. 送货方式表

为规范管理送货方式信息，防止用户输入混乱，专门建立了送货方式表，命名为 SendModes，如图 6-9 所示。

Input

列名	简洁类型	标识	可以为 Null	说明
InputID	int	☑	否	入库单ID
BookID	int	☐	是	图书ID
InputPrice	decimal(16, 2)	☐	是	进价
InputQuantity	int	☐	是	进货数量
InputTime	datetime	☐	是	进货时间

图 6-7　入库信息表

User2

列名	简洁类型	标识	可以为 Null	说明
UserName	nvarchar(256)	☐	否	用户名（登录名）
UserAddress	nvarchar(256)	☐	是	用户地址
UserPostalcode	char(6)	☐	是	用户邮编
UserPhone	varchar(50)	☐	是	用户电话

图 6-8　用户表

SendModes

列名	简洁类型	标识	可以为 Null	说明
SendModeID	int	☑	否	送货方式ID
SendModeName	nvarchar(20)	☐	是	送货方式名称

图 6-9　送货方式表

6. 付款方式表

与送货方式类似，建立了付款方式表，命名为 PayModes，图 6-10 示出了该表结构。

7. 订单表

用户的订单信息保存在 Orders 表中，其结构如图 6-11 所示。订单表中并不保存订购的图书信息。

8. 订单详细表

每个订单中订购的图书详细信息保存在表 OrderDetails 中，其结构如图 6-12 所示。

PayModes

列名	简洁类型	标识	可以为 Null	说明
PayModeID	int	☑	否	付款方式ID
PayModeName	nvarchar(20)	☐	是	付款方式名称

图 6-10　付款方式表

Orders

列名	简洁类型	标识	可以为 Null	说明
OrderID	int	☑	否	订单ID
UserName	nvarchar(256)	☐	是	下订单用户名
Recipient	nvarchar(20)	☐	是	订单收件人
Address	nvarchar(256)	☐	是	收件地址
Postalcode	char(6)	☐	是	收件邮编
Phone	varchar(50)	☐	是	收件人电话
SendModeID	int	☐	是	送货方式ID
PayModeID	int	☐	是	付款方式ID
OrderTime	datetime	☐	是	下订单的时间
TreatRemark	nvarchar(256)	☐	是	处理说明
Outputed	bit	☐	是	是否已经出库
TreatCompleted	bit	☐	是	是否已经完成处理

图 6-11　订单表

OrderDetails

列名	简洁类型	标识	可以为 Null	说明
Pk	int	☑	否	主键列
OrderID	int	☐	是	所属订单ID
BookID	int	☐	是	所购图书ID
Count	int	☐	是	购买数量

图 6-12　订单详细表

6.2.3 数据表间关系

为避免误操作，根据业务需求，建立如图 6-13 所示的外键关系。

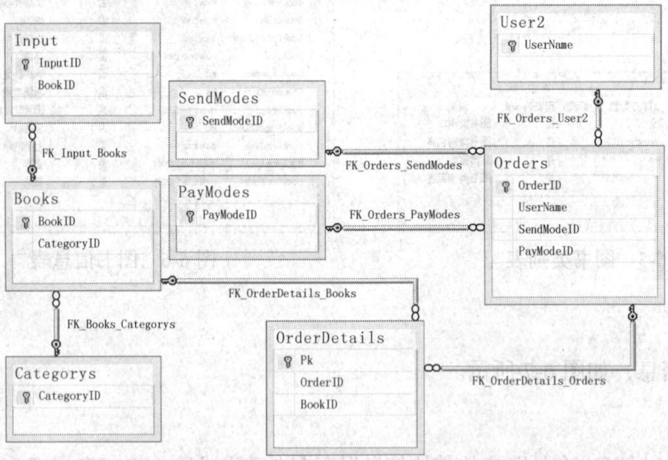

图 6-13　业务数据表间的外键关系

6.2.4 存储过程和触发器

网上书店管理系统数据库中，除了许多自动生成的 ASP.NET 角色和成员资格管理的存储过程及触发器，为提高系统效率，我们也将需要调用多个 SQL 语句的业务操作，设计为存储过程或触发器。

1. 存储过程

（1）新书入库存储过程。该存储过程接收某种将入库新书的所有信息作为输入参数，将其无条件插入到入库表 Input 中，并查询 Books 表中是否已经存在该种图书，若已经存在，除了库存数量一定要更新，还分别根据是否提供了图片文件、图书摘要、图书目录 3 个参数，决定是否更新图片文件、图书摘要、图书目录信息；若不存在，则将新书信息插入 Books 表。

由于需要更新两个表中的数据，为了保证数据一致性，启用了事务处理。当然，也可以采用在 Input 表中建立 Insert 触发器的方法，但要注意 BookID 的处理，有兴趣的读者可以尝试。该存储过程的逻辑流程如图 6-14 所示。

根据此流程编写新书入库存储过程 BookInput，T-SQL 代码如下：

```
CREATE PROCEDURE [dbo].[BookInput]
@BookName nvarchar(50),@BookPrice decimal(18,2),@InputPrice decimal(18,2),
@BookPublisher nvarchar(50),@BookISBN nvarchar (20),
@BookPublishDate datetime,@BookAuthor nvarchar (50),@BookQuantity int,
@CategoryID int,@BookImage nvarchar (256),@BookPageCount int,
@BookAddTime datetime,@BookAbstract nvarchar(4000),
@BookContents nvarchar (4000)
as
begin
    declare @bookId int,@cmdStr nvarchar(1024)
    begin transaction
        --如果在 Books 表中已经存在，只更新数量，另判断图片文件、摘要、目录是否需要更新
        select @bookId=BookID from Books where BookName=@BookName
            and BookPrice=@BookPrice and BookPublisher=@BookPublisher
            and BookISBN=@BookISBN and BookPublishDate=@BookPublishDate
            and BookAuthor=@BookAuthor and CategoryID=@CategoryID
            and BookPageCount=@BookPageCount
        if(@bookId is not null)
```

```
        begin
            set @cmdStr='update Books set BookQuantity=BookQuantity+'
                                +Convert(varchar,@BookQuantity)
            --若提供了@BookAbstract 参数，则以此为准更新对应字段
            --若此参数为 null，则不更新，@BookContents 和@BookImage 类似。
            if(@BookAbstract is not null)
                set @cmdStr=@cmdStr+',BookAbstract='+@BookAbstract
            if(@BookContents is not null)
                set @cmdStr=@cmdStr+',BookContents='+@BookContents
            if(@BookImage is not null)
                set @cmdStr=@cmdStr+',BookImage=@BookImage'
            set @cmdStr=@cmdStr+' where BookID='+Convert(varchar,@bookId)
            exec(@cmdStr)
        end
        else
        begin
            insert into Books values
              (@BookName,@BookPrice,10.0,@BookPublisher,@BookISBN,
              @BookPublishDate,@BookAuthor,@BookQuantity,@CategoryID,
              @BookImage,@BookPageCount,@BookAddTime,@BookAbstract,
              @BookContents)
            set @bookId=scope_identity()
        end
        insert into Input
            values(@bookId,@InputPrice,@BookQuantity,@BookAddTime)
    commit transaction
end
GO
```

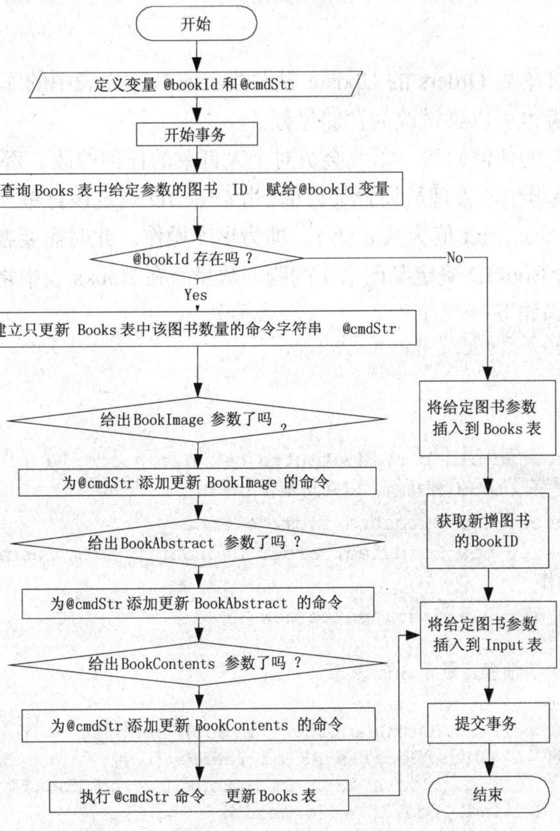

图 6-14　新书入库的存储过程逻辑流程

代码中“--”是 T-SQL 语言的注释符号。T-SQL 中自定义变量均须以“@”符号开头。“Convert (varchar，@BookQuantity)”是 T-SQL 的转换函数，将@BookQuantity 变量转换为 varchar 类型。“exec (@cmdStr)”用于将@cmdStr 字符串解释为 T-SQL 命令并执行。“scope_identity()”将返回上一个 Insert 语句所影响的标识列值，此处即 Books 表中新增图书的 BookID 值。

（2）新建订单存储过程。由于订单表 Orders 的主键列 OrderID 是一个自动增量的标识列，所以，新建订单操作分为两个步骤。

① 在 Orders 表中插入新记录，得到新增记录的 OrderID。

② 使用上述 OrderID，在订单明细表 OrderDetails 表中插入该订单所属的若干购书信息记录。

由于购书信息来自前台购物车，并且使用前台 C#语言的循环语句能够简化编程，所以，存储过程中仅包括第①步的功能，T-SQL 代码如下所示：

```
CREATE     proc [dbo].[NewOrder]
@UserName nvarchar(256),@Recipient nvarchar(20),@Address nvarchar(256),
@Postalcode char(6),@Phone varchar(50),@SendModeID int,@PayModeID  int,
@OrderTime  datetime,@TreatRemark nvarchar(256),@Outputed bit,
@TreatCompleted bit
as
begin
        insert into Orders
            values(@UserName,@Recipient,@Address,@Postalcode,@Phone,
                @SendModeID,@PayModeID,@OrderTime,@TreatRemark,@Outputed,
                @TreatCompleted)
        --返回新建订单的 ID，供插入订单明细表使用
        select scope_identity()
end
GO
```

2. 触发器

对于出库操作，用订单表 Orders 的 Update 触发器实现 Books 表中的库存数量按订单明细减少功能。当然，有兴趣的读者也可以尝试改为存储过程。

管理员在订单处理时的任何修改，以及会员对个人订单的任何修改，都会运行该触发器，因此需要判断是否正在进行出库操作：管理员设置某订单（由 OrderID 确定该订单）的“是否已出库”Outputed 字段，将其由 false 变为 true，bit 值为从 0 变 1，即为出库操作。此时需要在 OrderDetails 表中查找此 OrderID 的所有图书（由 BookID 确定某图书）的购书数量，在 Books 表中将对应 BookID 图书的库存数量做相应减少。其代码如下：

```
CREATE TRIGGER [dbo].[SubstractBookQuantity]
ON [dbo].[Orders]
FOR UPDATE
AS
     declare @outputed_old bit, @outputed_new bit,@orderId int
     --获取"已出库"字段的原值和新值，以判断是否出库操作
     select @outputed_old=Outputed from deleted
     select @outputed_new=Outputed,@orderId=OrderID from inserted
     --如果是出库操作
     if(@outputed_old=0 and @outputed_new=1)
     begin
         --依据订单明细表，更新 Books 表
         UPDATE  b
             SET        b.BookQuantity = b.BookQuantity - od.[Count]
             FROM     OrderDetails AS od INNER JOIN
                          Books AS b ON b.BookID = od.BookID
             WHERE   (od.OrderID = @orderId)
     end
GO
```

数据库准备好后，应该输入一些数据，以备学习测试使用。

6.3 基本知识 1：数据源控件与静态查询

ASP.NET 提供了多种快速开发的数据获取技术，与数据绑定控件一起，自动处理绑定、分页、排序、编辑等功能，这些技术表现为多种数据源组件。虽然这些组件在浏览器页面中不具备图形界面，但它们都继承自 System.Web.UI.Control 类，和 Label、TextBox 等 ASP.NET 服务器控件一起包含在 System.Web.UI.WebControls 命名空间中，具备设计期图形界面，所以，ASP.NET 将其称为数据源控件。

只需设置数据源控件的属性，就可以获得丰富的数据获取功能。设置数据源控件的属性有两种方式。

① 在 aspx 文件中写入相关属性的标记代码。这种方式在网站运行后，用户不能改变查询条件，我们称之为静态查询。

② 在 aspx.cs 文件的事件委托函数中写入 C#代码，给相关属性赋值。这种方式主要应用于在网站运行后，由用户选取查询条件，而不仅是输入要查询的关键字（即条件值），我们称之为动态查询。

本节介绍静态查询。

6.3.1 数据源控件的种类

ASP.NET 不但视数据库为数据源，把 ADO.NET 基本结构的数据获取技术进行了进一步封装，形成了用于访问数据库的数据源组件，而且还将 XML 文件、程序中的对象等都视为数据源，从而提供给数据绑定控件一致的功能接口，自动处理绑定、分页、排序、编辑等功能。

ASP.NET 的数据源控件现有 7 种类型，分别用于访问不同的数据来源：

- SqlDataSource；
- AccessDataSource；
- ObjectDataSource；
- XmlDataSource；
- SiteMapDataSource；
- LinqDataSource；
- EntityDataSource。

1. SqlDataSource

用于访问支持 SQL 标准的数据库，比如 MS SQL Server 系列，实际上可以访问 ADO.NET 支持的所有数据源，连接种类包含 SqlConnection、OleDbConnection、OracleConnection、OdbcConnection。由于数据库的普及应用，SqlDataSource 数据源是 ASP.NET 中使用最普遍的数据源控件，也是我们网上书店管理系统用得最多的数据源控件，我们将重点学习。

2. AccessDataSource

用于访问无用户名密码的 Access 数据库文件不需提供连接字符串。如果 Access 数据库文件需要密码访问，还是必须使用 SqlDataSource。Access 是微软提供的桌面数据库管理系统，功能有限。部署在网站服务器上，可以降低 SQL 攻击权限提升的风险；对于开发者，则是小、快、灵的选择，适合中小企业。其使用方法和 SqlDataSource 类似，本书不再作详细介绍。

3. ObjectDataSource

用于访问对象数据源。对象及其来源是非常广泛的：数据表可以对象化为 DataTable 或数组等对象，某个文件夹下的所有文件名及其属性可以对象化为 DataTable 或数组等对象，我们可以根据业务逻辑将任意元素都定义为对象。这样，ObjectDataSource 就为我们提供了自由广泛的业务逻辑空间，而同时摆脱了绑定、排序、分页等一般性的烦琐处理。

ObjectDataSource 适用于将业务逻辑抽取出来的多层架构网站程序。我们将学习并使用它。

4. XmlDataSource

用于访问 XML 文件，XML（扩展标记语言）已经成为重要的跨平台信息表达、传输标准。XML 文档最适合表达可以描述为层次结构的信息，所以，XmlDataSource 一般绑定到 TreeView、Menu 等层次型（树形）的控件。

网上书店管理系统中的图书类别信息就是层次型的。本案例为了数据存储的一致性，没有采用 XML 文档，而统一将数据存储在 SQL Server 数据库中。学完本书后，有兴趣的读者可以尝试将图书类别信息存储到 XML 文档中，而使用 XmlDataSource 控件将其绑定到页面控件，要注意对类别信息的其他操作全部要做改动。本书不对其做详细讨论。

5. SiteMapDataSource

用于访问网站根目录的 Web.sitemap 文件绑定到 TreeView、Menu 等导航控件，而为网站提供站点地图功能。SiteMapDataSource 是 XmlDataSource 的一个特例，只绑定到特定的 Web.sitemap 文件，该文件是一个标准的 XML 文档，包含了网站中的各级页面标题、页面地址等层次信息。后续章节将使用该控件。

6. LinqDataSource

可用于访问数据库或对象。LINQ 意为“语言集成查询”，使用者作为网站开发人员（非数据库设计人员），不必了解 SQL 语法，比如只了解 C#语言，掌握简单的 LINQ to SQL 关键字和泛型语法即可从 SQL 数据库中获取数据。

使用 LinqDataSource 访问数据库时，需要先建立 LINQ 对象，然后将其指定给 LinqDataSource 的属性。在网站中“添加新项”，添加“LINQ to SQL 类”，并进一步建立 LINQ 对象与数据库表、存储过程之间的“1 : 1”映射，数据表映射为类，存储过程映射为方法，触发器因不会被前台调用而不会被映射。

LinqDataSource 数据源控件旨在为开发人员提供“语言集成查询”的能力，从而摆脱 SQL 命令，是对 SqlDataSource 和 ObjectDataSource 的再次包装和抽象，特定情况下，灵活性和效能有明显损失。本书已经假定读者有 SQL 语法基础，因此不详细学习该控件。

7. EntityDataSource

用于访问数据实体对象。除了使用 LINQ to SQL 可以将 SQL 数据库对象映射为编程对象，.NET 3.5 还提供了“ADO.NET 实体对象模型”来实现类似的功能，但是与数据库定义做了更彻底的隔离，并且支持实体对象与数据表之间的非“1 : 1”映射，即实体对象属性可以来自多个数据表，从而使编程对象更接近需求领域对象。

使用 EntityDataSource 访问数据库时，需要先建立实体数据模型（EDM），即实体对象，然后将其指定给 EntityDataSource 的属性。在网站中“添加新项”，添加“ADO.NET Entity Data Model”，并按照向导提示做进一步的操作，即可生成相关的实体对象。

EntityDataSource 控件旨在对象化数据，使开发人员（非数据库设计人员）只对领域对象模型进行开发，不必再纠缠于数据库设计的合理性与程序设计的方便性之间的矛盾。实体数据模型并不排斥“语言集成查询”，在实体模型上使用语言集成查询，称为“LINQ to Entities”。本书不详细学习 EntityDataSource 控件。

6.3.2 使用 SqlDataSource 数据源控件实现静态查询

SqlDataSource 控件不但封装了 ADO.NET 无连接访问数据库的功能，还包含了绑定、排序、分页的功能。几乎相当于 Windows 窗体程序中 TableAdapter（封装了 Connection、Command、DataAdapter）、DataSet、BindingSource、BindingNavigator 的总成。正是因为它的高度封装性，许多 Windows 窗体程序的开发者觉得 SqlDataSource 数据源控件不够灵活，但实际上 SqlDataSource 能够满足绝大多数的数据库应用场合。

由于 ASP.NET 的数据源控件与页面数据绑定控件结合非常紧密，共同实现数据操作功能，本节将以 GridView 数据绑定控件为例来说明 SqlDataSource 数据源的使用，GridView 控件的使用详情在后续内容中介绍。

使 SqlDataSource 为页面数据绑定控件提供 SQL 数据库的数据，需要配置其 ConnectionString 和 SelectCommand 属性；如果需要查询参数，还要配置其 SelectParameters 属性；如果还需要将数据绑定控件中修改的数据保存回数据库，必须再配置其 UpdateCommand 属性（或 InsertCommand、DeleteCommand 属性）。

静态查询方式实际上可以不写任何代码，ASP.NET 提供了强大的“数据源配置向导”，开发者只需按照可视化向导的提示，即可完成对 SqlDataSource 的配置。本小节仅介绍使用向导配置 SqlDataSource 静态查询。

1. 配置 SqlDataSource 实现无条件查询

下面我们通过一个例子，说明如何使用向导配置 SqlDataSource 的 ConnectionString 属性和 SelectCommand 属性。

例 6-1　配置 SqlDataSource 显示 Input 表的全部记录。

新建一个 Web 窗体页，命名为 InputQuery.aspx，在设计器代码视图中输入其 title 为“入库单查询”（或在属性面板中修改 Title 属性）。从工具箱的“数据”选项卡中拖一个 GridView 控件到页面上，如图 6-15 所示。

单击 GridView 任务按钮，在“选择数据源”下拉框中选择“<新建数据源...>”，出现“数据源配置向导”对话框。

单击“数据库”图标，系统将自动生成 SqlDataSource 类型的数据源，修改数据源 ID 为“SqlDataSourceInput”，如图 6-16 所示，单击“确定”按钮，出现“配置数据源-SqlDataSourceInput”对话框，如图 6-17 所示。

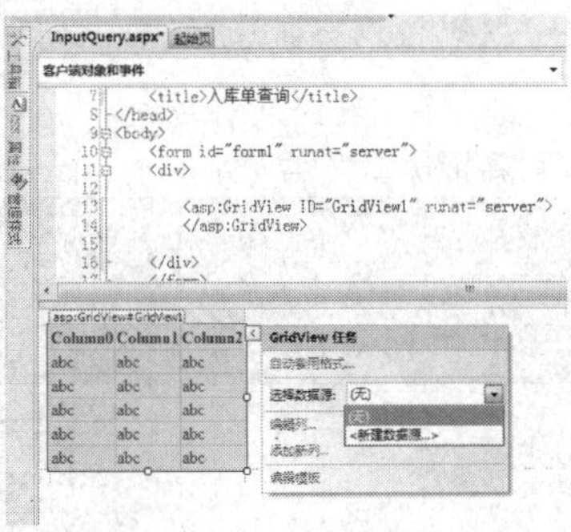

图 6-15　为 GridView 新建数据源

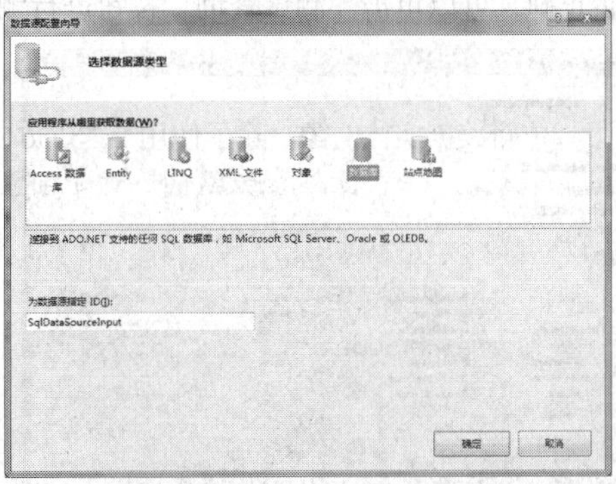

图 6-16　“数据源配置向导—选择数据源类型”对话框

在图中下拉列表里已经包含了“服务器资源管理器”中已经建立的所有连接和“App_Data”文件夹下的数据库文件的连接，一般情况下，选择一个即可。单击“新建连接”按钮，则可在“添加连接”对话框中，进一步输入服务器名和数据库名，创建或附加一个数据库。

在已经按照 6.2.1 节创建数据库之后，我们在图 6-17 中选择下拉列表中的“bookStore.mdf”即可，单击“下一步”按钮，如果是本网站首次使用此数据库，向导将出现图 6-18 所示的提示。

建议要保存此连接到配置文件中，配置文件即网站根目录下的 web.config 文件。如果不保存，整个网站中，每个访问此数据库的控件都将独立保存一个连接字符串，假如数据库文件的路径变了，修改起来比较麻烦。单击“下一步”按钮，进入向导的“配置 Select 语句”环节，如图 6-19 所示。

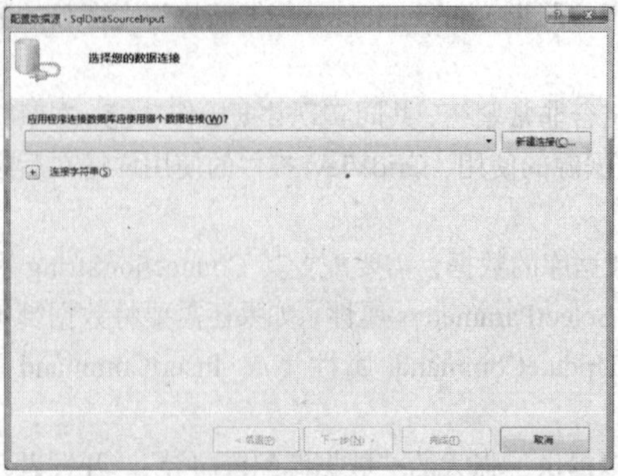

图 6-17 “配置数据源—选择您的数据连接”对话框

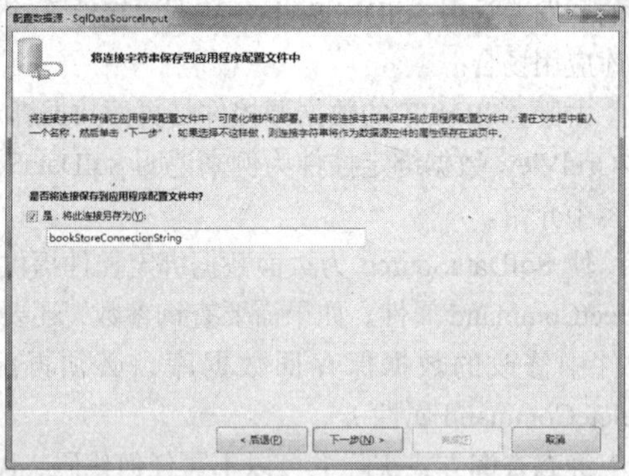

图 6-18 “配置数据源—将连接字符串保存到应用程序配置文件中”对话框

如果选择“指定自定义 SQL 语句或存储过程”单选钮，则进入“定义自定义语句或存储过程”对话框，在此可以输入 SQL 语句（或使用查询生成器）或者指定已经存在的存储过程。网上书店管理系统 Default.aspx 页面中的 SqlDataSourceChangXiaoPaiHang 数据源控件就使用了自定义查询语句；Managers/BookInput.aspx 页面中的 SqlDataSourceBooks 数据源控件则使用了存储过程。

如果选择“指定来自表或视图的列”，可以在下拉列表中选择某个表或视图，然后选择列，并自动生成对应的 Select 语句。“只返回唯一行”将为 Select 语句添加 Distinct 关键词；单击“WHERE”按钮、“ORDER BY”按钮将分别出现为 Select 语句添加 Where 子句和 OrderBy 子句的对话框；单击“高级”按钮则可以选择是否根据 Select 语句自动生成 Insert、Delete、Update 修改语句，以及修改时是否使用“开放式并发”，选择“开放式并发”，将会为 Delete、Update 语句的 Where 子句增添包含全部字段的旧值比较逻辑。

在本例中，我们选择“指定来自表或视图的列”，选择 Input 表，选择“*”，即所有列，单击“下一步”按钮，进入测试查询阶段，如图 6-20 所示。如果使用了自定义 Select 语句，为了分析 Select 语句是否正确，可以单击“测试查询”按钮进行测试，本例中我们单击“完成”按钮即可。

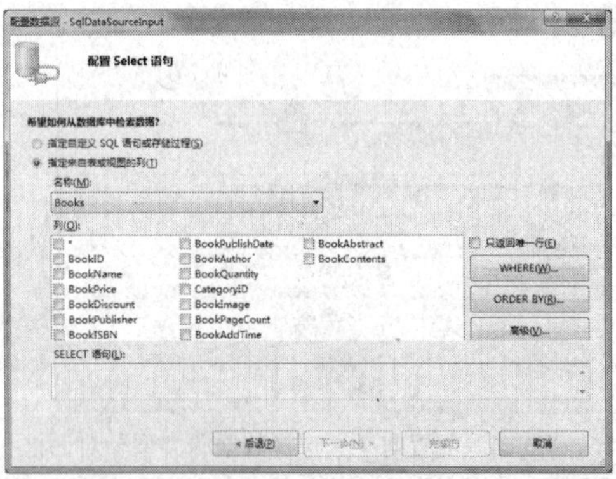

图 6-19 “配置数据源—配置 Select 语句”对话框

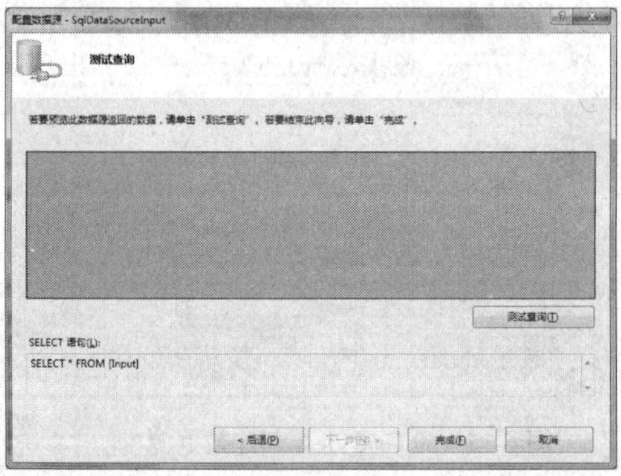

图 6-20 “配置数据源—测试查询”对话框

现在，注意观察使用向导完成数据源控件配置后，InputQuery.aspx 页面标记代码中增加了 SqlDataSourceInput 标记，并已经给 ConnectionString 和 SelectCommand 属性赋值，代码如下：

```
<asp:SqlDataSource ID="SqlDataSourceInput" runat="server"
        ConnectionString="<%$ ConnectionStrings:bookStoreConnectionString %>"
        SelectCommand="SELECT * FROM [Input]"></asp:SqlDataSource>
```

其中“<%$ ConnectionStrings:bookStoreConnection %>”是一个 ASP.NET 表达式，ASP.NET 表达式在 aspx 标记代码中以“<%$”开头，最常见的用途就是在数据源控件中引用配置文件的连接字符串，运行时，将由配置文件中的连接字符串代替此处表示引用配置文件中“ConnectionStrings”节的 name 属性为“bookStoreConnectionString”的连接字符串，此时，我们可以对照观察图 6-18 中保存连接字符串后，web.config 文件中添加了以下配置代码：

```
<connectionStrings>
  <add name="bookStoreConnectionString"
    connectionString="Data
Source=.\SQLEXPRESS;AttachDbFilename=|DataDirectory|\bookStore.MDF;
      Integrated Security=True;User Instance=True"
    providerName="System.Data.SqlClient" />
</connectionStrings>
```

最后，用鼠标右键单击页面 InputQuery.aspx，选择“在浏览器中查看”选项，则可看到如图 6-21 的运行结果，无需编写任何代码，就已经能够显示入库表中的数据。

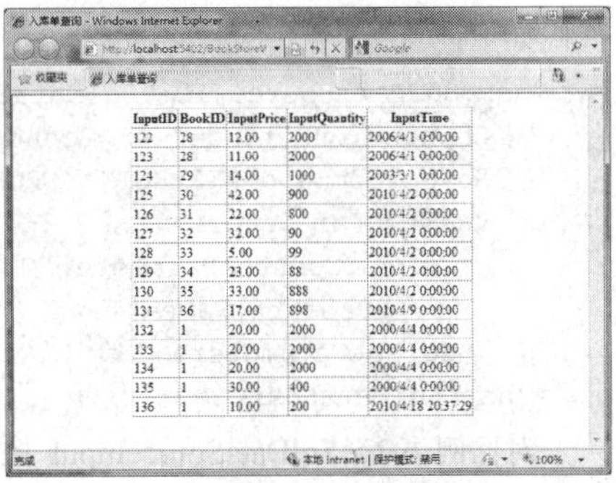

图 6-21　例 6-1 的运行结果

2. 配置 SqlDataSource 实现单条件查询

例 6-1 是把 Input 表中的所有记录都显示在了页面中，而实际应用中一般都是按照用户输入的条件来查询，这当然需要有条件值的来源，比如页面上的一个文本框，用户在文本框的输入将用作查询参数，即 SqlDataSource 的 SelectParameters 属性。

下面我们再通过一个例子说明如何使用向导配置单个查询参数。

例 6-2　配置 SqlDataSource 按照 BookID 查询 Input 表的记录。

在上例的 InputQuery.aspx 页面中，在 GridView 控件上面（在设计视图中，先选择 GridView，再按左方向键，再回车）输入静态文本“请输入要查询的图书编号:”，并在其右面拖入一个 TextBox，修改其 ID 属性为“TextBoxBookID”，再拖入一个 Button，修改 ID 为“ButtonSubmit”，Text 为“提交”，单击 SqlDataSourceInput 控件的任务按钮，选择“配置数据源”，如图 6-22 所示。

在接下来出现的配置数据源向导中，做类似于例 6-1 的操作，直到出现类似图 6-19 的“配置 Select 语句”对话框，单击“WHERE”按钮，出现如图 6-23 的“添加 WHERE 子句”对话框。

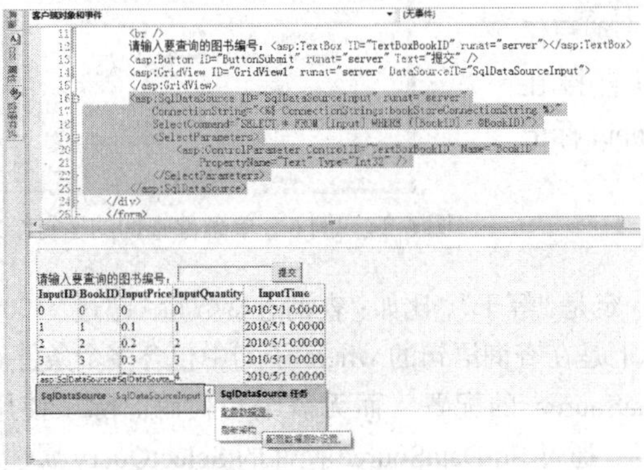

图 6-22　放置文本框后重新配置已有数据源

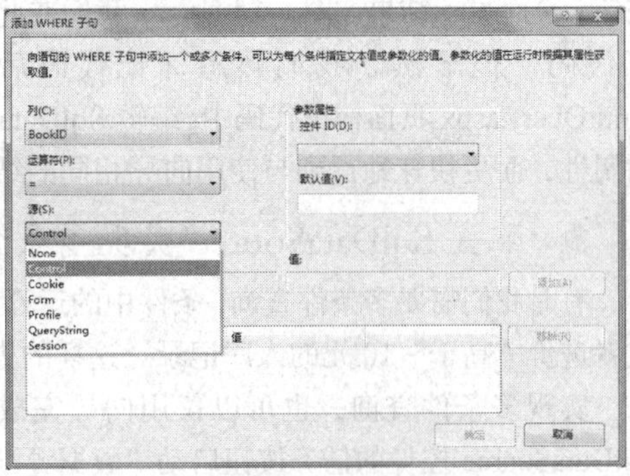

图 6-23　“添加 WHERE 子句”对话框

在“列”下拉列表中列出了 Input 表的所有字段，选择“BookID”；“运算符”选择“=”；“源”下拉列表中列出了查询参数的可能来源，简单介绍如下。

- Nonc：参数不是根据某个来源动态设置的，必须在“参数属性”部分输入常量值。

- Control：参数来自于页面控件，必须在“参数属性”部分选择当前页面已有的控件 ID，也可输入默认值，以免发生异常，默认值是在用户还没有在控件中输入值时的查询参数。
- Cookie：参数来源于客户端请求中所包含的一个 Cookie。
- Form：参数来源于 Form 字段。
- Profile：参数来源于用户的配置文件。用户配置文件默认存储于 ASP.NET 角色和成员资格数据库中，类似于存储于数据库的 Session，但其属性对象是强类型的。
- QueryString：参数来源于客户端请求 URL 中包含的一个查询字符串。
- Session：参数来源于 Session 变量。

此处我们选择“Control”，并选择控件 ID 的“TextBoxBookID”，再单击“添加”按钮，如果需要可以继续添加查询条件，然后单击“确定”按钮，返回“配置 Select 语句”对话框后，可测试查询，或直接单击“完成”按钮。

现在，注意观察完成 where 子句配置后，InputQuery.aspx 页面代码中的 SqlDataSourceInput 的标记代码如下：

```
<asp:SqlDataSource ID="SqlDataSourceInput" runat="server"
    ConnectionString="<%$ ConnectionStrings:bookStoreConnectionString %>"
    SelectCommand="SELECT * FROM [Input] WHERE ([BookID] = @BookID)">
    <SelectParameters>
        <asp:ControlParameter ControlID="TextBoxBookID" Name="BookID"
            PropertyName="Text" Type="Int32" />
    </SelectParameters>
</asp:SqlDataSource>
```

对比例 6-1，SqlDataSourceInput 控件标记的 SelectCommand 语句添加了 where 子句，包含一个“@BookID”参数；并在 SelectParameters 属性中，有一个 Name 属性为 BookID 的同名（仅少了一个 T-SQL 变量标识符“@”）控件参数（ControlParameter），默认情况下，此参数名称也与数据表中的对应字段同名，此参数的 ControlID 属性指向页面文本框控件。

这样，用户在文本框中输入要查询的图书编号后，单击“提交”按钮，发生回发（每个服务器 Button 控件都会引起回发，不需要 Click 事件委托），服务器启动 InputQuery.aspx 的页面生命周期，在处理完所有回发事件后，在 PreRender 事件之前，从 TextBoxBookID 的控件状态获取用户输入，作为查询参数值，随 Select 语句一起提交给 SQL Server 进行查询，就可以在页面中显示条件查询的结果了。

在浏览器中查看页面，并输入图书编号“1”，单击“提交”按钮，页面显示结果如图 6-24 所示，我们在此例中仍未编写任何代码。但显然，我们熟悉标记代码后，可以直接在 InputQuery.aspx 页面标记代码中，编辑 SqlDataSourceInput 标记的属性，而更快速地得到与使用向导相同的结果。

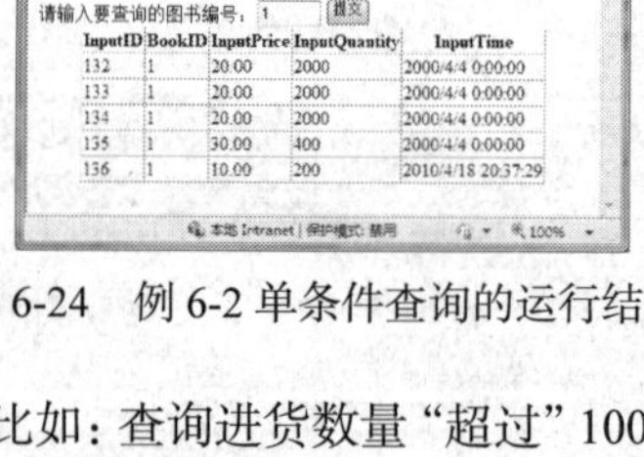

图 6-24　例 6-2 单条件查询的运行结果

3. 配置 SqlDataSource 实现多条件查询

有时我们需要多条件查询，条件中的运算符也不一定是“等于”，比如：查询进货数量“超过”1000 或者进价“高于”10 元的入库记录。这样的查询实际上是在查询语句的 where 子句中包含多个条件。

实现多条件查询，也可以仅用向导完成 SqlDataSource 的配置，而无需编写代码。除了使用 SqlDataSource 控件的任务按钮启动“数据源配置向导”，通过 SqlDataSource 控件的 SelectQuery 属性，还可以使用“命令和参数编辑器”向导，也属于数据源配置向导的一种，供开发者更自由地设置查询条件。

我们还是看一个例子，学习如何配置 SqlDataSource 实现多条件查询。

例 6-3　配置 SqlDataSource 实现对进货数量高于一个值，或者进价也高于一个值的入库记录。

在 InputQuery.aspx 页面设计视图中，依次做如下操作。

① 选中已有静态文本、TextBoxBookID 控件，按 Delete 键删除。

② 重新输入静态文本："查询进货数量多于"。

③ 拖入 TextBox 控件，ID 设为"TextBoxInputQuantity"。

④ 输入静态文本："或者进价高于"。

⑤ 拖入 TextBox 控件，ID 设为"TextBoxInputPrice"。

⑥ 输入静态文本："的入库记录"。

⑦ 此处不使用 SqlDataSourceInput 控件任务按钮启动配置数据源向导。选中 SqlDataSourceInput 控件，在属性面板中，单击 SelectQuery 属性后的[…]按钮，启动"命令和参数编辑器"向导，如图 6-25 所示。

⑧ 单击"查询生成器"按钮，出现"查询生成器"对话框，如图 6-26 所示。

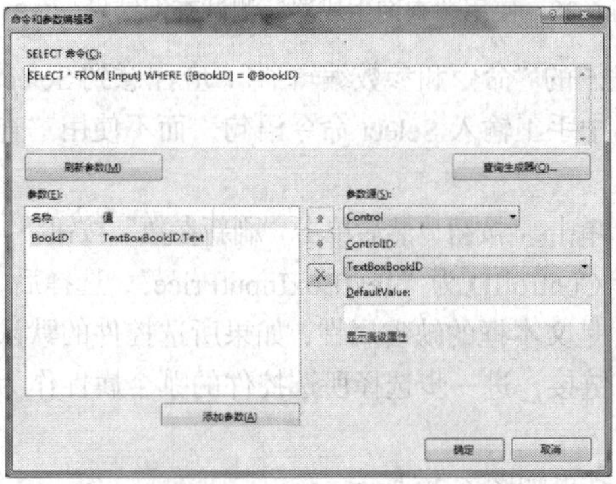

图 6-25　数据源控件的"命令和参数编辑器"

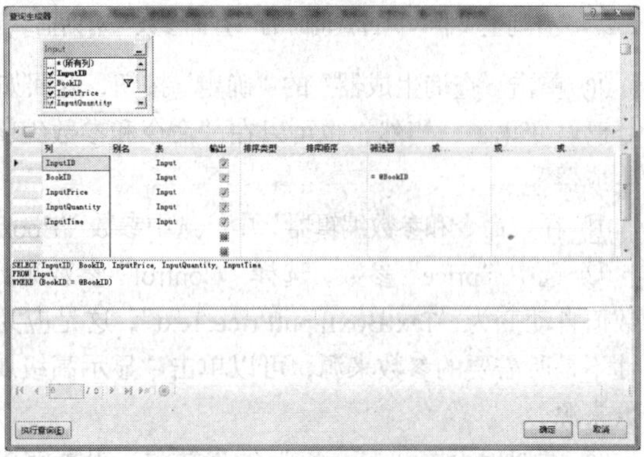

图 6-26　查询生成器对话框

"查询生成器"功能非常强大，通过选择和简单输入，就可以生成丰富的查询语句。该对话框从上而下，包含依次关联的 4 个窗格。

- 第 1 个是表视图窗格，选中的字段出现在第 2 窗格。
- 第 2 窗格一般称为条件窗格，是查询语句的可视化编辑区域，按 Tab 键到下一列，按 Enter 键到下一行，以"BookID"所在行为例，"筛选器"单元格供输入比较运算符和表达式，以生成 where 子句中关于 BookID 列的筛选条件；"或"单元格也是筛选器，供生成"or"关系的多条件查询；"别名"单元格供输入 BookID 字段显示时的名称，"表"单元格供选择 BookID 字段从哪个表获取，"输出"单元格供选择 BookID 字段是否显示，"排序类型"单元格供选择按 BookID 字段排序显示时是升序还是降序，"排序顺序"供选择排序优先级；想生成 BookID 字段"and"关系的多条件查询怎么办？在"列"的空白单元格单击，选择"BookID"，就会新生成一个"BookID"字段对应的行，在其"筛选器"单元格输入新的筛选条件即可。通过第 2 窗格编辑生成的查询语句，出现在第 3 窗格。
- 第 3 窗格为 SQL 语句窗格，此窗格中的 SQL 语句也可以手工修改。
- 第 4 窗格为带导航功能的查询结果窗格，供测试查询。

实际上，"查询生成器"还可以生成插入、更新、删除等语句，并可以添加 GroupBy 子句、Distinct 关键词，根据查询生成表，将查询结果插入表等多种功能，读者可以在每个窗格的空白处用鼠标右键单击，通过快捷菜单使用这些功能。

⑨ 在"查询生成器"的第 2 窗格中编辑，删除"BookID"列的筛选器，输入"InputPrice"列的筛选器为"> @price"，再输入"InputQuantity"列的"或"筛选器为"> @quantity"，此处的"price"和"quantity"是自定义的变量名，编辑完毕，单击"执行查询"按钮，在如图 6-27 所示的对话框中输入查询参数，就可以看到如图 6-28 的测试查询结果。

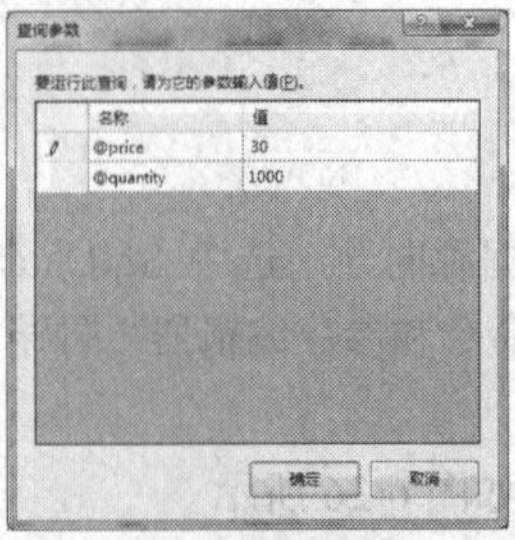

图 6-27 “查询生成器”执行查询时的“查询参数”对话框

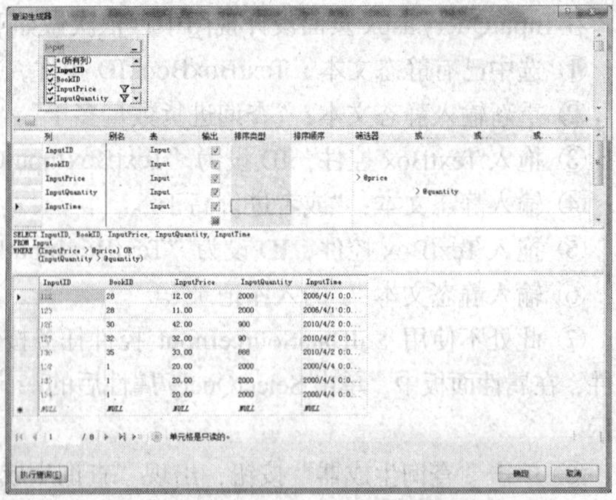

图 6-28 使用“查询生成器”测试查询结果

⑩ 单击“查询生成器”的“确定”按钮，返回如图 6-25 的“命令和参数编辑器”，应注意到 Select 命令已经变化了，当然，也可以在“命令和参数编辑器”中手工输入 Select 命令语句，而不使用“查询生成器”。

⑪ 在“命令和参数编辑器”中，选中参数“BookID”，单击 ✕ 按钮，然后单击“刷新参数”按钮。

⑫ 选中“price”参数，选择“Control”参数源，选择 ControlID 为“TextBoxInputPrice”，选择后，参数值自动变为“TextBoxInputPrice.Text”，这是应为 Text 是文本框的缺省属性，如果所选控件的默认属性不是所需要的参数来源，可以单击“显示高级属性”链接，进一步选择所选控件的哪个属性作为参数来源。

⑬ 类似地设置“quantity”的参数源，设置完毕后，结果如图 6-29 所示。

⑭ 单击“确定”按钮。

现在，请读者观察页面标记代码中 SqlDataSourceInput 标记的变化。

在浏览器中查看页面，在两个文本框中分别输入“1000”、“30”，单击“提交”按钮后，页面显示如图 6-30 所示。

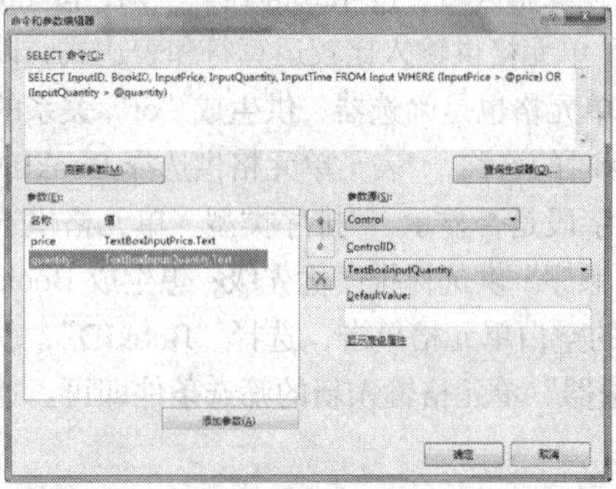

图 6-29 在“命令和参数编辑器”中设置的结果

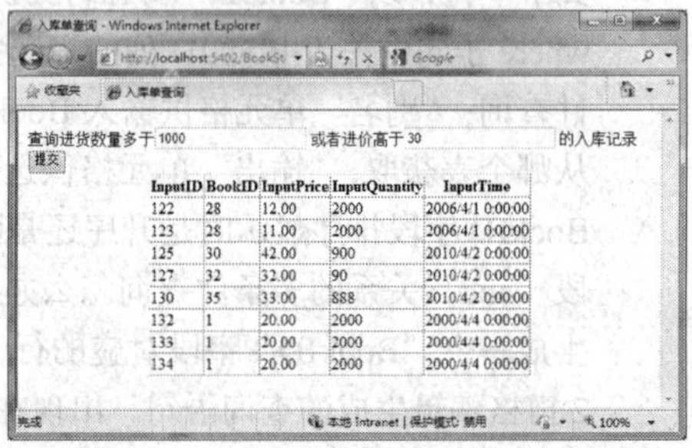

图 6-30 例 6-3 多条件查询的运行结果

例 6-3 的多条件查询是固定查询字段的，即静态的多条件查询，与单条件查询相比，虽然丰富了查询条件，但并没有给用户太多查询的自由，实际中很少应用。但有时候，单个查询条件会是一个范围参数，比如：查询入库时间“晚于”2010 年 4 月 1 日并“早于”2010 年 5 月 1 日的入库记录，这在技术上是比较实用的多条件查询。

下面我们再通过一个比较实用的例子说明如何配置 SqlDataSource 实现简单的范围条件查询。

例 6-4 配置 SqlDataSource 实现按照入库时间范围查询入库记录，并使用日历控件协助用户输入。

在 InputQuery.aspx 页面设计视图中，依次做如下操作。

① 选中已有静态文本、文本框控件，按 Delete 键删除。

② 重新输入静态文本："请输入要查询的起始入库日期:"。

③ 拖入 TextBox 控件，ID 设为"TextBoxInputTimeStart"。

④ 拖入 ImageButton 控件，ID 设为"ImageButtonShowHideCalendarStart"。

⑤ 拖入 Calendar 控件，ID 设为"CalendarStart"，Visible 设为 false，使用任务按钮自动套用格式，选择"彩色型 1"，如图 6-31 所示。

⑥ 回车。

⑦ 输入静态文本："请输入要查询的终止入库日期:"。

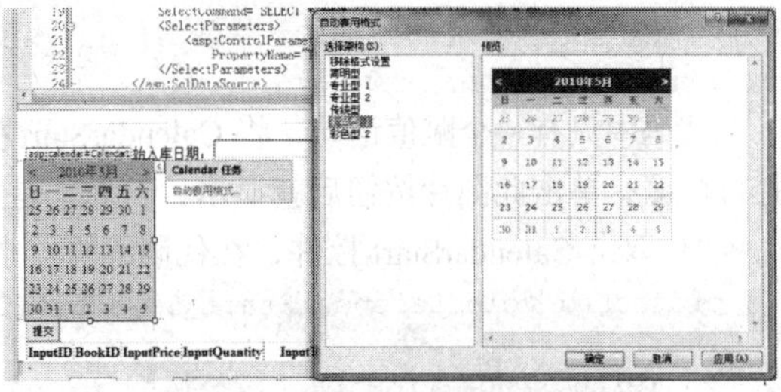

图 6-31　日历控件自动套用格式

⑧ 拖入 TextBox 控件，ID 设为"TextBoxInputTimeEnd"。

⑨ 拖入 ImageButton 控件，ID 设为"ImageButtonShowHideCalendarEnd"。

⑩ 拖入 Calendar 控件，ID 设为"CalendarEnd"，Visible 设为 false，使用任务按钮自动套用格式，选择"彩色型 2"，以与 CalendarStart 控件区别显示。

⑪ 回车，得到的界面显示效果如图 6-32 所示，未查询时，在浏览器中查看的效果如图 6-33 所示。

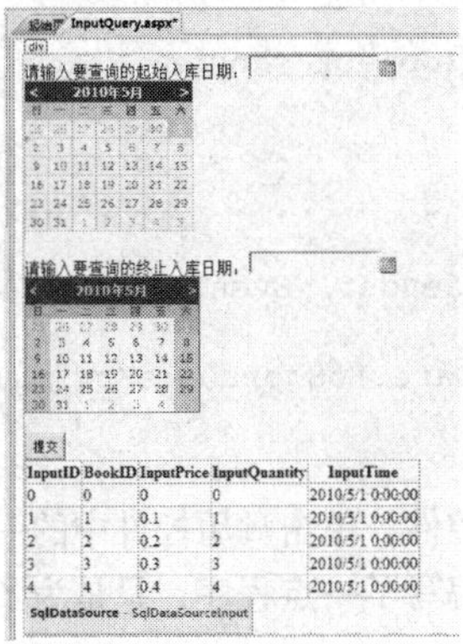

图 6-32　例 6-4 页面设计图

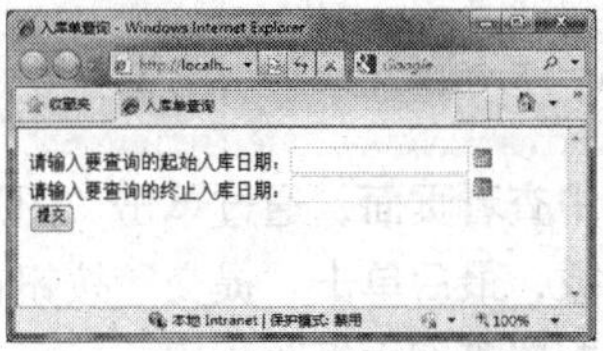

图 6-33　例 6-4 页面未查询时在浏览器中的显示效果

⑫ 使用与上例相似的步骤，通过 SqlDataSourceInput 控件的 SelectQuery 可视属性，使用"命令和参数编辑器"，修改其命令和参数，结果如图 6-34 所示，单击"确定"按钮，完成 SqlDataSourceInput 的配置。

现在，仍请读者观察页面标记代码中 SqlDataSourceInput 标记的变化。

在浏览器中查看页面，在上、下两个文本框中分别输入"2010-4-1"、"2010-5-1"，单击"提交"按钮后，页面显示如图 6-35 所示。接下来我们完成使用日历控件协助用户输入日期的功能。

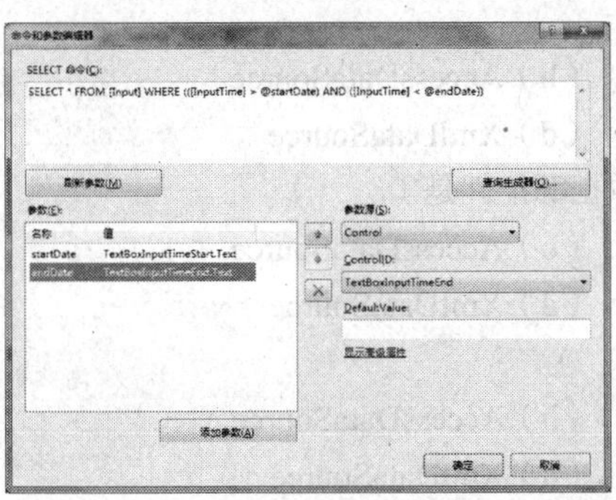

图 6-34　为数据源控件修改命令和参数

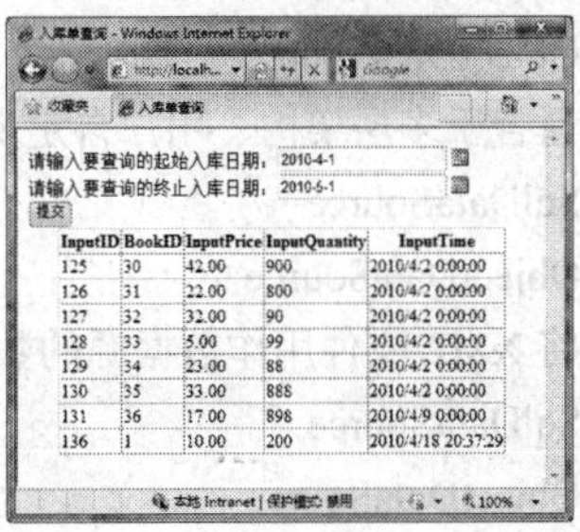

图 6-35　例 6-4 范围查询运行结果

⑬ 双击 ImageButtonShowHideCalendarStart 按钮，在 InputQuery.aspx.cs 代码编辑器中编写其 Click 事件委托函数如下：

```
protected void ImageButtonShowHideCalendarStart_Click(object sender, ImageClickEventArgs e)
{
    CalendarStart.Visible = !CalendarStart.Visible;
}
```

代码中只有一个赋值语句，将 CalendarStart 控件的 Visble 属性置为原来的相反值，即若原来日历控件隐藏，单击此图片按钮后就显示；若原来是显示的，单击后就隐藏。

⑭ 双击 CalendarStart 控件，在代码编辑器中编写其 SelectionChanged 事件委托函数如下：

```
protected void CalendarStart_SelectionChanged(object sender, EventArgs e)
{
    TextBoxInputTimeStart.Text = CalendarStart.SelectedDate.ToShortDateString();
    CalendarStart.Visible = false;
}
```

这段代码将在用户选择了日历控件的一个日期后回发并执行。代码中有两个赋值语句，第 1 句完成将用户在日历控件中选择的日期转换为 T-SQL 可识别的日期文本，并填入 TextBoxInputTimeStart 文本框的功能；第 2 句完成隐藏日历控件的功能。

⑮ 对终止日期的 ImageButtonShowHideCalendarEnd 按钮和 CalendarEnd 控件做上述类似的操作，相关代码如下：

```
protected void ImageButtonShowHideCalendarEnd_Click(object sender,
ImageClickEventArgs e)
{
    CalendarEnd.Visible = !CalendarEnd.Visible;
}
protected void CalendarEnd_SelectionChanged(object sender, EventArgs e)
{
    TextBoxInputTimeEnd.Text = CalendarEnd.SelectedDate.ToShortDateString();
    CalendarEnd.Visible = false;
}
```

在浏览器中查看页面，通过单击“图片”按钮，显示日历控件，单击日历控件中的一个日期，自动填入查询参数，最后单击“提交”按钮查看查询结果。本例编写了一点程序，只是为了方便用户使用，并没有为配置查询而编写程序。

6.3.3 自测

1. 单项选择题

（1）用于连接 SQL 数据库的数据源控件是（　　）。

（a）SqlDataSource　　（b）AccessDataSource

（c）ObjectDataSource　　（d）XmlDataSource

（2）专用于连接 Access 数据库的数据源控件是（　　）。

（a）SqlDataSource　　（b）AccessDataSource

（c）ObjectDataSource　　（d）XmlDataSource

（3）适合于多层架构、用户自定义业务逻辑层的数据源控件是（　　）。

（a）SqlDataSource　　（b）AccessDataSource

（c）ObjectDataSource　　（d）XmlDataSource

（4）将 XML 文件用作数据源的数据源控件是（　　）。

（a）SqlDataSource　　（b）AccessDataSource

（c）ObjectDataSource　　（d）XmlDataSource

（5）专用于存取 XML 格式的站点地图文件的数据源控件是（　　）。

（a）SqlDataSource　　（b）SiteMapDataSource
（c）LinqDataSource　　（d）EntityDataSource

（6）不要求开发人员掌握 SQL 语言即可使用的数据源控件是（　　）。
（a）SqlDataSource　　（b）SiteMapDataSource
（c）LinqDataSource　　（d）EntityDataSource

（7）让开发人员更专注于领域对象的数据源控件是（　　）。
（a）SqlDataSource　　（b）SiteMapDataSource
（c）LinqDataSource　　（d）EntityDataSource

（8）以下是 SqlDataSource 不包含的功能是（　　）。
（a）SqlConnection 的功能　　（b）SqlCommand 的功能
（c）SqlDataAdapter 的功能　　（d）GridView 的功能

（9）使用 SqlDataSource 必须配置的属性是（　　）。
（a）ConnectionString 和 SelectCommand 属性　　（b）SelectCommand 和 SelectParameters 属性
（c）SelectCommand 和 UpdateCommand 属性　　（d）InsertCommand 和 DeleteCommand 属性

（10）关于静态查询和动态查询说法错误的是（　　）。
（a）设计后查询条件不可由用户改变的是静态查询
（b）静态查询时，用户不能输入不同的查询值
（c）动态查询时，编程根据用户输入设置查询条件
（d）静态查询可以使用配置向导完成配置

（11）“数据源配置向导”不能完成的工作是（　　）。
（a）引导开发者新建数据库连接　　（b）引导开发者自定义 Select 语句
（c）引导开发者自定义 Delete 语句　　（d）引导开发者自定义 C#语言查询逻辑

（12）网站的数据库文件应该存放在哪个文件夹中？（　　）
（a）App_Data　　（b）App_Code　　（c）App_Themes　　（d）网站根文件夹

（13）使用“数据源配置向导”配置 Select 语句时，如何操作可以进一步生成查询条件？（　　）
（a）选中“只返回唯一行”　　（b）单击“WHERE”按钮
（c）单击“ORDER BY”按钮　　（d）单击“高级”按钮

（14）使用“数据源配置向导”配置 Select 语句时，如何操作可以进一步将查询返回的数据排序？（　　）
（a）选中“只返回唯一行”　　（b）单击“WHERE”按钮
（c）单击“ORDER BY”按钮　　（d）单击“高级”按钮

（15）使用“数据源配置向导”配置 Select 语句时，如何操作可以进一步生成更新语句？（　　）
（a）选中“只返回唯一行”　　（b）单击“WHERE”按钮
（c）单击“ORDER BY”按钮　　（d）单击“高级”按钮

（16）数据源控件条件查询的参数不可以直接来自（　　）。
（a）页面控件　　（b）Session　　（c）QueryString　　（d）文件

（17）关于 SqlDataSource 的控件参数，说法错误的是（　　）。
（a）控件参数 ControlParameter 是指数据源控件的参数来源是页面控件
（b）页面上必须存在某个控件，其 ID 和控件参数的 ControlID 相同
（c）页面上必须存在一个文本框控件，其 ID 和控件参数的 ID 相同
（d）SQL 语句中必须存在一个“@”开头的 SQL 变量，变量名和控件参数的 Name 属性相同

（18）选择 SqlDataSource 控件的“SelectQuery”属性，将可以使用（　　）。
（a）“数据源配置向导”对话框　　（b）“命令和参数编辑器”对话框

（c）“配置 Select 语句”对话框　　　　　　　　（d）“添加 WHERE 子句”对话框

（19）关于“查询生成器”说法错误的是（　　）。

（a）可以直接连接数据库执行查询语句

（b）可以通过“命令和参数编辑器”调用它

（c）使用“数据源配置向导”的“自定义 SQL 语句”时，可以调用它

（d）只能生成 Select 语句，不能生成 Insert、Update、Delete 语句

2. 判断题

（1）数据源控件是用于在页面显示数据的组件。

（2）静态查询是静态网页使用的数据查询。

（3）网站用户可以自由选取查询条件，由网站程序动态生成查询语句，是动态查询的根本含义。

（4）“数据源配置向导”的工作都可以通过直接写 aspx 文件的标记代码完成。

（5）“数据源配置向导”专门配置 SqlDataSource 数据源。

（6）“数据源配置向导”会建议使用者将连接字符串保存在“c:\web.config”文件中。

（7）T-SQL 语句中的变量以“@”符号开头，对应的 SqlDataSource 参数的 Name 属性不包含这个符号。

（8）多条件查询的各个条件之间一定是“与”关系。

（9）通过数据源控件的任务按钮可以调用“数据源配置向导”。

6.3.4 演练

1. 实验题目

使用 SqlDataSource 实现静态查询。

2. 实验目的

- 熟悉数据源配置向导的使用。
- 熟悉 SqlDataSource 数据源控件的单条件、多条件静态查询。
- 掌握静态数据查询页面的设计思路。

3. 实验内容

下载网上书店数据库，编写静态查询页面，查询 Books 表，依次实现以下功能。

① 按照“出版社”字段进行单条件“Like”查询的页面。

② 按照“出版日期”字段进行范围查询的页面，要求用日历控件协助输入查询日期。

③ 修改查询命令，实现按照“出版社”和“出版日期”进行“与”关系多条件查询的页面。

4. 实验步骤

由读者写出。

5. 实验总结

由读者总结。

6.4 基本知识 2：常用数据绑定控件及基本数据操作

网页中数据访问的许多功能都是数据绑定控件和数据源控件共同完成的。ASP.NET 种类丰富的数据绑定控件是广大网站开发人员乐于使用 ASP.NET 进行网站开发的一个重要原因。

几乎所有 ASP.NET 服务器控件都可以关联到数据，但此处的“数据绑定控件”是指可以通过配置属性而关联到数据源、实现基本功能无需手工编写代码的一些服务器控件，绑定到数据源控件是这些控件的主要使用方式。除了列表类控件外，GridView、DetailsView、FormView、DataList、Repeater 等数据绑定控件都是模板化的复合控件，也就是普通服务器控件的容器。本节通过网上书店管理系统的具体任务来学习数据绑定控件的应用。

6.4.1 DropDownList 等列表类绑定控件及列表条件查询

ASP.NET 服务器控件中有一类列表控件，如：DropDownList、ListBox、CheckBoxList、RadioButtonList、BulletedList 等，它们都是 ListControl 类的子类，并具备引起网页回发的功能。其中 DropDownList 控件占用较少的页面空间，而得到了广泛的应用，我们就以 DropDownList 为例说明列表类绑定控件的应用。

DropDownList 控件的列表项可以直接在 Items 集合属性中指定；也可以做数据绑定，从数据库中获取列表项。每个列表项是一个 ListItem 类对象，ListItem 包含以下主要属性。

- Text 属性：列表项的显示文本。
- Value 属性：列表项的值，一般是显示文本对应的某种编码，也可以与 Text 相同。

DropDownList 做数据绑定时，需要设置以下属性。

- 用 DataSourceID 属性指定数据源。
- DataTextField 属性指定列表项的 Text 属性。
- DataValueField 属性指定列表项的 Value 属性。

例 6-5　使用 DropDownList 控件绑定 User2 表。

① 新建 OrderInfo.aspx 页面，拖入一个 DropDownList 控件，修改其 ID 为 DropDownList Users，在任务按钮中选择“选择数据源”，如图 6-36 所示。

图 6-36　DropDownList 控件的任务按钮

② 在“数据源配置向导—选择数据源”对话框的“选择数据源”下拉框中选择“<新建数据源...>”，如图 6-37 所示。

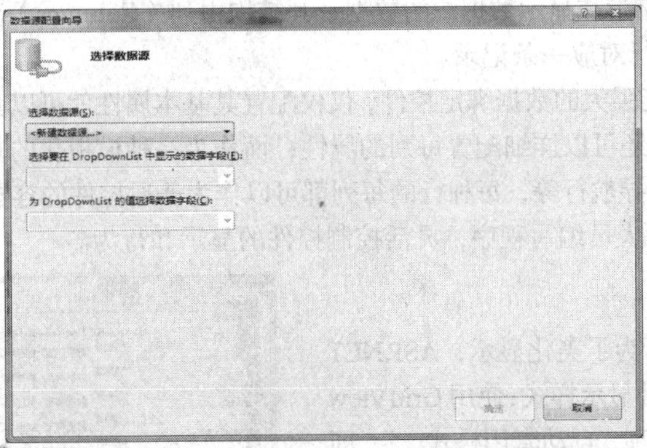

图 6-37　“数据源配置向导—选择数据源”对话框

③ 从出现的类似图 6-16 的“选择数据源类型”配置向导对话框开始，参照例 6-1 介绍的配置步骤，依次选择“数据库”数据源，指定数据源 ID 为“SqlDataSourceUser2”，选择“bookStoreConnectionString”连接字符串，指定来自数据表“User2”的“UserName”列，完成数据源配置。

④ 返回到图 6-37，选择要在 DropDownList 中显示的字段为“UserName”，为 DropDownList 的值选择数据字段也为“UserName”，单击“确定”按钮。

⑤ 修改 DropDownList 控件的 ID 为“DropDownListUsers”，在控件前输入“用户名”静态文本。在浏览器中查看页面，如图 6-38 所示，用户表的信息已经绑定到了下拉框中。

DropDownList 控件还通常用来作为查询条件的选择控件，如例 6-6。

例 6-6　使用 DropDownList 控件绑定 User2 表，以此为条件查询订单表。

图 6-38　例 6-5 的 ropDownList 控件数据绑定显示结果

① 使用例 6-5 的 OrderInfo.aspx 页面，在“DropDownListUsers”控件任务按钮中选中“启用 AutoPostBack”，这样，浏览器用户选择不同的下拉列表项时，将会自动进行页面回发，从而免去了提交按钮。

② 参照例 6-3 的步骤，继续在网页中添加一个 GridView，ID 改为“GridViewOrders”，新建一个 SqlDataSource 数据源控件“SqlDataSourceOrders”，并建立“UserName”列的控件参数，运算符为“=”，参数源为“DropDownListUsers”控件，请注意所添加的 where 子句值自动设为“SelectedValue”属性，这是因为 DropDownList 控件的默认属性是“SelectedValue”，即选中项的值。

在浏览器中查看，选择用户“L”，如图 6-39 所示。选择不同的用户名时，网页立即回发，以下拉框的选中项的值，即用户名为查询条件值，从数据库获取订单数据，并绑定订单数据显示到表格中。

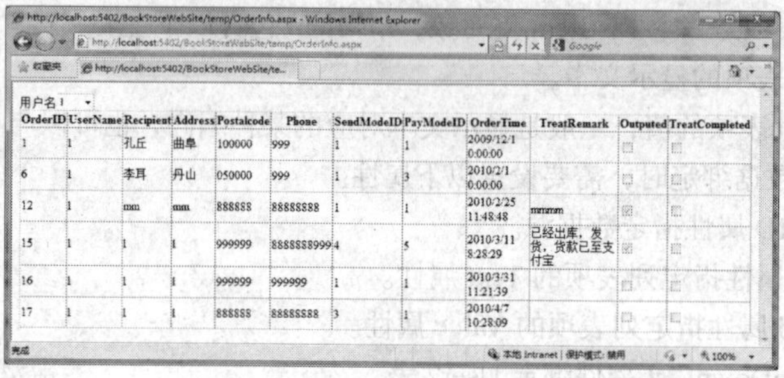

图 6-39　例 6-6 的运行结果

网上书店系统中的个人订单页面实际上并不需要从下拉框获取用户名，在学习完 ASP.NET 的成员资格管理后再讨论此问题。

6.4.2　GridView 控件及主从表显示

GridView 控件以表格形式显示数据源的数据，其结构由列（Columns）决定，每数据列对应一个字段（Field），而每数据行对应一条记录。

GridView 控件是功能强大的数据绑定控件，仅仅配置其基本属性就可以套用格式、实现分页/排序/选择/编辑/删除等功能；还可以详细配置每列的属性；而作为一种模板化的复合控件，除了数据行，还有标题行、脚注行、页导航行等，每种行的每列都可以作为普通控件的容器使用；GridView 控件还提供了多种事件，供开发人员编写程序，灵活控制控件的显示和行为。

1. 基本配置

（1）自动套用格式。为了美化显示，ASP.NET 为 GridView 预定义了多种显示样式，使用 GridView 控件的任务按钮，单击首项“自动套用格式...”，即可在出现的对话框中选择一种预定义的显示样式，如图 6-40 所示。选择“移除格式设置”即为不使用预定义格式。

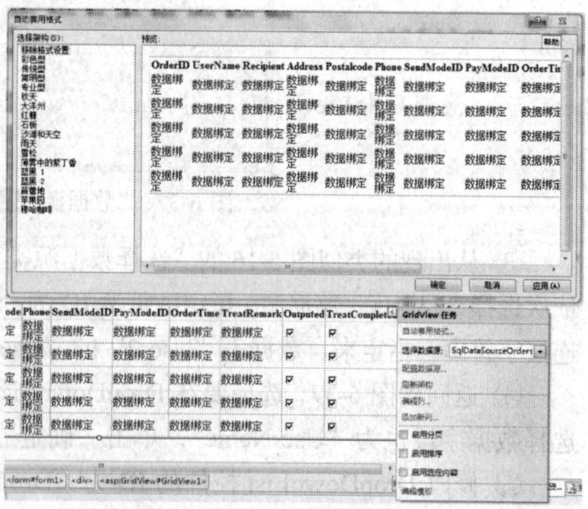

图 6-40　GridView 自动套用格式

（2）分页。分页功能是为了解决由于客户端一次显示全部数据而可能会造成的网络拥塞、响应迟缓问题。在数据源控件的支持下，对 GridView 分页非常简单，只需要在 GridView 控件的任务按钮中选中“启用分页”即可。

PageSize 属性用于设置每页的数据行数，如果需要改变默认的分页风格，可以进一步设置 GridView 控件的 PagerSettings、PagerStyle 属性。

（3）排序。单击列标题链接按钮，使数据表按照本列进行升、降序排列，实现这一功能，也只需在任务按钮中选中“启用排序”。

（4）选定。在任务按钮中选中“启用选定内容”后，GridView 中每个数据行会多出一列，其中包含一个“选择”链接按钮，在浏览器中查看页面时，单击“选择”，就会选中该行，可以设置 SelectedRowStyle 属性以使选中行突出显示。

某行被选中后，GridView 控件的一些属性值还会自动发生以下变化。

- SelectedIndex 置为选中数据行的索引。
- SelectedRow 为 GirdView 控件的选中行，选中行的状态为 Selected（而不是 Normal）。
- SelectedDataKey 为选中数据行的主键值（GridView 的 DataKeyNames 属性设置了所绑定数据表的主键字段名称。若是组合主键，各字段名间以逗号分隔，此时 SelectedDataKey 是可索引的）。
- SelectedValue 为选中数据行的第一个主键字段值，即 SelectedValue 等于 SelectedDataKey[0]。

利用上述特性，我们可以进行主从表同步绑定显示。

例 6-7　使用 GridView 的选定功能进行主从表同步显示 Orders 表和 OrderDetails 表，并观察分页、排序、自动套用格式功能。

① 在例 6-6 的页面 OrderInfo.aspx 上，对 GridViewOrders 启用选定、分页、排序，自动套用“简明型”格式，并修改 PageSize 属性为“4”。

② 再拖入一个 GridView，修改 ID 为“GridViewDetails”，修改其 Caption 属性为“订单明细”。

③ 将“GridViewDetails”控件绑定到新建数据源控件“SqlDataSourceOrderDetails”，使用同样的连接字符串，访问“OrderDetails”表，并为该数据源控件添加一个“OrderID”列的控件参数，运算符为“=”，参数控件 ID 为“GridViewOrders”，如图 6-41 所示，请注意所添加的 where 子句值自动设为“SelectedValue”属性。

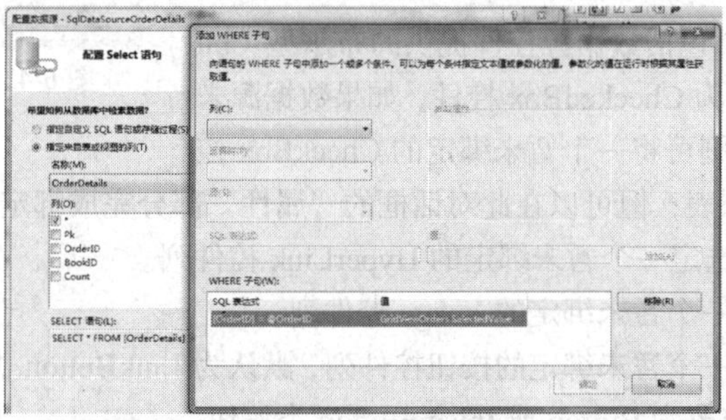

图 6-41　为 SqlDataSourceOrderDetails 控件添加到主表控件的查询条件

④ 检查 GridViewOrders 的 DataKeyNames 属性值为“OrderID”。

在浏览器中查看页面，图 6-42 示出了选择“L”用户、选择“OrderID”为“12”的订单后的情况。

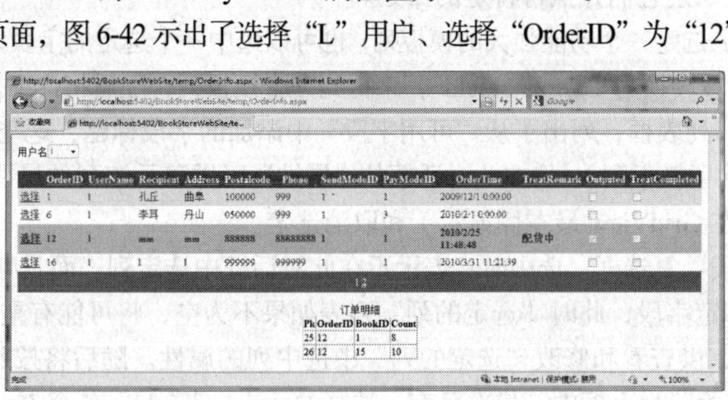

图 6-42　例 6-7 主从表同步绑定显示结果

（5）编辑、删除。数据绑定控件在功能上与数据源控件紧密结合。如果数据源控件配置了 UpdateCommand 和 DeleteCommand 属性，GridView 控件还可以启用编辑和删除功能。即使数据源控件配置了 InsertCommand 属性，GridView 控件也不具备插入功能。

跟“启用选定内容”类似，启用了编辑、删除后，将在每个数据行都添加“编辑”、“删除”链接按钮，即 GridView 控件的数据交互是按照“行”进行管理的。

启用编辑、启用删除的情况，详见以上我们通过分列详细设置，完成了 GridView 控件正常视图的友好显示，但如果启用了编辑，在编辑状态会出现新的显示问题。

2. 分列详细设置及友好显示

前面例子中，数据表的显示很有很多不足，比如：列标题是否可以显示为汉字？时间列是否可以显示为“年月日”的形式显示？“选择”列可否显示为“明细”？可否将“编辑”列放在表格中的最右侧？这些问题，都可以通过单击任务按钮的“编辑列...”，在“字段”对话框中进行详细设置来解决。

对列做的改动，将会影响标题行、所有数据行、尾行等。

例 6-8　分列详细设置例 6-7 中的 GridViewOrders 控件，使显示更友好。

（1）单击 GridViewOrders 控件任务按钮中的“编辑列”，打开“字段”对话框，如图 6-43 所示。

对话框由以下主要部分组成。

①“可用字段”列表框，列出了可能添加到 GridView 控件中的全部字段，单击“添加”按钮，即可加入到“选定的字段”列表，包括以下字段。

- “所有字段”：选定所有可能字段。
- BoundField：包括数据源控件提供的所有可绑定字段，如果未显示任何字段，单击此对话框左下方“刷新架构”链接即可。
- CheckedBoxField：包括数据源控件提供的布尔型（bit 型）字段，将显示为 CheckedBox 控件，如果数据源未提供此类型字段，则可将一个暂未绑定的 CheckBox 控件列添加到选定列表，但可以在此对话框的“属性”部分完成绑定。

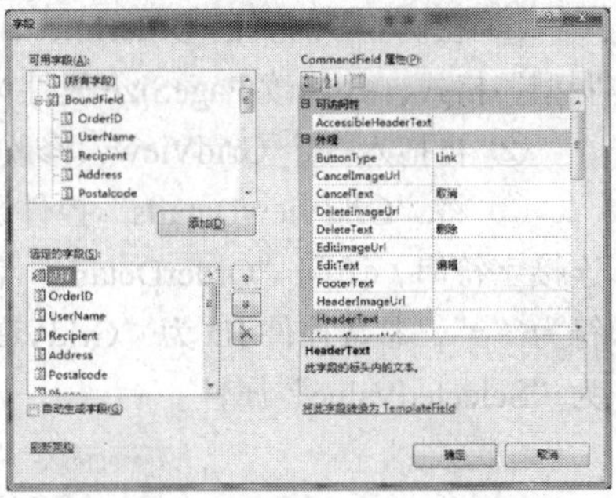

图 6-43　编辑 GridView 控件列的“字段”对话框

- HyperLinkField：选定一个暂未绑定的 HyperLink 控件列。
- ImageField：选定一个暂未绑定的 Image 控件列。
- ButtonField：选定一个暂未绑定的按钮控件列，默认为 LinkButton 类按钮，但可以在此对话框的“属性”部分修改为 Button 或 ImageButton 类按钮。
- CommandField：包含数据绑定控件（包括 GridView）内置的命令按钮，所谓内置，是指数据绑定控件自动识别它们并执行特定的命令。
- TemplateField：选定一个功能强大的模板列，也可以选中一个选定的字段后，单击此对话框右下方的“将此字段转换为 TemplateField”，来得到一个模板列，随后将详细探讨模板列。

②“选定的字段”列表框，列出了从“可用字段”中添加的字段标题，这些列将显示在 GridView 中。选中其中之一（除了模板列），将在此对话框的“属性”区域显示该列的属性。右侧三个按钮可调整显示顺序（最上的在 GridView 最左侧显示）和取消选定。

- “自动生成字段”复选框，选中时，表示不在此对话框中选定列，而是顺序显示数据源控件提供的所有可绑定字段，此时“选定的列”列表如果不为空，将可能有重复的列。
- “属性”区域，供查看和修改“选定的列”中选中列的属性。随后将按照需求详细探讨。

目前，“选定的字段”列表框中，依次已有：选择 CommandField、各个 BoundField。

（2）在“选定的字段”中，选中“选择”，在右侧“CommandField 属性”栏中，修改 HeaderText 属性为“查看”，修改 SelectText 属性为“明细”。

（3）类似地，依次修改 OrderID、Recipient、Address、Postalcode、Phone、SendModeID、PayModeID、OrderTime、TreatRemark、TreatCompleted 列的 HeaderText 为“订单编号”、“收件人”、“地址”、“邮编”、“电话”、“送货方式”、“付款方式”、“订单生成时间”、“处理说明”、“已完成”。

（4）修改 UserName、Outputed 列的 Visible 属性为“false”。

（5）修改“订单生成时间”列的 DataFormatString 属性为“{0:F}”，“{0:F}”是一个标准的日期时间格式字符串，格式字符串均以大括号起始，“0”表示第一个参数（即将要格式化的 OrderTime 字段值），“F”表示以操作系统设定的、完整的日期时间长格式显示，参数序号“0”和区分大小写的格式字符“F”之间以“:”间隔。关于格式字符串的详细信息，请在帮助中索引“格式设置概述”，即可查阅，除了日期时间格式，数字格式更为常用，同样的格式字符，对不同类型的字段有不同的含义。

在浏览器中查看页面，如图 6-44 所示。目前，订单详细表仅显示 BookID，没有相关的图书信息，这些对用户没有太大意义，另外，订单表显示送货方式、付款方式的编码，而不是送货方式、付款方式名称，仍不够友好。

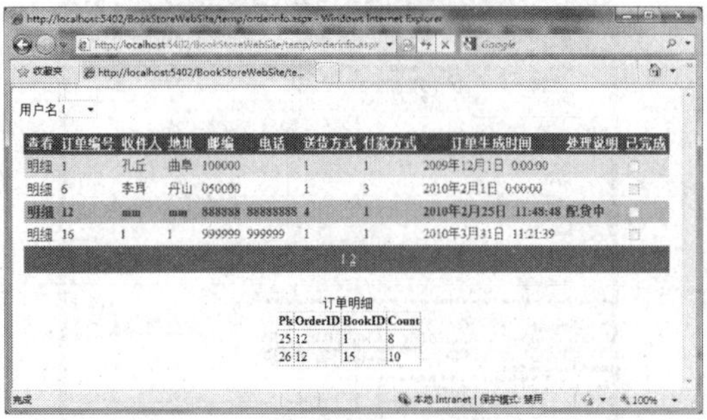

图 6-44　例 6-8 友好显示订单信息的结果页面

例 6-9　修改数据源控件，使订单详细表中友好显示相关的图书信息，并使订单表中显示送货方式、付款方式名称。

分析

- 要使订单详细表显示更友好，应该修改 SqlDataSourceOrderDetails 控件的 SelectCommand 属性，从图书信息表 Books 中选取相关的图书信息：图书名称、作者、原价、折扣、数量、金额等，其中“金额”在图书信息表中并不存在，是一个计算列。这些修改可以用“命令和参数编辑器”生成。
- 要使订单表中显示送货方式名称，需要修改 SqlDataSourceOrders 控件的 SelectCommand 属性，进行多表查询，从 Orders 表中获得订单信息的同时，从 SendModes 表中获取每个 SendModeID 对应的名称。

① 通过详细信息数据源 SqlDataSourceOrderDetails 的 SelectQuery 属性，打开“命令和参数编辑器”对话框，单击“查询生成器”，打开“查询生成器”对话框，在表视图窗格空白处用鼠标右键单击，选择快捷菜单中的“添加表”，如图 6-45 所示，在“添加表”对话框的“表”选项卡中选择“Books”表，依次单击“添加”、“关闭”按钮。

② 如图 6-46 所示，由于我们在数据库中设计了表间关系（见 6.2.3 节），查询生成器根据表间关系自动生成了内连接多表查询语句。

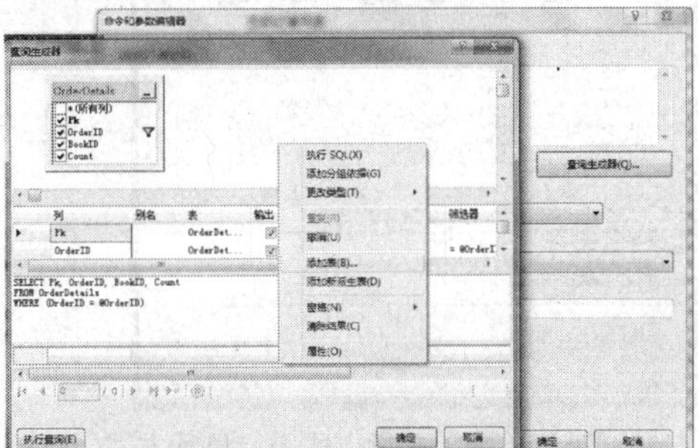

图 6-45　使用查询生成器添加表

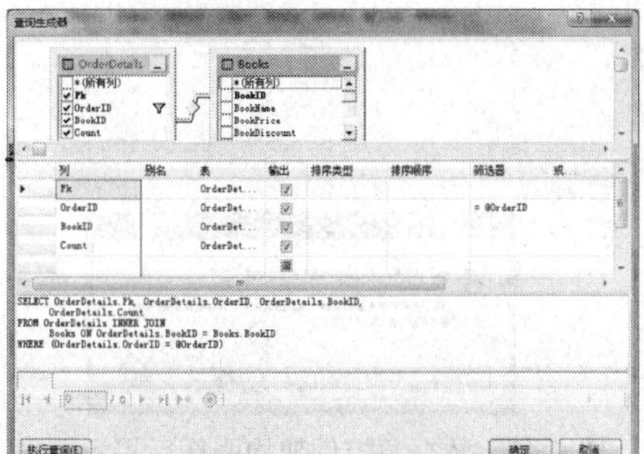

图 6-46　查询生成器根据表关系自动生成内连接多表查询语句

在表视图窗格中，依次选中 Books 表的 BookName、BookAuthor、BookPrice、BookDiscount 列，并在条件窗格添加一个计算列“Total”作为购书金额列：在新行的“列”中输入“BookPrice*BookDiscount*Count”，在该行的“别名”列中输入“Total”，如图 6-47 所示，查询生成器自动修改了 Select 语句，单击“确定”按钮。

③ 在详细信息表格控件 GridViewOrderDetails 的任务按钮中，选择“刷新架构”，在图 6-48 所示的对话框中，输入正确的数据源控件查询参数值，使 SqlDataSourceOrderDetails 控件提交正确的 Select 命令，以便从查询结果中得知架构信息，用于绑定，执行查询后，数据源控件获得了正确的架构信息，VS .NET 继续要刷新数据绑定控件的架构，但先做如图 6-49 所示的警告，因为此处我们的确想修改，所以应单击“是”，但当对列做了较多的编辑工作，而数据源控件的架构改动较少时，最好放弃对数据绑定控件架构的修改，而手工添加列、绑定列。

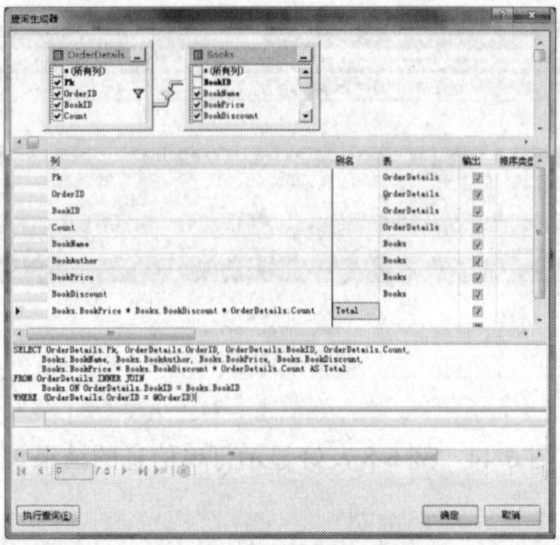

图 6-47 在查询生成器中定义计算列“Total”

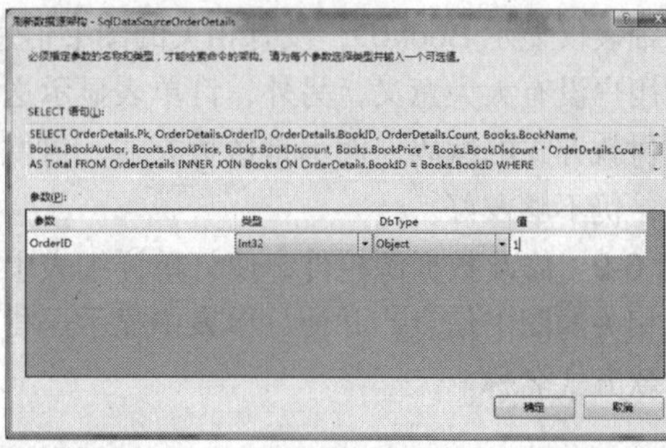

图 6-48 修改了数据源获取的字段后刷新数据源架构

④ 编辑“GridViewOrderDetails”列，通过设置 Visible 属性为“false”来隐藏 Pk、OrderID、BookID 3 列。设置其他各数据列的 HeaderText 为相应的汉字，参见图 6-51。调整“数量”列的显示位置。设置“原价”、“金额”列的 DataFormatString 属性为“{0:c}”，设置“折扣”列的 DataFormatString 属性为“{0:f2}”，设置“数量”列的 DataFormatString 属性为“{0:d}”。“{0:c}”、“{0:f2}”和“{0:d}”均为标准数字格式字符串，大小写无关的格式字符“d”、“c”、“f2”分别意为“整数”、“货币”、“2 位小数”。设置“原价”、“折扣”、“数量”、“金额”列的 ItemStyle 属性的 HorizontalAlign 子属性值为“Right”，以使这些列右对齐显示。

⑤ 参照步骤①、②，通过 SqlDataSourceOrders 控件的 SelectQuery 属性按钮，使用“命令和参数编辑器”，打开“查询分析器”，建立如图 6-50 所示的多表查询语句。

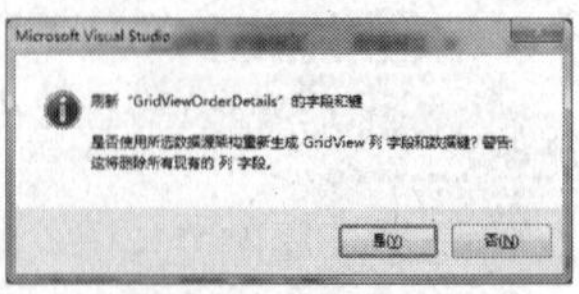

图 6-49 数据源控件架构刷新后提示刷新数据绑定控件的对话框

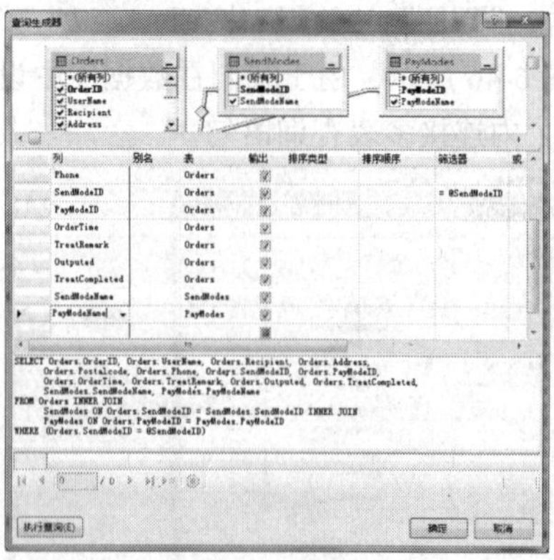

图 6-50 对订单表、送货方式表、付款方式表生成多表联合查询语句

⑥ 在订单表绑定控件 GridViewOrders 的任务按钮上，选择“编辑列”，进入类似图 6-43 的“字段”对话框，单击“刷新架构”链接，在类似图 6-48 的“刷新数据源架构”对话框中，输入数据源的“UserName”参数值，并单击“确定”按钮，此处的刷新架构仅使得“可用字段”列表被刷新，而不会去修改 GridViewOrders 的各列。刷新架构后，可以分别修改“送货方式”、“付款方式”列的 DataTextField 属性为“SendModeName”、“PayModeName”。

在浏览器中查看页面，单击“订单编号”为“12”的“明细”链接后的页面状态，如图 6-51 所示。

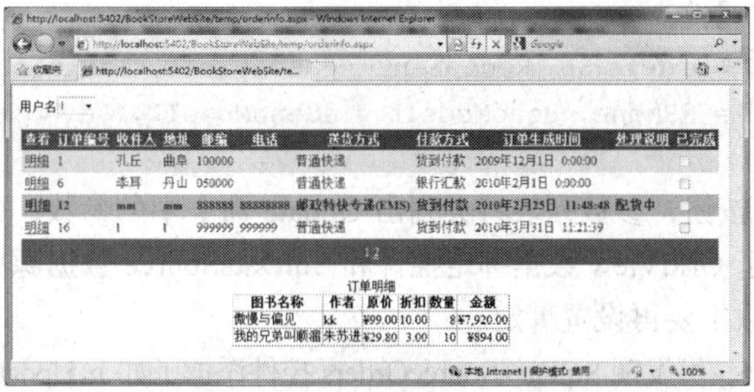

图 6-51　例 6-9 的显示结果

以上我们通过分列详细设置，完成了 GridView 控件正常视图的友好显示，但如果启用了编辑，在编辑状态有一些需要改进之处。

例 6-10　修改数据源控件，使订单表、详细表可以启用编辑和删除。

本例隐含一些操作要求，分析如下。

- 订单表的 Update 和 Delete 的逻辑要求：对于前台个人订单页面，只允许个人修改“收件人”、“地址”、“邮编”、“电话”、“送货方式”、“付款方式”信息；而删除操作时，由于表间约束，必须先删除订单详细表 OrderDetails 中对应 OrderID 的所有记录，才可删除订单表中的此 OrderID 的记录。
- 订单详细表的 Update 和 Delete 操作逻辑要求：只允许修改“购买数量”，其他无特殊要求。
- 要启用修改和删除，必须先配置数据源控件的 UpdateCommand 和 InsertCommand 属性，由于本例中修改和删除操作的特殊要求，不宜单击类似图 6-19 中的“高级”按钮来自动生成默认的 Update 和 Delete 命令，用类似图 6-25 的“命令和参数编辑器”生成更合适，但订单表的删除操作包含两个 Delete 命令，需要手工输入。

① 打开 SqlData Source Orders 数据源的属性面板，单击“UpdateQuery”属性按钮，打开“命令和参数编辑器”，单击“查询生成器”按钮，由于尚未有任何数据表，所以在打开“查询生成器”后，将自动弹出“添加表”对话框，如图 6-52 所示。

② 选择“Orders”表，依次单击“添加”和“关闭”按钮，返回到“查询生成器”对话框，如图 6-53 所示。

图 6-52　使用“查询生成器”生成 Update 命令图一

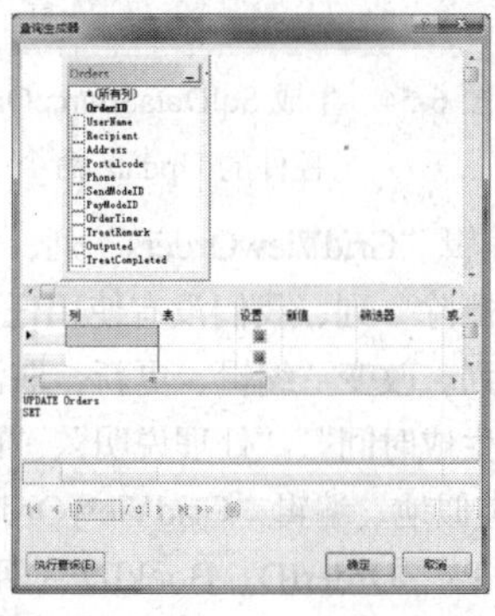

图 6-53　使用“查询生成器”生成 Update 命令图二

③ 在表视图窗格中，选中 Recipient、Address、Postalcode、Phone、SendModeID、PayModeID，表示将要更新这些列的值，这些列自动被添加到第二窗格（条件窗格）；在条件窗格每行对应的“新值”单元格中，输入各个字段的更新参数，如“@Recipient”，必须以“@”符号开头，与字段同名，否则不能正常更新，不要忘记再添加 OrderID 字段的条件子句；单击“确定”按钮返回“命令和参数编辑器”，可在“UPDATE 命令”窗格中看到刚生成的 SQL 语句。

在设计视图中选中 SqlDataSourceOrders 控件，查看 aspx 页面标记代码，可发现该数据源控件添加了如下 UpdateCommand 属性：

```
UpdateCommand="UPDATE Orders SET Recipient = @Recipient, Address = @Address, Postalcode
= @Postalcode, Phone = @Phone, SendModeID = @SendModeID, PayModeID = @PayModeID WHERE
(OrderID = @OrderID)"
```

④ 单击“刷新参数”按钮，参数列表将会列出 Update 命令中的参数，如果该列表中已经存在参数，应该先逐一删除。由于 GridView 数据绑定控件和 SqlDataSource 数据源控件已经按字段名称实施了绑定，参数列表中的参数不要再设置绑定。

查看 aspx 页面标记代码，可发现 SqlDataSourceOrders 控件添加了如下 UpdateParameters 属性集合：

```
<UpdateParameters>
    <asp:Parameter Name="Recipient" />
    <asp:Parameter Name="Address" />
    <asp:Parameter Name="Postalcode" />
    <asp:Parameter Name="Phone" />
    <asp:Parameter Name="SendModeID" />
    <asp:Parameter Name="PayModeID" />
    <asp:Parameter Name="OrderID" />
</UpdateParameters>
```

⑤ 通过 SqlDataSourceOrders 控件的 DeleteQuery 属性，打开“命令和参数编辑器”，在“DELETE 命令”窗格中，直接输入以下两条 Delete 命令，以实现主从表的主表删除操作：

```
delete from [OrderDetails] where [OrderID]=@OrderID
delete from [Orders] where [OrderID] = @OrderID
```

⑥ 通过 SqlDataSourceOrderDetails 控件的 UpdateQuery 属性，打开“命令和参数编辑器”，调用“查询生成器”，参照步骤①、②、③、④，配置 Update 命令，如图 6-54 所示。

⑦ 通过 SqlDataSourceOrderDetails 控件的 DeleteQuery 属性，打开“命令和参数编辑器”，调用“查询生成器”，参照步骤①、②、③、④，配置 Delete 命令，如图 6-55 所示。

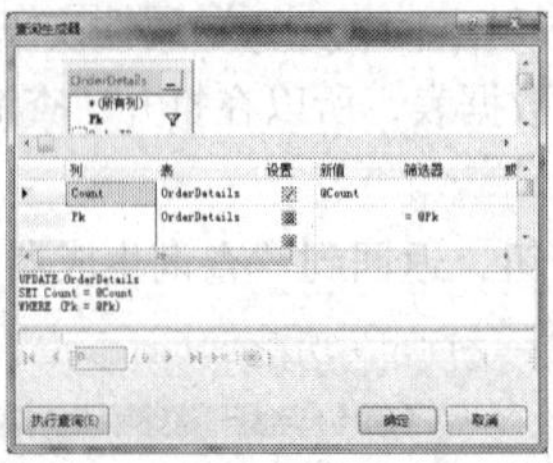

图 6-54　生成 SqlDataSourceOrderDetails 控件的 Update 命令

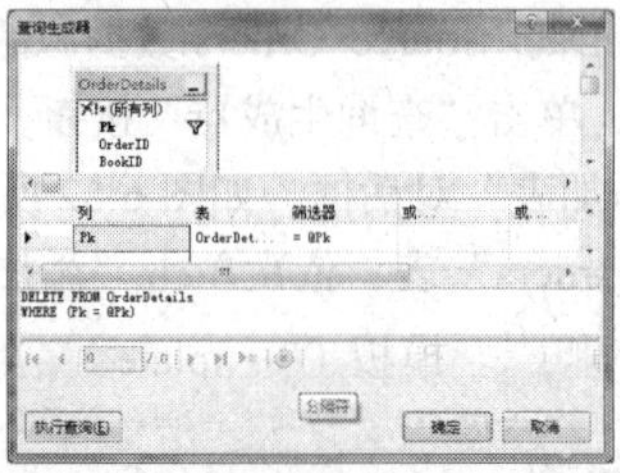

图 6-55　生成 SqlDataSourceOrderDetails 控件的 Delete 命令

⑧ 编辑“GridViewOrders”列，为该控件添加一个“编辑、更新、取消”CommandField 列，再添加一个“删除”列，我们没有使用任务按钮中的“启用编辑”和“启用删除”，是为了得到分开的编辑列和删除列。改变“编辑、更新、取消”列的 EditText 属性为“修改”、HeaderText 属性为“修改”。改变“订单生成时间”、“处理说明”、“已完成”3 列的 ReadOnly 属性为 true，即不允许编辑。

⑨ 类似地，编辑“GridViewOrderDetails”列，添加同样的“修改”和“删除”列，并使用 Visible 属性隐藏 Pk、OrderID、BookID 3 列。参见图 6-56。设置除“数量”外的所有数据列的 ReadOnly 属

性为 true，即只允许修改数量。

在浏览器中查看页面，单击“订单编号”为“12”的“明细”链接，再单击此行的“修改”链接，单击订单详细表中第一行的“修改”链接后的页面状态，如图 6-56 所示。

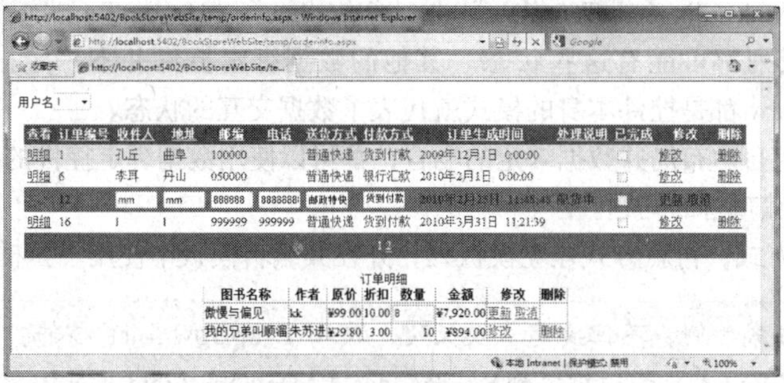

图 6-56　例 6-10 的显示结果

从图中可知，就像 Table 控件一样，GridView 控件的每一列都是一个控件的容器，在正常状态下，显示文本；编辑状态的行，则显示文本框（或复选框）。不过，作为“送货方式”、“付款方式”这样的列，数据表中存储的是编码，让用户在编辑行输入名称，不但容易出错，而且不便于存入数据库，如果有页面顶部那样的下拉框进行数据绑定就方便多了。

实际上，在现在的绑定关系和 Update 语句设置下，不能正确更新：尝试修改“订单编号”为“12”的“收件人”字段，然后单击“更新”按钮，网页回传后，我们会惊讶地发现“订单编号”为“12”的数据行不见了。这是因为，GridViewOrders 控件的没有绑定到 SendModeID、PayModeID，数据源 SqlDataSourceOrders 的 Update 命令无法获得正确的 SendModeID、PayModeID 参数（参数值为 NULL），而数据源 SqlDataSourceOrders 的 Select 命令是 Orders、SendModes、PayModes 表的连接查询，连接条件是 SendModeID 或 PayModeID 相等，因为 SendModes、PayModes 表中不存在 NULL 值的 SeneModeID、PayModeID，因此无法再将更新过的订单查询出来。

问题出在 Update 命令不能正确获得 SendModeID 等参数，如果能使用 DropDownList，将其 SelectedValue 属性绑定到 Orders 表的 SendModeID，并将其数据源配置为“SqlDataSourceSendMods”，这样就既可以正确更新，又可以友好显示了。但问题是，在 GridView 控件的“字段”对话框（如图 6-43 所示）的“可用字段”列表中，并没有“DropDownList”列可用，而且 DropDownList 控件绑定的两个数据源是否可行?

对于这样的问题，我们开发人员还能否处理呢?

答案是肯定的，像这样开发人员觉得对每列的控制仍不够时，可以使用功能强大的模板列，在模板列中定义多数据源绑定的下拉框控件。

3. 使用模板列

（1）模板的概念。模板（Template）是数据绑定等控件的一种强大功能，GridView 控件的普通列只可以包含一个子控件用来显示或编辑字段，模板列可以包含各种 HTML 标记和服务器控件，并能够像对网页布局那样进行子控件的布局，还可以创建独立于父控件的子控件事件委托函数。数据绑定控件的模板技术使得子控件不但可以自动重复绑定数据，而且可以自由布局和定制行为，不同的状态下（如显示状态、编辑状态）还可以包含不同的子控件。

ASP.NET 包含若干模板化的控件，模板不是 GridView 控件独有的技术。

（2）分类。

① 列模板：模板在 GridView 控件中是按列定义的，即定义一个模板列，则 GridView 控件所有数据行的此单元格都将具备此列模板定义的外观和行为，也就是数据是在某列按行重复绑定的，行变列不变。

② 行模板：行模板用来控制数据绑定控件的整体外观和行为，如 GridView、DetailsView、FormView 等控件都支持按行定义的“PagerTemplate”（页导航行模板），还支持“EmptyDataTemplate”（绑定数

据为空时的模板）等。

③ 状态模板：每个模板可能处于多种交互状态，如 GridView 是按行管理数据交互的，也就是数据状态按行变化，包括标题行、正常显示行、交替行显示行（偶数行）、编辑行、脚注行，对应的模板为“ItemTemplate”、“AlternatingItemTemplate”、“EditTemplate”、“HeaderTemplate”、“FooterTemplate”，GridView 的每个模板列都可能有这些状态。其他的数据绑定控件并不一定按行改变状态，比如 DetailsView 和 FormView 都是控件本身的模式就代表了数据交互的状态。

（3）应用。在希望自由布局并数据绑定的场合，都可以使用数据绑定控件的模板。下面我们用模板列来解决例 6-10 中编辑行的问题。

例 6-11　为送货方式、付款方式建立模板列，并在其编辑模板中使用下拉框。

分析　以送货方式为例，不但要建立模板列，放入 DropDownList 控件，而且要进行两种数据绑定：DropDownList 的项绑定到 SendModes 表，DataTextField 属性绑定到 SendModeName 字段，DataValueField 属性绑定到 SendModeID 字段；同时，DropDownList 的选中值 SelectedValue 属性绑定到 Orders 表的 SendModeID 字段。

① 编辑 GridViewOrders 控件的列，在“字段”对话框中，选中“送货方式”列，单击“将此字段转换为 TemplateField”链接，同样也将“付款方式”列转换为模板列。熟练的开发者可以在初次设计时就将此类字段直接添加为模板列。请读者自行观察设为模板列后，aspx 页面标记代码中的变化。

② 在 GridViewOrders 控件的任务按钮中选择“编辑模板”，则设计器中的 GridViewOrders 控件默认转到第一个模板列的“ItemTemplate”模板视图，即正常显示行的“送货方式”列模板，单击“GridView 任务”列表中的“显示”下拉框，可以选择不同的模板进行编辑，如图 6-57 所示。

③ 选择送货方式模板列的“EditItemTemplate”进行编辑，删除自动添加的 TextBox1 控件，拖入 DropDownList 控件，其任务按钮如图 6-58 所示，不同于页面中 DropDownList 控件的任务按钮（如图 6-36 所示），多了“编辑 DataBindings”操作项。

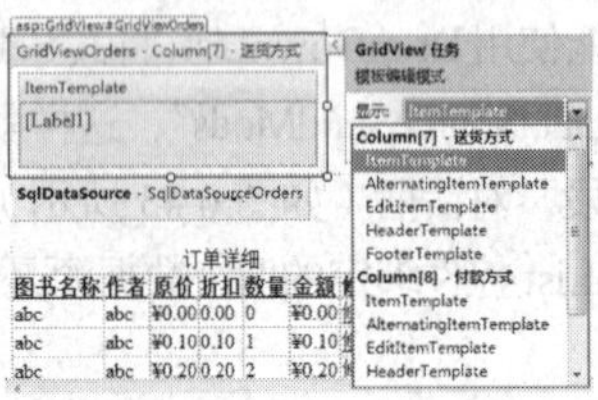

图 6-57　选择 GridViewOrders 控件的模板进行编辑

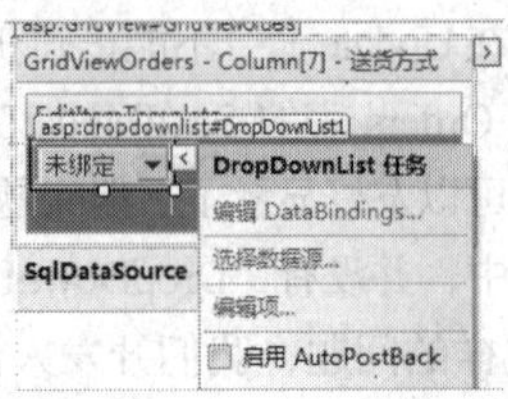

图 6-58　模板列内 DropDownList 控件的任务按钮

④ 单击“编辑 DataBindings”项，出现如图 6-59 所示的数据绑定对话框。简单介绍如下。

- “可绑定属性”列出了 DropDownList 控件常用绑定属性，选中“显示所有属性”复选框，可以列出 DropDownList 控件的所有属性以供绑定。默认已经选中 SelectedValue 属性。
- “绑定到”下拉框，相当于图 6-43“字段”对话框的“DataField”属性，其中列出了此 DropDownList 控件所属父控件数据源控件的所有数据字段，即“SqlDataSourceOrders”查询到的字段，若显示有误，可以单击对话框左下“刷新架构”链接按钮进行刷新。此处选择“SendModeID”字段。

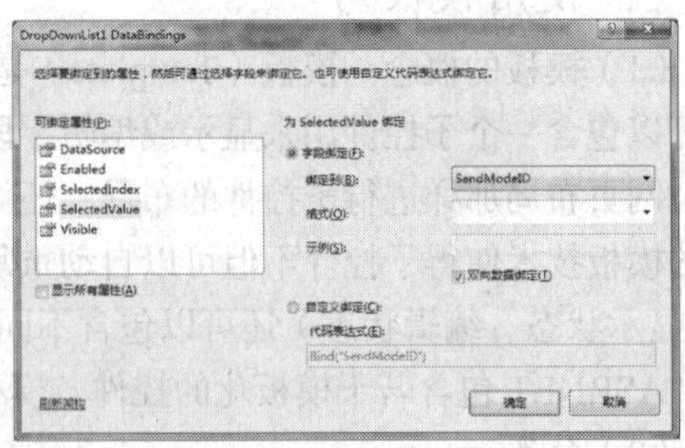

图 6-59　模板列内 DropDownList 控件的数据绑定

- “格式”下拉框，相当于“字段”对话框的 DataFormatString 属性，但更智能化，能自动根据所选绑定字段的类型，列出标准数字格式字符串或标准日期格式字符串等备选。此处选择“无”或不选择。

- “示例”文本框将给出所选“格式”的例子。
- “双向数据绑定”复选框，表示属性值和字段之间的绑定关系是否包含更新关系，若选中，对话框中下方的“代码表达式”文本框出现“Bind ("SendModeID")”字样，表示 DropDownList 控件的 SelectedValue 如果改变，则调用数据源 Update 命令时，将以此 SelectedValue 为新值，更新 SendModeID 字段；若不选中，对话框下方的“代码表达式”文本框出现“Eval ("SendModeID")”字样。本例当然选中此复选框。
- “自定义绑定表达式”单选钮，选中时，“代码绑定表达式”文本框变得可修改，供开发人员输入自定义的绑定表达式。本例不用改选项。

单击“确定”按钮，aspx 页面标记代码中，“GridViewOrders”标记的“<Columns>”节有如下代码：

```
<asp:BoundField DataField="Phone" HeaderText="电话" SortExpression="Phone" />
<asp:TemplateField HeaderText="送货方式" SortExpression="SendModeID">
    <EditItemTemplate>
        <asp:DropDownList ID="DropDownList1" runat="server"
            SelectedValue='<%# Bind("SendModeID") %>'>
        </asp:DropDownList>
    </EditItemTemplate>
    <ItemTemplate>
        <asp:Label ID="Label1" runat="server" Text='<%# Bind("SendModeName") %>'>
        </asp:Label>
    </ItemTemplate>
</asp:TemplateField>
```

其中，“电话”列是普通的数据绑定列（BoundField），“送货方式”列是模板列，包含 EditTemplate 和 ItemTemplate，我们刚才修改了 EditTemplate，内含一个 DropDownList，其 SelectedValue 属性双向绑定到了 GridViewOrders 数据源的 SendModeID 字段，“<%#　%>”标记是数据绑定语法，是 aspx 页面语法的一种。由于 ItemTemplate 对应正常显示的行（非编辑），所以无需双向数据绑定，我们可以直接修改“<%# Bind("SendModeName")”为“<%# Eval("SendModeName")”，这与在设计器中编辑 ItemTemplate 模板中的 Lable 控件的数据绑定，在类似图 6-59 的对话框中，取消“双向数据绑定”的效果相同。

本节中的可视化配置都可以直接编辑 aspx 页面标记代码得到同样的效果，很多情况下，直接编辑标记代码更快速，请读者在观察标记代码变化的基础上自行练习。

⑤ 在图 6-58 示出的任务按钮中，选择“选择数据源”，参照例 6-5，新建 SqlDataSourceSendModes 数据源控件，绑定 DropDownList 控件的 DataTextField 属性到 SendModeName 字段，DataValueField 属性到 SendModeID 字段。

⑥ 使用 GridViewOrders 控件任务按钮，选择“付款方式”的 EditTemplate 模板进行类似步骤③、④、⑤的编辑，绑定新 DropDownList 控件的 SelectedValue 属性到 SqlDataSourceOrders 的 PayModeID 字段，新建 SqlDataSourcePayModes 数据源控件，绑定新 DropDownList 控件的 DataTextField 属性到 PayModeName 字段，DataValueField 属性到 PayModeID 字段。

⑦ 使用 GridViewOrders 控件任务按钮“结束模板编辑”。

在浏览器中查看页面，如图 6-60 所示，尝试修改订单信息并更新。

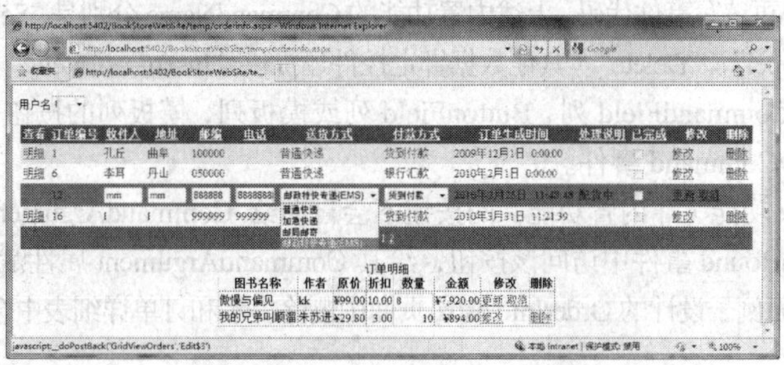

图 6-60　例 6-11 使用模板列的效果

至此，我们已经有了一个比较完美的个人订单信息页面了。美中不足的是，删除记录时，没有任何提示，容易误操作；另外，订单详细信息中虽有金额信息，但缺少合计金额。这些动态功能需要对 GridView 基于事件编程实现。

4. GridView 事件编程

（1）概念。如前所述，GridView 控件的数据交互是按行进行的，其事件也是按行被触发的。我们用到的事件有 RowCreated、RowDataBound、RowCommand 等，其中 RowCreated 在创建行后发生，RowDataBound 在行数据绑定后发生，RowCommand 则响应行中的按钮单击事件。还有 RowDeleting、RowDeleted、RowUpdating、RowUpdated 等事件分别对应数据行删除前、删除后、更新前、更新后等时机。

ASP.NET 是基于事件的编程，灵活使用事件非常重要，事件处理的顺序与控件生命周期密切相关。控件的生命周期保持与页面保持同步。

页面原始请求时，GridView 随页面的生命周期渡过 Init、Load 阶段，在页面呈现前（PreRender 前），数据源控件执行查询，依次发生 Selecting 和 Selected 事件，然后 GridView 控件开始创建行和绑定行数据，每创建一个行，就触发一次 RowCreated 事件，随后绑定此行数据，每绑定一行，就触发一次 RowDataBound 事件，绑定完毕后，所有控件预呈现后，页面发生 PreRender 事件，然后依次执行页面剩余的生命周期事件。

页面回发时，GridView 若启用视图状态（EnableViewState 属性为 true），则在页面的 InitComplete 事件后、PreLoad 事件前，发生 RowCreated 事件，连续创建各行，加载视图状态和 Post 数据，恢复 GridView 的“记忆”，页面呈现前，一般会发生数据源查询行为，并先后触发 RowCreated 和 RowDataBound 事件，然后执行页面剩余的生命周期事件；GridView 若禁用视图状态，则其生命周期类似于页面初始请求。所以，禁用 GridView 的视图状态，不会影响其数据绑定，但有时会影响模板列的子控件状态，建议禁用 GridView 的视图状态，需要时启用，启用分页也会减少视图数据。

当用户在浏览器端单击 GridView 控件某列的按钮后，页面回发，在页面生命周期的事件处理阶段，执行 GridView 控件的 RowCommand 事件委托函数，也就是 GridView 控件统一管理各行子按钮控件的事件，但模板列的子按钮控件可以有独立的事件委托函数。

（2）应用。使用 RowCreated、RowDataBound 事件时，要注意除了数据行外，标题行、脚注行也会引发此类事件。另外，每行各列中的子控件在 Page 对象中是不可见的，必须用 Controls 集合索引或 FindControl 方法来访问这些控件。

处理 GridView 行的 RowCommand 事件时，有以下规则。

① GridView 某行中的多个按钮用按钮的 CommandName 属性区分。此外，GridView 是按列设计呈现的，每个行都具有相同 CommandName 的按钮，再用按钮的 CommandArgument 属性存储所处的行索引，以区分行。

② GridView 控件提供了选择、排序、分页、编辑、更新、取消、删除等内置功能，为按钮指定特定的 CommandName 就可以调用这些功能，会自动给 CommandArgument 属性赋值、自动执行内置功能，如果仅需实现内置功能，就不必再编写事件代码。上述内置功能的 CommandName 分别是 “Select”、“Sort”、“Page”、“Edit”、“Update”、“Cancel”、“Delete”。其他数据绑定控件还提供 “Insert”、“New” 命令。

③ 按钮一般置于 CommandField 列、ButtonField 列或模板列，模板列的按钮可以有独立的事件委托函数，而不触发 RowCommand 事件。

④ 模板列中自定义功能（非内置功能）的按钮不会自动给 CommandArgument 属性赋值，可以在 RowCreated 或 RowDataBound 事件中访问该按钮，给其 CommandArgument 属性赋自定义的值。

我们仅举例完成前面例子设计的 OrderInfo.aspx 页面中删除提示和订单详细表中金额合计的功能。

例 6-12 对 GridView 进行事件编程，实现删除提示和订单详细表中合计金额的功能。

分析

- 删除提示功能，应该通过模态对话框实现，这是客户端动态技术，可以通过服务器按钮控件的 Attributes 属性，为按钮添加客户端 click 事件的 JavaScript 代码。GridView 内置删除功能，前面例子已经有删除按钮，只需利用每行的 RowCreated 事件或 RowDataBound 事件访问所有数据行的删除按钮，为其增加 Attributes 即可。
- 合计金额功能，应该为订单详细表添加脚注行（Footer），并取得每行的“金额”字段数据，将其累加和显示到脚注行的“金额”列。RowDataBound 事件发生在每行数据绑定完成后，仅此时可以访问基础数据，是最合适的编程事件。

① 在 OrderInfo.aspx.cs 代码编辑器中，建立 GridViewOrders 控件的 RowDataBound 事件委托函数代码如下：

```
protected void GridViewOrders_RowDataBound(object sender, GridViewRowEventArgs e)
{
    if (e.Row.RowType == DataControlRowType.DataRow)
    {
        LinkButton lbDel = (LinkButton)e.Row.Cells[14].Controls[0];
        lbDel.Attributes.Add("onclick","return confirm('你确认要删除：订单\"" +
                                            e.Row.Cells[1].Text + "\"吗?')");
    }
}
```

RowDataBound 事件委托函数的第 1 个参数是引发事件的 GridView 控件，第 2 个参数是 GridViewRowEventArgs 类的环境参数“e”，其包含一个 GridViewRow 类型的 Row 属性，代表引发 RowDataBound 事件的 GridView 行（下称当前行），又包含一个 DataControlRowType 枚举类型的 RowType 属性，代表行的类型，其值可能为“Header”、“DataRow”、“Footer”、“Pager”等，分别代表标题行、数据行、脚注行、页导航行，只有数据行可以绑定数据，删除按钮只存在于数据行中。代码中的 if 语句即判断当前行是否数据行，若无此判断，后面试图访问删除按钮的语句将引发异常。

对 GridView 控件的编程访问，类似于对服务器 Table 控件的访问，基本上是列确定结构、行获取内容，行由若干单元格组成，单元格是若干控件的容器。“e.Row.Cells[14]”即访问当前行的第 14 号单元格，即删除按钮所在单元格，要注意 GridViewOrders 控件的选定列中，“UserName”等列虽然隐藏了，但也占一个单元格索引号，读者设计的删除按钮在第 *m* 列（从 0 开始）就用 *m* 代替此处的 14。“e.Row.Cells[14].Controls[0]”，使用单元格的 Controls 集合索引其中的“第 0 号”子控件，即删除按钮，因为“删除”列的 ButtonType 属性值默认为“Link”，所以删除按钮是 LinkButton 类型的，如果 ButtonType 设置为“Button”，则应将代码中的“LinkButton”替换为“Button”，类似的 ButtonType 为“Image”，则按钮类型为“ImageButton”。

lbDel.Attributes.Add 方法完成为 lbDel 控件添加一个客户端属性的功能，客户端属性将在浏览器中解释，该方法的第 1 个参数为要添加的客户端属性名称，第 2 个参数是客户端属性的值。代码中 e.Row.Cells[1].Text 取得当前行第 1 号单元格中的文本，即订单编号，要注意，只有 RowDataBound 事件发生后，才能如此取得订单编号数据，这也是我们不用 RowCreated 事件的原因。运行网站，上述代码执行后，在浏览器中查看页面源文件，将发现 ASP.NET 为订单编号为 15 的数据行删除按钮生成了如下 HTML 代码：

```
<a onclick="return confirm('你确认要删除：订单&quot;15&quot;吗?');" href="javascript:
__doPostBack('GridViewOrders','Delete$0')" >删除</a>
```

LinkButton 类型的按钮映射为超链接标记，其 href 属性值指明此链接引起网页回发（参数为 GridViewOrders 控件的第 0 行 Delete 控件），对应服务器端 GridViewOrders 控件的内置删除操作；其 onclick 属性值则指明将按照一个确认对话框的返回值决定是否进行下一步操作。由于 DOM 对象 a 的 onclick 属性代码会先被执行，所以，当用户在确认对话框中单击“取消”按钮时，onclick 得到“false”值，浏览器将会终止 a 对象的超链接动作，即不会引起网页回发，服务器端的删除动作当然就不会被执行；当用户在确认对话框中单击“确定”按钮时，onclick 得到“true”值，浏览器将会继续对 a 对象的超链接动作，执行网页中名为“_doPostBack”的 JavaScript 函数，进而网页回发，服务器端执行删除操作。代码中“"”HTML 标记将在对话框中显示为双引号。

② 将 GridViewOrderDetails 控件的“删除”列转换为模板列，aspx 页面代码中出现如下标记代码：

```
<asp:TemplateField HeaderText="删除" ShowHeader="False">
    <ItemTemplate>
        <asp:LinkButton ID="LinkButton1" runat="server" CausesValidation="False"
            CommandName="Delete" Text="删除"></asp:LinkButton>
    </ItemTemplate>
</asp:TemplateField>
```

与步骤①类似，建立 GridViewOrderDetails 控件的 RowDataBound 事件委托函数如下：

```
protected void GridViewOrderDetails_RowDataBound(object sender, GridViewRowEventArgs e)
{
    if (e.Row.RowType == DataControlRowType.DataRow)
    {
        LinkButton lbDel = (LinkButton)e.Row.Cells[10].Controls[0];
        lbDel.Attributes.Add("onclick", "return confirm('你确认要删除：\"" +
                                         e.Row.Cells[3].Text + "\"吗?')");
    }
}
```

代码中第 10 号单元格对应 GridViewOrderDetails 的删除列，第 3 号单元格对应图书名称列。运行网站，在浏览器单击订单表的“明细”链接，出现如图 6-61 所示错误。

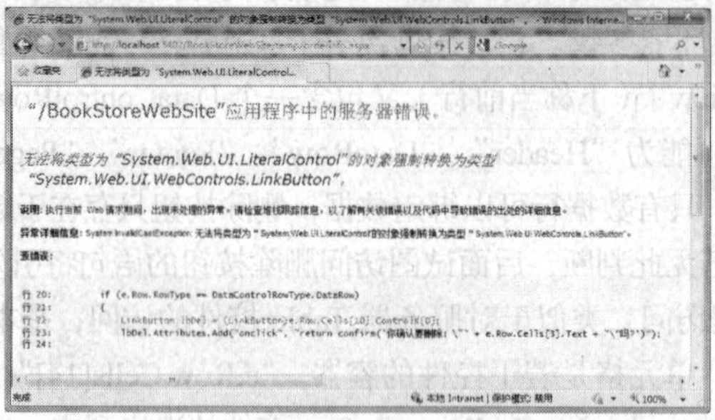

图 6-61　访问模板列控件时发生转换错误

虽然是转换错误，但实际上是由于模板列单元格中的“Controls[0]”并不是删除按钮，修改错误行的代码如下，即可解决：

```
LinkButton lbDel = (LinkButton)e.Row.Cells[10].FindControl("LinkButton1");
```

其中“LinkButton1”是模板列删除按钮的控件 ID。

③ 设置 GridViewOrderDetails 控件的 ShowFooter 属性为 true。在 RowDataBound 事件委托函数中，根据当前行的类型进行处理：若是数据行，则取出当前行的基础数据行（绑定的源数据行）中的“金额”字段（Total 字段），累加到一个合计变量；若是脚注行，则在第 8 号单元格（“金额”列）以货币字符串格式显示合计变量的值，第 7 号单元格显示“合计：”字样。相关代码如下：

```
Decimal sum = 0.0M;
protected void GridViewOrderDetails_RowDataBound(object sender, GridViewRowEventArgs e)
{
    if (e.Row.RowType == DataControlRowType.DataRow)
    {
        sum += Convert.ToDecimal(((DataRowView)e.Row.DataItem)["Total"]);
    }
    if (e.Row.RowType == DataControlRowType.Footer)
    {
        e.Row.Cells[7].Text = "合计：";
        e.Row.Cells[8].Text = sum.ToString("c");
    }
}
```

注意代码中 sum 变量声明为类的成员字段，这是因为 RowDataBound 事件是逐行触发的，其事件代码就在一个看不见的行循环中，必须在循环外声明合计变量。另外，“sum.ToString ("c")” 表达式将返回 sum 变量的货币格式字符串。此外，因为“金额”列被格式化为本地化的货币字符串类型，不能直接用“Convert.ToDecimal(e.Row.Cells[8].Text)”这样的基本转换来得到金额数值，而“GridViewOrderDetails”当前行的 DataItem 在 RowDataBound 事件中是可用的，所以从基础数据行中取得不带格式的金额数据，进行基本转换即可，但注意 GridView 行的 DataItem 是 DataRowView 类型，需要引用 System.Data 命名空间；如果希望直接从单元格文本中转换，可用下面的代码替换：

```
if (e.Row.RowType == DataControlRowType.DataRow)
{
    string moneyStr = Server.HtmlDecode(e.Row.Cells[8].Text);
    sum += decimal.Parse(moneyStr, NumberStyles.Currency);
}
```

“金额”单元格中的文本显示为“￥7，920.00”字样，但经过 HTML 编码后的值为“¥7，920.00”，必须将其进行 HTML 解码，还原为“￥7，920.00”，才能在转换中正确识别货币符号“￥”，从本地化货币格式字符串转换为 Decimal 类型的方法是 decimal.Parse，其第一个参数是待转换字符串，第二个参数是数字字符串格式 NumberStyles 的枚举值 Currency，NumberStyles 类型在 System.Globalization 命名空间中声明。

调试运行网站，观察订单明细合计情况，再单击某的“删除”链接，弹出相关确认对话框，如图 6-62 所示，分别测试“确认”和“取消”后的订单数据变化。在代码中适当的位置添加断点，中断后监视某些变量的值，掌握程序的执行过程。

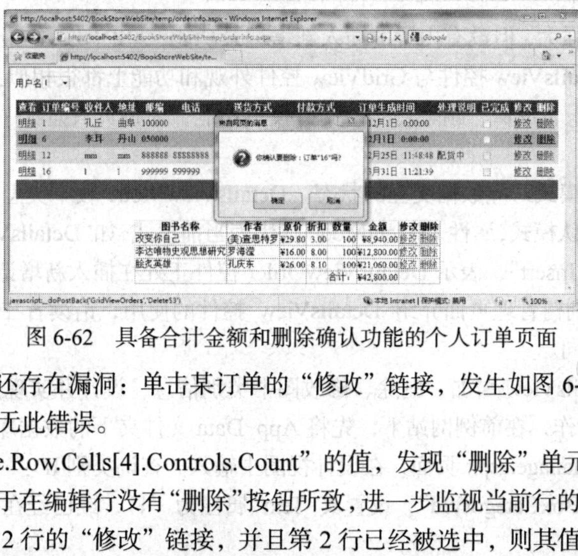

图 6-62　具备合计金额和删除确认功能的个人订单页面

实际上，上述程序还存在漏洞：单击某订单的“修改”链接，发生如图 6-63 所示错误。但单击订单明细表的“修改”则无此错误。

调试程序，监视“e.Row.Cells[4].Controls.Count”的值，发现“删除”单元格内没有任何控件，对照图 6-60 可知，这是由于在编辑行没有“删除”按钮所致，进一步监视当前行的状态“e.Row.RowState”，假设在浏览器中单击第 2 行的“修改”链接，并且第 2 行已经被选中，则其值为“Alternate | Selected | Edit”，这是一个 DataControlRowState 枚举类型的按二进制位组合值，相关调试信息如图 6-64 所示。

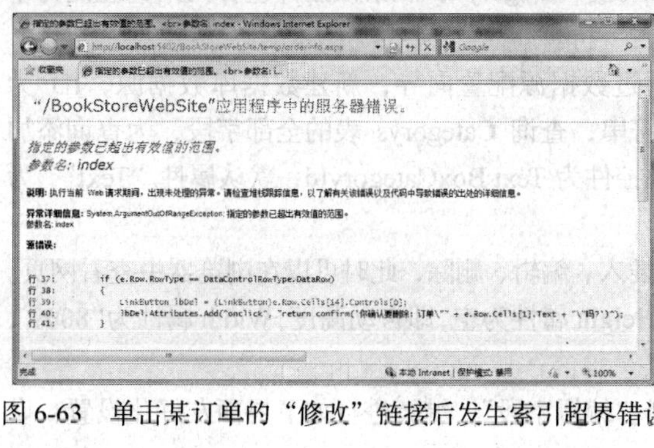

图 6-63　单击某订单的“修改”链接后发生索引超界错误

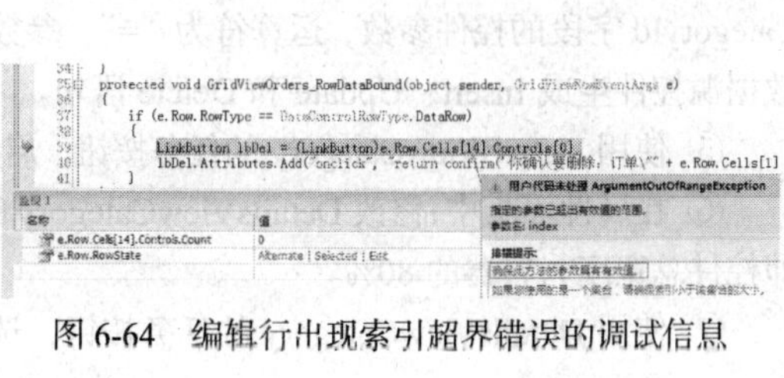

图 6-64　编辑行出现索引超界错误的调试信息

根据以上分析，解决此问题的思路有 2 个：第一，将 GridViewOrders 表的“删除”列也转换为模板列，代码页需要相应改动，具体参见本例步骤②；第二，为引发异常的代码添加判断，根据 e.Row.RowState 判断是否编辑行，不再试图对编辑行访问“删除”链接按钮，全部 RowDataBound 事件委托函数代码如下：

```
protected void GridViewOrders_RowDataBound(object sender, GridViewRowEventArgs e)
{
    if (e.Row.RowType == DataControlRowType.DataRow
        &&(e.Row.RowState & DataControlRowState.Edit)==0)
    {
        LinkButton lbDel = (LinkButton)e.Row.Cells[14].Controls[0];
        lbDel.Attributes.Add("onclick", "return confirm('你确认要删除：订单\"" +
e.Row.Cells[1].Text + "\"吗?')");
    }
}
```

注意判断行状态的表达式不能写成：“e.Row.RowState == DataControlRowState.Edit”，因为编辑状态不排斥选中、交替等状态，比如，选中第 2 行编辑时，该行的状态为“Alternate | Selected | Edit”，不等于“Edit”。

调试运行程序，设置断点，观察程序运行情况。至此，我们已经得到了一个实用的个人订单信息页面。

6.4.3 DetailsView 控件及单条数据修改

GridView 控件功能强大，但没有内置的插入新增记录功能，ASP.NET 中最方便的可插入新增记录控件是 DetailsView。DetailsView 控件与 GridView 控件外观和功能上都很相似：以表格形式显示数据，内置了绑定、分页、插入、编辑、删除功能，支持模板功能，但每页只显示一条记录，每行（Row）显示一个字段（Field）。

DetailsView 控件的模式对应数据交互的状态。DetailsViewMode 枚举类型的属性 DefaultMode 代表 DetailsView 控件的默认模式，属性 CurrentMode 则代表当前模式，如“DetailsViewOrder.CurrentMode”值为“DetailsViewMode.Insert”，表示 DetailsViewOrder 控件正处在插入新增记录状态。

本小节通过图书类别树管理页面介绍 DetailsView 控件的使用，请读者在学习过程中注意比较与 GridView 控件使用的异同。

例 6-13　使用 DetailsView 增加、删除、修改图书类别信息，设计并实现图书类别管理页面。

① 因有类别删除操作，在前例网站下，先将 App_Data 文件夹下的数据库文件备份。

② 新建 CategorysManage.aspx 页面，在设计视图中输入“查询类别 ID：”字样，并随后拖入文本框控件，ID 设为“TextBoxCategoryId”，设置其 Text 属性为“1”，或已经在 Categorys 表中存在的 CategoryID 字段其他值。

③ 拖入一个 DetailsView 控件，ID 设为“DetaisViewCategory”，观察该控件包含两列：左侧为字段标题列，右侧为字段控件列，每字段即每数据列占一行。

④ 使用 DetailsViewCategory 的任务按钮，通过数据源配置向导，新建数据库数据源，ID 为 SqlDataSourceCategorys，使用与前例相同的连接字符串，查询 Categorys 表的全部字段，为查询添加 CategoryId 字段的控件参数，运算符为“=”，参数源控件为 Text BoxCategoryId，默认属性“Text”，为数据源控件生成 Insert、Update 和 Delete 语句。

⑤ 使用 DetailsViewCategory 的任务按钮，启用插入、编辑、删除，此时可以在浏览器中查看网页。

⑥ 在属性面板中，修改 DetailsViewCategory 的 Height 属性为空，即自动高度，Width 属性为“80%”，即控件总宽度为容器的 80%。

⑦ 使用 DetailsViewCategory 的任务按钮，选择“编辑字段”，继续进行如下界面友好化设置：设

置各字段的 HeaderText 分别为“ID”、“名称”、“父 ID”、“描述”，再设置“名称”字段 ControlStyle 属性的 Width 子属性为“100px”，即编辑时“名称”文本框的宽度为 100 像素，“描述”字段 ControlStyle 属性、ItemStyle 属性的 Width 子属性为“90%”，即为其容器（DetailsViewCategory 控件）的控件列的 90%宽度，最后设置 CommandField 的 NewText 属性为“新建子类”。

在浏览器中查看本页面，做“新建子类”、“编辑”、“删除”等操作，分别尝试删除“中国文学”类和“文学”，其中“文学”类是“中国文学”的父类，可在 VS IDE 的“服务器资源管理器”中查询数据表，观察操作后的数据结果。通过操作，我们发现：本例可以对类别进行增、删、改操作，但由于无法直观看到所有的类别数据，操作起来很盲目；由于类别数据是树形层级结构的，一般情况下，只存在叶子类别的图书，也就是父类别并不受外键关系的约束，因此无法在数据库管理系统中被保护，这样，使用本页面进行类别管理就可能出现叶子类不可删除，但其父类已经被误删的情况。

要解决第一个问题，可以为网页添加一个 GridView 控件，查看所有类别数据，但这种方法不能直观显示类别间的层级关系，我们使用一个自定义的 UC_CategoryTree 用户控件代替 GridView；要解决第二个问题，需要进行事件编程，在把 Delete 命令提交给 SQL Server 之前，判断当前类别及其所有子类（下称“类别家族”）是否包含图书，仅对空类别家族（不包含图书）提交删除命令。

例 6-14　使用 DetailsView 控件，配合其他控件，完善类别管理。

① 准备：下载网上书店系统源码，将“UserControls”文件夹复制到例 6-13 网站根下，确保此文件夹存在“UC_CategoryTree.ascx”和“UC_CategoryTree.aspx.cs”文件，再将“App_Code”文件夹复制到例 6-13 的网站根目录下，确保此文件夹存在“Db.cs”文件，同时确保例 6-13 的“～/web.config”文件中的连接字符串与“～/App_Code/Db.cs”文件构造函数中调用的连接字符串名称一致，否则修改构造函数中的连接字符串。

② 布局：将例 6-3 的 CategorysManage.aspx 页面改为 4×2 表格布局，合并第 1、2 行单元格，第 1 行输入“图书类别管理”字样，第 2 行拖入“Horizontal Rule”Html 控件（即水平分割线），第 3 行左单元格输入“现有分类树”字样，右单元格从原页面剪切来静态文本和文本框，修改静态文本为“所选类型 ID:”，将 TextBoxCategoryId 删除，换成 Label 控件 LabelSelectedCategoryId，准备从类别树控件选中 ID 进行查询，第 4 行左单元格从解决方案管理器拖入 UC_CategoryTree.ascx 用户控件，右单元格从原页面剪切来 DetaisViewCategory 和 SqlDataSourceCategorys 控件，布局如图 6-65 所示。

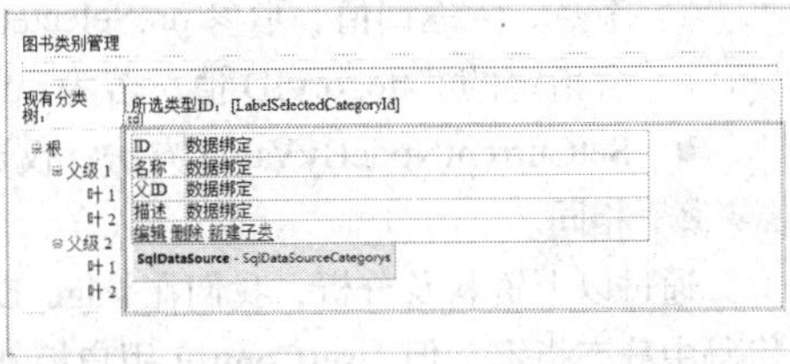

图 6-65　使用 DetailsView 和类别树控件的类别管理页面布局

③ 配置：修改 SqlDataSourceCategorys 查询条件的控件参数，使其指向“LabelSelectedCategoryId”。

④ 编程：类别管理的动作流程设计如图 6-66 所示。

结合界面设计，分析动作流程可知，需编程解决以下问题。

- 根据管理员选中的节点，给 LabelSelectedCategoryId 控件赋值。
- 若要新建类别为当前类别的子类别，应将当前类别 ID 填入新类别的“父 ID”字段。
- 按照当前节点对应的类别家族，判断其是否包含图书信息。
- 调用 SqlDataSourceCategorys 的功能删除当前类别。
- 通过客户端脚本给管理员提示框。

进行以上编程需要调用 App_Code 文件夹中的 Db 类，以及类别树控件的功能，关于它们的设计情况，在后续章节介绍，此处我们仅需了解以下资料。

a. Db 类：提供了 CanDeleteCategory 静态方法，以判断某类别节点对应的类别家族可否被删除，返回 true 表示可删除，返回 false 表示不可删除，以选中节点 TreeNode 为形参。

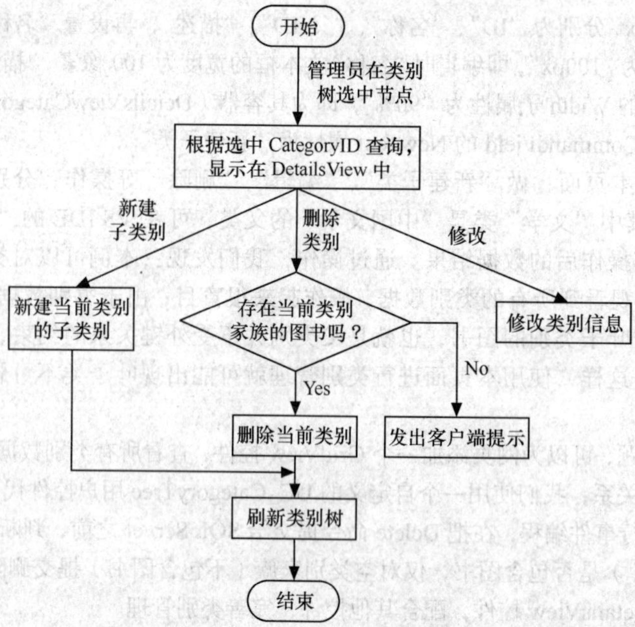

图 6-66　类别管理的动作流程

b. 类别树对象 UC_CategoryTree 的公开成员，如图 6-67 所示。

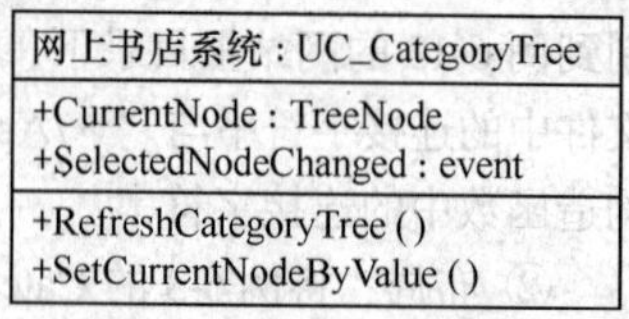

图 6-67　类别树控件的公开特性

- CurrentNode 属性：只读，表示管理员选中的节点，TreeNode 类型，其 Text、Value、ToolTip 子属性分别对应 CategoryName、CategoryID、CategoryDescription 数据。
- SelectedNodeChanged 事件：管理员改变对节点的选择时发生，是 EventHandler 类型，只需 object 和 EventArgs 类型的两个参数。
- RefreshCategoryTree 方法：使类别树与数据库同步，并选中、展开指定 CategoryID 值的类别节点，无返回值，形参 preSelectedNodeValue 是字符串类型，表示 TreeNode 类型的 Value，包含指定的 CategoryID 值，若为 null，则选中、展开根节点。
- SetCurrentNodeByValue 方法：仅选中、展开指定类别节点，参数与 RefreshCategoryTree 方法相同。

通过以上资料及分析，我们在 Page_Load 事件中为类别树控件建立事件委托函数（也可以在 aspx 代码中静态指定，但 UserControl 用户控件的事件不能在属性面板中静态指定）。在此委托函数中，将类别树控件 CurrentNode 的类别 ID 传递给 LabelSelectedCategoryId 控件，以供数据源控件查询。在 DetailsView 控件的 DataBound 事件委托函数中，将当前类别 ID 填入新类别的“父 ID”文本框。DetailsView 控件和 SqlDataSource 控件均有 Inserted、Deleting 之类的事件，此处我们选用 DetailsView 的 ItemInserted 事件，调用类别树控件的 RefreshCategoryTree 方法，刷新类别树，并保持树的选中、展开状态。选用 DetailsView 的 ItemDeleting 事件，调用 Db 类的 CanDeleteCategory 方法，若不允许删除，则通过向网页注册客户端启动脚本的方法在客户端弹出对话框，对管理员进行提示。选用 DetailsView 的 ItemDeleted 事件，取得类别树当前节点的父节点 Value 值，再刷新类别树，并选中、展开删除节点的父节点。

在 CategorysManage.aspx.cs 中，编写 Page_Load 事件委托函数代码如下：

```
protected void Page_Load(object sender, EventArgs e)
{
    UC_CategoryTree1.SelectedNodeChanged +=
```

```
                new EventHandler(UC_CategoryTree1_SelectedNodeChanged);
}
```

在输入上述代码时，输入完“+=”后连续按两次 Tab 键，代码助手即自动建立类别树控件的 SelectedNodeChanged 事件委托函数声明，再以赋值语句替换自动生成的“throw”语句，以实现在管理员选择不同的节点时，用 Label 控件得到所选类别 ID，代码如下：

```
void UC_CategoryTree1_SelectedNodeChanged(object sender, EventArgs e)
{
    LabelSelectedCategoryId.Text = UC_CategoryTree1.CurrentNode.Value;
}
```

为协助管理员建立当前类别的子类别，编写 DetailsViewCategory 控件的 DataBound 事件委托函数如下：

```
protected void DetailsViewCategory_DataBound(object sender, EventArgs e)
{
    if (DetailsViewCategory.CurrentMode == DetailsViewMode.Insert)
    {
        ((TextBox)DetailsViewCategory.Rows[2].Cells[1].Controls[0]).Text =
                                        LabelSelectedCategoryId.Text;
        ((TextBox)DetailsViewCategory.Rows[1].Cells[1].Controls[0]).Focus();
    }
}
```

代码中，首先判断 DetailsViewCategory 控件当前模式，DetailsView 控件的模式是 DetailsViewMode 枚举类型，若是插入模式，则访问“父 ID”文本框子控件，自动填入 Label 控件中存的当前类别 ID，并且访问“名称”文本框子控件，调用其 Focus 方法将其置为输入焦点。

DetailsViewCategory 控件将与 SqlDataSourceCategorys 控件一起完成新建类别的内置功能，完成后，数据库中已经改变，但类别树控件尚未更新，为在页面中立刻看到新建类别，在 DetailsViewCategory 的 ItemInserted 事件中编写代码如下：

```
protected void DetailsViewCategory_ItemInserted(object sender,
DetailsViewInsertedEventArgs e)
{
    UC_CategoryTree1.RefreshCategoryTree(UC_CategoryTree1.CurrentNode.Value);
}
```

上述代码将完成刷新类别树，并保持原来的选中、展开状态的功能。

删除类别操作执行的动作最为复杂，需要判断、删除、刷新、提示等功能，我们安排在两个事件中完成此操作。ItemDeleting 事件在执行删除前发生，若在其委托函数中设置参数 e 的 Cancel 属性为 true，将不再执行内置删除功能，若设置为 false 或不设置，此事件委托函数执行完毕后，接下来将执行数据源控件的内置删除功能，ItemDeleting 事件委托函数如下：

```
protected void DetailsViewCategory_ItemDeleting(object sender,
DetailsViewDeleteEventArgs e)
{
    if(!Db.CanDeleteCategory(UC_CategoryTree1.CurrentNode))//若不允许删除
    {
        e.Cancel = true;//取消内置的删除动作
        ClientScript.RegisterStartupScript(typeof(Page), "DeleteError", "alert('不能删
除此类别，因为存在此类别的图书');", true); //注册页面的启动脚本，在浏览器中弹出对话框
    }
}
```

其中 Db 类的 CanDeleteCategory 静态方法以类别树控件 CurrentNode 为参数，判断是否允许删除此节点代表的类别。ClientScript 页面属性是 ClientScriptManager 类型，其 RegisterStartupScript 用于向网页输出启动脚本，其使用可查阅帮助或参考购物车实施的有关章节。ItemDeleting 事件委托函数仅处理了不允许删除的情况，若允许删除，不必增加任何代码控制，在 ItemDeleting 事件之后，将执行数据源控件的内置删除功能，并触发 ItemDeleted 事件，我们在 ItemDeleted 事件委托函数中，执行了刷新类别树，并选中、展开被删节点父节点的动作，代码如下：

```
protected void DetailsViewCategory_ItemDeleted(object sender,
DetailsViewDeletedEventArgs e)
{
    //定位所删除节点的父节点
    TreeNode parent = UC_CategoryTree1.CurrentNode.Parent;
    //刷新类别树，选中被删节点父节点，同时更新查询条件，在 DetailsView 中显示父节点
    if (parent != null)
    {
        UC_CategoryTree1.RefreshCategoryTree(parent.Value);
        LabelSelectedCategoryId.Text = UC_CategoryTree1.CurrentNode.Value;
    }//如果父节点为空，选中根节点
    else UC_CategoryTree1.RefreshCategoryTree(null);
}
```

代码中“UC_CategoryTree1.RefreshCategoryTree（null）”将刷新类别树，并选中、展开根节点。

运行网站，可以直观地看到类别树，若试图删除类别家族中存在图书的类别，则出现警告，并禁止删除，如图 6-68 所示，在代码文件中设置断点，观察程序执行情况，可按自己的设想修改语句，查看执行情况。

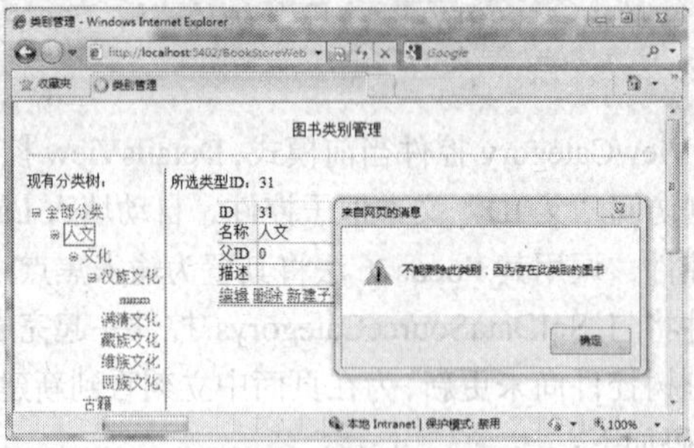

图 6-68　例 6-14 完善后的类别管理页面

6.4.4　FormView 控件及单条数据修改的灵活布局

FormView 控件和 DetailsView 控件很相似，每页只显示一条记录，默认情况下每行（Row）显示一个字段（Field），FormView 控件和 DetailsView 控件的区别在于 FormView 允许自定义布局，其每个模式（Mode）都有对应的模板，比如，我们在修改图书信息时，希望“图书图片在左面显示，右面每行显示两个字段……”，要实现类似这样的要求，同时还要使用数据绑定的功能，这就需要使用 FormView 控件，编辑其 EditItemTemplate 模板来实现。

例 6-15　使用 FormView 控件，设计并实现图书信息修改页面。

① 准备：做与例 6-14 相同的准备工作。

② 页面布局：新建 ModifyBooks.aspx 页面，建立 3 × 1 的一个布局表格，第 1 行输入标题，第 2 行放置水平分割线，第 3 行拖入 FormView 控件，ID 设为“FormViewBookEdit”，为其新建数据库数据源 SqlDataSourceBooks，与前例使用相同的连接，无条件查询“Books”表所有列，生成 Insert、Update 和 Delete 语句。再放入一个 ID 为“LabelMsg”的 Label 控件，设置其 ForeColor 属性为“Red”。为 FormViewBookEdit 启用分页，并设置 DefaultMode 属性为“Edit”。

③ FormView 控件模板布局：编辑“FormViewBookEdit”的“EditItemTemplate”模板，可以暂且保留默认存在的子控件，建立 3 × 2 的布局表格，表格第一行左单元格拖入一个 Image 控件，设置其 Width 和 Height 属性分别为“120px”和“160px”，使用其任务按钮，选择“编辑 DataBindings...”，将其 ImageUrl 属性*双向绑定*到 BookImage 字段，第一行右单元格中建立一个 7 × 4 的嵌套表格，将默认存在的子控件逐一拖入每行的第 2、第 4 列中，注意各控件的 ID 与后面代码中的 ID 应该一致，如书名、作者、类别文本框 ID 分别为“TextBoxBookName”、“TextBoxBookAuthor”、“TextBoxCategoryID”等。将其中图片文件对应的文本框换成“UC_UploadImageFile”用户控件，在属性面板中，设置该用

户控件的 AllowNull 属性为“true”，AllowFileTypesFilter 属性为“.jpg|.gif|.png|.tif|.bmp”，并在类别文本框后加入一个 ImageButton 控件，ID 为“ImageButtonShowCategoryTree”，为其设置合适的 ImageUrl 属性，设置其 ToolTip 属性为“显示类别树”，在其后再拖入 UC_CategoryTree 用户控件，设置该用户控件 Visible 属性为“false”。将“摘要”和“目录”字段的界面控件放入 3×2 的外层布局表格，并将两个文本框的 Width 属性设为“80%”，TextMode 属性设为“MultiLine”。布局完成后的编辑模板设计效果如图 6-69 所示。

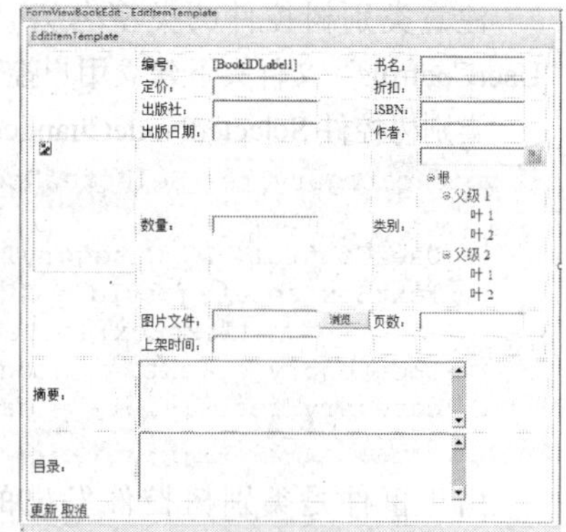

图 6-69　修改图书信息 FormView 的编辑模板设计视图

④ 事件编程：修改图书信息的逻辑比较简单，需要编程解决的问题有以下几个。

- 单击 ImageButtonShowCategoryTree 按钮时，显示或隐藏类别树控件，并将选中、展开图书信息中的类别节点。
- 选中类别树节点时，将对应的类别 ID 填入类别文本框。
- 单击“更新”链接后，首先将从本地选择的图片文件上传到服务器指定位置，并将图片文件在服务器上的虚拟根路径赋值给 BookImage 字段，再和其他绑定字段一起更新到数据库。

ASP.NET 的 FileUpload 标准控件将解释为“<input type='file'…>”HTML 标记，提供包含一个文本框和一个按钮的用户界面，单击“浏览”按钮即可查看、选择客户端文件，FileUpload 控件还提供了一些属性以及一个 SaveAs 方法，将上传来的客户端文件保存到服务器指定的路径。用户控件 UC_UploadImageFile 是一个增强的 FileUpload 控件，适合处理需将路径存储到数据库的图像文件，其公开成员包括以下几个。

- AllowNull 属性：获取或设置是否允许不上传文件，为 false 值而用户未选择客户端文件时，将填写错误信息。
- AllowedFileTypesFilter 属性：允许上传的文件类型，以“|”分隔的带点文件扩展名字符串。
- UploadImgFile 方法：执行检查文件类型，按照指定的文件名保存文件，得到编码的虚拟根路径，以及错误信息，返回是否上传成功。参数 serverVirtualRootFileNameWithoutExtension 是指定的文件名，不含扩展名的虚拟根路径，如“～/BookPics/C#_李正吉”；引用参数 serverVirtualRootFileNameForDb 是编码过的含扩展名文件名，如“～/BookPics/C%23_%e6%9d%8e%e6%ad%a3%e5%90%89.jpg”，编码的原因为“#”等字符是 Url 保留字符，将导致图书信息显示页面中无法显示图片，若没有上传文件且 AllowNull 为 true，该参数保持原值；输出参数 errorMsg 包含了错误字符串。

根据以上资料及分析，我们仍在 Page_Load 事件委托函数中，建立类别树控件的 SelectedNodeChanged 事件委托；在其委托函数中根据类别树控件的 CurrentNode 属性为类别文本框赋值；在 ImageButtonShowCategoryTree 按钮单击事件委托函数中，显示或隐藏类别树控件，并按照当前图书类别选中、展开对应节点；在 FormViewBookEdit 的 ItemUpdating 事件委托函数中，调用图像上传控件的功能，上传图像，并根据图像上传控件 UploadImgFile 方法的输出参数给 BookImage 字段赋值，继续执行内置的更新功能完成信息修改。

Page_Load 事件委托函数代码如下：

```
protected void Page_Load(object sender, EventArgs e)
{
    UserControls_UC_CategoryTree categoryTree
     =(UserControls_UC_CategoryTree)FormViewBookEdit.FindControl("UC_CategoryTree1");
    categoryTree.SelectedNodeChanged += categoryTree_SelectedNodeChanged;
}
```

注意类别树控件的类型名为“UserControls_UC_CategoryTree”，其中“UserControls_”是在“UserControls”文件夹下建立用户控件类的默认前缀。

类别树控件 SelectedNodeChanged 事件委托函数代码如下：

```
void categoryTree_SelectedNodeChanged(object sender, EventArgs e)
{
   UserControls_UC_CategoryTree categoryTree = (UserControls_UC_CategoryTree)sender;
   TextBox tbCategoryId =
            (TextBox)(categoryTree.Parent).FindControl("TextBoxCategoryID");
   tbCategoryId.Text = categoryTree.CurrentNode.Value;
   categoryTree.Visible = false;
}
```

由于事件是类别树控件发出的，所以类别树控件可以由参数 sender 直接转换得到，而 TextBoxCategoryID 文本框是和类别树控件同属一个容器的子控件，所以，在类别树控件的 Parent 控件中可以找到类别文本框，将类别树控件中当前节点的 Value（即类别 ID）填入文本框后，隐藏类别树控件。

ImageButtonShowCategoryTree 按钮用于显示/隐藏类别树控件，其 Click 事件委托函数如下：

```
protected void ImageButtonShowCategoryTree_Click(object sender, ImageClickEventArgs e)
{
   UserControls_UC_CategoryTree categoryTree = (UserControls_UC_CategoryTree)((sender
as ImageButton).Parent.FindControl("UC_CategoryTree1"));
   categoryTree.Visible = !categoryTree.Visible;
   if (categoryTree.Visible)
   {
      //调用类别树控件的 SetCurrentNodeByValue 方法选中、展开当前类别对应的节点
      TextBox tbCategoryId =
(TextBox)(categoryTree.Parent).FindControl ("TextBoxCategoryID");
      categoryTree.SetCurrentNodeByValue(tbCategoryId.Text);
   }
}
```

代码中，也利用 ImageButtonShowCategoryTree、UC_CategoryTree1、TextBoxCategoryID 3 个控件同属一个父控件，来通过 sender 参数访问这些控件，通过对类别树控件的 Visble 属性取反赋值，实现对类别树控件的显示/隐藏，当前若要求显示类别树控件，则调用类别树控件的 SetCurrentNodeByValue 方法，选中、展开数据绑定的文本框控件中的类别 ID，使管理员可以清楚地看到图书当前所属的类别关系。

将所修改信息更新到数据库前的处理逻辑，如下所示：

```
protected void FormViewBookEdit_ItemUpdating(object sender, FormViewUpdateEventArgs e)
{
   //定位各个子控件，注意 ID 与各控件实际 ID 的对应
   UserControls_UC_UploadImageFile fu =
(UserControls_UC_UploadImageFile)FormViewBookEdit.FindControl("UC_UploadImageFile1");
   TextBox tbBookName = (TextBox)FormViewBookEdit.FindControl("TextBoxBookName");
   TextBox tbBookAuthor = (TextBox)FormViewBookEdit.FindControl ("TextBoxBookAuthor");
   //图片文件上传的虚拟根路径，文件名部分由“书名_作者”组合而成
   string saveAsFileName = "~/BookPics/" + tbBookName.Text + "_" + tbBookAuthor.Text;
   string errorMsg, saveDbFileName=e.OldValues["BookImage"].ToString();
   if (!fu.UploadImgFile(saveAsFileName,ref saveDbFileName, out errorMsg))//执行上传
   {//若上传不成功，取消内置更新动作，显示错误消息
      e.Cancel = true;
      this.LabelMsg.Text = errorMsg;
   }
   else
   {//若上传成功，为内置更新操作的参数，BookImage 字段赋新值，清空错误消息
      e.NewValues["BookImage"] = saveDbFileName;
```

```
        this.LabelMsg.Text = "";
    }
}
```

进行更新操作前，先上传图片文件，若上传错误，则不更新。由于在属性面板中指定 AllowNull 为 true，未指定图片文件，视为无错误，即理解为管理员不想更改图片。若存在图片文件，且扩展名合法，则保存到“~/BookPics”文件夹，扩展名不变，以“书名_作者”为文件名；若未指定图片文件，也执行更新操作，此时图片文件路径变量 saveDbFileName 保持原值，原值通过事件环境参数获取“e.OldValues["BookImage"]”，但注意 Image 控件的 ImageUrl 属性数据绑定表达式必须为 Bind，不可为 Eval，否则“e.OldValue["BookImage"]”将为空值。

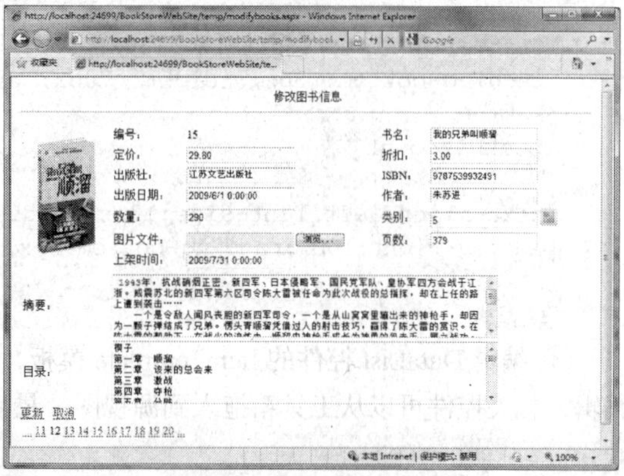

图 6-70　例 6-15 运行页面

运行网站，做更新图书信息，特别是图片文件的操作。如图 6-70 所示，在代码文件中设置断点，观察程序执行情况，可按自己的设想修改语句，查看执行情况。

6.4.5　DataList 控件及数据显示的灵活布局

与 GridView、DetailsView、FormView 控件相比，DataList 控件更接近 FormView 控件，允许自定义各种模板，但仅仅自动生成 ItemTemplate 模板，并且需要自己编程实现排序、分页、编辑、删除功能。适合开发人员希望得到更多布局灵活性，而不是数据操作方便性的场合。DataList 控件能够通过属性控制布局样式，比如表格式布局或者流式布局（即依次排列），并且可以设置水平方向或垂直方向重复显示多少条记录，网上书店管理系统的首页使用 DataList 控件显示图书的概要信息，设置为水平方向重复 3 列。DataList 控件也提供了设置这些布局属性的专用界面，如图 6-71 所示，单击任务按钮中的“属性生成器”链接或属性面板中的按钮，都会打开一个用来设置布局的属性对话框。

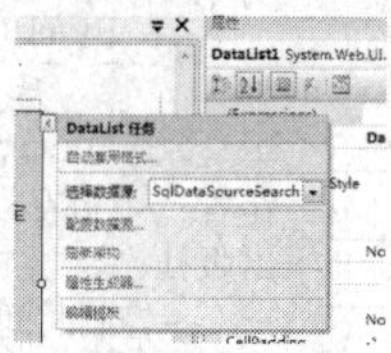

图 6-71　DataList 控件任务按钮和属性面板中的属性页入口

如果要更精细的 HTML 布局控制，应该使用 Repeater 控件，该控件没有任何内置的布局，每个模板都需要在 aspx 标记代码的源视图中自定义，但它和 DataList 等控件一样提供了绑定到数据源的功能。本书不详细介绍 Repeater 控件的使用。

实际上，比较熟悉标记代码的情况下，所有在设计视图中使用各种对话框做的配置工作都可以通过在源视图中直接编辑得到，例 6-16 即采用此方法对 DataList 控件进行模板定义。

例 6-16　使用 DataList 控件显示新上架图书的概要信息。

① 新建 Default.aspx 页面，插入 3 行 1 列的布局表格，第 1 行单元格放入 Literal 控件 LiteralTitle，第 2 行放入水平分隔线，第 3 行拖入 DataList 控件，设置其属性 EnableViewState 为“False”，以减少客户端和服务器端的数据往返，Width 属性为“100%”，RepeatDirection 属性为“Horizontal”，RepeatColumns 属性为“3”，CellSpacing 属性为“10”，再为其新建数据库数据源“SqlDataSourceSearchBooks”，与前例使用相同的数据库连接，配置 SelectCommand 为以下 SQL 语句：

```
"select top 6 BookID,BookImage,BookName,BookPublisher,BookPublishDate,BookAuthor,
BookPrice, BookDiscount from Books  order by BookAddTime desc"
```

② 在标记代码源视图的 head>标记中，输入如下的 CSS 标记代码：

```
<style type="text/css">
  .bookTitle
```

```
    {
     text-align: left; color: #1a66b3; font-size: 14px; padding-top: 5px; padding-left: 5px;
     padding-right: 10px; padding-bottom: 5px; height: 30px; overflow: hidden;
    }
    .bookInfo
    {
     text-align:left;font-size:13px;padding-top:5px;padding-left:5px;padding-right:6px;
     padding-bottom: 5px; height: 70px; overflow: hidden;
    }
    .bookDiscount
    {
     text-align:left;font-size:13px;padding-top:5px;padding-left:5px;
    padding-right:10px;padding-bottom:5px;color:#853200;font-weight:bolder;height:15px;
    }
  </style>
```

③ 编辑 DataList 控件的 ItemTemplate 模板，插入 1 行 2 列布局表格，直接在 aspx 源视图中手工编辑，相关控件可以从工具箱拖入到源视图，最后得到标记代码如下：

```
  <ItemTemplate>
    <table cellpadding="0" cellspacing="0" width="100%">
     <tr>
      <td>
       <a href='Members/BookDetails.aspx?id=<%# Eval( "BookID")%>' target="_blank">
           <asp:Image ID="Image1" runat="server" Height="120px"
                  ImageUrl='<%# Eval( "BookImage")%>' Width="100px" /></a>
      </td>
      <td>
       <div>
         <div id="bookTitle">
           <a href='Members/BookDetails.aspx?id=<%# Eval( "BookID")%>' target="_blank">
             <%# Eval( "BookName")%></a>
         </div>
         <div id="bookInfo">
           作者：<%#Eval( "BookAuthor")%>  <br />
           出版社：<%# Eval( "BookPublisher")%>  <br />
            <!--控制时间只显示年月日-->
    出版日期:<%#Convert.ToDateTime(Eval("BookPublishDate")).ToShortDateString()%><br/>
           定价：￥<%# Eval( "BookPrice")%>
         </div>
         <div id="bookDiscount">
           折扣：<%# Eval( "BookDiscount")%>折
         </div>
       </div>
      </td>
     </tr>
    </table>
  </ItemTemplate>
```

标记代码中的数据绑定是手工输入的，没有对应的控件，而直接被服务器处理得到数据，作为文本显示在网页中。左单元格的 Image 控件被包含在一个<a>标记中，因此，在浏览器中单击图片可以实现超链接效果，超链接跳转地址为相对路径指向的 Members 文件夹下的 BookDetails.aspx 网页，并带有一个查询字符串 id，其值绑定到 BookID 字段，显然，BookDetails.aspx 网页中的数据源有一个 QueryString 查询参数，为了查看跳转效果，读者可以根据前述内容，自行设计此网页，也可以暂时将其从网上书店系统源码中复制过来，以专注于 DataList 的应用。右单元格包含一个层，该层中又包含 3 个流式布局的嵌套子层，3 个子层分别定义样式类为“bookTitle”、“bookInfo”、“bookDiscount”，所以这 3 个子层将可具有不同的显示样式。“bookTitle”子层用于显示书名，像图书图片一样，书名也被设计为超链接。“bookInfo”子层“出版日期”的数据绑定表达式是“Convert.ToDateTime（Eval（"ookPublishDate"））.ToShortDateString()”，该表达式对 BookPublishDate 字段的值进行了格式化处理，也可写为“Eval（"BookPublishDate"，"{0:d}"）”，推荐使用后一种写法，同样“定价”部分的文本及数据绑定表达式也推荐写为“定价：<%# Eval（"BookPrice"，"{0:c}"）”。

在浏览器中查看页面，效果如图 6-72 所示，图书信息被分成 3 列显示，兼具 GridView 和 FormView 的布局特点，多记录显示，而且每条记录可定义布局。

图 6-72　例 6-16 显示效果

6.4.6　自测

单项选择题

（1）关于数据绑定控件的说法不正确的是（　　）。

（a）ASP.NET 的数据绑定控件与数据源控件共同完成数据操作功能

（b）ASP.NET 的数据绑定控件多数都是模板化的控件

（c）ASP.NET 的数据绑定控件专门指绑定到数据库的控件

（d）ASP.NET 的数据绑定控件有很多的内置功能

（2）属于列表类绑定控件的是（　　）。

（a）GridView　　（b）DropDownList

（c）DetailsView　　（d）FormView

（3）以下关于 DropDownList 控件与文本框控件说法错误的是（　　）。

（a）都有 Text 属性　　（b）都具备引起网页回发的功能

（c）文本框控件不可以绑定到数据源　　（d）都是 ASP.NET 标准服务器控件

（4）以 DropDownList 控件作为查询参数时，其默认的参数源属性是（　　）。

（a）Text　　（b）Value　　（c）DataTextField　　（d）SelectedValue

（5）GridView 控件默认不具备的功能是（　　）。

（a）插入　　（b）编辑　　（c）删除　　（d）选择

（6）关于 GridView 控件模板的种类，说法最准确的是（　　）。

（a）包括 HeaderTemplate、ItemTemplate、AlternatingItemTemplate、EditItemTemplate、FooterTemplate

（b）包括 HeaderTemplate、EmptyDataTemplate、FooterTemplate

（c）包括 ItemTemplate、AlternatingItemTemplate、EditItemTemplate、InsertItemTemplate

（d）包括 EmptyDataTemplate、FooterTemplate 等行模板和模板列的各种状态模板

（7）启用 GridView 控件的分页功能，要每页显示 22 条记录，需修改（　　）。

（a）PagerSettings 属性　　（b）PageSize 属性

（c）PagerStyle 属性　　（d）AllowPaging 属性

（8）在浏览器选定 GridView 控件的某行后，以下说法错误的是（　　）。

（a）SelectedIndex 属性的值为从 0 开始的选中行行号

（b）SelectedRow 属性的值等于 GridView 控件的 Rows 集合的第 SelectedIndex 行

（c）SelectedDataKey 属性的值与属性 DataKeyNames 有关

（d）SelectedValue 属性的值不可能为空

（9）GridView 控件任务按钮中没有“启用编辑”等复选框，这可能是因为（　　）。
（a）GridView 控件属性设置错误
（b）GridView 控件的 AllowEdit 属性应设置为 true
（c）GridView 控件的 AutoGenerateEditButton 属性应设置为 true
（d）其数据源应该配置 Update 命令
（10）GridView 控件的 CommandField 列和 ButtonField 列的区别是（　　）。
（a）CommandField 使用 Command 事件，而 ButtonField 使用 Click 事件
（b）CommandField 使用链接按钮 LinkButton，而 ButtonField 使用按钮 Button
（c）CommandField 自动调用内置的数据操作，而 ButtonField 需另作设置才能实现这些功能
（d）CommandField 不能转换为模板，而 ButtonField 可以
（11）关于 GridView 控件 CommandField 和 ButtonField 说法最不准确的是（　　）。
（a）经过设置，CommandField、ButtonField 在浏览器中的外观和使用都没什么不同
（b）“选择”和“删除”CommandField 不会出现在编辑行
（c）设置 ButtonField 中按钮的 CommandName 为“Delete”，也会调用内置的删除功能
（d）ButtonField 只是 CommandField 的一种特例
（12）关于 TemplateField 的说法最不准确的是（　　）。
（a）TemplateField 像页面一样是控件的容器
（b）TemplateField 像 BoundField 一样可以容纳一个控件
（c）TemplateField 和 BoundField 一样可以绑定数据
（d）TemplateField 中的控件有独立的事件处理委托函数

6.4.7　演练 1

1．实验题目

实现个人订单信息管理页面。

2．实验目的

- 熟练掌握 GridView、DropDownList 控件及 SqlDataSource 控件的配置。
- 熟悉 GridView 控件的事件编程。

3．实验内容

模仿例 6-5 至例 6-12，完成 OrderInfo.aspx 页面。

4．实验步骤

由读者写出。

5．实验总结

由读者写出。

6.4.8　演练 2

1．实验题目

实现类别管理页面。

2. 实验目的

- 熟练掌握 DetailsView 控件及数据源控件的配置。
- 熟悉 DetailsView 控件的事件编程。

3. 实验内容

模仿例 6-13、例 6-14，实现 CategorysManage.aspx 页面。

4. 实验步骤

由读者写出。

5. 实验总结

由读者写出。

6.4.9 演练 3

1. 实验题目

实现类别管理页面。

2. 实验目的

- 熟练掌握 FormView 控件及数据源控件的配置。
- 熟悉 FormView 的事件编程。
- 进一步熟练验证控件的应用。

3. 实验内容

模仿例 6-15，实现 ModifyBooks.aspx 页面。

4. 实验步骤

由读者写出。

5. 实验总结

由读者写出。

6.5 基本知识 3：编程实现复杂的动态查询

如果需求中允许用户在网站运行后，不但可以输入查询值，而且可以自由选择查询条件时，仅仅靠静态配置数据源控件就难以完成了，编程实现这种动态查询更为方便。如果不但是动态查询，而且不需要绑定、分页、排序等功能，对数据库数据源而言，那就可以直接采用 ADO.NET 基本结构的程序，直接从数据库获取数据给页面上的控件赋值，或获取界面上控件的值组成修改命令更新到数据库。比如，网上书店系统的“类别树”数据访问部分（参见“App_Code/Db.cs”文件）。

本节以网上书店系统中图书信息查询的实例为线索，分析动态查询的方法，编程构建 SqlDataSource 控件的查询命令，然后应用到各个网页。

SqlDataSource 编程实现动态查询的基本思路是：根据用户选择的查询字段和输入值，用字符串操作组合出 SQL 语句，赋值给 SqlDataSource 的 SelectCommand 属性。

6.5.1 实现关键字查询功能

例 6-15 实现了用 FormView 控件修改图书信息的功能，但缺少筛选功能。现在我们要实现“先查询，后修改”的功能，如图 6-73 所示。

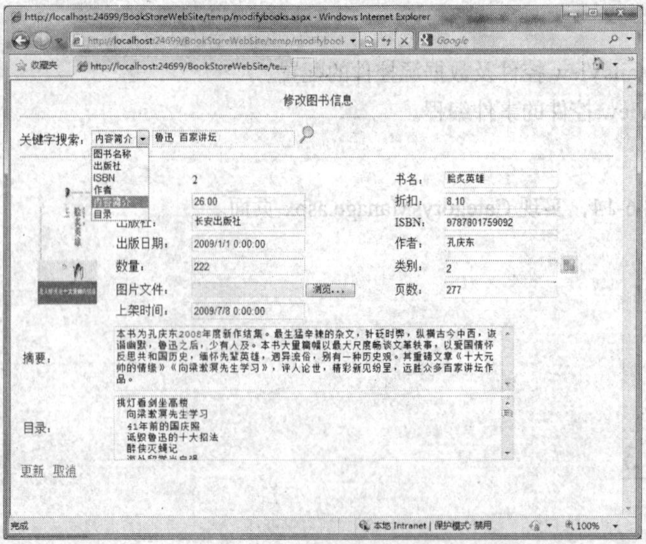

图 6-73　可以“先查询，再修改”的图书信息修改页面

此处允许用户选择多个字段中的任一个作为查询条件，输入空格分隔的关键字，单击搜索按钮后，由于允许用户使用多个字段作为查询条件，因此需要编程实现。

例 6-17　为图书信息修改页面增加查询功能。

① 界面：打开 ModifyBooks.aspx 页面，在 FormViewBookEdit 控件所在单元格上方，为布局表格插入两行，第 1 个插入行中，输入“关键字搜索:”字样，放入 1 个 DropDownList 控件 DropDownListSearchField、1 个 TextBox 控件 TextBoxSearchKey、1 个 ImageButton 控件 ImageButtonSearch，第 2 个插入行放入一个水平分隔线控件。

② 配置：使用 DropDownListSearchField 控件任务按钮“编辑项”，为其添加 Books 表中的所有字符型字段，每项的 Text 属性都设为友好的显示，Value 属性都设为字段名，各项 Text 依次为：图书名称、出版社、ISBN、作者、内容简介、目录，对应的 Value 分别为：BookName、BookPublisher、BookISBN、BookAuthor、BookAbstract、BookContents；为 ImageButtonSearch 控件设置 ImageUrl 属性，可从 VS.NET 2008 的安装目录查找“search.png”文件，复制到网站文件夹，再设置该控件的 ToolTip 属性为“搜索”；在 FormViewBookEdit 控件的 EmptyDataTemplate 模板中输入静态文本“没有找到图书信息。”，以使用户明确知道查询结果为空；设置页面窗体 form1 元素的属性 DefaultButton 值为“ImageButtonSearch”，以使页面接受回车即执行搜索。

③ 编程：如前所述，需要按照用户选择，组合查询语句，主要是 where 子句，赋值给 SqlDataSourceBooks 的 SelectCommand 属性，代码执行的时机是在用户单击搜索按钮后，即 ImageButtonSearch 控件的 Click 事件，其委托函数代码如下：

```
protected void ImageButtonSearch_Click(cbject sender, ImageClickEventArgs e)
{
    string selectSqlStrWithoutWhere = "select * from Books ";
    SqlDataSourceBooks.SelectCommand = getBookSearchSqlBySimpleKeys(
                selectSqlStrWithoutWhere, DropDownListSearchField.SelectedValue,
                TextBoxSearchKey.Text);
}
```

代码中首先构建不包含 where 子句的 SQL 语句“selectSqlStrWithoutWhere”，然后调用 getBookSearchSqlBySimpleKeys 方法，获得完整的 SQL 语句，给数据源控件的查询命令赋值。

getBookSearchSqlBySimpleKeys 方法完成 SQL 语句的构建，其关键是构建 where 子句，流程如图 6-74 所示。

图 6-74　根据空格分隔的关键字构建查询命令的流程

根据此流程编写 getBookSearchSqlBySimpleKeys 方法的代码如下：

```
private string getBookSearchSqlBySimpleKeys (string sqlStrWithoutWhere, string dbField, string keyStr)
{
    //定义构建 where 子句的连接词字符串
    const string SQLConditionWhere = " where ";
    const string SQLConditionJoinAnd = " and ";
    //将空格分隔的关键字字符串，处理为不包含空字符串的关键词字符串数组
    string[] keys = keyStr.Split(new char[] { ' ' },
StringSplitOptions. RemoveEmptyEntries);
    //初始化 where 子句变量
    string whereClause = string.Empty;
    if (keys.Length > 0)//有关键词，则开始构建 where 子句
    {
        whereClause = SQLConditionWhere;//whereClause: " where "
        foreach (string key in keys)//按照每个关键词，循环添加形如“(字段名 like '%关键//字%')
and”的查询条件
        {
            whereClause += "(" + dbField + " like '%" + key + "%')" + SQLConditionJoinAnd;
        }
        //循环完毕后，whereClause 形如"where (BookAbstract like '%鲁迅%') and
//(BookAbstract like '%百家讲坛%') and"的字样，末尾多了 SQLConditionJoinAnd 代表的连接符
        whereClause = whereClause.Substring(0, whereClause.Length -
SQLConditionJoinAnd. Length);
    }
    //返回完整的 SQL 查询语句
    return sqlStrWithoutWhere + whereClause;
}
```

运行网站，选择查询条件，输入关键字，查找到图书信息后，做更新图书信息的操作。细心的读者会发现，更新后，查询条件不再起作用了。这是因为，由于视图状态数据将发送到客户端，并仅经

过编码而未加密，出于安全考虑，不论数据源控件、数据绑定控件是否启用视图状态，SelectCommand 都不会被保存到视图状态，这就造成网页回发后对上次的查询失去“记忆”。请读者使用一个 Session 变量解决此问题。

6.5.2 实现复合查询功能

上例的查询字段可变，但全部是字符型字段，且每次查询只有一个条件字段，下面我们再来看多字段查询的例子。

例 6-18 开发复合条件的订单查询页面。

① 回顾例 6-7 至例 6-12 开发的某用户的个人订单信息页面 OrderInfo.aspx，新建类似的“OrdersQuery.aspx”页面，建立四行一列的布局表格，第 1 行单元格为标题“订单查询”；第 2 行为分隔线；第 3 行建立 9×4 的嵌套布局表格，设置其内联样式表为“margin: 0 auto; border: solid 1px brown”，即水平居中，棕色边框，把 Orders 表的所有字段对应的静态文本、输入值的控件都摆放在此表中，作为查询条件，其布局如图 6-75 所示，按照行主序的各控件分别设置 ID 为：TextBoxOrderId、TextBoxPostalcode、TextBoxUserName、TextBoxPhone、TextBoxRecipient、TextBoxTreatRemark、TextBoxAddress、CheckBoxOutputed、DropDownListSendMode、CheckBoxTreated、DropDownListPayMode、TextBoxStartDate、TextBoxEndDate，其中 DropDownListSendModes、DropDownListPayMode 控件分别绑定到 SqlDataSourceSendModes、SqlDataSourcePayModes 两个数据源控件，这两个数据源控件分别无条件查询 SendModes 表和 PayModes 表；“订货时间”行只有 2 个单元格，第 2 个单元格<td>标记的 ColSpan 属性值为 3，即占据了 3 列合并的位置，其中的两个图片按钮分别设置 ID 为“ImageButtonCalendarStart”和“ImageButtonCalendarEnd”，下一行的第 2、第 4 单元格放置了两个日历控件，ID 分别为“CalendarStart”、“CalendarEnd”，两个日历控件均配置 Visible 属性为 false，并自动套用不同的格式；最后一行的“搜索”、“清空”按钮 ID 分别为“ButtonSearch”、“ButtonClear”。

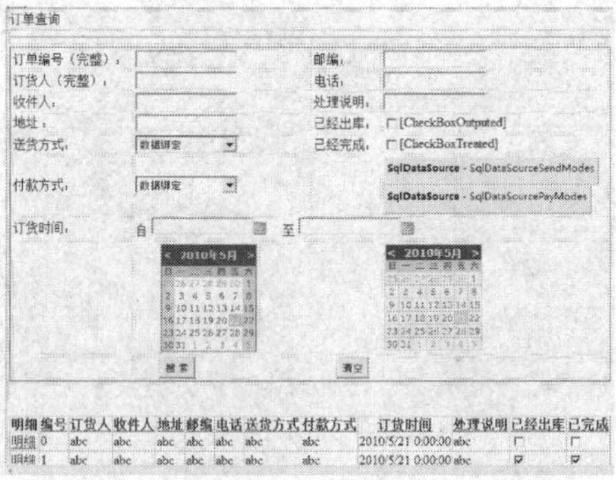

图 6-75 后台订单查询页面 OrdersQuery.aspx 的查询部分布局

② 外层表格第四行单元格建立与 OrderInfo.aspx 类似的布局：由于此页面是管理员使用的后台页面，因此不再需要按照用户进行条件查询，不要 DropDownList 控件，并且 SqlDataSourceOrders 数据源控件配置为无条件查询；GridViewOrders 控件中不再隐藏 UserName 和 Outputed 列，分别显示为“订货人”和“已出库”列；由于管理员无权删除、篡改客户订单，因此不再为 SqlDataSourceOrders、SqlDataSourceOderDetails、GridViewOrders、GridViewOrderDetails 控件建立相关的修改、删除命令和按钮列。在 GridViewOrders 的 EmptyDataTemplate 模板中输入静态文本“没找到符合条件的订单。”。

③ 使用日历控件协助输入的编程，请参考例 6-4，在订单详细信息中显示合计金额的编程，请参考例 6-12，本例主要讨论复合条件查询的编程。每个字段控件都可输入值，本例中，仅作多条件之间的“与”关系查询，掌握较好的读者可考虑如何增加控件和代码，实现用户自由选择每个条件之间是“与”还是“或”关系的查询，此处不再讨论。

界面提供的条件很多，为了此类查询的逻辑清晰、易维护，我们将界面处理和查询语句生成逻辑分开，分两步根据界面条件生成查询语句：第一步，根据界面控件提供的字段值生成键值对集合，以便于循环处理；第二步，循环处理键值对集合，生成查询语句。

生成键值对集合的代码如下：

```
private NameValueCollection buildSearchConditions()
{
    NameValueCollection searchConditions = new NameValueCollection();
    searchConditions.Add("o.OrderID", TextBoxOrderId.Text);
```

```
    searchConditions.Add("o.UserName", TextBoxUserName.Text);
    searchConditions.Add("o.Recipient", TextBoxRecipient.Text);
    searchConditions.Add("o.Address", TextBoxAddress.Text);
    searchConditions.Add("o.Postalcode", TextBoxPostalcode.Text);
    searchConditions.Add("o.Phone", TextBoxPhone.Text);
    searchConditions.Add("o.TreatRemark", TextBoxTreatRemark.Text);
    searchConditions.Add("o.Outputed", CheckBoxOutputed.Checked.ToString());
    searchConditions.Add("o.TreatCompleted", CheckBoxTreated.Checked.ToString());
    searchConditions.Add("o.SendModeID", DropDownListSendMode.SelectedValue);
    searchConditions.Add("o.PayModeID", DropDownListPayMode.SelectedValue);
    //订货时间条件的起止时间值以逗号分隔
    searchConditions.Add("o.OrderTime", TextBoxStartDate.Text + "," +
                                        TextBoxEndDate.Text);
    return searchConditions;
}
```

buildSearchConditions 方法根据界面控件、字段之间的对应关系，得到键值对集合，字段名为键名，查询值为键值，键、值均为字符串类型，其中“订货时间”条件的起止时间都放在同一键值对中，逗号分隔两个时间值，这必须和下面的查询语句生成方法对应。NameValueCollection 类属于“System.Collections.Specialized”命名空间。

为生成包含查询条件的 SQL 语句，不同 SQL 数据类型的字段处理方法是不同的，如对于字符型字段，可以进行“like”查询，其值必须加引号，而数值型的值不可进行“like”查询，其值加引号就有 SQL 语法错误；时间日期型一般是一个范围，不能进行等值查询；bit 型在 C#中是布尔型，“true”、“false”分别存储为数值“1”或“0”。所以，我们将各个查询条件分为四种类型处理：数值型、时间日期型、布尔型、字符型。

生成查询语句方法的框架代码如下：

```
private string getOrderSql(NameValueCollection searchConditions)
{
    //定义构建 where 子句的连接词字符串及无条件查询命令
    const string SQLConditionWhere = " where ";
    const string SQLConditionJoinAnd = " and ";
    const string OrderInfoSelectSql = "SELECT o.OrderID, o.UserName, o.Recipient,
      o.Address, o.Postalcode, o.Phone, s.SendModeName, p.PayModeName, o.OrderTime,
      o.TreatRemark,o.Outputed,o.TreatCompleted  FROM Orders AS o
      inner JOIN SendModes AS s on (o.SendModeID = s.SendModeID)
      inner JOIN PayModes AS p on (o.PayModeID = p.PayModeID) ";
    string whereClause = string.Empty;
    if (searchConditions.Count > 0)
    {
        whereClause = SQLConditionWhere;
        foreach (string key in searchConditions.AllKeys)
        {
            switch (key)
            {
                case "o.OrderID":
                case "o.SendModeID":
                case "o.PayModeID":
                    //处理数值型的代码
                    break;
                case "o.OrderTime":
                    //处理时间日期型的代码
                    break;
                case "o.Outputed":
                case "o.TreatCompleted":
                    //处理 bit 型的代码
                    break;
```

```
                default:
                    //处理字符型的代码
                    break;
                }
            }
            if (whereClause == SQLConditionWhere) whereClause = string.Empty;
            else whereClause = whereClause.Substring(0, whereClause.Length -
SQLConditionJoinAnd.Length);
        }
        return OrderInfoSelectSql + whereClause;
    }
```

代码流程类似于例 6-17 的 getBookSearchSqlBySimpleKeys 方法处理流程。其中无条件查询语句比较复杂，如果对 SQL 语句不够熟悉，可以在使用数据源配置向导配置好 SqlDataSourceOrders 控件后，复制其 SelectCommand 属性得到这一语句，但不可直接用“SqlDataSourceOrders.SelectCommand”代替代码中的“OrderInfoSelectSql”变量，因为我们为了“记忆”网页回发前的查询语句，会用 Session 记录和恢复上次的查询命令，这造成 SelectCommand 中的命令在运行后不再是无条件查询语句，而造成错误。代码中，NameValueCollection 的 AllKeys 集合属性包含了其所有的键，根据键名（即字段名）分类处理。

处理数值型的逻辑代码为：

```
if (searchConditions[key] != "")
{
    whereClause += "(" + key + "=" + searchConditions[key] + ")" + SQLConditionJoinAnd;
}
```

处理时间日期型的逻辑代码为：

```
if (searchConditions[key] != ",")
{
    string[] v = searchConditions[key].Split(',');
    string dStart = v[0];
    string dEnd = v[1];
    whereClause += "(" + key + ">='" + dStart + "') and (" + key + "<='" + dEnd + "')"
                + SQLConditionJoinAnd;
}
```

代码中，先将逗号分隔的键值分割为字符串数组，然后组合查询条件。

处理 bit 型的逻辑代码为：

```
bool check;
if (Boolean.TryParse(searchConditions[key], out check))
{
    if (check)//仅对选择进行条件查询。不选择视为忽略此条件，而不是 false
    {
        whereClause += "(" + key + "=1)" + SQLConditionJoinAnd;
    }
}
```

处理字符型的逻辑与例 6-17 的 getBookSearchSqlBySimpleKeys 方法类似，代码为：

```
if (searchConditions[key] != "")
{
    whereClause += "(" + key + " like '%" + searchConditions[key] + "%')" +
                SQLConditionJoinAnd;
}
```

在“搜索”按钮的 Click 事件时，为数据源控件查询命令赋值，以在页面生命周期执行到数据查询时提交数据库查询，代码如下：

```
protected void ButtonSearch_Click(object sender, EventArgs e)
{
    SqlDataSourceOrders.SelectCommand = getOrderSql(buildSearchConditions());
    Session["CurrentSql_OrdersQuery"] = SqlDataSourceOrders.SelectCommand;
}
```

代码中，用 Session 变量"记忆"本次查询命令。在 Page_Load 事件时，用此 Session 变量恢复数据源的查询：

```
protected void Page_Load(object sender, EventArgs e)
{
    if (Session["CurrentSql_OrdersQuery"] != null)
    {
    SqlDataSourceOrders.SelectCommand=Session["CurrentSql_OrdersQuery"].ToString();
    }
}
```

另外，由于"送货方式"、"付款方式"条件可以为空，而 DropDownList 控件不自动提供空白项，所以，将两个 DropDownList 控件的 PreRender 事件都委托到下述事件委托函数，以为其添加空白项：

```
protected void DropDownListSendMode_PayMode_PreRender(object sender, EventArgs e)
{
    DropDownList ddl = (DropDownList)sender;
    if (ddl.Items[0].Value != "") ddl.Items.Insert(0, "");
}
```

代码中需要判断语句的原因是，网页回发时，这两个 DropDownList 控件已经具有空白项。

"清空"按钮是服务器按钮控件，而不能使用 HTML"Reset"控件，因为它只将各文本框回复服务器端送来的初始值，因此不能清除日期文本框。该按钮的 Click 事件委托函数如下：

```
protected void ButtonClear_Click(object sender, EventArgs e)
{
    foreach (Control c in ((Button)sender).Parent.Controls)
    {
        if (c is TextBox) (c as TextBox).Text = "";
        if (c is DropDownList) (c as DropDownList).SelectedIndex = 0;
        if (c is CheckBox) (c as CheckBox).Checked = false;
    }
}
```

这段代码遍历"清空"按钮的父控件中的所有子控件，若其为文本框、下拉框、复选框等用户用来输入查询值的控件，则将其清空。

运行网站，测试查询，在程序中添加断点，观察程序执行情况。

6.5.3　自测

单项选择题

（1）关于 SqlDataSource 数据源的动态查询，说法错误的是（　　）。

（a）通过编程给 SelectCommand 属性赋不同的值，可以令 SqlDataSource 实现不同的查询

（b）通过编程给 UpdateCommand 属性赋不同的值，可以令 SqlDataSource 实现不同的更新

（c）通过配置多个 SelectedCommand 属性值，可以令 SqlDataSource 实现不同的查询

（d）对固定条件的查询，也可以利用编程实现参数赋值

（2）若设计在浏览器网页中，敲回车键即执行某个按钮的单击动作，应设置<form>的哪个属性？（　　）

（a）DefaultButton　　（b）DefaultFocus　　（c）Target　　（d）Action

（3）将某字符分隔的字符串处理为字符串数组，最方便的是使用字符串对象的什么方法？（　　）

（a）SubString　　（b）SubStr　　（c）IndexOf　　（d）Split

（4）动态查询中，SqlDataSource 控件的查询命令在网页回发后变成初始的查询命令，原因是（　　）。

（a）没有启用 SqlDataSource 的视图状态，因此不能保持动态设置的查询命令

（b）没有启用数据绑定控件的视图状态，因此不能保持动态设置的查询命令

（c）没有启用网页的视图状态，因此不能保持网页的所有动态信息

（d）ASP.NET 不将查询命令保存到视图状态，因此不能保持查询命令

（5）SQL 语句查询条件中，查询值必须加引号的数据类型是（　　）。

（a）bit 型　　（b）数值型　　（c）字符型　　（d）布尔型

（6）HTML 的“Reset”重置按钮不能清空由日历控件协助输入的文本框，原因描述错误是（　　）。

（a）HTML 按钮不能识别服务器控件

（b）“Reset”重置按钮只是将文本框恢复到响应网页的初始值

（c）通过日历控件给文本框赋值，是服务器端处理的结果

（d）浏览器得到的响应网页中日期文本框已经有值了

6.5.4 演练

1. 实验题目

开发图书信息高级搜索功能。

2. 实验目的

- 熟练掌握 DataList 控件的配置。
- 熟悉使用 SqlDataSource 控件完成动态复合查询的事件编程。

3. 实验内容

在完成例 6-16 的前提下，做如下工作：

① 在例 6-16 的 Default.aspx 页面中，增加一行两列的外层布局表格，将原内容放入右单元格。

② 左单元格宽度设为 180 像素，并嵌入 10 × 2 的布局表格，放入高级搜索所需的输入控件，如图 6-76 所示，设置该表格边框为“border: solid 1px #6593cf;”。

③“折扣”和“上架时间”下拉框均未绑定到数据源，而是通过任务按钮的“编辑项”静态指定其项，比如，“折扣”下拉框的项如图 6-77 所示。

图 6-76　高级搜索布局样式

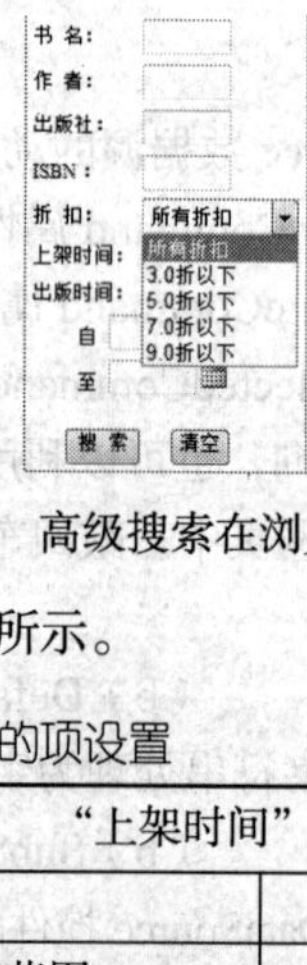

图 6-77　高级搜索在浏览器中预览

两个下拉框的各项显示文本和值的设置建议如表 6-1 所示。

表 6-1　“折扣”和“上架时间”下拉框的项设置

“折扣”下拉框		“上架时间”下拉框	
Text	Value	Text	Value
所有折扣	所有折扣	所有时间范围	所有时间范围
3.0 折以下	3.0	近 3 天	3
5.0 折以下	5.0	近 10 天	10

续表

"折扣"下拉框		"上架时间"下拉框	
Text	Value	Text	Value
所有折扣	所有折扣	所有时间范围	所有时间范围
7.0 折以下	7.0	近 30 天	30
9.0 折以下	9.0		

④ 提示："折扣"字段和"上架时间"字段条件需单独处理，模仿例 6-18 的"getOrderSql"方法中的相关代码，处理"折扣"字段的参考代码如下：

```
if (advancedSearchConditions[key] != "所有折扣")
{
    whereClause+="("+key+"<="+advancedSearchConditions[key]+")"+SQLConditionJoinAnd;
}
```

处理"上架时间"字段的参考代码如下：

```
if (advancedSearchConditions[key] != "所有时间范围")
{
    whereClause += "(datediff(d," + key + ",'" + DateTime.Now + "')<=" +
                                advancedSearchConditions[key] + ")" + SQLConditionJoinAnd;
}
```

其中"datediff "是 T-SQL 语言中得到时间间隔的函数，具体使用方法请查阅 T-SQL 帮助。

4. 实验步骤

由读者写出。

5. 实验总结

由读者写出。

6.6 决策与计划

6.6.1 决策

本章学习情境是网上书店系统的后台管理，主要应用了数据库技术，包括数据获取技术和数据呈现技术。

在数据获取技术方面，可以采用基于 ADO.NET 的基本结构中的组件来完成数据获取，这需要编写较多的代码，但程序员可以获得更多的控制，如何时执行数据访问、直接操作结果数据集等；此外，可以使用 ASP.NET 所提供的丰富的数据源控件，在快速构建数据访问网页的同时，可以通过相关控件的事件对数据操作的内置功能进行有限干预。网上书店系统的后台管理的需求中的功能都可以用数据源控件实现，因此我们选择后一种方案。

在数据呈现技术方面，可以选择不进行数据绑定的普通控件，通过程序代码读写控件属性的值，来呈现数据，这往往和基于 ADO.NET 基本结构的数据获取技术配合使用；然而，对于重复显示的结构化数据，使用 ASP.NET 提供的数据绑定控件，可以实现快速开发，与数据源控件配合，免去对选择、分页、排序等一般性功能的重复开发工作。网上书店系统的后台管理采用各种数据绑定控件。

6.6.2 计划

根据本章前面对网上书店后台管理的功能需求分析，结合在基本知识中掌握的数据源控件、数据绑定控件的配置及其编程技术，我们对开发网上书店后台管理进行如下技术计划。

1. 订单管理

（1）订单查询。订单查询网页设计为 2 个功能部分。

① 查询交互部分，主要采用多个普通控件，供管理员输入查询条件，进行复合搜索，使用 SqlDataSource 数据源控件进行动态查询。

② 订单信息部分，使用 GridView 控件显示订单，GridView 控件显示明细信息及金额合计，金额合计需要事件编程。

实际上，我们已经以介绍复合查询编程为目的，在例 6-18 中实现了订单查询页面。

（2）订单处理。订单处理网页设计为 3 个功能部分。

① 未处理订单列表部分，采用 GridView 控件实现显示，SqlDataSource 控件实现静态查询。

② 订单处理部分，采用 DetailsView 控件实现编辑，SqlDataSource 控件实现静态查询及更新。

③ 订单明细部分，采用 GridView 控件实现显示，对其进行事件编程实现金额合计。

2. 入库管理

（1）新书入库。采用 FormView 控件实现，以自由布局用户界面；仍使用 SqlDataSource 控件，调用存储过程，实现新增图书的数据库插入操作。为减少攻击，为用户输入控件添加验证控件。

由于在用户指定图片文件情况下，不但需要将图片路径字符串信息记录到数据库中，还需要上传用户指定的图片文件，所以需要对 FormView 控件进行事件编程来处理这一逻辑。

为协助用户输入“类别编号”等信息，还在 FormView 模板中加入 ImageButton 控件、日历控件、自定义的类别树控件等，并进行相关的事件编程。

（2）入库查询。根据不同的图书信息字段、关键字查询入库信息表中的信息，这是典型的动态查询。采用 GridView 控件和 SqlDataSource 控件实现。

3. 图书管理

（1）图书信息修改。类似入库查询，根据不同的图书信息字段、关键字查询图书信息表中的信息，是典型的动态查询。为灵活定制用户界面，采用 FormView 控件绑定数据。

实际上，我们已经以介绍 FormView 控件和关键字查询编程为目的，在例 6-15 和例 6-17 中实现了图书信息修改页面。

（2）类别管理。为了新建、删除修改类别信息，采用 DetailsView 控件配合 SqlDataSource 进行数据库操作。

实际上，我们已经以介绍 DetailsView 控件为目的，在例 6-13 和例 6-14 中实现了类别管理页面。

4. 会员管理

会员管理需要 ASP.NET 成员资格管理知识，本章暂不实现该页面。

6.7 实施

下载 Chapter6Learnsituation 代码，此代码已经包含本章学习情境所需的网站环境，只需开发与后台管理相关的数据库操作页面。

6.7.1 订单管理实施

1. 订单查询

订单查询页面 OrdersQuery.aspx 的设计和逻辑处理参见例 6-18。请注意为便于代码的管理，例 6-18 中的 getOrderSql 方法，在 Chapter6Lernsituation 学习情境网站中，改在 App_Code/Db.cs 中声明为 GetOrderSqlB 方法，请在 App_Code/Db.cs 中找到“第 6 章读者需编写的部分”，以实现此方法。

2. 订单处理

订单处理页面 OrdersProcess.aspx 设计描述如下。

① 使用一个 GridView 控件显示所有未处理完成的订单，显示除了“已出库”、“已完成”、“处理说明”字段外的所有字段，每行显示“处理”链接。

② 单击 GridView 的“处理”链接时，在一个 DetailsView 中显示“订单编号”、“已出库”、“已完成”、“处理说明”四个字段的详情，并允许编辑，编辑链接文本为“处理”。其中：

- “订单编号”只读。
- “已出库”显示为复选框，编辑状态下，若未出库，复选框显示文本为“选中即出库，不可撤销”；若已出库，则此复选框不可操作，显示文本为“已经出库，不能撤销，退货做入库处理”。
- “处理说明”在编辑状态下对应的文本框宽度为 400 像素，多行显示，并可正常显示换行符。
- “已完成”显示为复选框，编辑状态下，复选框显示文本为“选中即置为完成，不可再处理”。

提示：除“订单编号”的字段均应转换模板列。在文本框呈现前，将文本中的“\r\n”字符替换为“
”标记字符，以在网页中正常显示换行符。

③ 单击前述 GridView 的“处理”链接时，在另一个 GridView 控件中显示该订单的购书明细，并能合计金额。提示：参考例 6-12。

（1）界面设计。设计订单处理界面如图 6-78 所示。

页面分为 3 个主从部分：未完成订单列表是主表部分，订单处理、订单明细是从表部分。未完成订单列表列出所有未完成的订单，其“处理”列实际上是“选择”列，单击某行的“处理”链接后，该行的键值（DataKeyNames 列的值）将在订单处理部分和订单明细部分显示，其中订单处理部分可供修改和保存。

未完成订单列表部分数据源控件 SqlDataSourceUntreatedOrders 的查询命令设计如图 6-79 所示。该控件不需要更新、插入、删除命令。

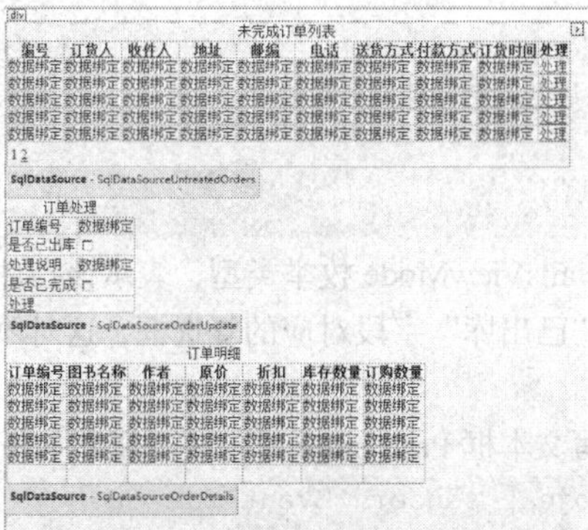

图 6-78　订单处理页面设计

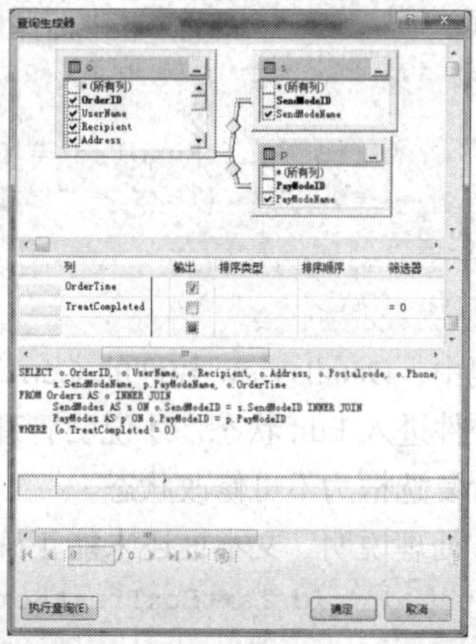

图 6-79　SqlDataSourceUntreatedOrders 控件的查询命令

用于显示未处理订单列表的 GridViewUntreatedOrders 控件，启用分页、排序、选定，编辑其 EmptyDataTemplate，显示“没有未完成的订单。”字样，其 DataKeyNames 属性值为“OrderID”。

SqlDataSourceOrderUpdate 控件的查询命令需要以 GridViewUntreatedOrders 控件的选定行的 DataKeyNames 属性确定的主键列的值为参数，该查询命令的设计如图 6-80 所示。该控件需要生成 Update 命令，可在类似图 6-19 的数据源配置对话框中，单击“高级”按钮，生成 Update 命令，由于 Orders 表包含一个触发器，所以数据库管理系统将自动维护订单“已出库”状态和相关库存数量的一致性。

用于进行订单处理的 DetailsViewTreatOrder 控件启用编辑。设计其 EmptyDataTemplate，显示“请选择一个未完成的订单。”字样。隐藏 OrderID 列，并将 Outputed、TreatRemark、TreatCompleted 3 列都转换为模板列，修改其 EditItemTemplate，其列模板的设计如图 6-81 所示。

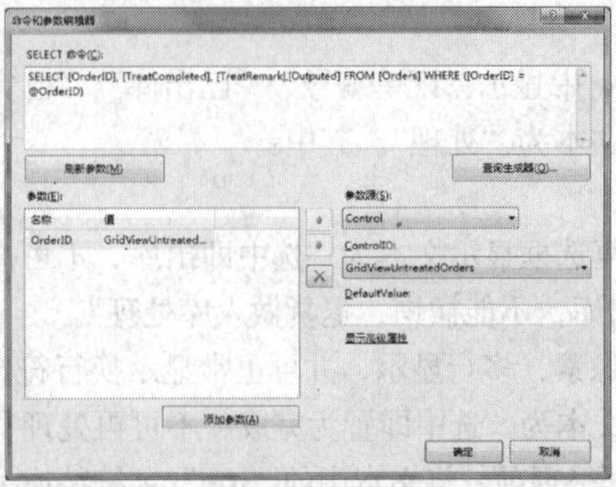

图 6-80　SqlDataSourceOrderUpdate 控件的查询命令

图 6-81　DetailsViewTreatOrder 控件的模板列设计图

订单明细部分参见订单查询页面。

（2）逻辑处理。通过上述设计，OrdersProcess.aspx 页面已经为网站管理员提供了订单处理的界面，通过配置，已经可以进行未处理订单查询、查看明细、编辑、保存等功能。但还需要编程解决以下问题。

①“已出库”状态的订单应不允许再次被修改，并以友好文字提示管理员，如“已经出库，不能撤销，退货做入库处理”等。编写订单处理的明细表 DataBound 事件委托函数如下：

```
protected void DetailsViewTreatOrder_DataBound(object sender, EventArgs e)
{
    if (DetailsViewTreatOrder.CurrentMode == DetailsViewMode.Edit)
    {
        CheckBox cbOutput =
            (CheckBox)DetailsViewTreatOrder.FindControl("CheckBoxOutputed");
        if (cbOutput != null && cbOutput.Checked)
        {
            cbOutput.Enabled = false;
            cbOutput.Text = "已经出库，不能撤销，退货做入库处理";
        }
    }
}
```

代码中，DetailsView 控件的 CurrentMode 属性是 DetailsViewMode 枚举类型，表示该控件当前的状态，控件进入 Edit 状态，才说明管理员可能希望修改“已出库”字段对应的复选框，这时才予以提示，并置复选框为不可修改状态。

②“处理说明”文本框还未能正确显示换行符。编写文本框 PreRender 事件委托函数如下：

```
protected void TextBoxTreatRemark_PreRender(object sender, EventArgs e)
{
    TextBox tb = (TextBox)sender;
    tb.Text = tb.Text.Replace("\r\n", "<br/>");
}
```

代码中，利用事件委托函数的 sender 参数，获取对文本框的访问，再替换其文本。

③ 订单明细表应显示合计金额。解决代码参见订单查询页面，即例 6-18。

④ 订单处理保存后，数据未自动更新显示。编写 SqlDataSourceOrderUpdate 控件的 Updated 事件委托函数如下：

```
protected void SqlDataSourceOrderUpdate_Updated(object sender,
SqlDataSourceStatusEventArgs e)
{
```

```
        DataBind();
    }
```

此事件在订单处理更新（即保存）后发生。代码中，使用页面的 DataBind 方法，使页面中数据绑定控件中的数据与数据库同步。

6.7.2　入库管理实施

1. 新书入库

新书入库页面 BookInput.aspx 页面设计描述如下。

① 使用一个 FormView 控件，默认显示插入模板，供输入所有图书信息字段，除“图片文件”、“内容提要”、“目录”3 字段外，其他均为必填项，并不允许“定价”、“进价”超出 0.01～100000 范围，不允许“出版日期”超出“1753-1-1”～“2999-12-30”的范围，不允许“数量”超出 1～100000 范围，不允许“页数”超出 10～100000 范围。

② 使用 ImageButton 和 Calendar 控件协助输入“出版日期”值，使用 ImageButton 和 UC_CategoryTree 用户控件协助输入“类别”值，使用 UC_UploadImageFile 用户控件处理“图片文件”上传。

③“内容提要”和“目录”均为多行文本框，宽度 400 像素。本页面的实施与图书信息修改页面有些相似，可以参考例 6-15。

（1）界面设计。新书入库页面使用表格布局。除标题外，包含一个 FormViewBookInput 数据绑定控件和 SqlDataSourceBooks 数据源控件，还有一个 LabelMsg 标签控件显示入库是否成功等信息。其中，FormViewBookInput 控件的 DefaultMode 属性值为“Insert”，即默认显示其 InsertItemTemplate 模板。页面的设计如图 6-82 所示。

FormViewInput 控件的 InsertItemTemplate 模板也采用表格布局，除“图片文件”、“内容提要”、“目录”3 个字段外，每个字段都有 RequiredFieldValidator 输入验证，“定价”、“进价”、“出版日期”、“数量”、“页数”字段还带有 RangeValidator 输入验证。各验证控件的设计比较类似，以“定价”字段的 RangeValidator 为例，其 ControlToValidate 属性为“TextBoxBookPrice”，ErrorMessage 属性为“不允许定价超出（0.01～100000）范围”，MaximumValue 属性为“100000”，MinimumValue 属性为“0.01”，Type 属性为“Double”。

设计 SqlDataSourceBooks 控件的 SelectCommand 属性为“select top 1 * from Books”，InsertCommand 为存储过程“BookInput”，由于 FormViewInput 控件 InsertItemTemplate 的各个子控件已经进行了数据绑定，所以不必再手工设置 InsertCommand 的各个参数源。

LabelMsg 的 ForeColor 属性为“Red”。

（2）逻辑处理。本部分代码的解释请参考例 6-15。

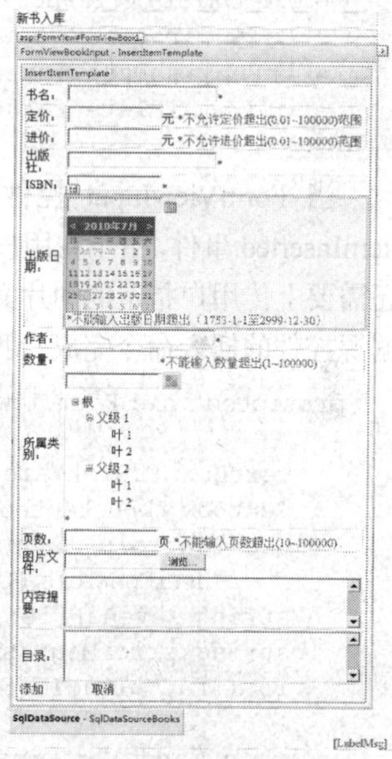

图 6-82　新书入库页面设计

编写 Page_Load 事件委托函数完成类别树控件 UC_CategoryTree1 的 SelectedNodeChanged 事件绑定。

```
protected void Page_Load(object sender, EventArgs e)
{
    UserControls_UC_CategoryTree categoryTree =
     (UserControls_UC_CategoryTree)FormViewBookInput.FindControl("UC_CategoryTree1");
    categoryTree.SelectedNodeChanged += uc_CategoryTree_SelectedNodeChanged;
}
```

编写类别树控件的 SelectedNodeChanged 事件委托函数，协助管理员输入图书类别数据，并隐藏类别树控件。

```
void uc_CategoryTree_SelectedNodeChanged(object sender, EventArgs e)
{
    UserControls_UC_CategoryTree categoryTree = (UserControls_UC_CategoryTree)sender;
    TextBox tbCategoryId = (TextBox)FormViewBookInput.FindControl ("TextBoxCategoryID");
    tbCategoryId.Text = categoryTree.CurrentNode.Value;
    categoryTree.Visible = false;
}
```

编写 ImageButtonShowCategoryTree 控件的 Click 事件委托函数，显示/隐藏类别树控件。

```
protected void ImageButtonShowCategoryTree_Click(object sender, ImageClickEventArgs e)
{
    UserControls_UC_CategoryTree categoryTree =
     (UserControls_UC_CategoryTree)FormViewBookInput.FindControl("UC_CategoryTree1");
    categoryTree.Visible = !categoryTree.Visible;
}
```

类似地，编写日历控件的显示/隐藏代码。

```
protected void ImageButtonShowCalendarPublishDate_Click(object sender,
ImageClickEventArgs e)
{
    Calendar cld = (Calendar)FormViewBookInput.FindControl("CalendarPublishDate");
    cld.Visible = !cld.Visible;
}
```

编写日历控件的 SelectionChanged 事件，协助管理员输入出版日期，并隐藏日历控件。

```
protected void CalendarPublishDate_SelectionChanged(object sender, EventArgs e)
{
    TextBox tbPublishDate =
  (TextBox)FormViewBookInput.FindControl ("TextBoxBookPublishDate");
    Calendar cld = (Calendar)sender;
    tbPublishDate.Text = cld.SelectedDate.ToShortDateString();
    cld.Visible = false;
}
```

当 FormViewInput 控件中的“添加”链接按钮被单击，将依次触发该控件的 ItemInserting、ItemInserted 事件。由于在用户指定图片文件情况下，不但需要将图片路径字符串信息记录到数据库中，还需要上传用户指定的图片文件，所以新书入库逻辑并不仅仅是一个简单的数据插入操作，难以用数据源控件的插入命令完成，我们对 FormView 控件进行事件编程来处理这一逻辑。

```
protected void FormViewBookInput_ItemInserting(object sender, FormViewInsertEventArgs e)
{
    TextBox tbBookName = (TextBox)FormViewBookInput.FindControl("TextBoxBookName");
    TextBox tbBookAuthor = (TextBox)FormViewBookInput.FindControl ("TextBoxBookAuthor");
    UserControls_UC_UploadImageFile fu =
        (UserControls_UC_UploadImageFile)FormViewBookInput.FindControl("UC_UploadImageFile1");
    string saveAsFileName = "~/BookPics/" + tbBookName.Text + "_" + tbBookAuthor.Text;
    string errorMsg, saveDbFileName="";
    if (!fu.UploadImgFile(saveAsFileName,ref saveDbFileName, out errorMsg))
    {
        e.Cancel = true;
        LabelMsg.Text = errorMsg;
    }
    else
    {
        e.Values["BookImage"] = saveDbFileName;
        LabelMsg.Text = "";
    }

    e.Values["BookAddTime"] = DateTime.Now;
}
```

在 ItemInserting 事件委托函数中，执行新书入库的数据表插入操作，进行插入操作前，先上传图片文件。若上传错误，则不可插入。未指定图片文件，视为无错误。若存在图片文件，且扩展名合法，则保存到～/BookPics 文件夹，扩展名不变，以“书名_作者”为文件名。若未指定图片文件，也执行插入操作，即图片文件可以为空。UserControls_UC_UploadImageFile 用户控件的 UploadImgFile 方法完成对图片文件的检查、上传，并得到可存储与数据库中的图片文件路径（不包含非法 URL 字符，如“#”），若上传图片文件失败，还将得到错误信息。代码中，设定上架时间为现在服务器时间。

ItemInserting 事件和 ItemInserted 事件之间将执行数据源的插入操作，FormView 的插入操作绑定到了 BookInput 存储过程，该存储过程将启动一个事务，先判断 Books 表中是否已经存在该图书，若存在，而且提供了摘要和目录，则 Books 表中对应图书的数量增加，并更新摘要和目录；若未提供摘要和目录，则只增加数量；若不存在，插入 Books 表。最后插入 Insert 表。该存储过程没有像订单处理中的出库那样使用一个触发器来维持图书数量。

插入操作完成后，利用 ItemInserted 事件，设置事件环境参数 e 的 KeepInInsertMode 属性，以保持 FormView 的插入模板，并使用参数 e 的 AffectedRows 属性，判断影响的行数，提示是否插入成功。插入成功时，AffectedRows 属性为 1，即影响到 1 条数据行；插入不成功时，AffectedRows 为 0，即没影响任何数据行。

```
protected void FormViewBookInput_ItemInserted(object sender, FormViewInsertedEventArgs e)
{
    e.KeepInInsertMode = true;
    if (e.AffectedRows > 0)
    {
        LabelMsg.Text = "新书入库成功!";
    }
    else
    {
        LabelMsg.Text = "新书入库失败! ";
    }
}
```

最后，用户单击“取消”链接按钮时，清除 FormView 的所有文本框以及消息标签。使用 HTML 的 Reset 类型的按钮，只将各文本框回复服务器端送来的初始值，并不能清空日期文本框等控件。

```
protected void InsertCancelButton_Click(object sender, EventArgs e)
{
    foreach (Control c in FormViewBookInput.Controls)
    {
        if (c is TextBox)
        {
            (c as TextBox).Text = "";
        }
    }
    LabelMsg.Text = "";
}
```

上述代码遍历 FormViewInput 控件的子控件，判断子控件类型是否为 TextBox 类型，若是文本框，则清除其 Text。

2. 入库查询

入库查询页面 InputQuery.aspx 设计为：根据图书信息中某个字符串型字段的关键字（多个关键词以空格分隔），查询已入库的图书信息，以 GridView 表格显示在网页中。

（1）界面设计。本学习情境网站已经包含关键字查询图书信息的用户控件 UserControls_UC_BookSearch，该控件将为 SqlDataSource 数据源控件提供查询语句，因此，本页面只包含 3 类主要控件：UserControls_UC_BookSearch、GridView、SqlDataSource，如图 6-83 所示。

图书关键字查询用户控件的 ID 为“UC_BookSearch1”，SqlDataSource 控件的 ID 为“SqlDataSourceInputBooks”。

（2）逻辑处理。UC_BookSearch1 控件提供了 SelectSqlStrWithoutWhere 只写属性，由调用方初始化赋值为不包含 where 子句的 Select 语句，还提供了 SearchClick 事件，此事件在按钮被单击后发生，此时控件的另一个只读属性 SelectSqlStr 的值为包含 where 子句的 Select 语句，应由调用方建立事件委托，使用 SelectSqlStr 属性进行查询操作。

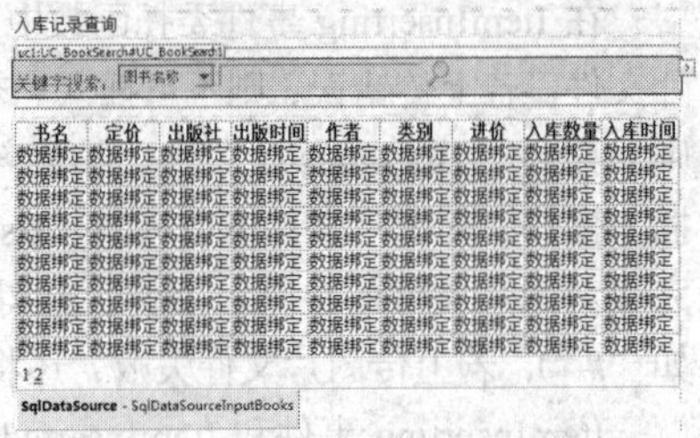

图 6-83　入库查询页面设计

在 Page_Load 事件委托函数中初始化用户控件 UC_BookSearch1 的代码如下：

```
protected void Page_Load(object sender, EventArgs e)
{
    UC_BookSearch1.SelectSqlStrWithoutWhere = Db.InputSelectSqlB;
    UC_BookSearch1.SearchClick += new EventHandler(UC_BookSearch1_SearchClick);
}
```

代码中，Db.InputSelectSqlB 是在 Db 类中声明的 Select 语句：

```
public static readonly string InputSelectSqlB = "SELECT Books.BookName,Books.BookPrice,
Books.BookPublisher, Books.BookPublishDate, Books.BookAuthor,Books.CategoryID,
input.InputPrice, input.InputQuantity, input.InputTime FROM Books INNER JOIN input ON
Books.BookID = input.BookID";
```

在 Db 类中声明此语句，有利于数据库访问代码的集中维护。

用户控件 UC_BookSearch1 的 SearchClick 事件委托函数代码如下：

```
void UC_BookSearch1_SearchClick(object sender, EventArgs e)
{
    SqlDataSourceInputBooks.SelectCommand = UC_BookSearch1.SelectSqlStr;
    //如果启用 GridView 的视图状态，则需要在此处增加 DataBind()语句，以显示与关键字吻合
    //的数据
}
```

因为在页面生命周期中，数据绑定发生在呈现阶段初期，晚于事件处理，所以，在 SearchClick 事件处理中，仅需要给数据源 SelectCommand 赋值即可。注意不要启用本页面 GridView 控件的视图状态，否则引起在清空查询关键字情况下，生成的查询语句与初始查询语句相同，ASP.NET 不再重新绑定数据，造成不能再查询所有图书的现象。

6.7.3　图书管理实施

1. 图书信息修改

图书信息修改页面 ModifyBooks.aspx 的设计和逻辑处理参见例 6-15 和例 6-17。请注意为便于代码的管理，例 6-17 中的 getBookSearchSqlBySimpleKeys 方法在 Chapter6Lernsituation 学习情境网站中已经被用户控件 UserControls_UC_BookSearch 封装，关键字查询部分直接使用 UserControls_UC_BookSearch 用户控件即可。

2. 类别管理

类别管理页面 CategoryManage.aspx 的设计和逻辑处理参见例 6-13 和例 6-14。

6.8　检查与评价

1. 检查

（1）功能检查。

① 页面链接及资源名检查：可否从管理主页 ManageMain.aspx 链接至每一个管理页面链接。

② 页面布局初步检查：根据页面设计，检查主要浏览器（本书为 IE）页面布局及信息格式。

③ 检查按钮的功能是否正确：如插入、修改、删除等按钮功能是否正确。

④ 输入类型检查：在应该输入指定类型的内容的地方输入其他类型的内容（如在应该输入整型的地方输入其他字符类型），看系统是否检查字符类型，会否报错。

⑤ 标点符号检查：输入内容包括各种标点符号，特别是空格、各种引号、回车键。看系统处理是否正确。

⑥ 中文字符处理：输入中文，特别是新书入库页面（或图书信息修改页面）的图片文件名称，看能否正确显示图片。

⑦ 对照计划，按照工作流程检查新增、查询、修改、删除功能是否满足需求，注意页面所显示信息是否完整。

⑧ 数据相关性检查：删除/增加一项会不会对其他项产生影响，如果产生影响，这些影响是否都正确。

（2）性能检查。

多用户登录同一页面，是否可以正常访问：发布网站到 IIS 中，多机访问进行测试检查。

（3）其他检查。

① 代码规范性检查：命名规则检查，合理使用注释语句。

② 界面布局检查：非 IE 浏览器是否可以正常显示等。

③ 输入边界检查：用户输入错误信息时程序健壮性如何。

2. 评价

（1）功能评价。

① 功能完整性评价：已实现功能与需求和计划的吻合程度。

② 数据一致性评价：存储数据的完整性、一致性，页面显示与存储数据的一致性，多用户、多页面显示的一致性。

③ 用户体验评价：书店后台管理的便利性。

（2）性能评价。

① 是否尽量使用静态文本。

② 是否关闭不必要的 ViewState：这可以通过在浏览器中查看源文件进行检查、评价。

③ 是否存在多余的数据访问：除了通过网站代码中增加断点等方式观察数据访问相关事件的触发次数外，使用 SQL Server 性能工具（SQL Server Profiler）跟踪数据访问是更好的方式，安装 SQL Server 2005/2008 标准版以上版本后，“Microsoft SQL Server”程序组中的“性能工具”中即包含“SQL Server Profiler”，启动后的界面如图 6-84 所示。

单击工具按钮，以对某个 SQL Server 服务器建立跟踪，出现如图 6-85 所示的对话框。

由于我们学习情境的数据库是附加在名称为“.\Sqlexpress”的 SQL Server 2005 Express 数据库服务器实例中，所以“服务器名称”为“.\Sqlexpress”，“身份验证”方式为“Windows 身份验证”，单击“连接”按钮，出现如图 6-86 的“跟踪属性”对话框。

图 6-84　SQL Server 2008 标准以上版的性能工具 SQL Server Profiler

图 6-85　新建跟踪时的连接服务器对话框

我们仅希望监视普通 Transanct-SQL 命令的提交情况，在“使用模板”列表框中，选择“TSQL”项即可，在“事件”选项卡中可以设置监视该 SQL Server 实例的哪些事件，但选择了模板后，就不必再对“事件”选项卡进行设置，单击“运行”按钮，即开始执行跟踪。

运行设计好的本章学习情境网站，访问“订单查询”页面后的跟踪情况如图 6-87 所示。请注意，在网站数据连接字符串中，不要设置用户实例访问（不要包含“User Instance = true”字样）。

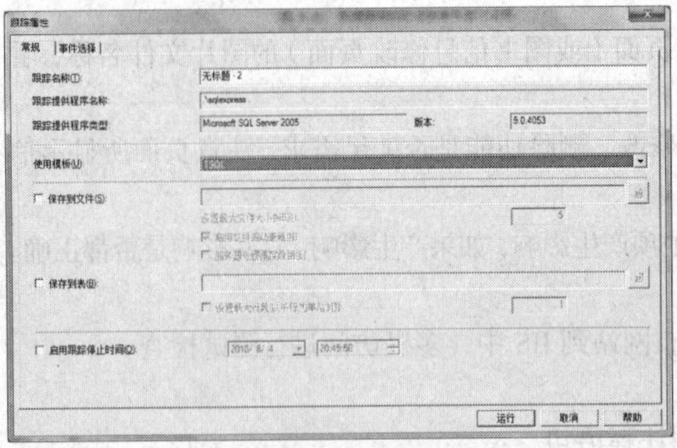

图 6-86 “跟踪属性”对话框

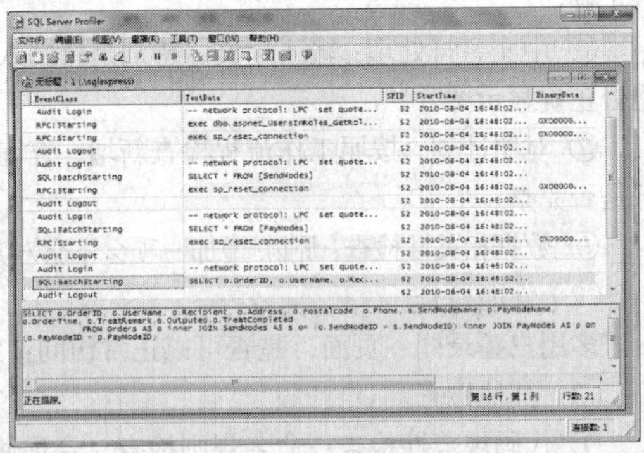

图 6-87 对“订单查询”页面的 SQL 命令跟踪情况

“EventClass”列为跟踪到的事件，“TextData”列包含执行的 T-SQL 命令文本，选中某行，下方可以查看完整的 T-SQL 命令。

SQL Server Express 2005 中并不包含 SQL Server Profiler 工具，如果未安装标准版以上版本，可以下载单独的免费 AnjLab Sql Profiler 性能工具（本书支持网站已包含此下载），其使用方法与上述 SQL Server Profiler 类似，但在类似图 6-86 的“Trace Properties”对话框中不能使用模板，需要在“Events”选项卡中选择要跟踪的事件，“TSQL”模板相当于 Audit Login、Audit Logout、RPC:Starting、SQL:BatchStarting 等事件，选中即可，如图 6-88 所示，其他不再赘述。

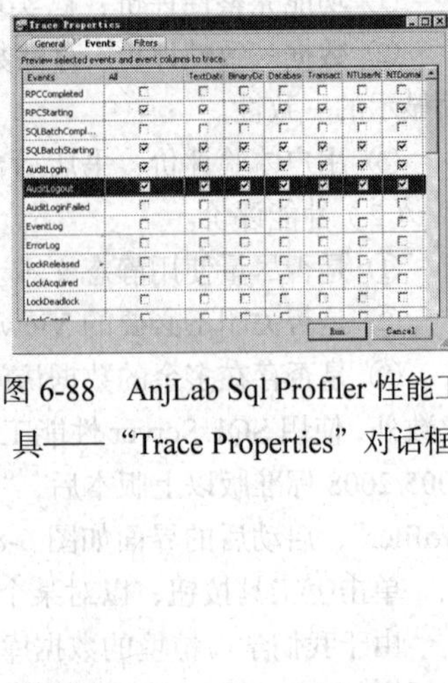

图 6-88 AnjLab Sql Profiler 性能工具——“Trace Properties”对话框

（3）其他评价。

① 代码要合理缩进，合理运用 Pascal 和 camel 命名规则。

② 每个方法要有 XML 注释，复杂的算法要有注释。

③ 作为完整功能的网上书店的购物车部分，应该足够重视界面的多浏览器支持。

6.9 训练

1. 题目

网上书店分时间段销售图书统计。

2. 要求

下载本章的学习情境代码 Chapter6Lernsituation，在 Managers 文件夹下，添加 aspx 页面 SalesStatistics.aspx，允许管理员输入起、止时间，对此时间段内每种图书的总销量进行计算、排序，用列表显示。

页面执行后的基本效果如图 6-89 所示，请根据本章基本知识实现这一功能。

完成基本功能后，请优化此页面的布局，并以日历控件协助管理员输入起、止日期。

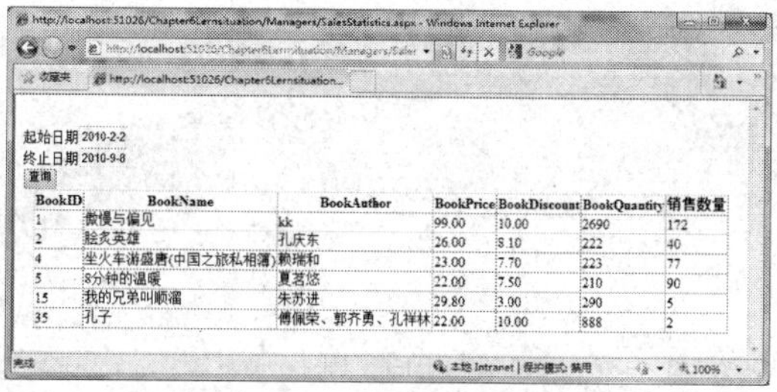

图 6-89　分时间段销售图书统计

3. 提示

此功能可以用如下的 SQL 语句完成：

```
SELECT b.BookID, b.BookName, b.BookAuthor, b.BookPrice, b.BookDiscount,
    b.BookQuantity, o.销售数量
FROM Books AS b INNER JOIN
        (SELECT TOP (100) PERCENT odd.BookID, SUM(odd.Count) AS 销售数量
       FROM OrderDetails AS odd INNER JOIN
            Orders AS od ON od.OrderID = odd.OrderID
       WHERE (od.OrderTime BETWEEN @startDate AND @endDate)
       GROUP BY odd.BookID
       ORDER BY 销售数量 DESC) AS o ON b.BookID = o.BookID
```

若不想深入研究 T-SQL 语法，可直接套用之。

第7章 学习情境：网站统一化管理及美化

7.1 学习情境引入

7.1.1 功能需求

在前面几个学习情境的学习过程中，不管是图书详细介绍页面的设计还是跨页面数据传递的实现，在设计网页时都是逐个布局设计的，而随着网站功能要求的不断增强，网站规模也逐渐庞大，一个网站可能由几十个、上百个甚至更多的网页组成，其中可能有很多网页呈现类似的内容，同时要求具有统一的风格，例如我们网上书店管理系统中，首页、图书详细介绍页面及购物车页面等都具有相同的顶部信息和底部版权说明信息，在顶部信息中包括相同的Logo，以及注册、登录、日期显示、加入收藏夹、设为首页及导航到首页、购物车、订单等的链接。如果我们在设计这些网页时仍然按部就班地都逐个设计，在设计过程中就会做很多重复工作，即使是使用复制和粘贴功能，也势必影响设计的效率；另一方面，网站完成后，在后期的测试过程中，客户可能提出一些页面设计方面的改进建议，假设要求改进的是多个页面中的相同部分，我们也必须单个页面进行修改。

7.1.2 功能展示

ASP.NET为我们提供了一种从整体上管理整个网站设计风格的技术，既提高了开发时的效率，又便于后期设计风格方面的维护，网上书店管理系统大量应用了相关技术。

1. 母版页

“母版页”可以使程序员从整体上来设计网站统一风格的部分，如本书网上书店系统中母版页的部分界面如图7-1、图7-2所示。

图7-1　母版页头部

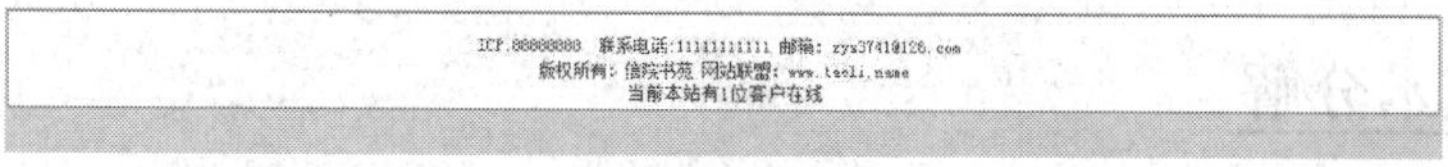

图 7-2　母版页底部

在本书网上书店的前台页面都包含了母版页头部和母版页底部这两个公共部分，所以我们把这两部分抽出来做到母版页上，既提高了设计的效率，又减轻了后期的维护成本。

2. 导航控件

后台管理中使用了菜单控件导航，如图 7-3 所示。

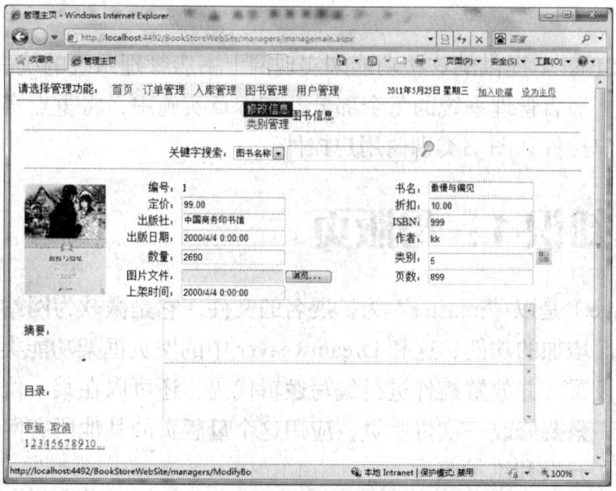

图 7-3　后台管理页面的菜单导航

3. 用户控件

前台母版页和后台管理页面都使用了“显示日期、设为首页、加入收藏”功能，以及关键字搜索功能，把这些重复设计抽出来，做成“用户控件”，可以像其他控件那样重复使用，如图 7-4、图 7-5 所示。

首页还使用了图书类别树用户控件，实现按图书类别导航的功能，如图 7-6 所示。

图 7-4　显示日期、加入收藏、设为首页的用户控件

图 7-5　关键字搜索用户控件

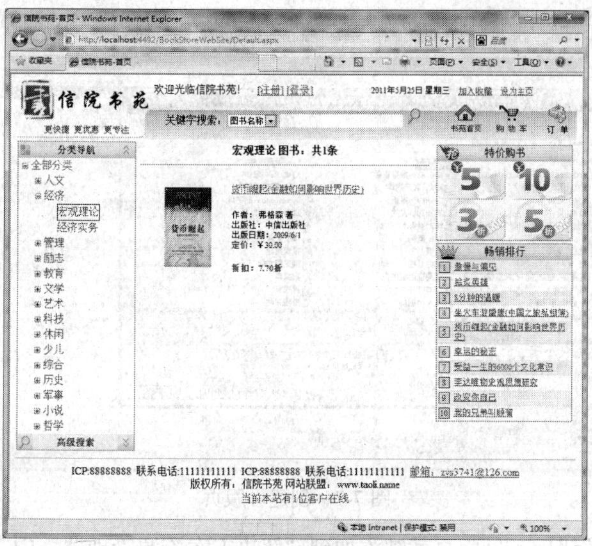

图 7-6　在首页中按图书类别导航

7.1.3 技术分解

根据展示，明显可以看到的统一化管理和美化技术有母版页、导航控件、用户控件等。

实际上网上书店管理系统还使用了其他相关技术。前面章节中我们介绍了“级联样式表”CSS，来控制 HTML 元素显示的外观，但是 CSS 的属性定义并不与服务器控件的外观属性一一对应，用 CSS 控制服务器控件显示的外观并不方便，这时我们就用到了 ASP.NET 提供的另一项功能“主题与皮肤”，网页的主题与皮肤可通过程序进行切换，皮肤（外观文件）可以很好地控制服务器控件显示外观。

主题可以单个页面应用，也可以整个网站统一应用，在整个网站统一应用时要用到“web.config”配置文件。

本章我们要利用 ASP.NET 提供的这些功能来实现网上书店管理系统的统一化管理及美化。由于这些技术的应用渗透到网上书店管理系统的每个部分，在本章实施中，将重点实现前台母版页的逻辑部分，以及关键字搜索用户控件和图书类别树用户控件。

7.2 基本知识 1：母版页

母版页（Master Page）是以“.master”为扩展名的文件，它是微软为网站开发中全部或者部分网页具有统一的布局结构而增加的功能，这和 Dreamweaver 中的网页框架功能类似，在母版页中可以像一般网页一样进行布局设置，并放置控件进行编写逻辑代码，还可以在某一位置或多个位置给应用此母板页的网页留出空间，只要修改一次母版页，应用这个母版页的其他所有网页随之改变，这进一步提高了开发效率，降低了开发和维护难度。

7.2.1 母版页的创建方法

例 7-1 使用 VS 2008 创建母版页。

① 创建一个网站，命名为“WebSiteMasterDemo”，位置选择“文件系统”，语言选择“Visual C#”。

② 在“解决方案资源管理器”中，鼠标右键单击 WebSiteMasterDemo，在弹出的快捷菜单中，选择“添加新项”。

③ 打开“添加新项”对话框，如图 7-7 所示，在模板列表中选择“母版页”，下面的名称默认为“MasterPage.master”（名称可以改，但扩展名不能改）。

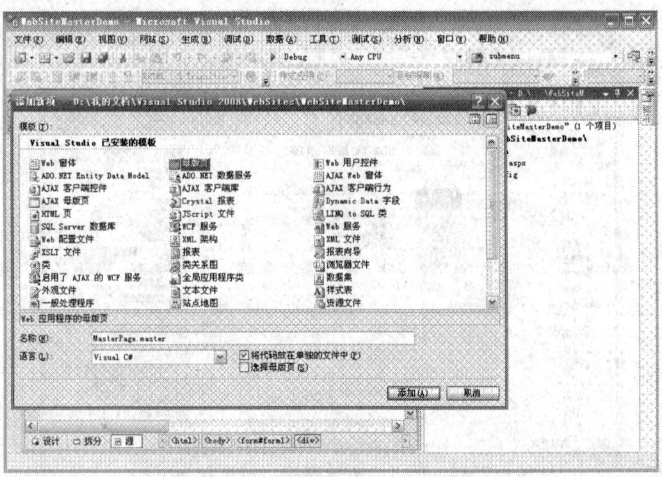

图 7-7 创建母版页

④ 单击“添加”按钮后，母版页就被添加到“解决方案资源管理器”中，在 VS 2008 的“源视

图”模式下，生成的母版页源代码如图 7-8 所示。

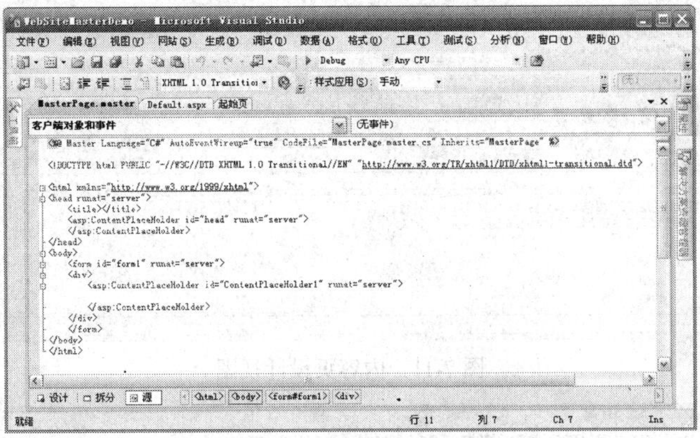

图 7-8　源视图中的母版页

经过以上步骤，就成功添加了一个母版页，在如图 7-8 的标记代码中，第 1 行代码为<%@ Master…%>，通过@Master 指令指定本页面的属性，这和前面的普通网页的@Page 指令是不一样的。还有就是在上面母版页的源代码中自动添加了一个<asp:ContentPlaceHolder>标记，这个标记是一个占位符，是应用此母版页的内容页所在的位置，这个标记在母版页中可以有多个，我们可以先把默认的占位符标记删除，然后通过<table>或者<div>进行布局，布局完成后再合适的位置从工具箱中再添加一个或者多个占位符标记，关于本网站的母版页中的详细布局设置，我们会在本章学习情境中的“实施”部分详细介绍。

7.2.2　母版页的使用

在例 7-1 中完成了母版页的基本布局，接下来就是添加内容页以应用此母版页了，添加内容页的方法和添加普通网页类似，稍有不同，具体添加方法如下。

① 在“解决方案资源管理器”上用鼠标右键单击，选择“添加新项”命令，在打开的“添加新项”对话框的模板列表中选择“Web 窗体”，如图 7-9 所示，在下面的名称文本框中更改此页面的名称或者采用默认值，与添加一般网页不同的是，要勾选名称文本框右下方的“选择母版页”复选框。

② 单击“添加”按钮，将打开“选择母版页”对话框，如图 7-10 所示，左侧是项目文件列表，右侧是网站已添加的母版页列表，有时网站根据显示内容的不同可能有几个母版页，在此图中只有一个名为“MasterPage.master”的母版页，选择此母版页，单击“确定”按钮，完成内容页的添加。

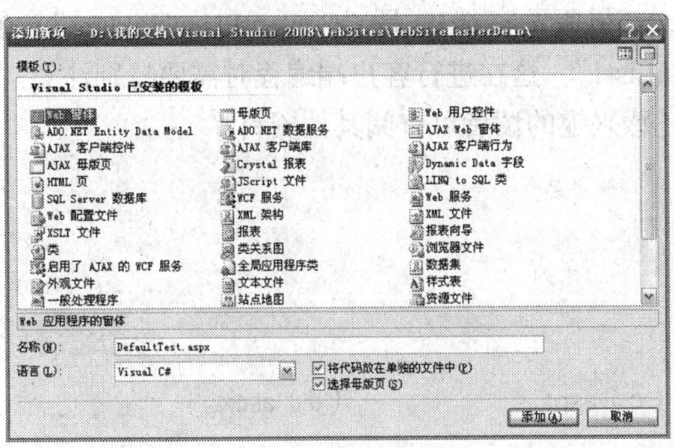

图 7-9　添加内容页

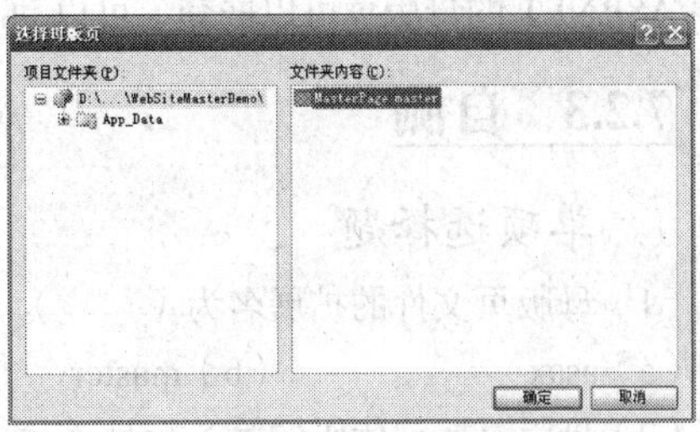

图 7-10　选择母版页

③ 在 VS 2008 设计视图下看到刚添加的内容页界面，如图 7-11 所示，灰色部分是母版页中定义的，在内容页中不能修改，白色部分是当前内容页可以设计的部分。

下面再来看一下添加的内容页的源视图中的代码，如图 7-12 所示。

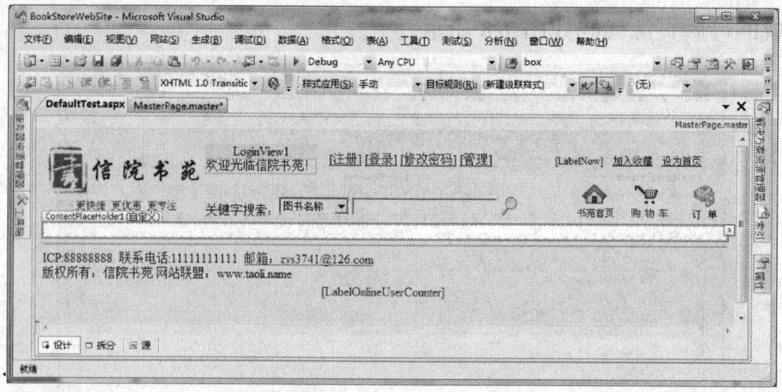

图 7-11　内容页设计视图

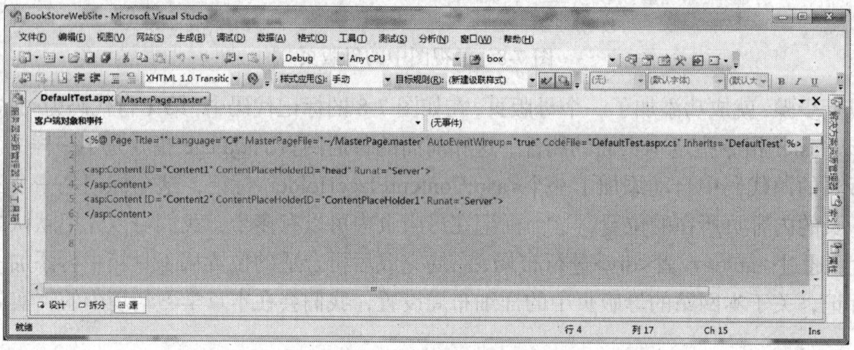

图 7-12　内容页源视图内容

此内容页的源视图代码与一般网页的源视图代码有很大不同，在第一行@Page 指令中多了一个MasterPageFile 属性，此属性是用于设置内容页和所应用的母版页的路径的。

还有就是此内容页的源视图中没有<html>、<body>、<form>等标记，只有 Content 标记，与母版页中 ContentPlaceHolder 占位符一一对应。我们要做的就是给@Page 指令的 Title 属性赋值（网页标题）和通过布局，用各种控件填充占位符。

母版页不能单独运行，即用户请求的只能是内容页，当运行查看内容页时，母版页和内容页合为一个新结果网页，结果网页的 URL 是内容页的 URL，所以，从请求响应和程序运行的角度说，母版页被合并到内容页。

但从布局角度说，母版页是内容页的容器，在经过母版页和内容页合并后，内容页中控件的 ID 会发生改变，如 ID 为“DataList1”的内容页控件，其母版页容器 ID 是“ContentPlaceHolder1”，在结果页中 ID 变成了“ctl00_ContentPlaceHolder1_DataList1”，这在进行客户端编程时需要特别注意。

ASP.NET 的母版页可以嵌套，可以动态切换，感兴趣的读者可查阅其他资料。

7.2.3　自测

1. 单项选择题

（1）母版页文件的扩展名为（　　）。

（a）asax　　（b）master　　（c）aspx　　（d）ascx

（2）母版页标记代码的第一行是（　　）。

（a）@Page 指令　　（b）@Master 指令　　（c）@Control 指令　　（d）html 标记

（3）用在母版页中的占位标记是（　　）。

（a）Content　　（b）Master

（c）ContentPlaceHolder　　　　　　　　（d）Div

（4）内容页内与母版页中占位符标记对应的标记是（　　）。

（a）Content　　　　　　　　　　　　　（b）Master

（c）ContentPlaceHolder　　　　　　　　（d）Div

（5）关于使用了母版页的内容页标记代码和普通网页的标记代码，以下说法正确的是（　　）。

（a）完全相同　　　　　　　　　　　　（b）内容页仅比普通网页多@Master 指令

（c）内容页也具有@Page 指令　　　　　（d）内容页也具有 html 标记

（6）在 VS .NET 中设计母版页和内容页时，说法正确的是（　　）。

（a）母版页的控件可以在内容页中编辑　（b）母版页的控件可以在内容页中显示

（c）内容页的控件可以在母版页中编辑　（d）内容页的控件可以在母版页中显示

2. 判断题

（1）母版页技术可供开发人员统一网站布局风格。

（2）使用母版页的内容页和普通网页相同。

（3）ContentPlaceHolder 标记是内容页页面的占位符，即内容页对应母版页中的 ContentPlaceHolder 标记。

（4）从布局角度说，内容页被合并入母版页。

（5）从程序运行角度说，母版页被合并入内容页。

（6）用户请求内容页 URL 时，实际得到的响应是内容页和母版页合并的结果页。

（7）用户请求母版页 URL 时，实际得到的响应是内容页和母版页合并的结果页。

（8）一个母版页可以应用到多个内容页。

（9）一个内容页可以使用多个母版页。

（10）在与母版页合并后，内容页中控件的 ID 不会变化。

7.2.4　演练

1. 实验题目

使用母版页。

2. 实验目的

- 掌握母版页的创建和使用操作。
- 理解母版页对网站布局统一化的作用。

3. 实验内容

从网站上下载“母版页实验环境.rar”资料。

（1）制作母版页。

图 7-13　演练母版页制作

母版页使用的图片包括顶部单元格背景图片、logo 图、搜索按钮图片等，均在 App_Themes/masterPage 文件夹中。

加入收藏等功能是一个用户控件，它是在网站 UserControls 子文件夹中包含一个 UC_AddFavorite_SetHomepage_ShowTime.ascx 文件，可以直接从解决方案资源管理器中将其拖到页面中使用。

版权信息部分可以包含作者信息、联系方式、ICP 等信息，读者自行设计。

（2）新建内容页。

图 7-14　演练内容页制作

内容页右侧是一个 iframe 标记，必须设置 name 属性，建议设置 frameborder、style 属性。例如：

```
<iframe name="iframeContent" frameborder="0" style="border-left: solid 1px green; width: 100%; height: 500px"></iframe>
```

内容页左侧为导航部分，自己放上几个链接，如“链接到百度”，必须设置超链接的 target 属性为“iframeContent”，即在 iframe 中显示链接的内容。

4. 实验步骤

由读者写出。

5. 实验总结

由读者总结。

7.3 基本知识 2：导航控件

我们去超市购物时，通常首先看一下超市的商品购物指示牌，按照超市购物指示牌，就会很快到达指定楼层，找到所要购买商品的区域，而不至于从一楼开始逐个浏览查找，同样对于一个包含多个种类、页面内容丰富的大型网站，人们在浏览时，如果网站提供一个结构清晰的导航系统，人们就会很快查找到自己需要的目标网页，并且知道自己所浏览的页面所处的位置。设计一个好的网站导航，能进一步增强用户的浏览体验。传统的导航设计一般都是用层布局，通过客户端 JavaScript 脚本控制实现的，设计效率较低，而 ASP.NET 专门提供了导航服务器控件，包括 TreeView、Menu、SiteMapPath 等控件，使用这些控件能较快地设计出适合网站的导航模块。

7.3.1 TreeView 控件

在 Windows 资源管理器窗口中，左侧使用了树形目录，对某个节点可以随意展开和折叠，使用很方便，可以在有效的空间内查看更多的内容，如果读者使用 VS.NET 开发过桌面应用程序，可能用过 TreeView 控件，同样 ASP.NET 也提供了专门用于站点导航的 TreeView 控件。

TreeView 控件可以用来表示树形层次数据，网站中各网页中的超链接通常使各网页间存在树形逻辑关系，我们可以在 TreeView 控件中编辑节点建立体现网站的逻辑结构，从而实现灵活的导航功能。

本书网上书店系统案例中，图书类别数据就是层次数据模型，TreeView 控件的功能是显示层次数据，这些数据并不一定是网站各页面的导航信息，所以可以用 TreeView 实现图书类别数据的显示和导航，图书类别树用户控件使用了许多 TreeView 控件类及其节点 TreeNode 类的属性、方法、事件，详见本章实施部分。

1. 自动套用格式

单击 TreeView 控件右上角的任务按钮，在出现的“TreeView 任务”小窗口中选择 “自动套用格式”，其中提供了若干种显示格式，如图 7-15 所示，用户可以根据需要和爱好选择其一。

TreeView 类有许多属性可以设置显示格式，侧如：

- ExpandDepth 属性，表示 TreeView 展开的级别数，int 值，默认值为-1，即 FullyExpand，表示全部展开。
- ShowLines 属性，是否显示树节点之间的连接线，默认值为 false。
- LevelStyle 属性，用于按级别设置各节点的样式，TreeNodeStyle 类对象。
- SelectedNodeStyle 属性，应用于选中节点的样式，TreeNodeStyle 类对象。

网上书店系统中，还编程应用了 TreeView 类的下列事件。

- SelectedNodeChanged 事件，在选定节点更改后发生。
- TreeNodeExpanded 事件，在节点展开后发生，TreeNodeEventArgs 类环境参数的 Node 属性指向刚展开的 TreeNode 对象。

2. TreeView 的节点编辑

TreeView 控件类 Nodes 属性表示根节点的集合，每个节点是 TreeNode 类对象，每个节点都可以有子节点。

TreeView 控件的节点可以在设计期直接编辑，还可以绑定到数据源，也可以通过编程直接操作 Nodes 属性。

（1）节点编辑和 TreeNode 类。对于静态的导航树，我们可以在设计期直接编辑 TreeView 的节点来完成。在“TreeView 任务”小窗口中选择“编辑节点”，随后弹出“TreeView 节点编辑器”如图 7-16 所示，进行节点添加、删除。

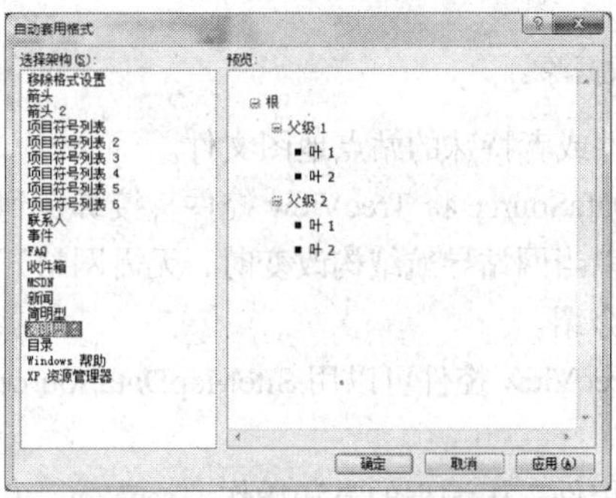

图 7-15　TreeView 的自动套用格式

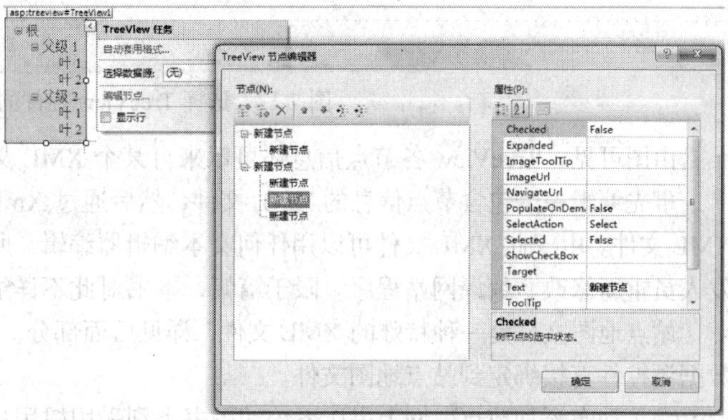

图 7-16　TreeView 节点编辑

利用左侧顶部的工具按钮可依次实现“添加根节点”、“添加子节点”、“删除”、“上移”、“下移”、“升级”、“降级”等节点编辑功能。单击左侧选中某个节点，在其右边的属性列表中可以设置改节点的属性，较常用的属性有以下几个。

- Text 属性，表示该节点显示的文本。
- Value 属性，表示该节点对应的一个字符串值，在网上书店系统中用来表示图书类别值。
- ToolTip 属性，表示该节点在鼠标悬停时的提示文本。
- NavigateUrl 属性，表示该节点被选中时导航目标网页的 URL。
- Target 属性，表示该节点选中时定位的目标窗口，该属性可以配合 iframe 一起使用。如果此属性值与节点所在 TreeView 控件设置的 Target 属性相同，该属性可不设置。

网上书店系统中，还编程应用了 TreeNode 类的以下属性和方法。

- Selected 属性，表示该节点是否被选中。
- Expanded 属性，表示该节点是否已展开下级子节点。
- SelectAction 属性，表示该节点被选中时的行为，TreeNodeSelectAction 枚举类型，可取 None、Select、Expand.SelectExpand 值，分别表示无动作、选中、展开、选中并展开动作。

- Parent 属性，表示该节点的父节点。
- ChildNodes 属性，表示该节点的子节点集合。
- Selected()方法，无参数，设置该节点 Selected 属性为 true，即执行选中动作，并触发相关事件。
- Expanded()方法，无参数，设置该节点 Expanded 属性为 true，即执行展开动作，并触发相关事件。
- CollapseAll()方法，无参数，设置该节点及所有子节点 Expanded 属性为 true，即折叠该节点和所有子节点，并触发相关事件。

（2）TreeView 绑定到数据源。TreeView 的节点数据可以来自数据源。在 TreeView 任务小窗口中，有一个“选择数据源”下拉列表框，选择“新建数据源”项，可见如图 7-17 所示对话框。

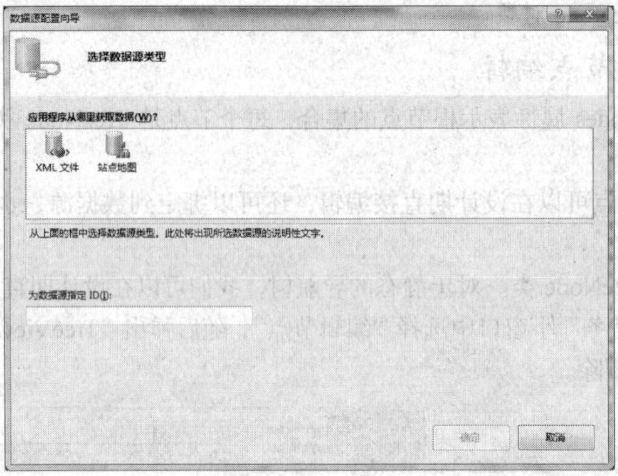

图 7-17　选择 TreeView 控件的数据源

由图可见，TreeView 各节点信息还可以来自某个 XML 文件或者特殊的站点地图文件。

事先编辑一个包含节点信息的 XML 文件，然后通过 XmlDataSource 将 TreeView 控件直接绑定到 XML 文件。由于此 XML 文件可以用任何文本编辑器编辑，所以当网站导航结构改变时，无需网站开发人员重新修改、编译网站程序。限于篇幅，本书对此不详细介绍。

站点地图文件是一种特殊的 XML 文件，详见后面部分。TreeView 控件可以用 SiteMapDataSource 数据源控件直接绑定到站点地图文件。

（3）动态添加节点。网上书店系统的图书类别采用树用户控件，用编程的方法操作 TreeView 的 Nodes 集合，关于动态添加节点，详见本章实施部分。

7.3.2 Menu 控件

ASP.NET 提供的 Menu 类控件也可以实现导航功能，利用 Menu 控件可以设计出“静态”或者“动态”菜单，此处的“静态”和“动态”是从用户角度看起来的一种习惯说法，并非程序员通常认为的“动态即随程序运行可变”的含义。所谓静态菜单是指所有的菜单项都是展开呈现在用户面前的；动态菜单是指主菜单是可见的，而子菜单项只有当用户将鼠标指针悬停在某个主菜单项上时才显示出来。

Menu 控件的菜单编辑及数据绑定和 TreeView 类似，这里不进行详细介绍，请读者仿照 TreeView 自行实践，下面介绍几个 Menu 控件设计时经常用到的属性。

- Orientation 属性，表示菜单的静态部分应以水平方式还是垂直方式显示（默认值为 Vertical，即垂直显示）。
- StaticDisplayLevels 属性，菜单中静态部分中显示的级别数。
- StaticHoverStyle 属性，当鼠标悬停在菜单静态部分中的某项时应用的样式，此属性经常和 DynamicMenuStyle、DynamicSelectedStyle 等 11 种样式属性中几种组合设置，以使 Menu 到达我们需要的显示效果。

- StaticEnableDefaultPopOutImage 属性，确定菜单静态部分中是否显示默认的弹出图像（默认值为 True，表现为各静态项之间有一个三角符号，有时我们不需要显示这个三角符号时，设置此属性值为 False 即可）。

7.3.3　SiteMapPath 控件

SiteMapPath（网站地图路径）是用来显示当前网页所在网站中的位置，并且包含当前网页到主页各部分路径的超链接。该控件必须和网站根目录下的 Web.sitemap 站点地图文件相结合才能使用，SiteMapPath 会自动和站点地图文件结合，不需要我们额外编写代码，不需要额外进行数据绑定。

例 7-2　使用 SiteMapPath 控件。

① 在“解决方案资源管理器”上用鼠标右键单击网站根节点，选择“添加新项”，在随后弹出的对话框中选择“站点地图”一项，该站点地图名称默认为“Web.sitemap”，注意默认名称不能更改，否则 SiteMapPath 就不能自动找到该文件了，单击“添加”按钮，完成站点地图的添加，如图 7-18 所示。

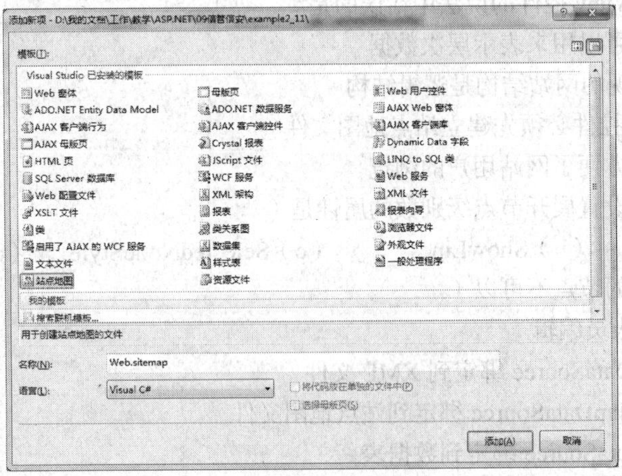

图 7-18　添加站点地图

② 在 Web.sitemap 中编写网站导航信息。

```
<?xml version="1.0" encoding="utf-8" ?>
<siteMap xmlns="http://schemas.microsoft.com/AspNet/SiteMap-File-1.0" >
   <siteMapNode url="~/default.aspx" title="主页"  description="">
      <siteMapNode url="~/default2.aspx" title="一级页面"  description="" >
         <siteMapNode url="~/default3.aspx" title="二级页面"  description="" />
      </siteMapNode>
   </siteMapNode>
</siteMap>
```

其中根节点是 siteMap 标记，仅包含架构定义信息；siteMapNode 标记为各级网页，其 url 属性表示网页地址，title 属性表示显示在 SiteMapPath 控件中的超链接文本，desription 属性表示网页的描述，此描述作用为超链接的 title 属性（提示文本）。注意文件中 siteMapNode 标记的闭合情况代表了网页的层次关系。

③ 在网站根目录下，新建 default.aspx、default2.aspx、default3.aspx 这 3 个网页，在每个页面中放入一个 SiteMapPath 控件。

④ 在浏览器中查看 default3.aspx 页面，如图 7-19 所示，单击“一级页面”超链接，可以导航到 default2.aspx 页面，在 default2.aspx 页面中，只有“主页”超链接，单击“主页”超链接，可以导航到 default.aspx 页面。

SiteMapPath 站点地图导航非常方便，但只有各页面到顶级页面的单向导航，从顶级页面的到各页面的导航还需用其他控件实现。另外，使用母版页，在母版页中放置 SiteMapPath 控件，可以避免在各页面中重复设计。

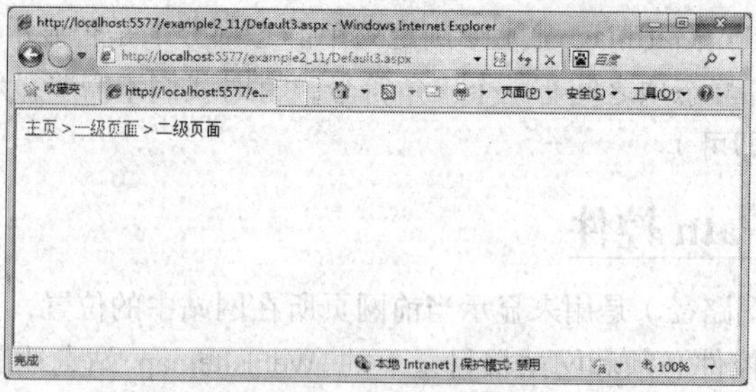

图 7-19　使用 SiteMapPath 控件的二级页面

7.3.4　自测

1. 单项选择题

（1）以下关于 TreeView 控件的说法中错误的是（　　）。

（a）TreeView 控件可以用来表示层次数据

（b）导航控件所体现的网站结构是逻辑结构

（c）使用 TreeView 控件必须先建立站点地图文件

（d）TreeView 控件方便了网站用户的浏览

（2）TreeView 控件设置展开节点级别数的属性是（　　）。

（a）ExpandDepth　（b）ShowLines　（c）SelectedNodeStyle　（d）LevelStyle

（3）TreeView 控件的节点不可以（　　）。

（a）设计期由开发人员编辑

（b）直接使用 XmlDataSource 绑定到 XML 文件

（c）直接使用 SiteMapDataSource 绑定到站点地图文件

（d）直接使用 SqlDataSource 绑定到数据表

（4）TreeView 节点编辑器中没有的功能是（　　）。

（a）添加根节点　（b）添加兄弟节点　（c）添加子节点　（d）删除节点

（5）TreeNode 类表示导航目标网页 URL 的属性是（　　）。

（a）Text　（b）NavigateUrl　（c）Target　（d）ImageUrl

（6）以下哪个属性表示 TreeNode 对象的父节点？（　　）

（a）Target　（b）Selected　（c）Parent　（d）ChildNodes

（7）从用户角度说，动态菜单是（　　）。

（a）设计期就确定了的菜单　（b）运行期可以改变的菜单

（c）全部展开显示的菜单　（d）当用户悬停鼠标时才显示的菜单

（8）要使 Menu 控件水平方向显示菜单，应设置哪个属性？（　　）

（a）Orientation　（b）StaticDisplayLevels

（c）StaticHoverStyle　（d）StaticEnableDefaultPopOutImage

（9）下列说法正确的是（　　）。

（a）站点地图（Web.sitemap）可以在网站的任意目录下

（b）添加站点地图文件时，地图文件的名称并不一定为 Web.sitemap

（c）SiteMapPath 控件必须和 Web.sitemap 文件一起使用

（d）Web.sitemap 文件中的节点名称和属性可以自己任意定义

（10）以下只能实现从各页面到顶级页单向导航的控件是（　　）。

（a）TreeView　（b）Menu　（c）SiteMapPath　（c）Web Sitemap

2. 判断题

（1）TreeView 控件节点的数据在运行期不可改变。

（2）TreeView 控件自动套用格式后，不可以再设置显示格式属性。

（3）TreeView 控件的根节点集合属性是 ChildNodes 属性。

（4）TreeNode 对象的 Selected 方法表示是否被选中。

（5）TreeNode 对象的 CollapseAll 方法可折叠该节点及所有子节点。

（6）Menu 控件只能垂直方向显示静态菜单。

（7）站点地图文件名为 Web.sitemap。

（8）Web.sitemap 文件中表示网页节点的是 siteMap 标记。

（9）Web.sitemap 文件中的 siteMapNode 标记的闭合情况代表了网页的层次关系。

（10）把 TreeView 或 Menu 控件放在母版页中，将其 Target 属性设置为内容页的 ContentPlaceHolder，可以同时实现导航部分多页共用和页面局部刷新。

7.3.5　演练

1. 实验题目

导航控件。

2. 实验目的

- 初步理解导航控件的作用。
- 掌握 TreeView 控件、Menu 控件及 SiteMapPath 控件的使用方法。

3. 实验内容

按照例 7-1 中的网站结构操作本次实验。

（1）用 TreeView 导航。在 default.aspx、default2.aspx、default3.aspx 3 个页面中，左侧均放入一个相同的 TreeView 控件（可复制粘贴），右侧为 iframe 元素，设置 TreeView 控件的 Target 属性为 iframe 元素的 name 属性值，编辑 TreeView 控件的节点，使其能够正常导航，并实现页面局部刷新。

（2）用 Menu 导航。将网页改为上下布局，上部包含一个 Menu 控件，下部仍为 iframe 元素，编辑 Menu 的菜单项，使其能够正常导航，并实现页面局部刷新。

（3）用 SiteMapPath 单向导航。新建网站，设计一个简单的母版页，包含 SiteMapPath 控件；新建 3 个内容页：default.aspx、default2.aspx、default3.aspx；新建站点地图文件。查看 default3.aspx 网页，测试 SiteMapPath 控件的单向导航功能。

4. 实验步骤

由读者写出。

5. 实验总结

由读者总结。

7.4　基本知识 3：用户控件

7.4.1　用户控件简介

用户控件是 ASP.NET 用户自定义控件的一种，是对 ASP.NET 控件的扩展，能够把常用的界面和逻辑封装为一个控件，便于复用、维护。用户控件和 Web 窗体网页非常类似，不但可以容纳控件进行界面设计，还包含后台代码完成逻辑处理。

在 Web 应用程序中使用用户控件，不仅提高了代码的重用性和开发效率，还可以让使用用户控件的多个网页的显示风格保持一致，此外当我们修改了用户控件后，经过编译重新生成页后，使用此用户控件的多个页面会随之自动改变，真正做到“模块化设计，模块化应用”。

用户控件的编辑环境看起来像一个网页，但它和 aspx 标准网页之间还是有一些差别的。

① 用户控件文件的扩展名为.ascx 而不是.aspx，代码隐藏模式下的后台代码文件的扩展名为.ascx.cs。

② 在用户控件中不能包括<html>、<body>、<form>等 html 标记，否则的话就和使用用户控件的网页发生冲突。

③ 在用户控件中包含@Control 指令，而不是@Page 指令。

④ 用户控件可以单独编译，但不能单独运行，只有把用户控件嵌入到.aspx 网页中，才能和.aspx 网页一起运行。

用户控件也可以在不同网站中复用。

7.4.2 用户控件的创建方法及使用

1. 创建用户控件

① 在“解决方案资源管理器”的某个目录上用鼠标右键单击，选择“添加新项”，在随后打开的对话框中选择“Web 用户控件”，这时可以在下面的名称文本框中修改要添加的用户控件的名称，然后单击“添加”按钮，如图 7-20 所示。

② 打开刚创建的用户控件，切换到设计视图，可以像设计普通网页一样，在该页面上进行布局或者从工具箱中添加各种控件，可以按 F7 键转换到后台代码文件，在该代码文件中定义变量、方法或者编写事件处理的委托函数。

③ 选择 VS 2008“生成”菜单中的“生成页”命令，编译生成此用户控件。

图 7-20　添加用户控件对话框

2. 用户控件的使用

用户控件设计完成后，可以将其添加到 Web 网页中使用了，在页面中添加用户控件的操作如下。

① 切换网页到“设计”视图（注意在“源”视图下不可以，这和从工具箱中拖曳添加控件不同）。

② 在“解决方案资源管理器”中，选中要添加到网页中的用户控件 ascx 文件，将其拖曳到网页中。

就像从工具箱中拖入控件一样，标记代码中自动添加了相关的用户控件标记，并自动生成 ID，例如：

```
<uc1:UC_CategoryTree ID="UC_CategoryTree1" runat="server" />
```

同时，由于用户控件声明不在标准类库中，网页还自动生成了@Register 指令，向网页对象注册此用户控件的信息：

```
<%@ Register Src="../UserControls/UC_CategoryTree.ascx" TagName="UC_CategoryTree"
TagPrefix="uc1" %>
```

@Register 指令像@Page 指令一样，提供页面编译的参数。其 Src 属性指示用户控件文件的位置，TagName 是用户控件标记的名称，TagPrefix 是用户控件标记前缀。这些属性采用默认值即可。

3. 用户控件举例

下面我们来完成网上书店首页和后台管理页面中都使用的“显示日期、设为首页、加入收藏”的用户控件的设计。

该用户控件封装了加入收藏、设为首页、显示日期等常用功能，可供前台母版页、后台管理主页重复使用，也可用于其他网站。

（1）界面设计。

① 在解决方案管理器中用鼠标右键单击网站名称，选择“新建文件夹”，命名为“UserControls”，用鼠标右键单击“UserControls”文件夹，选择“添加新项”，选择“Web 用户控件”模板，名称为“UC_AddFavorite_SetHomepage_ShowTime.ascx”。

② 进入设计视图，单击“表”菜单下的“插入表”菜单项，在出现的“插入表格”对话框中，设置 1 行 3 列，并取消“指定宽度”复选框的选中状态，如图 7-21 所示，单击“确定”按钮。

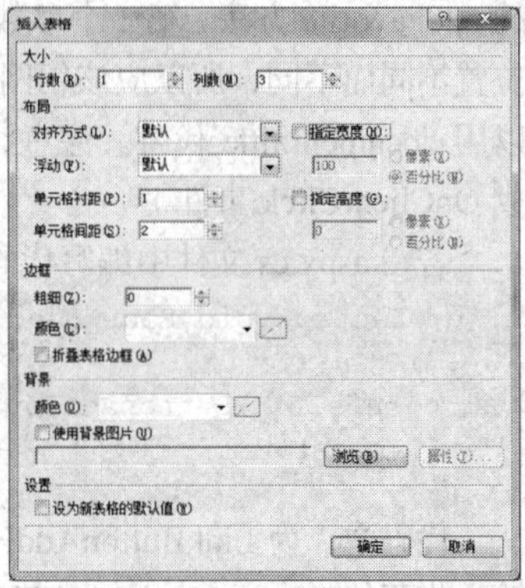

图 7-21　插入 1×3 的布局表格

③ 在 3 个单元格中依次拖入 Label、LinkButton、LinkButton3 个控件，并设置 3 个控件的 ID 分别为“LableNow”、“LinkButtonAddFavorite”、“LinkButtonSetHomepage”，设置 Font-Size 属性为“small”，两个 LinkButton 控件的 Text 属性分别为“加入收藏”、“设为首页”。界面设计结果如图 7-22 所示。

图 7-22　UC_AddFavorite_SetHomepage_ShowTime.ascx 控件界面设计结果

（2）逻辑代码。

① 显示日期和星期

```
string[] dayOfWeekInChinese = { "星期日", "星期一", "星期二", "星期三", "星期四", "星期五
", "星期六" };
protected void Page_Load(object sender, EventArgs e)
{
    DateTime now=DateTime.Now;
    this.LabelNow.Text = now.ToLongDateString() + "  " + dayOfWeekInChinese[(int)now.DayOfWeek];
}
```

先用 DateTime.Now 取得当前时间 now，接下来使用同一个 now 对象，处理显示日期和显示星期，以保证日期和星期的一致。调用 DateTime 对象的 ToLongDateString 方法即可显示为长日期类型，长日期类型的显示结果与服务器的区域和语言设置有关，中文环境下默认为“××××年××月××日”形式。用 DateTime 类型 now 对象的 DayOfWeek 方法可以获得 DateTime 对象的星期序号，“1”表示星期一，“2”表示星期二，“0”表示星期日等，为将星期序号转为中文显示，定义了 dayOfWeekInChinese 字符串数组，数组中按照与星期序号一致的方式排列中文的星期几，则 dayOfWeekInChinese [(int)now.DayOfWeek]即为当前星期几的中文显示。

② 加入收藏。加入收藏是浏览器的功能，对不同的浏览器，有不同的实现方式。如下 Javascript 代码可以在 IE8 中实现加入收藏功能：

```
onclick="window.external.addFavorite('http://localhost:24699/BookStoreWebSite/Defa-
ult.aspx','信院书苑-首页');"
```

此代码在某 HTML 元素对象的客户端 click 事件发生时被执行，调用 windows 对象 external 属性的 addFavorite 方法，第 1 个参数是收藏的位置，第 2 个参数是收藏的名称。收藏的位置随网站发布的位置不同而不同，所以应该用网页位置的变量 location.href 代替，收藏的名称即网页文档的标题，可以用 document.title 代替。注意，以上代码是客户端网页的代码，可以在写在 aspx 源文件中（需要写成 OnClientClick 事件）。

若在 aspx.cs 文件中编写代码，需要使用 LinkButton 控件的 Attributes.Add 方法，代码如下：

```
protected void Page_Load(object sender, EventArgs e)
{
    this.LinkButtonAddFavorite.Attributes.Add("onclick","window.external.addFavorite
('" + Request.Url + "','" + Page.Title + "')");
}
```

代码中，为 LinkButtonAddFavorite 添加了一个“onclick”客户端属性，用字符串连接操作组成了加入收藏的 Javascript 语句。其中 Request.Url 是 ASP.NET 中表示网页位置的变量，Page.Title 是网页标题。此代码在服务器端响应而生成的客户端网页中，得到的代码与前述代码相同。

③ 设为首页。类似于加入收藏功能，设为首页的 cs 代码为：

```
protected void Page_Load(object sender, EventArgs e)
{
    this.LinkButtonSetHomepage.Attributes.Add("onclick", "this.style.behavior='url
(#default #homepage)'; this.setHomePage('" + Request.Url + "');");
}
```

其中的 Javascript 代码里，this 代表 LinkButtonSetHomepage 控件生成的 DOM 对象，首先设置其 CSS 样式表的 behavior 属性，使该对象具备调用 IE 默认功能中 homepage 功能的行为，然后调用 setHomePage 方法，将当前 Url 设为首页。

请读者自行将该用户控件 3 种功能涉及的 Page_Load 事件代码进行合并。

7.4.3 自测

1. 单项选择题

（1）关于用户控件的作用，不对的是（　　）。

（a）提高代码重用性　　（b）提高程序稳定性

（c）提高开发效率　　（d）统一界面风格

（2）用户控件文件的扩展名是（　　）。

（a）aspx　　（b）master　　（c）asax　　（d）ascx

（3）要使用用户控件，应该将用户控件（　　）。

（a）从工具箱拖到网页源视图中

（b）从工具箱拖到网页设计视图中

（c）从解决方案资源管理器拖到网页源视图中
（d）从解决方案资源管理器拖到网页设计视图中
（4）拖曳用户控件成功后，网页中生成了若干标记代码，不包括（　　）。
（a）@Register 指令　　　　（b）用户控件标记
（c）用户控件 name　　　　（d）用户控件 ID

2. 判断题

（1）用户控件提高了开发效率，但代码重用性较差。
（2）用户控件的事件处理可以在服务器端完成。
（3）用户控件只有界面标记代码，不包含逻辑代码。
（4）用户控件标记代码中也有 html 等页面标记。
（5）用户控件标记代码中的编译参数指令是@Page。
（6）用户控件可以单独编译。
（7）用户控件能够单独被请求和运行。
（8）用户控件不能在其他网站中应用。

7.4.4 演练

1. 实验题目

用户控件。

2. 实验目的

- 初步理解用户控件的作用。
- 掌握用户控件的创建及使用。

3. 实验内容

（1）制作用户控件。

在 7.2.4 节演练题目的基础上进行本节的演练，要求把母版页中的主题图部分做成用户控件，此用户控件设计的具体要求如下：包含一个 Table，背景图为 topBg0.jpg，有一行，两列，左列包含 image，图片为 logo.png，右列包含一个文本框和一个 ImageButton，图片为 search.png。

（2）使用用户控件。

在多个页面中使用此用户控件。

4. 实验步骤

由读者写出。

5. 实验总结

由读者总结。

7.5 基本知识 4：Web.config 配置文件

7.5.1 Web.config 配置文件简介

网站作为一个 Web 应用程序，Web 服务器（IIS 等）在运行它们时需要一些配置信息，如连接字符串等，ASP.NET 提供了一个特定名称的文件保存这些配置信息，即 web.config 文件。

web.config 是基于 XML 的文本文件，可以用任何文本编辑器编辑，这使得服务器管理员可以配置网站，而无需由网站开发人员根据服务器环境重新修改、发布网站程序。

当我们用 VS .NET 创建一个 ASP.NET 网站后，默认情况下会在应用程序的根目录下自动添加一个 web.config 配置文件，并且包含了默认的整个网站应用程序的基本配置，此文件是应用程序级别的。网站中除了 ASP.NET 的特殊文件夹，其他每个子文件夹都可以包含一个有效的 web.config 配置文件，此文件是文件夹级别的，仅包含对该子文件夹的配置信息，但子文件夹会自动继承根目录下的 web.config 配置。

一个服务器可能承载多个 ASP.NET 网站，它们共同的默认配置信息存放在“系统分区:\Windows\Microsoft.NET\Framework\v2.0.50727\CONFIG\machine.config”文件中，称为本机配置。web.config 中的各个节点均继承自本机配置。

7.5.2 Web.config 配置文件基本结构

下面列出了一个简化的 web.config 配置文件，其第一行代码是本文档执行的标准及编码方式：

```
<?xml version="1.0" encoding="utf-8"?>
<configuration>
    <appSettings/>
    <connectionStrings/ >
    <system.web>
        <compilation/>
        <authentication/>
        <customErrors />
        <pages/>
        <authorization/>
    </system.web>
</configuration>
```

1. configuration 节

所有的配置信息都在 configuration 节内。

2. appSettings 节

appSettings 节可以配置自定义键值对信息。例如：

```
<appSettings>
    <add key="时区" value="8"/>
</appSettings>
```

add 子标记表示添加键值对，key 属性代表键，value 代表值。此外还可以使用 remove 子标记删除某个键值对，使用 clear 清除所有的键值对。

在逻辑代码中，通过 System.Configuration.ConfigurationManager 类可以直接访问 appSettings 节中的键值对：

```
string timeZone= System.Configuration.ConfigurationManager.AppSettings["时区"];
```

在如前配置的情况下，上述语句执行后 timeZone 的值为“8”。

3. connectionStrings 节

数据访问的连接字符串信息。参见数据源配置的相关章节。

4. system.web 节

Web 应用程序区别于其他应用程序的几乎所有配置都在此节内。

（1）compilation 节。compilation 节最常用的作用是配置是否调试运行。在网站程序调试时，此节具有 debug="true"属性，这使得网站程序允许调试，但会降低性能。发布网站时，一定要将 debug 属性设置为 false，或直接删除此属性。

（2）authentication 节。authentication 节主要对身份验证方式进行配置，其 mode 属性值为“Forms”时，表示 ASP.NET 网站自己管理身份验证，这时需要配置 ASP.NET 的成员资格和角色管理数据库，并可能需要设置 system.web 节中的 membership、roleManager 子节点。详情见用户账户管理章节。

（3）customErrors 节。在程序出现未处理的异常时，错误信息中往往带有敏感信息，比如数据表名、字段名等，除了要求程序员务必处理可能的异常，使用 customErrors 节，可以配置在程序出现未处理异常时，是否对客户端浏览器屏蔽掉完整的错误信息。其 mode 属性值默认为“RemoteOnly”，在非本地计算机上，对完整的错误信息进行屏蔽，客户端仅看到一个普通的错误提示；值为“Off”时，不进行屏蔽，可以在所有客户机浏览器中显示完整的错误信息；值为“On”时，在所有客户机浏览器中进行屏蔽。

（4）pages 节。pages 节主要用于对页进行全局性的配置，如是否启用会话状态、视图状态等，如：设置 theme="defaultTheme"属性，表示本网站所有页面应用的主题为“defaultTheme”。

（5）authorization 节。authorization 节用于配置各个文件夹的访问授权，此节常见于各个子文件夹内的 web.config 文件。详见用户账户及访问规则的相关章节。

7.5.3　自测

1. 选择题

（1）ASP.NET 网站配置文件是指网站根目录下的（　　）。

（a）app.config 文件　　（b）web.config 文件
（c）global.asax 文件　　（d）machine.config 文件

（2）web.config 文件是一个（　　）。

（a）HTML 文件　　（b）XHTML 文件
（c）XML 文件　　（d）DHTML 文件

（3）web.config 文件中的根节点是（　　）。

（a）html　　（b）xml
（c）configuration　　（d）system.web

（4）可以配置自定义键值对的节是（　　）。

（a）configuration　　（b）appSettings
（c）connectionStrings　　（d）system.web

（5）自定义一个应用程序级别的键值对，应该使用（　　）。

（a）nameValue 子标记　　（b）add 子标记
（c）remove 子标记　　（d）clear 子标记

（6）可以配置数据库连接字符串信息的节是（　　）。

（a）configuration　　（b）appSettings
（c）connectionStrings　　（d）system.web

（7）在发布网站时，取消网站的调试运行设置，需配置哪个节？（　　）

（a）compilation　　（b）authentication
（c）customErrors　　（d）pages

（8）修改网站身份验证方式，需配置哪个节？（　　）

（a）compilation　　（b）authentication
（c）customErrors　　（d）pages

（9）为防止未处理的异常泄露敏感信息，需配置哪个节？（　　）

（a）compilation　　（b）authentication
（c）customErrors　　（d）pages

（10）为网站中的所有网页设置同一个主题，需配置哪个节？（ ）

（a）compilation　　（b）authentication

（c）customErrors　　（d）pages

（11）设置各个文件夹的访问规则，需配置哪个节？（ ）

（a）compilation　　（b）authentication

（c）authorization　　（d）pages

2. 判断题

（1）web.config 配置文件只能在 VS .NET 开发工具中打开。

（2）网站中可以包含多个不同级别的 web.config 配置文件。

（3）web.config 文件中未声明的配置将使用服务器系统分区 machine.config 文件中的默认配置。

（4）web.config 配置文件中所有的配置信息都在 system.web 节内。

（5）访问 appSettings 节中的键值对，应该使用 System.Configuration 类。

（6）authentication 节用于设置访问规则，authorization 节用于设置身份验证方式。

7.6 基本知识 5：主题和皮肤

7.6.1 主题和皮肤文件简介

1. 主题

主题代表网页和控件的一套样式设置，一个 Web 应用程序可以包含多个主题，每个主题是 ASP.NET 的专用目录 App_Themes 文件夹下的一个子文件夹，其中只允许包含 3 种类型的文件：皮肤文件（.skin 文件）、样式表文件（.css 文件）和各类图像文件，使用这些文件可以定义页面和控件的外观。

在最终生成的客户端响应结果页面中，主题中的皮肤文件将转换为控件的内联样式表。主题中的样式表文件将作为外部样式表被引用。

主题是 ASP.NET 集中管理显示样式的技术，并可以通过动态切换主题实现显示样式的用户定制。

2. 皮肤文件

皮肤文件被包含在主题中，又称外观文件，直接使用控件属性来定义服务器控件的外观，使用更方便些。另一方面，虽然也可以在标记代码中使用 CSS 来控制服务器控件的外观，但由于服务器控件和 HTML 元素并非一一对应，所以，对服务器控件来说，使用皮肤文件设置服务器控件的外观更加方便。

皮肤文件只是 CSS 的一种设计形式，在最终生成的客户端响应结果页面中，将转换为 CSS 而在浏览器中生效。

7.6.2 主题和皮肤文件的创建及应用示例

1. 主题和皮肤文件的创建

① 在“解决方案资源管理器”中的网站根节点上用鼠标右键单击，在弹出的快捷菜单中选择“添加 ASP.NET 文件夹”下的“主题”选项，系统会在应用程序根目录下自动生成一个专用目录 APP_Themes，并在此目录下添加了一个名为“主题 1”的目录，我们修改该目录的名字为“defaultTheme”。

② 在“defaultTheme”上用鼠标右键单击，选择“添加新项”，在弹出的对话框中选择“外观文件”，可以在该对话框下面的名称文本框中修改皮肤文件的名称，这里采用其默认名称“SkinFile.skin”，

如图 7-23 所示，单击“添加”按钮，完成皮肤文件的添加。

图 7-23　添加皮肤文件

③ 在刚添加的 SkinFile.skin 皮肤文件中给 Button 控件定义两种外观：

```
<asp:Button runat="server" BackColor="Red" ForeColor="Blue" />
<asp:Button runat="server" BackColor="Blue" ForeColor=" Red " SkinID="blue"/>
```

上面定义的第 1 种 Button 外观的背景色为红色，前景色为蓝色；第 2 种定义中，背景色为蓝色，前景色为红色，且有一个外观标识属性 SkinID="blue"，包括 Button 在内的各类服务器控件，也都有 SkinID 属性，第 2 种外观定义只对 SkinID 为“blue”的 Button 按钮起作用，而第 1 种外观定义对所有不注明 SkinID 的 Button 自动起作用。

皮肤文件中定义的外观设置标记实际上就是给该类控件的不同属性赋值，而在皮肤文件中定义时没有代码助手提示，完全手工写出比较费时，所以我们可以在 VS 2008 设计视图模式下，从工具中拖入一个定义皮肤文件的服务器控件，在其属性面板中设置要定义的属性，最后切换到源视图模式下，把该控件对应的源代码复制到皮肤文件中去，再删除不用的 ID、Text 等属性。注意：并非所有的属性都可以在皮肤文件中设置。

2. 主题的应用方法

（1）主题应用于单个网页。主题应用于单个网页时，需要在@Page 页面指令中进行设置，主题中的皮肤文件和样式表文件将自动应用于该网页。

有两种设置方式，一种是使用 Theme 属性，例如：

```
<%@ Page Theme=" defaultTheme" Language="C#"......%>
```

另一种方式是使用 StylesheetTheme 属性，例如：

```
<%@ Page StylesheetTheme=" defaultTheme" Language="C#"......%>
```

对于在页面中有其他样式声明（如页面中的控件外观属性设置、非内联样式表的样式设置）的情况下，两种方式应用效果上有区别：使用 Theme 属性的方式，主题中外观样式设置晚于页面中其他样式被应用，所以将会覆盖页面中的其他样式声明；使用 StylesheetTheme 属性的方式，主题中的外观样式设置早于页面中的其他样式被应用所以 StylesheetTheme 属性应用主题的方式的有效级别较低。

若在控件标记代码中直接使用 style 属性声明内联样式，则此直接内联样式覆盖间接内联样式（由皮肤或属性生成），具有最高有效级别。

（2）主题应用于整个网站。当要将主题应用于整个网站（或具有 web.config 配置文件的某个文件夹）时，则应在网站根目录下的 web.config 文件中对 pages 节点进行配置，配置完成后，不必在各个页面中逐一修改@Page 指令，整个网站中的网页就都应用该主题了。如果在某个网页要设置不同于主题中定义的外观时，在该网页的@Page 指令中设置 Theme 属性（不是 StylesheetTheme 属性）为其他主题或为空或在源视图中定义自己的显示外观，这时的定义将覆盖 web.config 中配置的主题。

下面我们来看一下主题应用的效果。

新建一个网页，命名为“ThemeDemo.aspx”，在该页面上添加两个 Button 按钮，该页面应用前面在 SkinFile.skin 皮肤文件中给 Button 控件定义的两种外观，该页面对应的源视图代码相关部分如下：

```
<%@ Page Language="C#" AutoEventWireup="true" CodeFile="ThemeDemo.aspx.cs" Inherits=
"ThemeDemo"  Theme="defaultTheme" %>
......
    <form id="form1" runat="server">
    <div>
        不设置 SkinID 的显示效果：    <asp:Button ID="Button1" runat="server"
Text="Button" />
        <br />
        设置了 SkinID 后的显示效果：<asp:Button ID="Button2" runat="server" Text="Button"
SkinID="blue"/>
......
```

该页面运行效果如图 7-24 所示。

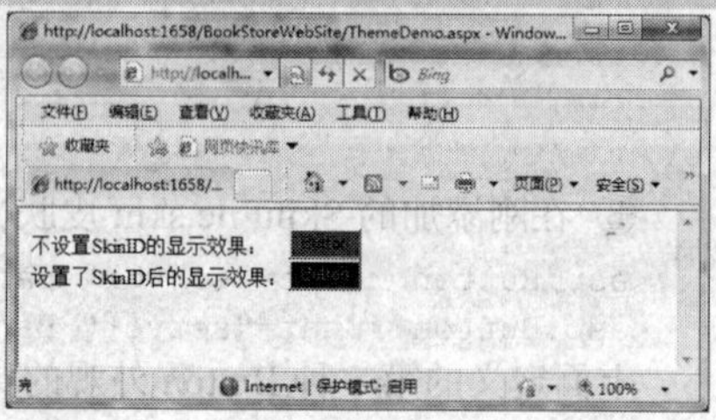

图 7-24　应用主图后效果图

由于在网页源视图中的@Page 指令使用 Theme="defaultTheme"应用了 defaultTheme 主题，而 defaultTheme 主题中包含一个皮肤文件，其中定义了 Button 按钮的两种不同外观：网页中 Button1 按钮未设置 SkinID 属性，将自动应用红色背景的外观；Button2 按钮设置了 SkinID="blue"，则应用同样 SkinID 的蓝色背景外观。

7.6.3　自测

1. 单项选择题

（1）关于 ASP.NET 的主题，说法错误的是（　　）。

（a）相当于网页标题　　（b）是一个文件夹

（c）代表一套样式　　（d）包含外观文件和样式表文件

（2）以下哪种类型的文件不能放在主题目录中？（　　）

（a）皮肤文件　　（b）样式文件

（c）图像文件　　（d）数据库文件

（3）主题必须放在哪个文件夹下？（　　）

（a）App_Data　　（b）App_Themes

（c）App_Code　　（d）App_Browsers

（4）关于 ASP.NET 的皮肤，以下说法错误的是（　　）。

（a）皮肤文件又称外观文件

（b）皮肤将转换为内联样式表

（c）皮肤用来定义服务器控件的显示样式

（d）皮肤是 ASP.NET 的新技术，将代替 CSS

（5）定义服务器控件的显示外观样式，不可以使用哪种操作？（　　）

（a）在标记代码中直接设置 style 属性

（b）设置控件的 CssClass 属性为某个样式类

（c）应用主题中的皮肤外观设置

（d）以上方法都可以

（6）以下关于主题的说法错误的是（　　）。

（a）主题只能用于整个网站

（b）主题用于整个网站时，要在网站根目录下的 web.config 中

（c）整个网站应用了主题时，某网页的主题仍可以单独设置

（d）一个网站可以有多个主题

（7）网页中某 Button 控件设置了 BackColor 属性为红色，主题 t1 中也为 Button 控件设置了 BackColor 属性为蓝色外观，为使 Button 控件背景色为红色，以下操作错误的是（　　）。

（a）通过@Page 指令的 Theme 属性应用主题 t1

（b）通过@Page 指令的 StylesheetTheme 属性应用主题 t1

（c）设置主题 t1 的外观定义与 Button 控件有不同的 SkinID

（d）在页面中为 Button 控件设置红色背景的内联样式表

2. 判断题

（1）主题中的皮肤将转换为控件的内联样式而生效。

（2）主题中的样式表将作为外部样式表而被引用。

（3）一个网站只能有一个主题。

（4）不能通过 StylesheetTheme 属性设置某个网页不同于整个网站的主题。

（5）对某页面来说，在 web.config 文件中应用的主题优先于在该页面中应用的主题。

7.6.4 演练

1. 实验题目

主题和皮肤。

2. 实验目的

- 初步理解主题和皮肤的作用。
- 掌握主题和皮肤文件的创建及使用方法。

3. 实验内容

在 7.4.4 节演练的基础上进行本此演练，对上次实验中要求的母版页中的用户控件的设计进行改进，具体改进要求是：将用户控件中使用的图片的背景属性等放在主题的 css 中，使用皮肤文件设置 TextBox 和 ImageButton 的显示效果。

4. 实验步骤

由读者写出。

5. 实验总结

由读者总结。

7.7 决策与计划

7.7.1 决策

本章学习了多种技术，实现网站的统一化管理及美化。网上书店系统中，整体风格的设计原则是结构清晰，使用方便，布局美观大方（尤其前台页面），根据需求，将使用母版页技术，实现前台页面的布局风格统一和美化；使用用户控件技术，对经常使用的局部功能（如图书类别树）实现一致化管理，避免重复设计；使用主题，实现对显示样式的集中管理；使用皮肤技术实现服务器控件的样式管理；使用 TreeView 实现图书类别树用户控件的设计，使用 Menu 实现后台管理子系统的导航。

7.7.2 计划

1. 前台母版页

前台母版页的布局已经在前面章节实施，只需将新建网页改为新建母版页即可。此处仅讨论其逻辑部分。

前台母版页的逻辑功能较简单，主要包括以下功能。

① 注册、修改密码、管理 3 个链接按钮的可用性管理：未登录验证访问者，可以使用注册按钮；已通过验证用户，可以修改密码；managers 角色用户，可以进入后台管理。

② 关键字搜索功能的处理：为关键字搜索用户控件初始化、建立 Click 事件委托函数。

③ 在线人数统计：根据 Application 变量，统计并显示网站在线人数。

2. 关键字搜索用户控件

（1）界面计划。用 DropDownList 控件列出字符串类型的字段，供用户选择；用 TextBox 控件接收用户输入的关键字；用 ImageButton 控件提交用户输入。

（2）逻辑计划。关于关键字搜索功能的数据库操作代码，已经在前面章节讨论过。为了维护方便，网站的数据库操作代码全部封装在 Db 类中（App_Code\Db.cs 文件），该控件只负责按照用户输入组织查询语句。当然，从封装性的角度看，读者也可考虑将此方法放入该控件代码中。

由于该用户控件既应用在前台母版页，也应用在后台图书信息修改页面，前台的查询结果只包含图书概略信息，后台的查询结果包含所有图书信息，所以，根据宿主页面不同，该控件应被初始化不同的查询语句（不含条件）。在用户选择被查字段、输入关键字后，单击按钮后，该控件将组织查询条件，并向宿主页面提供查询按钮的单击事件接口，宿主页面将在此事件委托函数中完成查询。

根据数据库操作全部封装在 Db 类中的原则，查询语句（不含条件）、组织查询条件的方法都调用 Db 类的成员完成。

3. 图书类别树用户控件

（1）界面计划。仅包括一个 TreeView 控件。

（2）逻辑计划。图书类别树控件是本系统中最复杂的模块之一。图书类别树数据来自数据库的数据表，与数据库操作相关，封装在 Db 类中，在第一次构造后，将图书类别树缓存在 Application 变量中，而不是在每个图书类别树用户控件的生命周期都重新构造图书类别树，以提高程序性能。所以，初始化该控件时，应首先从 Application 变量中取得图书类别树数据。

除了首页等页面，图书类别树用户控件还将应用在图书类别管理页面，由于没有使用数据源控件，每当改动图书类别数据表后，不能自动刷新显示，因此，该控件提供一个刷新方法。刷新前后，应保持类别树当前节点的选中、展开状态，所以，该控件还提供一个设置当前节点的方法。而在设置当前节点展开状态时，需同时设置当前节点的祖先节点依次展开，这需要在 TreeNodeExpanded 事件委托函数中编写代码。

在不同页面中应用该控件时，SelectedNodeChanged 事件有不同的处理逻辑，如：在首页中，单击类别节点会执行按类别查询；在新书入库页面中，单击类别节点会返回类别代码填写到文本框中；在图书类别管理页面中，单击类别节点会显示该类别的详细信息。所以，该控件还应公开 SelectedNodeChanged 事件接口，宿主页面将在此事件委托函数中完成相关业务逻辑。

7.8 实施

从教学网站下载 Chapter7Learnsituation 学习情境，此学习情境中包含首页 Default.aspx，但仅包含内容页部分，母版页 MasterPage.master 尚未设计，本实施包含的两个用户控件尚未定义，应先在

UserControls 文件夹中设计好两个用户控件。主题已经在母版页中引用，但有关样式表和皮肤的应用细节，请参考网上书店的完整案例 BookStoreWebSite。本章学习情境调试时，应查看 Default.aspx 页面。

1. 前台母版页逻辑部分

Page_Load 事件委托函数实现了如下逻辑功能：设置可适应改变主题的 Logo 图片路径；根据登录验证情况，控制各 LinkButton 是否显示；显示在线用户数量；初始化关键字搜索用户控件的不带 where 子句的查询语句，建立关键字搜索控件的事件委托。

```
protected void Page_Load(object sender, EventArgs e)
{
    ImageLogo.ImageUrl = "~/App_Themes/" + Page.Theme + "/images/logo.gif";
    //未登录验证访问者，可以使用注册按钮
    LinkButtonRegister.Visible = !Page.User.Identity.IsAuthenticated;
    //已通过验证用户，可以修改密码
    LinkButtonChangePassword.Visible = Page.User.Identity.IsAuthenticated;
    //managers 角色用户，可以进入后台管理
    LinkButtonManage.Visible = Page.User.IsInRole("managers");

    LabelOnlineUsersCounter.Text = "当前本站有" + Application["userCount"].ToString() +
"位客户在线";
    UC_BookSearch1.SelectSqlStrWithoutWhere = Db.BookInfoSelectSqlF;
    UC_BookSearch1.SearchClick += uc_BookSearch_SearchClick;
}
```

Page.Theme 代表页面主题的名称字符串。对于 Image 服务器控件的 ImageUrl 属性而言，cs 程序中的设置将代替 aspx 标记中的设置，所以虽然在 aspx 代码中设置了 ImageLogo 控件的 ImageUrl 属性为“App_Themes/defaultTheme/images/logo.gif”，但 Page_Load 事件委托函数中对该属性进行的更改将最终生效，这将便于在配置文件中（或动态）统一更换主题。能够兼顾设计时查看图片效果和运行后便于更改主题的问题，是否有更简洁的方法，请有兴趣的读者进一步研究。

在线用户数量是从 Application["userCount"]变量取得的，此变量由 Global.asax 文件中的代码设置。UC_BookSearch1 控件的不带 where 子句的查询语句，来自 Db 类的 BookInfoSelectSqlF 属性，当该控件中的搜索按钮被单击（或敲回车键）后，将执行本文件声明的 uc_BookSearch_SearchClick 事件委托函数。

uc_BookSearch_SearchClick 事件委托函数仅实现向主页传递参数的功能，由主页的数据源控件和数据绑定控件执行查询并显示。代码如下：

```
protected void uc_BookSearch_SearchClick(object sender, EventArgs e)
{
    Session["BooksMatchedDescription"] = UC_BookSearch1.SearchDescription;
    Session["BooksMatchedSqlStr"] = UC_BookSearch1.SelectSqlStr;
    Response.Redirect("~/Default.aspx");
}
```

由于母版页是多页共用，所以关键字查询语句可能跨页传递，此处使用 Session 变量传递查询语句和描述参数。同样，由于母版页多页共用，为使用户在非主页中请求关键字查询后，立即查看查询结果，需要调用 Response.Redirect 方法重定向到主页。

2. UserControls/UC_BookSearch.ascx

该控件封装了关键字搜索的交互功能，在逻辑方面，该控件只负责按照用户输入组织查询语句，而不包含条件的查询语句，由使用该控件的宿主页面通过该控件的属性初始化设定。

该控件呈现一个界面，用户选择字段、输入关键字，当用户单击 ImageButton 请求进行搜索时，根据用户输入的字段和关键字条件，以及宿主页面指定的不包含条件的查询语句，调用 Db 类的相关方法构建包含条件的 SQL 语句，由宿主页面绑定到页面中的数据源控件，从而完成关键字搜索功能。由于不含 where 子句的 Select 语句是外部提供的，因此，若用户不输入关键字，WhereClause 属性为空，就产生全部查询的效果。

将构建 SQL 语句的方法放入 Db 类，是为了在数据库访问角度进行统一化的管理，从封装性的角度看，读者也可考虑将此方法放入该控件代码中。

（1）界面设计。

① 为使用户敲回车键也能进行搜索，首先放入一个 Panel 控件，后面将设置其 DefaultButton 属性。

② 输入“关键字搜索”字样，拖入 DropDownList 控件，ID 设为“DropDownListSearchField”，利用其任务按钮“编辑项”，在如图 7-25 所示对话框中，添加可用于关键字搜索的字符型图书信息字段，每个列表项对应一个字段，其 Value 属性为数据库中的字段名称，Text 属性为显示的名称。

③ 拖入 TextBox 控件，ID 为“TextBoxSearchKey”，Width 设为“188px”，由于在网站配置文件中设置了主题，主题中为 TextBox 控件设置了默认皮肤，如图 7-26 中第 1 行代码，Width 设为“50px”，而皮肤文件的应用晚于控件属性设置，因此，还需设置该控件的 SkinID 属性为“customWidthTextBox”，即应用图 7-26 中第 2 行代码，对 Width 属性不覆盖，以保证 Width=“188px”生效。

图 7-25　为搜索字段下拉框添加可搜索字段名称

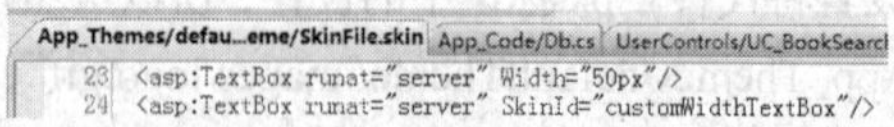

图 7-26　网站主题的皮肤文件设定的 TextBox 控件皮肤

④ 拖入 ImageButton 控件，ID 设为“ImageButtonSearch”，ImageUrl 属性设为“search.png”图片文件，所有网站图片均存放在主题文件夹下的 images 子文件夹中。

⑤ 设置 Panel 控件的 DefaultButton 属性为“ImageButtonSearch”，即用户回车时，相当于单击 ImageButtonSearch 按钮。

图 7-27 示出了 UC_BookSearch.ascx 用户控件的界面设计结果。

图 7-27　UC_BookSearch.ascx 控件界面设计结果

（2）逻辑代码。根据前面的功能描述，该控件公开了以下数据成员：

```
public string SelectSqlStrWithoutWhere {private get; set; }
public string SelectSqlStr { get; private set; }
public string SearchDescription { get; private set;}
public event EventHandler SearchClick;
```

其中 SelectSqlStrWithoutWhere 只写属性表示不带 where 子句的查询语句；SelectSqlStr 只读属性表示根据用户输入关键字构建完成的带条件查询语句；SearchDescription 只读属性表示当前查询条件的

文字描述，可用作查询结果的标题；SearchClick 是一个事件委托，由宿主页面添加事件委托函数代码，以读取 SelectSqlStr 和 SearchDescription 属性。

用户单击 ImageButtonSearch 或敲回车键后，执行该控件的 Click 事件委托函数：

```
protected void ImageButtonSearch_Click(object sender, ImageClickEventArgs e)
{
    SelectSqlStr=Db.GetBookSearchBySimpleKeysSqlUC(SelectSqlStrWithoutWhere,
DropDownListSearchField.SelectedValue, TextBoxSearchKey.Text);
    SearchDescription = DropDownListSearchField.SelectedItem.Text + "包含\"" +
TextBoxSearchKey.Text + "\"的图书";
    //调用外挂事件委托函数
    if (SearchClick != null) SearchClick(this, e);
}
```

代码中，首先调用 Db 类的 GetBookSearchBySimpleKeysSqlUC 方法，为 SelectSqlStr 赋值，该方法第一个实参 SelectSqlStrWithoutWhere 是宿主页面初始化的不带 where 子句的 SQL 语句；第二个实参 DropDownListSearchField.SelectedValue 是用户选择的字段，第三个实参 TextBoxSearchKey.Text 是用户输入的关键字串。然后根据查询的字段和关键字串，组合得到本次查询的自然语言描述，为 SearchDescription 赋值。最后调用外挂的宿主页面事件委托函数，宿主页面要完成执行相关查询并显示的功能。

3. UserControls/UC_CategoryTree.ascx

该控件封装了类别树初始化显示、刷新、选择、展开等功能。这是本网站中较复杂的一个用户控件。

该控件呈现一个 TreeView 控件。初始请求时，该控件从 Application 变量中获得类别树，添加到 TreeView 控件中显示类别树，选中并展开根节点。在用户在宿主页面做了图书类别信息修改后，可调用其刷新方法，该方法调用 Db 类的相关方法，重新从数据库读取类别树信息、构建类别树到 Application 变量，根据 Application 变量设置 TreeView 控件，以使显示和数据库一致。在用户选中某节点时，调用定义在宿主页面的外挂事件委托函数，以执行页面级逻辑操作。在用户展开某节点时，折叠所有其他无关节点，由于 Db 类在构建类别树时，将各节点 SelectAction 属性设置为 SelectExpand，所以选中节点同时引起展开节点操作。

（1）界面设计。该控件的用户界面较简单，拖入一个 TreeView 控件，ID 设为“TreeViewCategorys”，设置其 ExpandDepth 属性为“1”，即初始展开 1 级节点，若不设置此属性，默认为 FullyExpand，即全部展开至叶子节点。设置其 SelectNodeStyle、NodeStyle 等属性以使显示清晰、美观。界面设计结果如图 7-28 所示。

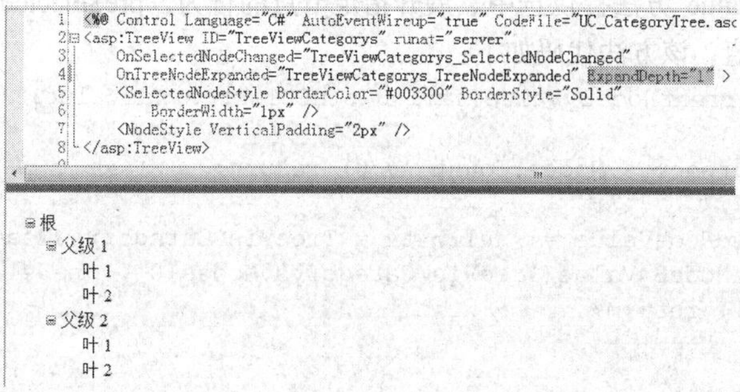

图 7-28　UC_CategoryTree 控件界面设计结果

（2）逻辑代码。

① 公开的数据成员。

```
public event EventHandler SelectedNodeChanged;
public TreeNode CurrentNode//首页显示 Text，不能只记录 Value
{
    get { return TreeViewCategorys.SelectedNode; }
}
```

SelectedNodeChanged 事件委托供宿主页面根据当前选中节点做页面级逻辑处理。CurrentNode 只读属性供宿主页面读取当前选中节点，节点的 Text、Value、ToolTip 属性分别对应图书类别的名称、ID、描述信息。

② 初始化类别树。Page_Load 事件委托函数代码如下：

```
protected void Page_Load(object sender, EventArgs e)
{
    if (!IsPostBack || TreeViewCategorys.Nodes.Count==0)
    {
        //如果相关Application变量不存在，调用Db类的静态方法建立类别树
        if (Application["CategoryTreeRootNode"] == null)
        {
            Db.GetCategoryTreeFromDb();
        }
        //清空原类别树，否则叠加
        TreeViewCategorys.Nodes.Clear();
        //必须新建一个，否则传递引用，造成所有用户所有页面的类别树选中展开情况都一样
        TreeNode rootNode = new TreeNode();
        rootNode = Application["CategoryTreeRootNode"] as TreeNode;
        TreeViewCategorys.Nodes.Add(rootNode);

        SetCurrentNodeByValue(null);
    }
}
```

代码中，先根据 IsPostBack 属性判断是否为初始请求，若为初始请求或者 TreeViewCategorys 控件没有节点，则需要获取类别树根节点，添加到 TreeViewCategorys 控件节点集合中；否则，不做任何处理。获取类别树时，若 Application["CategoryTreeRootNode"]变量不存在，此情况仅在网站首次被访问时发生，则调用 Db 类的 GetCategoryTreeFromDb 方法构建类别树，得到此 Application 变量；否则，直接从此 Application 变量获取类别树根节点。为 TreeViewCategorys 控件添加节点前，需要清空原来的节点集合，以防止出现重复节点。不能直接将 Application 变量代表的类别树对象添加到 TreeViewCategorys，因为 Application 变量为 object 引用类型，引用类型变量间赋值，仅复制引用，因此当某用户对类别树进行选中、展开后，将会改变 Application 变量所保存的节点的 Selected、Expanded 值，而 Application 变量是网站级别的，从而造成所有用户看到相同的选中、展开情况。最后，调用 SetCurrentNodeByValue 方法，设置仅选中、展开根节点。

SetCurrentNodeByValue 方法提供选中、展开指定节点的行为，preSelectedNodeValue 参数为待选中、展开的节点 Value 值，该方法代码如下：

```
public void SetCurrentNodeByValue(string preSelectedNodeValue)
{
    if (TreeViewCategorys.Nodes.Count == 0) return;
    TreeNode tn;
    if (preSelectedNodeValue == null) tn = TreeViewCategorys.Nodes[0];
    else tn = findNodeByValue(TreeViewCategorys.Nodes[0], preSelectedNodeValue);
    if (tn == null) return;
    tn.Select();
    tn.Expand();
}
```

TreeView 控件有比较复杂的行为。代码中首先判断 TreeViewCategorys 是否有节点，没有就无法选中、展开，需要 return 退出该方法，这个处理与业务逻辑无关，仅增加程序的健壮性。如果 preSelectedNodeValue 参数为 null，默认为选中、展开根节点，即 Nodes[0]；否则，调用 findNodeByValue 私有方法，以根节点为初始查找位置，返回 Value 属性等于 preSelectedNodeValue 的节点。最后调用 TreeNode 对象的 Select 和 Expand 方法，将指定节点选中并展开。这也将触发相关的事件。

findNodeByValue 方法是根据节点 Value 值递归定位节点的方法，返回特定节点的引用或 null 值。

第一个参数 tnParent 指示从哪个节点开始查找，第二个参数 strValue 是字符串类型的 Value 值。该方法代码如下：

```
private TreeNode findNodeByValue(TreeNode tnParent, string strValue)
{
    if (tnParent == null) return null;
    if (tnParent.Value == strValue) return tnParent;
    TreeNode tnRet = null;
    foreach (TreeNode tn in tnParent.ChildNodes)
    {
        tnRet = findNodeByValue(tn, strValue);
        if (tnRet != null) break;
    }
    return tnRet;
}
```

若 tnParent 为 null，返回 null。该递归方法的出口条件是：tnParent 就是目标节点；否则，用 foreach 循环遍历 tnParent 的各子节点，对每个子节点递归调用 findNodeByValue 方法。此递归调用将遍历子节点子树，如果在某个子树找到了目标节点，递归方法的返回值将不为 null，此时终止本层循环，接下来逐层递归返回代表目标节点的 tnRet；如果循环结束也没找到，即所有子树中都不包括目标节点，递归返回 null 值，将进入上层调用的循环，在 tnParent 的叔伯节点中继续寻找。顶层递归返回 null，代表未找到目标节点。

③ 刷新类别树。刷新类别树的 RefreshCategoryTree 方法，不但要按数据库同步显示类别树，还要保持宿主页面指定的选中、展开状态，其参数 preSelectedNodeValue 即代表调用者指定的待选中、展开节点的 Value 值。该方法代码如下：

```
public void RefreshCategoryTree(string  preSelectedNodeValue)
{
    TreeViewCategorys.Nodes.Clear();
    //重新从数据库获取类别数据
    Db.ReloadCategorysData();
    //生成类别树，保存至 Application 变量
    Db.GetCategoryTreeFromDb();
    //以 Applicaton 变量填充类别树，调用选中节点的事件委托函数，使展开预设节点
    if (Application["CategoryTreeRootNode"] != null)
    {
        TreeNode rootNode = new TreeNode();
        rootNode=Application["CategoryTreeRootNode"] as TreeNode;
        TreeViewCategorys.Nodes.Add(rootNode);
        SetCurrentNodeByValue(preSelectedNodeValue);
    }
}
```

首先清除 TreeViewCategorys 控件的节点集合，避免类别树叠加。调用 Db 类的 ReloadCategorysData 方法，从数据库中读取图书类别关系数据。调用 Db 类的 GetCategoryTreeFromDb 方法，构建类别树，并将根节点保存至 Application 变量。接下来使用类似初始化类别树的代码，将 Application 变量添加至 TreeViewCategorys 控件，并调用 SetCurrentNodeByValue 方法，设置选中、展开节点。

④ 选择节点。TreeView 类控件包含 SelectedNode 属性，代表当前选中的节点，用户选中与之不同的节点时，或者调用与之不同节点的 Select 方法时，都将触发 TreeView 控件的 SelectedNodeChanged 事件。

TreeViewCategorys 控件的 SelectedNodeChanged 委托函数代码如下：

```
protected void TreeViewCategorys_SelectedNodeChanged(object sender, EventArgs e)
{
    if (SelectedNodeChanged != null)
    {
        //调用外挂的事件委托函数
```

```
            SelectedNodeChanged(this, e);
        }
    }
```

“SelectedNodeChanged!=null”、“SelectedNodeChanged(this,e)”中的 SelectedNodeChanged 是本用户控件声明的一个事件委托，相当于 this.SelectedNodeChanged，不要和 TreeViewCategorys.SelectedNodeChanged 混淆。SelectedNodeChanged(this,e)语句进一步调用位于宿主页面的外挂事件委托函数，执行页面级业务逻辑。

⑤ 展开节点。TreeView 类控件的展开节点事件是发生非常频繁的事件。初始化时 ExpandDepth 属性的设置、节点 Expand 方法的调用、用户对节点的单击（节点的 SelectAction 属性为 SelectExpand 时），都会引发节点展开事件。展开节点是为了显示该节点的孩子节点以便用户操作。

TreeViewCategorys 控件的 TreeNodeExpanded 事件委托函数代码如下：

```
protected void TreeViewCategorys_TreeNodeExpanded(object sender, TreeNodeEventArgs e)
{
    TreeNode expandedTn = e.Node;
    TreeNode p = expandedTn.Parent;
    if (p != null)
    {
        if(p.Expanded==null || !(bool)p.Expanded) p.Expand();
        foreach (TreeNode c in p.ChildNodes)
        {
            if (c != expandedTn && c.ChildNodes.Count > 0) c.CollapseAll();
        }
    }
}
```

该代码首先根据事件环境参数 e 得到当前展开的节点 expandedTn。

请注意，当因为用户单击此节点而导致展开时，此节点必然可见，即此节点至根节点的各上级节点都是展开的；但因为调用节点的 Expand 方法而导致展开时，由于其上级节点未必展开，所以即使此节点 Expanded 属性为 true，此节点及其孩子节点也未必可见，也就是说，必须让当前节点的各上级节点都展开，才真正实现展开并显示节点子树的逻辑功能，比如类别管理页面中添加新节点操作，选中并展开父节点，执行添加新节点命令后，要调用本控件的 RefreshCategoryTree 方法刷新类别树，并恢复选中、展开父节点的状态。为实现此功能，取得 expandedTn 的父节点 p，p 不存在的情况仅表示当前展开节点 expandedTn 是根节点，此时该方法什么也不做；如果 p 存在，则进一步判断 p 节点的 Expanded 属性，该属性是“?bool”类型，表示可以为空的布尔型，若其为空或为 false，则调用 p.Expand 方法展开父节点 p，由于 p.Expand 方法又会引起展开节点事件委托函数的重入（将再对父节点 p 的父节点执行判断、展开操作），所以不必再显式对父节点以上直至根节点的各上级节点调用 Expand 方法，就可以完成当前节点的各上级节点展开的功能。

该代码在父节点 p 存在时，还使用 foreach 循环遍历 p 的所有孩子节点，把孩子节点中除当前节点外的所有非叶子兄弟节点都折叠起来，以使类别树显示得清爽些。“(c != expandedTn && c.ChildNodes.Count > 0)”条件表示不是当前节点的非叶子节点。

若不设置 TreeViewCategorys 控件的 ExpandDepth 属性为“1”，默认为“FullyExpand”，即全部展开，但由于上述代码的作用，将在根节点的第一个子节点展开后，折叠其兄弟节点，而造成页面请求后类别树第一个二级节点展开的现象。

7.9 检查与评价

通过本章“网站的统一化管理及美化”这一学习情境的学习，我们学会在网站开发时要从整体设计出发，首先根据需求，根据网站类型、呈现内容的丰富程度、内容种类多少、色彩要求等方面来规划网站的整体风格。网站设计完成后，可以具体从以下几个方面进行检查与评价。

① 网站结构划分是否清晰，在设计网站初期，应根据需求中的用户类型、资源类型等进行归类划分，结构清晰，不仅便于资源的引用和管理，还利于我们下一章访问权限功能的设置。

② 网站页面整体布局是否美观大方（对前台页面尤为重要），应根据具体需求、内容多少及网站类型，选择合适的布局方式，例如本书的网上书店系统采用的是传统的上中下布局方式。

③ 具体到网站的某个页面上，应看各区域的间距大小是否合适，是否需要边框线，某些部分是否需要抽出来做成用户控件，各区块之间应满足布局合理，大小匹配且尽量体现层次感。

④ 看 HTML 客户端标记的显示风格是如何设置的，应尽量使用外联样式表进行控制，便于后期维护。

⑤ 如果某些服务器端控件需要设置的不同的显示风格，应尽量使用主题中的皮肤文件进行定义，便于后期维护。

⑥ 网站导航设置的方式是否合理，放置的位置是否合适，使用是否便捷，如果网站内容比较丰富，分类比较复杂，还要看是否设置了站点导航功能。

以上是对网站整体设计风格及美化效果进行检查评价的几个方面，希望读者在此基础上对自己设计的网站风格进行检查评价，以达到网站风格整体统一又不失美感。

7.10 训练

学完本章"网站统一化管理及美化"学习情境的基础知识后，请读者运用本章学习情境的介绍知识来具体设计一个农机信息方面的网站，主要是训练母版页、用户控件页、导航控件等网站布局与美化方面知识，要求使用母版页设计网站的整体风格，布局方式采用传统的上中下方式即可，在顶部包括网页的 Logo，日期显示、设为首页、加入收藏及菜单导航等信息（天气预报链接可不做）参考图 7-29 所示，中部是不同信息展示，其中包含搜索功能，要求把搜索功能部分做成用户控件，参考图 7-30 所示，底部为友情链接、网站 ICP（互联网内容提供商）备案号、联系方式、版权声明等信息，如图 7-31 所示。

图 7-29 母版页顶部效果

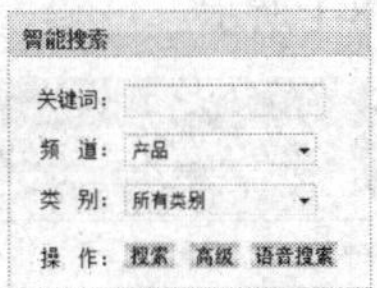

图 7-30 智能搜索用户控件

图 7-31 母版页底部

第8章 学习情境：用户账户管理

8.1 学习情境引入

8.1.1 功能需求

开发 Web 应用程序，除了要做到网页界面美观、布局合理、导航简单实用外，还要考虑的一个重要方面就是网站的安全性要求，网站安全性的优劣直接决定着网站是否能正常运行，例如我们的网上书店管理系统中最新上架的图书信息浏览、图书的分类浏览、图书查询等功能页面都是对所有用户开放的，但有些网页是只对注册用户开放的，比如打折图书浏览、图书购买、用户订单查询等页面需要注册成为网站会员才能浏览这些网页或者享受打折服务；再比如说只有具备网站管理员权限的用户才能登录到网站的后台进行网站的维护。另外在网站中还要提供用户注册、用户登录、用户信息修改等用户账户管理功能，要如何实现上述功能呢？这就是我们本章学习情境的主要内容。

8.1.2 功能展示

网上书店管理系统登录页面如图 8-1 所示。

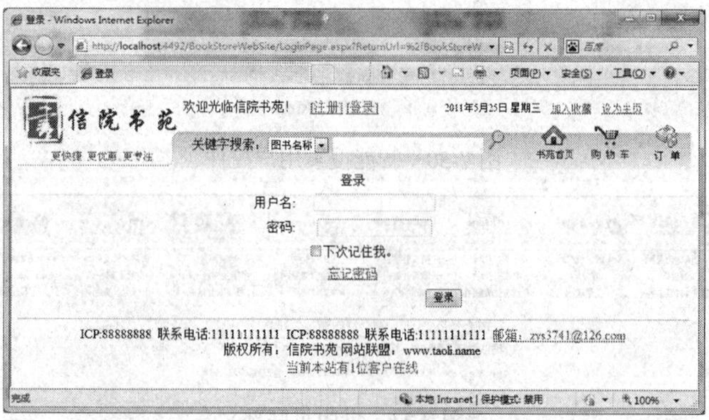

图 8-1 登录页面

注册新用户页面如图 8-2 所示。

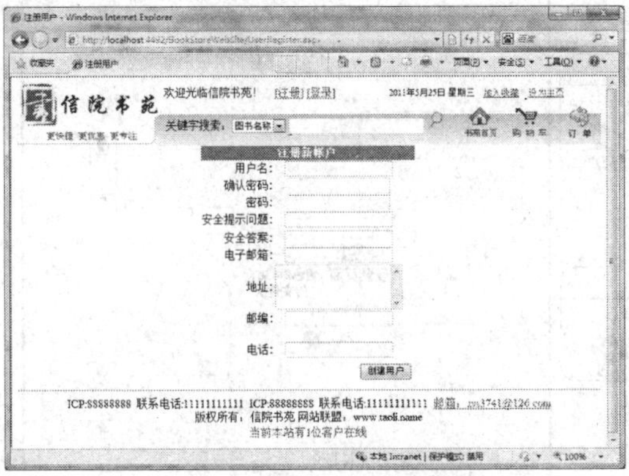

图 8-2　注册新用户页面

后台管理中的会员管理页面如图 8-3 所示。

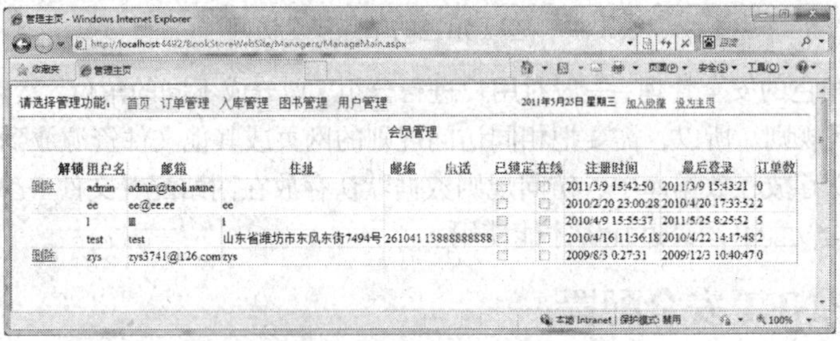

图 8-3　会员管理页面

8.1.3　技术分解

ASP.NET 内置了强大的用户账户和角色管理功能，提供了 ASP.NET 配置工具和 7 个组合控件，简化用户调用相关功能。网上书店管理系统的用户登录、注册、修改密码以及登录状态的显示等都是通过 ASP.NET 的服务器控件实现的，所以，本章要使用 ASP.NET 配置工具进行安全性配置，并使用 ASP.NET 的用户管理相关的服务器控件。

会员管理页面要对用户进行解锁、删除等操作，需要编写程序，而不使用控件，ASP.NET 用户账户管理功能的调用接口称为 Membership API，所以，我们还要掌握基本的 Membership API 调用技术。

8.2　基本知识 1：ASP.NET 基于角色的安全配置

如前所述，一个网站包含很多网页，而每个页面都有自己的 URL，如果我们仅仅设计了一个登录网页，但是用户还是可以通过直接输入 URL 跳跃性地访问其他的网页，从而绕过这个登录页面，这使得我们必须对每一个限制访问的网页进行用户验证。

要实现这样的功能，若使用早期的网站开发技术，程序员需要编写大量代码，并经过繁复的调试，即使这样还是可能存在漏洞。而 ASP.NET 内置了基于角色的安全技术，使用非常简单。

8.2.1　ASP.NET 基于角色安全技术的技术结构

ASP.NET 与 Web 服务器（IIS 等）结合，在.NET 框架的支持下，为用户管理和保证服务器安全提供了完善的基于角色的安全技术服务，按照文件夹组织访问规则，使用数据库保存用户成员资格和角色数据，其技术结构如图 8-4 所示。

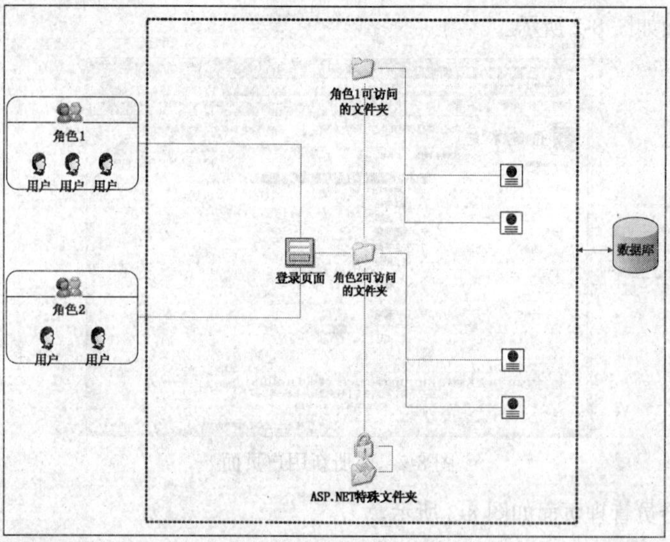

图 8-4 基于角色的站点安全访问

ASP.NET 基于角色的安全管理，一般对用户进行分组，划分成不同的角色，然后针对每个文件夹，对不同角色设置访问规则。所以，需要把相同访问规则的网页或其他文件资源放到同一个文件夹中。用户和角色数据默认存放在数据库中，访问规则数据默认存放在网站配置文件～/Web.config 中。

ASP.NET 的安全功能必须经过配置才能使用。

8.2.2 ASP.NET 安全配置

VS .NET IDE 的“网站”菜单下有“ASP.NET 配置”菜单项。ASP.NET 配置工具具备安全配置等功能，当配置好用户账户、角色以及访问规则后，ASP.NET 会在网站根文件夹下的“App_Data”特殊文件夹下，自动创建一个能够保存用户成员资格和角色信息的数据库 ASPNETDB.MDF，此数据库默认由 .\SqlExpress 数据库服务器管理。同时，ASP.NET 在网站根文件夹自动创建网站配置文件 web.config，此文件中包含 membership、roleManager 节点，默认继承了 machine.config 文件中的成员资格和角色数据的提供者，即 ASPNETDB.MDF 数据库，若设置了根文件夹的访问规则，此文件还包含 authorization 节点。另外，ASP.NET 还在设置了访问规则的各个子文件夹下自动创建只包含访问规则的配置文件 web.config。

除了上述的 ASPNETDB.MDF 数据库，网站中经常还包含业务逻辑数据库，如图书信息数据库，为避免管理两个数据库的麻烦，一般将两个数据库合并，实际上是用 VS.NET 提供的工具直接将 ASP.NET 安全信息存储区建立在业务数据库中，此工作要在配置之前完成，以在设置配置数据时能够正确存储。

1. 建立安全信息存储区

使用已有数据库（业务数据库）作为安全信息存储区，保存成员资格、角色等相关数据表和存储过程，需要使用 VS .NET 提供的 aspnet_regsql 命令工具。并且在建立安全信息存储区后，还要添加或修改网站配置文件中的 membership、roleManager 节，以使刚建立的安全信息存储区能够正常工作。

（1）注册数据库。所谓注册数据库，就是注册某个数据库使其具备 ASP.NET 管理数据库功能，这些功能主要依靠存储过程、数据表、触发器完成，所以，注册数据库也就是将 ASP.NET 的管理数据库（ASPNETDB.MDF）中的数据对象复制到某个数据库中。

在已经建立业务数据库（以 BookStore.mdf 为例）的前提下，执行以下操作。

① 在 Windows 的“开始”菜单中，找到“Microsoft Visual Studio 2008”程序组，选择其中“Visual

Studio Tools”中的“Visual Studio 2008 命令提示符”，输入 aspnet_regsql 命令，回车，出现如图 8-5 所示向导对话框，单击“下一步”按钮，如图 8-6 所示。

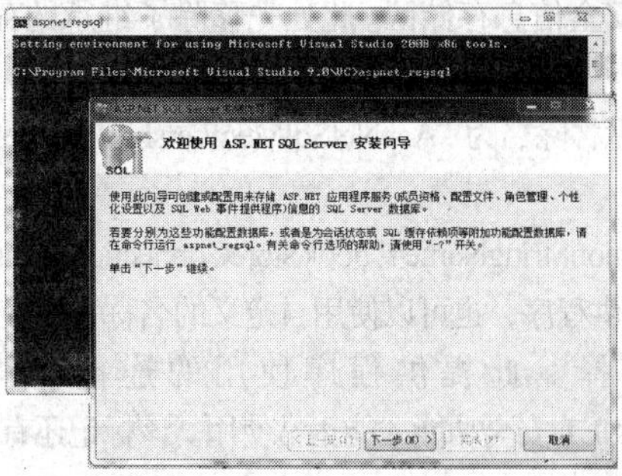

图 8-5　ASP.NET SQL Server 安装向导

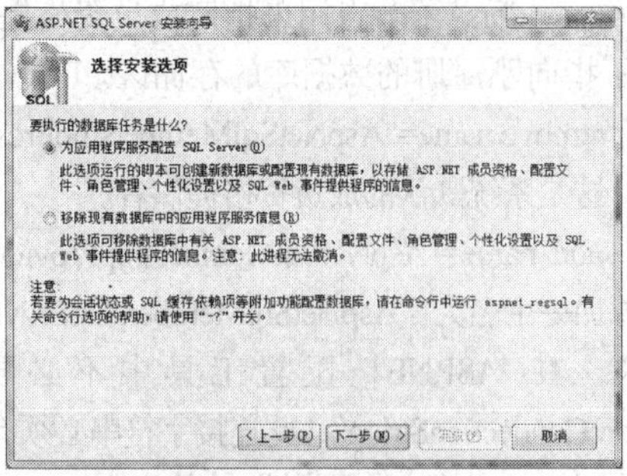

图 8-6　选择安装选项

② 此工具可以为数据库添加配置或者删除配置，选择“为应用程序服务配置 SQL Server”单选钮，单击“下一步”按钮，如图 8-7 所示。

③ 输入业务数据库所属的 SQL Server 实例名称、登录方式，选择业务数据库，若需附加数据库，需用其他工具提前附加，在确认上述选择信息正确后，最后单击“完成”按钮，即可执行数据库的注册。

（2）配置数据存储区。修改网站根文件夹下的配置文件 Web.config，在 system.web 节中添加或修改 membership 成员资格节，以及 roleManager 角色管理节，以使其使用刚注册的安全信息存储区数据库，而不是从 machine.config 继承一个安全信息存储区数据库 App_Data/ASPNETDB.MDF。

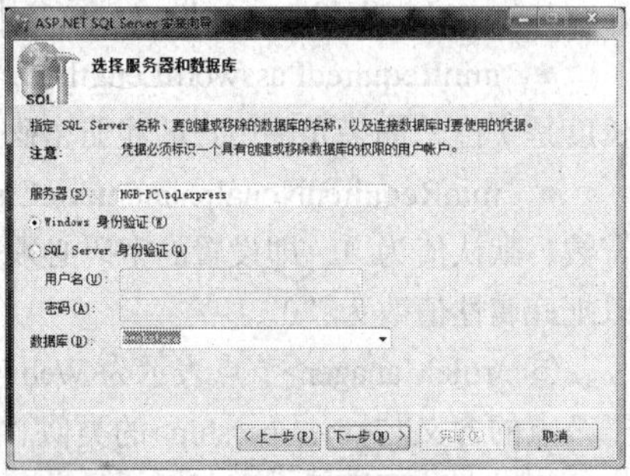

图 8-7　选择服务器和数据库

下面列出了一个典型配置：

```
<connectionStrings>
    <add name="bookStoreConnectionString" connectionString="Data Source=.\SQLEXPRESS;
AttachDbFilename=|DataDirectory|\bookStore.MDF;Integrated Security=True;"providerName=" System.
Data.SqlClient"/>
</connectionStrings>
<system.web>
<membership>
  <providers>
      <remove name="AspNetSqlMembershipProvider"/>
    <add name="AspNetSqlMembershipProvider" type="System.Web.Security.SqlMembershipProvider,
System.Web,Version=2.0.0.0, Culture=neutral, PublicKeyToken=b03f5f7f11d50a3a" connectionStringName=
"bookStoreConnectionString"enablePasswordRetrieval="false"enablePasswordReset="true"requires
QuestionAndAnswer="true" applicationName="/" requiresUniqueEmail="false" passwordFormat="
Hashed" maxInvalidPasswordAttempts="5" minRequiredPasswordLength="3" minRequiredNonalphanumeric
Characters="0" passwordAttemptWindow="10" passwordStrengthRegularExpression=""/>
    </providers>
</membership>
<roleManager enabled="true">
    <providers>
      <remove name="AspNetSqlRoleProvider"/>
      <add name="AspNetSqlRoleProvider" connectionStringName="bookStoreConnectionString"
applicationName="/" type="System.Web.Security.SqlRoleProvider, System.Web, Version=2.0.0.0,
Culture=neutral, PublicKeyToken=b03f5f7f11d50a3a"/>
    </providers>
</roleManager>
</system.web>
```

以上配置中，涉及的主要标记和属性如下。

① <membership>节点表示为 Web 应用程序（网站）指定 ASP.NET 成员资格配置。

② <providers>子节点用来指定成员资格提供者，即安全信息存储区。此处先移除了继承的存储区，又添加了指向刚注册的数据库的存储区。

③ <remove name="AspNetSqlMembershipProvider"/>表示移除名为“AspNetSqlMembershipProvider”的提供程序，这是系统默认的成员资格提供者。

④ <add name="AspNetSqlMembershipProvider"...connectionStringName="bookStoreConnectionString"../>表示重新添加一个名为“AspNetSqlMembershipProvider”的提供程序，也可以使用自定义的名称，但使用此默认名称，在 ASP.NET 配置工具中不必再进行选择。此提供程序使用的连接字符串为“bookStoreConnectionString”，此连接字符串必须有效，ASP.NET 安全功能才能正常使用。该标记还有多个与用户成员资格录有关的设置属性，例如：

- enablePasswordReset： 是否允许用户重置其密码。
- requiresQuestionAndAnswer：是否要求在创建用户时提供密码提示问题和答案。
- maxInvalidPasswordAttempts：用户锁定前允许的无效密码或无效密码提示问题答案尝试次数。
- minRequiredPasswordLength： 密码所要求的最小长度，此属性值默认为 7，即用户密码最小长度是 7 位，如果允许用户的注册密码长度短一些的话，可以把此属性值改小。
- minRequiredNonalphanumericCharacters： 密码中最少必须包含的非英文字母非数字的特殊字符数，默认值为 1，即设置的密码必须包含一个特殊字符，当我们不需要这么严格的密码设置时，可以把此属性值改为“0”。

⑤ <roleManager>节点表示为 Web 应用程序（网站）指定 ASP.NET 角色管理配置，此节点的其他子节点的含义与<membership>的类似。

经过上述配置后，再调用 ASP.NET 配置工具，就可以使用前面注册的安全信息存储区了。

2. ASP.NET 安全配置

已经定义了安全信息存储区后，可以使用“ASP.NET 配置”工具进行 ASP.NET 安全配置，主要完成用户、角色、访问规则的管理工作，其中访问规则的设置，也可以直接通过修改 Web.config 配置文件完成。

使用“ASP.NET 配置”工具进行用户、角色、访问规则的配置前，需做如下操作。

① 选择 VS2008 的 IDE 中的“网站”下的“ASP.NET 配置”子菜单，就会以 B/S 模式打开本网站的 ASP.NET Web 应用程序管理工具，如图 8-8 所示。

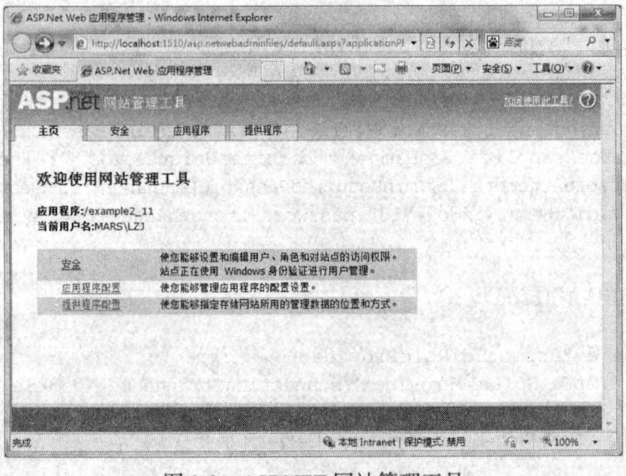

图 8-8 ASP.NET 网站管理工具

② 可以看到，该配置工具可以进行安全配置、应用程序配置和提供程序配置。若在网站配置文件

中配置数据存储区时，有多个存储区（即提供程序）设置，则必须首先进行提供程序配置，以使后面的配置能够正确存储。应用程序配置中进行键值对参数、跟踪调试等设置，请读者参阅其他资料。单击“安全”链接（或选择“安全”选项卡），以进行有关安全配置，出现如图 8-9 所示的页面。

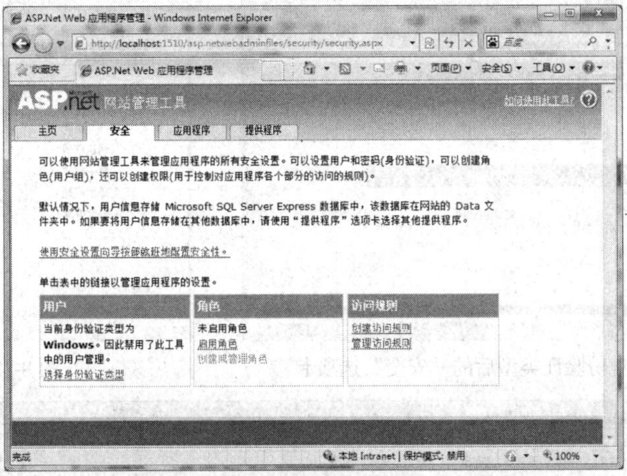

图 8-9　安全选项界面

③ 由于默认情况下网站配置文件中 authentication 节的 mode="Windows"，而用户管理功能仅在 mode="Forms"时才可用，所以如果当前的验证方式为默认的 Windows 身份验证，这时则需要单击“选择身份验证类型”链接，弹出如图 8-10 所示的界面，单击“通过 Internet”单选按钮，最后单击右下角的“完成”按钮，以启用用户管理功能。

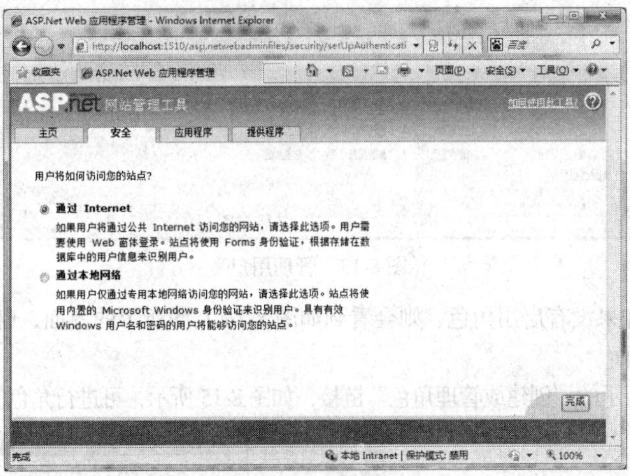

图 8-10　选择身份验证方式

④ 修改了身份验证方式的“安全”选项卡如图 8-11 所示。

下面分别对用户管理、角色管理和访问规则管理进行介绍。

（1）用户管理。单击图 8-11 中的“创建用户”链接可以创建用户账户，如图 8-12 所示。可以在此页面上输入用户名、密码和电子邮件地址来创建一个新用户，需设为活动用户才可以登录。注意这里的密码默认要求至少 7 位，且最少包含一个特殊字符，如果已经在网站配置文件中修改了“minRequiredPasswordLength”和“minRequiredNonalphanumericCharacters”属性的值，这里就可以按照修改后的要求输入。

单击图 8-11 中的“管理用户”链接可以对已创建的用户账户进行管理操作，具体包括搜索用户、编辑用户、删除用户及编辑角色，如图 8-13 所示。

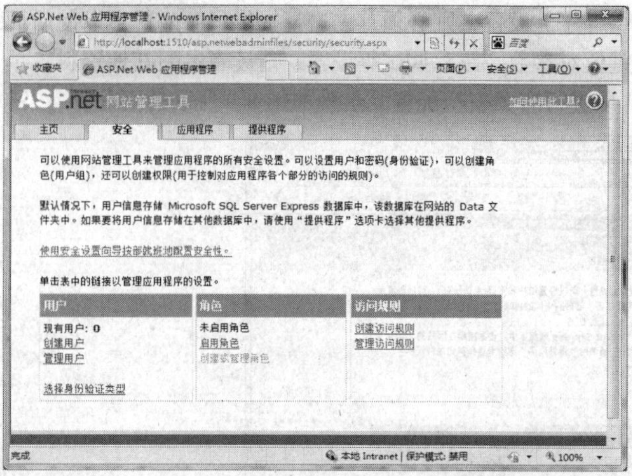

图 8-11　修改了身份验证类型后的“安全”选项卡

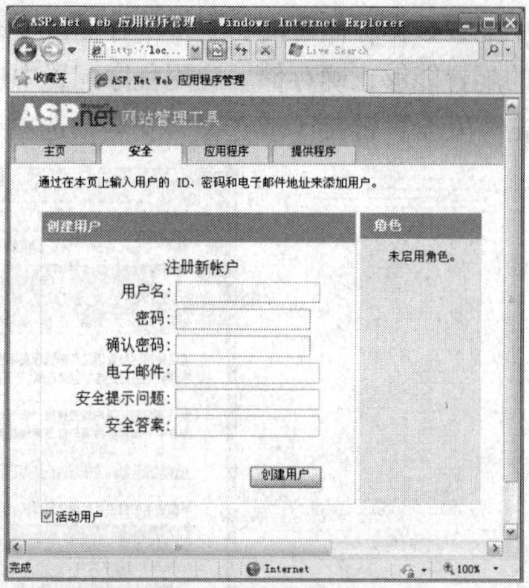

图 8-12　创建用户

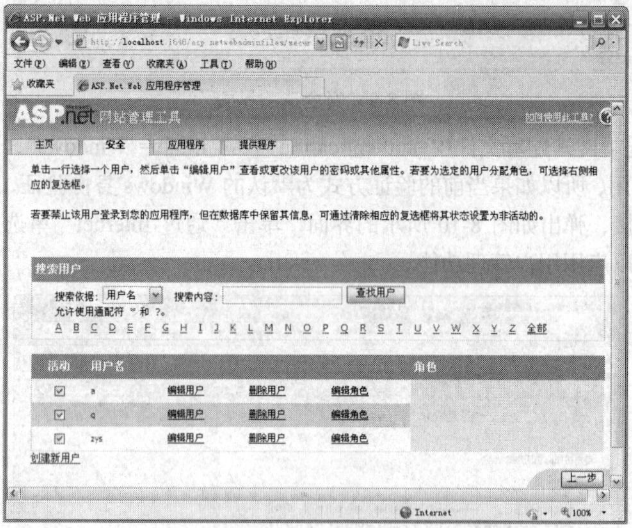

图 8-13　管理用户

（2）角色管理。如果没有启用角色，则会看到如图 8-14 左图所示的界面，启用角色，就会看到如图 8-14 右图所示的界面。

单击图 8-14 右图所示的“创建或管理角色”链接，如图 8-15 所示，可进行角色的创建、管理和删除。

图 8-14　启用角色

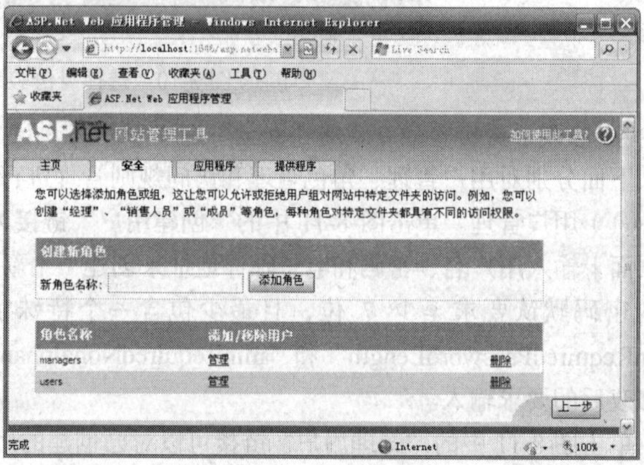

图 8-15　角色管理

对于已创建的用户，可以通过“管理用户”中的“编辑角色”功能进行对该用户关联的角色进行编辑，如图 8-16 所示。

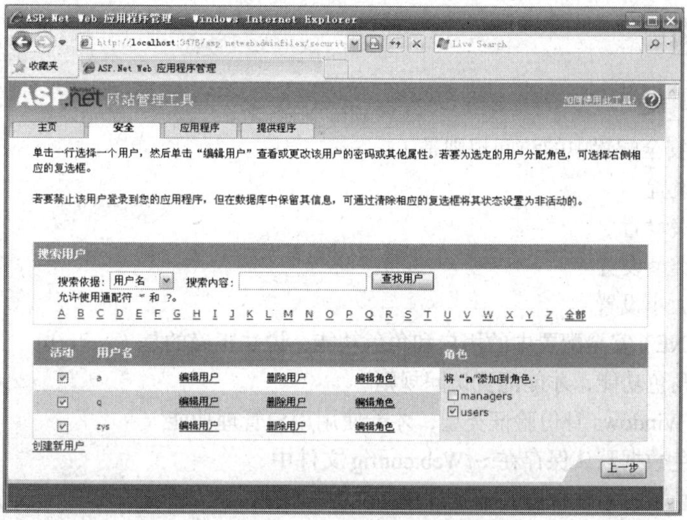

图 8-16　编辑角色

（3）访问规则管理。访问规则就是对文件资源进行访问限制，即授权用户或者角色对于某个目录的访问权限，单击图 8-11 中的“创建访问规则”链接后出现如图 8-17 所示的页面。

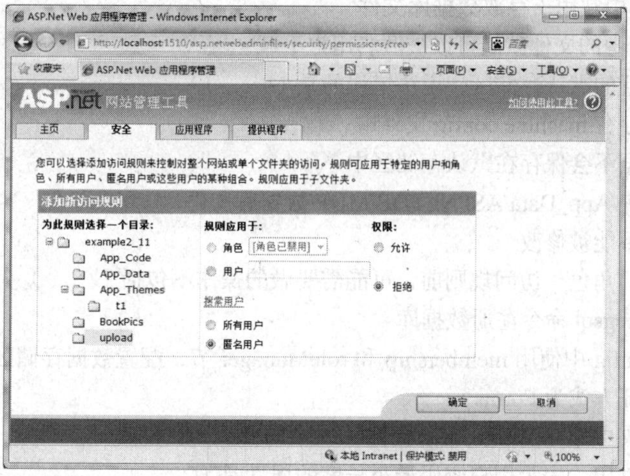

图 8-17　创建访问规则

在图 8-17 左边选中“upload”文件夹，在右边选中“匿名用户”单选按钮，然后在权限选择部分选择“拒绝”单选按钮后，单击右下角的“确定”按钮，即可设置 upload 文件夹对未登录用户拒绝访问的访问规则。

进行了上述访问规则配置后，ASP.NET 将为这些访问规则在 upload 文件夹下建立仅包含 authorization 节的 Web.config 文件，如下所示：

```
<?xml version="1.0" encoding="utf-8"?>
<configuration>
    <system.web>
        <authorization>
            <deny users="?" />
        </authorization>
    </system.web>
</configuration>
```

访问规则也可以在网站配置文件中用 location 节进行设置，此处不再详述。
不必为 ASP.NET 特殊文件夹（如 App_Data）设置访问规则。

8.2.3 自测

1. 单项选择题

（1）ASP.NET 安全配置中的访问规则是（　　）。
（a）按照网页设置
（b）按照文件夹设置
（c）按照文件类型设置
（d）按照文件大小设置
（2）关于 ASP.NET 安全配置中的用户和角色功能，说法正确的是（　　）。
（a）必须启用角色功能，才能配置访问规则
（b）必须启用 Windows 身份验证类型，才能使用用户管理功能
（c）用户和角色数据默认保存在～/Web.config 文件中
（d）用户和角色数据默认保存在数据库中
（3）对 Web 应用程序根目录下的“App_Data”文件夹的描述较准确的是（　　）。
（a）“App_Data”下常用于存放任何网站资源文件
（b）“App_Data”中的文件默认可以被匿名用户打开
（c）“App_Data”中常用于存放数据库文件
（d）“App_Data”中的文件默认可以被匿名用户下载
（4）关于安全配置的默认存储区，说法错误的是（　　）。
（a）默认设置保存在 machine.config 文件中
（b）访问规则数据不会保存在默认存储区中
（c）存储位置是～/App_Data/ASPNETDB.MDF 数据库文件
（d）默认存储区不能被修改
（5）在配置用户、角色、访问规则前，可能需要做的操作不包括（　　）。
（a）使用 aspnet_regsql 命令注册数据库
（b）在～/Web.config 中使用 membership 和 roleManager 节，配置数据存储区
（c）设置身份验证方式为 Forms
（d）在每个文件夹中建立 Web.config 文件
（6）网站配置文件中，表示用户密码最小长度的属性是（　　）。
（a）requiresQuestionAndAnswer
（b）maxInvalidPasswordAttempts
（c）minRequiredPasswordLength
（d）minRequiredNonalphanumericCharacters
（7）通过 ASP.NET 配置工具不能进行下面哪项设置。（　　）
（a）创建用户和角色
（b）创建访问规则
（c）删除用户和删除角色
（d）删除网页文件

2. 判断题

（1）ASP.NET 不能对用户指定某文件夹的访问权限。

（2）ASP.NET 不能为某个文件指定访问规则。
（3）一般情况下，在任意一个命令窗口中，都可以直接使用 aspnet_regsql 命令。
（4）一般不必为 App_Code 文件夹设置访问规则。

8.2.4　演练

1. 实验题目

安全配置。

2. 实验目的

- 掌握 ASP.NET 安全配置的数据库注册操作。
- 掌握修改安全数据存储区的操作。
- 掌握 ASP.NET 配置工具的使用。

3. 实验内容

创建一个数据库，名为“testAspnetSecurity”。再创建一个网站，在该网站中新建“Clients”和“Manages”两个文件夹，使用配置工具配置该网站的安全功能，包括创建用户和角色，使用 testAspnetSecurity 数据库保存用户和角色，设置最小密码位数为 3 位，密码允许全部为字母。为角色分配用户以及创建对该网站中的两个文件夹分别设置不同的访问规则。最后进行测试。

4. 实验步骤

由读者写出。

5. 实验总结

由读者总结。

8.3　基本知识 2：安全控件

在上一节的基础知识中我们学习了 ASP.NET 的用户管理和角色管理及访问规则的设置，但我们前台的网页如何使用这些设置呢？这就是我们本节基础知识需要学习的主要内容。ASP.NET 还为我们提供了一组用户管理的组合控件，利用这些控件我们可以很方便地完成用户账户的基本操作，如注册、登录、修改密码等。

8.3.1　Login 控件

1. 基本功能

Login 控件是一个复合控件（包含了进行身份验证的所有 UI 元素），该控件负责对访问该网站的用户进行身份验证，以确定该用户是否可以访问指定的网页，该控件除了提供与用户进行交互以完成对用户名和密码的验证之外，还提供以下附加功能。

① “忘记密码”提示链接页面；
② 用于在两次会话之间保留登录信息的“记住我”复选框可选功能；
③ 重定向到注册页面的“注册新用户”链接；
④ 登录错误时显示提示信息；
⑤ 登录成功后的自定义操作。

2. 使用方法

① 从工具箱中的“登录”选项中添加一个 Login 控件至网页上，使用该控件的智能标记，可进行

“自动套用格式”、“转换为模板”、“管理网站”等操作，如图 8-18 所示。其中“管理网站”会启动如图 8-8 所示的 ASP.NET Web 应用程序管理工具。

② 单击“转换为模板”，可使得 Login 控件的各个组成部分可编辑，如图 8-19 所示，单击“重置”可放弃修改，恢复到初始不可编辑状态。

③ 设置属性对 Login 控件进行定制，常用属性如下。

- CreateUserText，为“注册用户”链接显示的文本。
- CreateUserUrl，注册用户网页的 URL。
- PasswordRecoveryText，为“恢复密码”链接显示的文本。
- PasswordRecoveryUrl，密码恢复页的 Url。

设置了上述属性的 Login 控件如图 8-20 所示。

图 8-18　Login 控件

图 8-19　Login 控件转换为模板

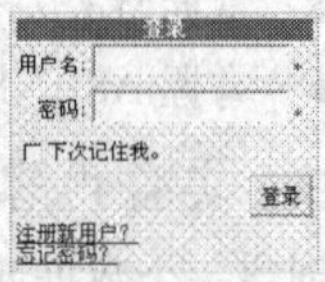

图 8-20　Login 控件

3. 注意事项

（1）控件与页面类名冲突问题。在网站中添加登录页面时，页面的名字最好不用“Login.aspx”，以免和 Login 控件类名冲突，使得在调试时没问题，而在 IIS 中运行出错，例如如果我们登录页面的名字为“LoginPage.aspx”，这时需要修改网站根目录下的 Web.config 配置文件，加入对 LoginPage.aspx 的默认跳转，如下代码所示：

```
<authentication mode="Forms">
      <forms name=".aspxformsauth" loginUrl="LoginPage.aspx" />
</authentication>
```

（2）登录过期。在用户登录成功后，用户的登录信息默认是通过 Session 来存储的（注意默认情况下 Session 的过期时间为 20 分钟）。在网站的其他页面可直接使用 Page 对象的 User 属性来获取当前用户信息。

8.3.2 CreateUserWizard 控件

1. 基本功能

CreateUserWizard 控件的功能主要是用于为网站新用户注册提供用户界面，在该界面上包含注册新用户所需要填写的用户名、密码、确认密码、电子邮件、安全提示问题及安全答案几项。

2. 使用方法

从工具箱中的“登录”选项中添加一个 CreateUserWizard 控件至网页上，界面如图 8-21 所示。

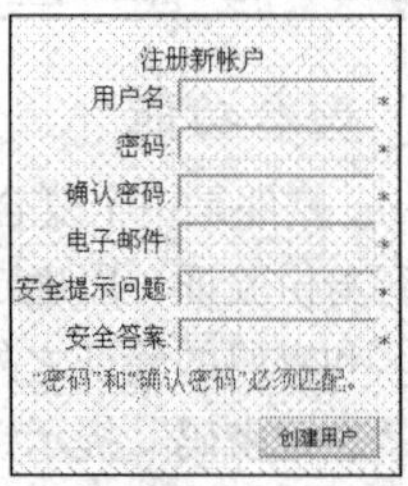

图 8-21　CreateUserWizard 控件

系统也为 CreateUserWizard 控件提供了几种格式供套用，套用方法与 Login 控件类似。在使用该注册控件时通常有一个属性要设置，即 ContinueDestinationPageUrl 属性，该属性表示注册成功后转向的页面地址。

3. 注意事项

（1）账号密码规则。在使用该控件注册用户时，默认情况下的密码最短长度为 7 位，且至少包含一个特殊字符，我们可以通过修改网站根目录下的 Web.config 配置文件来重新设置，具体属性的配置在 8.2.2 节中已经介绍过。

（2）自定义账户信息。如果除了 CreateUserWizard 控件提供的需要必填的用户名、密码、邮箱等基本信息外，还需要用户填写诸如住址、手机、邮编等信息，可以使用控件的智能按钮中的“自定义创建用户步骤”功能，添加文本框等子控件，但这些自定义用户信息需要自己编写代码存储到数据库自定义的数据表中，具体操作见本章实施部分。

8.3.3 LoginName 控件、LoginStatus 控件及 LoginView 控件

1. 基本功能

如果我们要实现在用户成功登录后在页面上显示出用户的用户名，例如显示为“欢迎××光临信院书苑”的字样，可以使用 LoginName 控件实现。如果要为未登录、已登录的用户提供操作提示，可以通过 LoginStatus 控件来实现。如果要为不同角色的用户显示不同的问候语的功能，可以通过 LoginView 控件来实现。利用这 3 个控件实现上述功能不用编写任何代码。

2. 使用方法

（1）LoginName 控件。我们可以直接从工具箱中拖一个 LoginName 控件放置在网页上需要显示用户名的位置，如果用户通过了身份验证，则 LoginName 控件就会显示该用户的用户名，如果为匿名用户，则 LoginName 控件在网页上不呈现。此外我们还可以修改该控件的 FormatString 属性值，来让 LoginName 控件按照一定格式显示登录的用户名。

（2）LoginStatus 控件。LoginStatus 控件放置到网页上后，该控件会自动根据用户是否登录来显示“登录”链接或者“退出”链接，我们还可以设置该控件的不同属性，让该控件根据登录和退出状态来显示个性化的图片。

（3）LoginView 控件。LoginView 控件默认情况下提供了两个模板，即匿名模板（Anonymous）和已登录模板（LoggedIn），来为未登录和已登录的用户显示不同的信息，我们还可以编辑该控件的 RoleGroups 属性来添加“角色”模板列，用来根据已登录用户的不同角色显示不同的信息，如图 8-22 所示，然后在不同角色的模板中进行设置，以显示对应该角色的信息。

3. 注意事项

LoginView 控件和 LoginName 控件经常配合使用，在 LoginView 控件的登录视图模板下放置一个 LoginName 控件，以便既显示用户名又显示问候语。如图 8-23 所示，在 LoginView 控件的 LoggedInTemplate 视图下从工具箱中拖入一个 LoginName 控件，当用户登录成功后，即显示用户名和“您好”的欢迎字符。

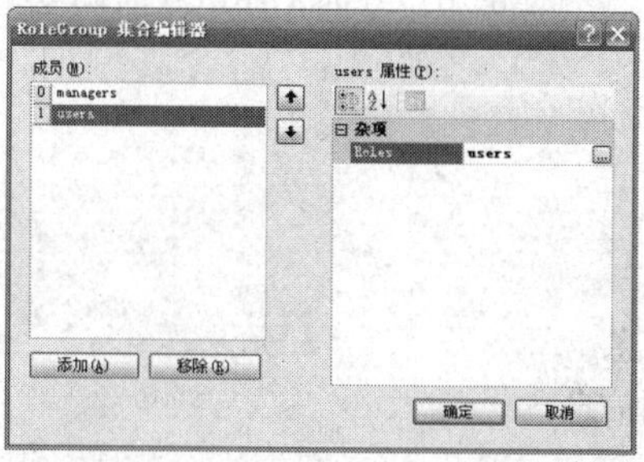

图 8-22　LoginView 的 RoleGroups 属性

图 8-23　LoginView 控件和 LoginName 控件配合使用

8.3.4 ChangePassword 控件和 PasswordRecovery 控件

1. 基本功能

用户在注册完账户后，如何修改自己账户的密码？这时就用到了 ASP.NET 提供的 ChangePassword

控件，该控件提供了一个可供用户更改自己网站密码的用户界面；用户注册完账户后，在下次登录网站时忘记了自己的密码，需要找回密码，这时就用到了 ASP.NET 提供的 PasswordRecovery 控件，该控件提供了使用户在忘记密码时恢复或重新设置密码，并在电子邮件中接收新密码的用户界面。

2. 使用方法

（1）ChangePassword 控件。我们可以直接从工具箱中拖一个 ChangePassword 控件放置在网页上供用户修改用户密码的位置，该控件与其他安全性控件类似，用户可以根据需要套用系统提供的格式来更改 ChangePassword 控件呈现的样式，如图 8-24 所示。通过设置该控件的“ContinueDestinationPageUrl”属性值，可以实现在用户更改密码后系统转向的页面。

（2）PasswordRecovery 控件。我们可以直接从工具箱中拖一个 PasswordRecovery 控件放置在网页上供用户找回自己账户密码的位置，使用该控件时，首先要保证用户在注册时正确填写了 E-mail 地址，其次需要用户填写注册时提供的问题答案（是否需要密码提示问题与 Web.config 配置文件中的设置有关），如图 8-25 和图 8-26 所示。

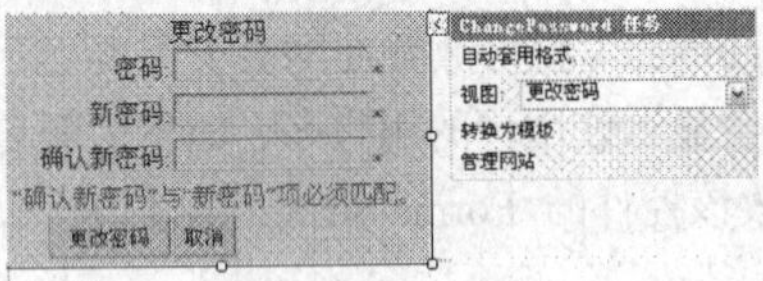

图 8-24　ChangePassword 控件

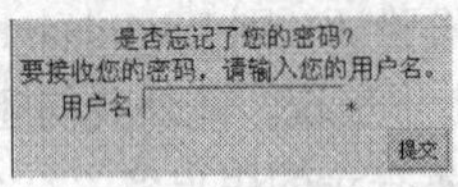

图 8-25　找回密码界面 1

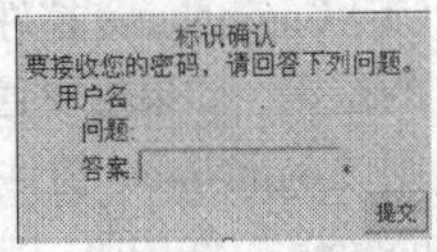

图 8-26　找回密码界面 2

3. 注意事项

在使用 PasswordRecovery 控件时，若实现把新密码发送到用户邮箱中去，除了在网站配置文件中增加 SMTP 邮件服务器的配置外，还需要有可用的 smtp 服务器，我们网上书店系统关于密码恢复的功能没有把新密码发到用户的邮箱中，而是直接把新密码显示在页面上，关于配置 smtp 服务器发送邮件的设置这里不做详细介绍，请感兴趣的读者自己查阅帮助进行配置。

8.3.5　自测

1. 单项选择题

（1）用户成功登录后下面哪个控件能自动显示用户名？（　　）

（a）LoginName 控件

（b）LoginStatus 控件

（c）LoginView 控件

（d）Login 控件

（2）以下对 LoginView 控件描述正确的是（　　）。

（a）LoginView 控件对匿名用户不起作用

（b）LoginView 控件只能对已登录用户显示一样的信息

（c）LoginView 控件可以对不同角色的用户显示不同信息

（d）LoginView 控件不可以对不同角色的用户显示不同信息

（3）以下对 CreateUserWizard 控件描述正确的是（　　）。

（a）CreateUserWizard 控件不需要设置，注册成功后会自动转向首页

（b）CreateUserWizard 控件需要设置一个 ContinueDestinationPageUrl 属性，注册成功后会转向该属性指向的目标页

（c）使用 CreateUserWizard 控件注册用户时，密码长度必须为 7 位

（d）使用 CreateUserWizard 控件注册用户时，密码中必须要有一个特殊字符

（4）以下对 Login 控件的描述正确的是（　　）。

（a）CreateUserUrl 属性表示注册用户的 URL 地址

（b）PasswordRecoveryText 属性表示恢复的新密码

（c）Login 控件套用了某种格式后，该格式不能更换了

（d）Login 控件套用了某种格式后，对套用的格式不能进行修改

8.3.6　演练

1. 实验题目

安全控件。

2. 实验目的

- 初步理解 ASP.NET 提供的几种安全控件的作用。
- 掌握 Login 控件、CreateUserWizard 控件、LoginName 控件、LoginStatus 控件、LoginView 控件及 ChangePassword 控件的使用方法。

3. 实验内容

① 创建一个网站，在该网站中新建"Clients"和"Manages"两个文件夹，使用网站管理工具配置该网站的安全性，包括创建用户和角色，为角色分配用户以及创建对该网站中的两个文件夹分别设置不同的访问规则。

② 在网站根目录下分别创建以下几个网页。

- 新建一个名为 LoginPage.aspx 的登录页面，在该页面上放入一个 Login 控件。
- 新建一个名为 CreateUserPage.aspx 的用户注册页面，在该页面上放入一个 CreateUserWizard 控件。
- 新建一个名为 ChangePasswordPage.aspx 的用户密码修改页面，在该页面上放入一个 Change Password 控件。

③ 在"Clients"文件夹下新建一个名为 ClientsPage.aspx，在该页面上放入 LoginName 控件、LoginStatus 控件、LoginView 控件。

④ 在"Manages"文件夹中新建一个名为 ManagesPage.aspx，在该页面上放入 LoginName 控件、LoginStatus 控件、LoginView 控件。

⑤ 在网站根目录下的 Default.aspx 网页上添加两个分别链接到 ClientsPage.aspx 和 ManagesPage.aspx 的超链接。

对上述几个页面中的各安全控件的相关属性进行设置后，运行网站以查看各安全控件的设置情况。

4. 实验步骤

由读者写出。

5. 实验总结

由读者总结。

8.4　基本知识 3：调用 Membership API

除了使用网站配置工具和 ASP.NET 提供的组合控件管理用户外，如何实现在网站运行期间管理用户账户呢？ASP.NET 同样为我们提供了一组 Membership API，专门用于在运行期间管理用户。

我们通过网站配置工具进行的成员资格和角色管理的操作，实际都可以通过调用 Membership、MembershipUser、Roles 等类的方法来实现，这些方法一般调用数据库中的存储过程完成相关操作。

8.4.1 常用 Membership API

下面结合网上书店系统用户管理功能简单了解 Membership API。

1. Membership 成员资格类

通过该类可以验证用户凭据并管理用户设置，该类提供了许多静态方法。

① GetUser (string)：静态方法，取得用户对象。返回 MembershipUser 对象，参数是用户名。

② DeleteUser(string)：静态方法，删除指定用户名的用户。返回布尔值，表示是否删除成功，参数是用户名。

③ GetAllUsers()：静态方法，获取数据库中用户的集合。返回 MembershipUser 集合。

2. MembershipUser 用户类

封装了用户管理功能，通过其属性可以访问用户对象的相关信息，还可以通过其方法进行用户操作，如：

① UnlockUser ()：清除用户的锁定状态，使用户可以登录。

② ResetPassword(string)：重置用户密码为一个自动生成的随机密码。返回值为新密码字符串，参数为密码提示问题答案字符串。

3. Roles 角色类

封装了角色管理功能，提供了许多静态方法。

① AddUserToRole(string,string)：将指定的用户添加到指定的角色中。第一个参数是用户名，第二个参数是角色名。

② GetRolesForUser(string)：获取一个用户所属角色的列表。返回字符串数组，参数为用户名。

③ GetUsersInRole(string)：获取属于某个角色的用户列表。返回字符串数组，参数为角色名。

④ GetAllRoles()：获取所有角色。返回字符串数组。

例如，我们在用户注册成网站会员后，需要把该用户添加到“Users”角色当中去，我们可以在 CreateUserWizard 控件的 OnCreatedUser 事件对应的事件委托函数中手动添加如下代码：

```
Roles.AddUserToRole(CreateUserWizard1.UserName, "Users");
```

以上简单介绍了 Membership，MembershipUser 和 Roles 三个类的作用及主要功能，我们通过调用这三个类的不同方法可以实现在运行期间对用户和角色的动态管理，要注意的是上面介绍的这三个类的方法有的具有不同的重载版本，请有兴趣的读者查阅 MSDN 帮助文件，详细了解这三个类的更多用法。

8.4.2 常见用户管理操作

在网站管理员对用户信息进行管理过程中，有时需要对注册用户的某些信息进行修改，包括对已经注册但尚未激活的用户进行激活、对锁定的用户进行解锁、重置用户密码及删除某个用户等操作，下面对几种常用操作进行详细介绍。

（1）锁定与解锁。若用户登录失败尝试超过～/web.conifg 中 maxInvalidPasswordAttempts 规定的次数，即被锁定。这时需要管理员对该用户进行解锁的操作。首先需要得到要解锁的 MembershipUser 用户对象，然后调用 UnlockUser()方法进行解锁操作。

（2）重置密码。若某个注册用户忘记自己的密码，并且也忘记了自己注册时设置的找回密码的问题和答案，这时就需要管理员去重置该用户的密码。首先需要得到要解锁的 MembershipUser 用户对象，然后调用 ResetPassword()方法进行密码重置操作。

（3）删除用户。有时管理员需要能够对某些用户进行删除操作，需要调用 Membership 类的 DeleteUser()方法进行删除操作。

要注意如果要删除的用户信息既包括 ASP.NET 自动的成员资格信息，也包括该用户的其他辅助信息时，应该先删除自定义的用户信息，再删除 ASP.NET 自动的成员资格管理中的用户信息。

以上列举的对用户信息的几种操作在本章实施中应用。除了上面列举的几点外，当然还有其他的用户管理操作，请感兴趣的读者参考 MSDN 进行学习研究。

8.4.3 自测

1. 单项选择题

（1）下面哪项不是 Membership 类提供的方法？（　）

（a）DeleteUser()

（b）FindUsersByEmail()

（c）ResetPassword()

（d）GetNumberOfUsersOnline()

（2）下面哪项不是 MembershipUser 类提供的方法？（　）

（a）GetPassword()

（b）ChangePassword()

（c）ResetPassword()

（d）DeleteRole()

（3）下面哪项不是 Roles 类提供的方法？（　）

（a）DeleteRole()

（b）GetUsersInRole()

（c）ResetPassword()

（d）GetUsersInRole()

8.5 决策与计划

根据网上书店管理系统的安全需求，来确定本网站有关安全性的一些操作。

1. 用户与角色

（1）分类。由需求概述可知，我们的网上书店共有 3 类网站使用者：匿名用户、会员和书店经营者，网站为之提供不同的功能，具体需求见本书前面功能性需求部分。

因此，除了匿名用户（未注册用户），本网站用户有两种角色：会员、书店经营者。角色使用 ASP.NET 配置工具在设计期建立。

（2）存储。与网上书店业务数据库 BookStore 合并存储，即需要注册数据库的操作。

（3）密码规则。网上书店系统为经营性网站，不宜设置过高要求的密码规则。可设置最短密码长度为 3，不需要特殊字符，并设置连续错误密码尝试次数为 5 次。

2. 访问规则

ASP.NET 的访问规则是针对文件夹进行设置的，所以我们把网站中的网页分放在 3 个不同的目录中，以对不同的目录设置不同的访问规则。

① 允许匿名用户访问的网页直接放在网站根目录下。

② 允许已注册用户访问的网页单独存放，文件夹命名为“Members”，拒绝匿名用户访问。

③ 只允许书店管理员访问的网页放在名为“Managers”的文件夹中，拒绝匿名用户和普通注册用户访问。

对于以上这两个文件夹的访问规则设置，利用 ASP.NET 配置工具实施。

3. 用户管理维护功能

除了在 ASP.NET 配置工具中静态添加的用户信息，网站还需要提供一些功能，进行用户账户的动态管理维护。

（1）注册新用户功能。使用 ASP.NET 提供的 CreateUserWizard 控件来设计用户注册页面。注册界面需要加入自定义用户信息，如地址、电话号码等，以供发货用。对于自定义用户信息，也需要有相关的数据表来保存。

仅允许注册会员用户。书店管理员用户在设计期确定，仅允许修改密码。

（2）用户登录功能。使用 ASP.NET 提供的 Login 控件来设计用户登录页面。注意登录页面不要命名为 Login.aspx，并设置～/Web.config 文件的 authentication 节的 forms 标记。

（3）用户密码修改功能。使用 ASP.NET 提供的 ChangePassword 控件来设计用户密码修改页面。

（4）找回密码功能。使用 ASP.NET 提供的 PasswordRecovery 控件来设计找回密码页面。采用直接复位密码，将新密码显示在页面上的方式。

（5）会员管理功能。即用户账户管理功能。由于可能存在用户账户恶意注册、多次登录尝试被锁定等情况，书店管理员需进行如下用户账户管理操作。

① 提供用户信息浏览功能，显示用户名、邮箱、住址、邮编、电话、是否在线、是否锁定、注册时间、最后登录时间、订单数量等用户信息。

② 提供删除、解锁功能，有订单用户不允许删除，在线用户被删除前要提示。

对于上述会员管理的处理，没有相关的控件可直接应用，我们采用手动编写代码调用 Membership API 的方式实现。

8.6 实施

下载 Chapter8Learnsituation 学习情境网站，请在其中完成建立安全信息存储区功能，按文件夹规划网页资源文件功能，以及配置用户、角色、访问规则功能，并开发用户维护管理页面。

8.6.1 安全配置

1. 在 BookStore 数据库中建立安全信息存储区

（1）注册数据库。首先将 BookStore 数据库复制到 App_Data 文件夹，在资源管理器中设置文件权限，确保可以被当前用户访问。然后按照 8.2.2 节中建立安全信息存储区的操作，注册已有 BookStore 数据库，注册完成后，在服务器资源管理器中连接数据库，可以看到在我们的业务数据库中多了一些数据表，如图 8-27 所示。

名称	所有者	类型
aspnet_Applications	dbo	用户
aspnet_Membership	dbo	用户
aspnet_Paths	dbo	用户
aspnet_PersonalizationAllUsers	dbo	用户
aspnet_PersonalizationPerUser	dbo	用户
aspnet_Profile	dbo	用户
aspnet_Roles	dbo	用户
aspnet_SchemaVersions	dbo	用户
aspnet_Users	dbo	用户
aspnet_UsersInRoles	dbo	用户
aspnet_WebEvent_Events	dbo	用户

图 8-27　注册数据库后自动生成的数据表

（2）配置数据存储区。参考 8.2.2 小节中的典型配置，修改～/Web.config 文件，注意 bookStroeConnection-String 要根据实际情况变化。

2. 规划文件夹

首先建立“Members”和“Managers”文件夹。

匿名用户不能访问、需放入“Members”文件夹中的网页包括：

- 图书详细信息页面 BookDetails.aspx；
- 购物车页面 CartInfo.aspx；
- 订单页面 OrderInfo.aspx；
- 修改密码页面 ChangePassword.aspx，此页面需本章读者自己开发。

普通注册用户和匿名用户都不能访问、需放入“Managers”文件夹中的网页包括：

- 新书入库页面 BookInput.aspx；
- 图书类别管理页面 CategoryManage.aspx；
- 库存查询页面 InputQuery.aspx；
- 后台管理主页面 ManageMain.aspx；
- 图书信息修改主页面 ModifyBooks.aspx；
- 订单处理页面 OrdersProcess.aspx；
- 订单查询页面 OrdersQuery.aspx；
- 会员管理页面 UsersManage.aspx，此页面需本章读者自己开发。

3. 完成安全配置

参考 8.2.2 小节中的配置方法，在 ASP.NET 配置工具中依次进行如下配置。

① 设置身份验证方式。

② 启用角色。

③ 创建角色 managers 和 users。

④ 为 Members 文件夹和 Managers 文件夹创建访问规则：拒绝匿名用户访问 Members 文件夹，拒绝匿名用户访问 Managers 文件夹，拒绝 users 角色访问 Managers 文件夹。

⑤ 创建 managers 角色的用户。

8.6.2 用户管理维护页面实施

1. 登录页面

本页面无需后台代码，仅包含界面实施。

在解决方案管理器中用鼠标右键单击网站名称，选择“添加新项”，在网站中添加一个新网页，该网页使用“MasterPage.master”母版页，把该网页命名为“LoginPage.aspx”（前面介绍过登录页面名称一般不使用 Login.aspx，避免网站发布时与登录控件 Login 冲突，需要在～/web.config 的<authentication>节中声明），如图 8-28 所示。

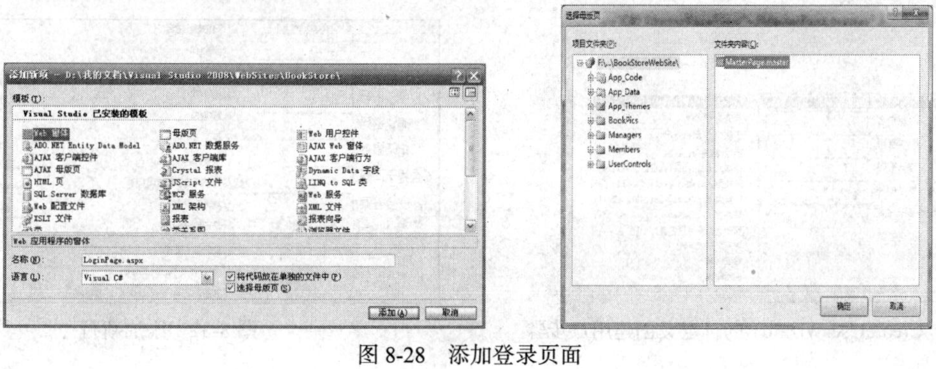

图 8-28　添加登录页面

从工具箱中的“登录”选项卡下拖一个 Login 控件到 LoginPage.aspx 页面上，在 Login 控件上用鼠标右键单击，选择“自动套用格式”，为该控件选一种样式。

在 Login 控件上添加“忘记密码”的链接，可以用设置 PasswordRecoveryText、PasswordRecoveryUrl 属性的方法实现，也可以用编辑模板的方法实现，编辑模板的操作如下。

① 单击 Login 控件右上角的任务按钮，选择“转换为模板”，如图 8-29 所示。

② 把 Login 控件转换为模板后，在“下次记住我”的复选框下面添加一个“HyperLink”链接控件，修改该链接控件的 ID 属性值为“HyperLinkForgetPwd”，NavigateUrl 属性值为“~/ResetPwd.aspx”，设计界面如图 8-30 所示。

图 8-29　将 login 控件转换为模板

图 8-30　添加“忘记密码”链接

2．注册页面

该网页提供用户注册，在该网页上我们使用 CreateUserWizard 控件供用户注册，但 CreateUserWizard 控件需要必填的选项有用户名、密码、电子邮件地址、安全提示问题、安全答案。除了以上几个选项外，用户注册后在本网站购物，生成订单时，还需要用户的住址、邮编、电话这 3 个选项，所以我们设计要求在用户注册时同时填写以上 3 个选项。到了下订单页面直接把这些信息读出来供用户修改。

（1）界面设计。在网站中添加一个新网页，使用 MasterPage.master 母版页，把该网页命名为“UserRegister.aspx”，该网页是用于新用户注册页面，新网页具体添加方法同 LoginPage.aspx 页面类似。

从工具箱中的“登录”选项卡下拖一个 CreateUserWizard 控件到 UserRegister.aspx 页面上，默认 ID 为“CreateUserWizard1”，在 CreateUserWizard1 控件上用鼠标右键单击，选择“自动套用格式”，为该控件选择一种样式。

用鼠标右键单击“CreateUserWizard1”控件，选择“属性”，在属性面板中修改 ContinueDestinationPageUrl（注册成功后单击“继续”按钮时重定向到的 Url）属性值为“~/Default.aspx”。

我们要在 CreateUserWizard 控件提供的默认注册界面上添加“用户住址”、“邮编”及“电话”3 个选项，具体添加方法如下。

① 单击 CreateUserWizard1 控件右上角的任务按钮，选择“自定义创建用户步骤”，如图 8-31 所示。

② 单击“密码”和“确认密码”必须匹配所在的单元格，然后用鼠标右键单击，在弹出的快捷菜单中选择“插入”菜单下的“下面的行”命令，如图 8-32 所示，这样在“‘密码’和‘确认密码’必须匹配”所在行的下面添加了一行。

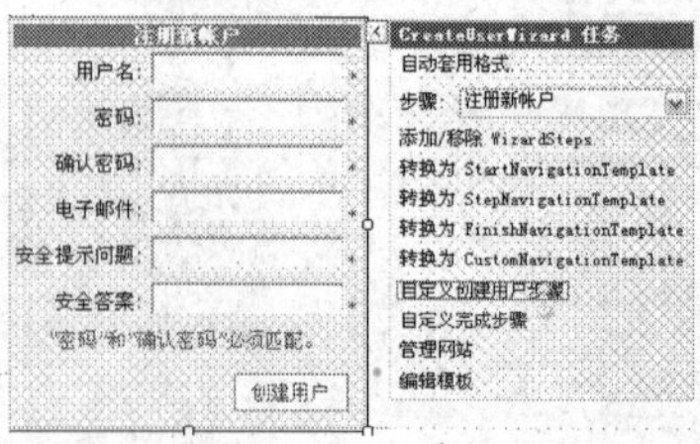

图 8-31　CreateUserWizard1 的自定义创建用户步骤

图 8-32　添加新行

③ 刚添加的新行只包含一个单元格，在该单元格上用鼠标右键单击，在弹出的快捷菜单中选择“修改”下的“拆分单元格”命令，弹出如图 8-33 所示的拆分单元格的对话框，列数选择 2，单击“确定”按钮。

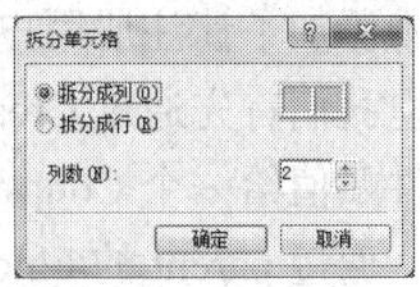

图 8-33 拆分单元格

④ 经过上面两步的操作，添加了一个包含两个单元格的行，并且在两个单元格中都默认插入了一个空格，转换到该网页的源视图，手动把这两个单元格中表示空格的“ ”字符删除，然后在该行的左边单元格中插入一个 Label 标签，设置其 Text 属性为“地址”；在右边的单元格中依次添加一个 TextBox 文本框（设置其 ID 为“TextBoxAddress”，TextMode 属性为“MultiLine”）、一个 RequiredFieldValidator 验证控件（设置其 ControlToValidate 属性为“TextBoxAddress”，ValidationGroup 属性为“CreateUserWizard1”）。

⑤ 按照上面 3 个步骤类似的方法，完成用于供用户填写“邮编”和“电话”的设计，设计源视图代码如下所示：

```
    <tr>
      <td align="right"><asp:Label ID="Label2" runat="server" Text="邮编:"></asp:Label></td>
      <td>
          <asp:TextBox ID="TextBoxPostalcode" runat="server" ></asp:TextBox>
        <asp:RequiredFieldValidator ID="RequiredFieldValidator2" runat="server" ControlToValidate="
TextBoxPostalcode"  ErrorMessage="*"  ValidationGroup="CreateUserWizard1"></asp:RequiredField
Validator> </td></tr>
    <tr>
         <td colspan="2" align="center">
          <asp:RegularExpressionValidator  ID="RegularExpressionValidator1"  runat="server"
ControlToValidate="TextBoxPostalcode"  ErrorMessage="请输入正确的邮政编码"  Validation
Expression="\d{6}" ValidationGroup="CreateUserWizard1"></asp:RegularExpressionValidator></td></tr>
    <tr>
       <td align="right"><asp:Label ID="Label3" runat="server" Text="电话:"></asp:Label></td>
        <td><asp:TextBox ID="TextBoxPhone" runat="server" ></asp:TextBox>
      <asp:RequiredFieldValidator ID="RequiredFieldValidator3" runat="server" ControlToValidate="
TextBoxPhone" ErrorMessage="*" ValidationGroup="CreateUserWizard1"></asp:RequiredFieldValidator>
   </td>
   </tr>
```

注意在设计时我们使用了验证控件对用户输入的住址、邮编和电话进行了验证，以增加用户体验。

（2）逻辑设计。由于使用 CreateUserWizard 控件注册的用户不会自动与我们创建的 users 角色建立关联关系，所以需要我们在后台手动把该用户添加到 users 角色中去，另外用户的住址、邮编和电话这 3 项辅助信息记录在 User2 辅助用户数据表中，但要求必须在在创建 ASP.NET 成员资格成功后才添加附加用户信息。具体方法是在 CreateUserWizard1 控件的 CreatedUser 事件对应的事件委托函数中编写代码，如下所示：

```
   //创建 ASP.NET 成员资格成功才执行
   protected void CreateUserWizard1_CreatedUser(object sender, EventArgs e)
   {
      Roles.AddUserToRole(CreateUserWizard1.UserName, "users");
      Control parent = CreateUserWizard1.CreateUserStep.Controls[0];
      TextBox tbAddress = (TextBox)parent.FindControl("TextBoxAddress");
      TextBox tbPostalcode = (TextBox)parent.FindControl("TextBoxPostalcode");
      TextBox tbPhone = (TextBox)parent.FindControl("TextBoxPhone");
      //调用 Db 对象的方法添加附加用户信息
      Db db = new Db();
      db.InsertToUser2(CreateUserWizard1.UserName, tbAddress.Text, tbPostalcode.Text,
tbPhone.Text);
   }
```

代码中，选择的事件为 CreatedUser 事件，即创建 ASP.NET 成员资格成功后才执行该 CreateUserWizard1_CreatedUser 委托函数。

首先调用 Roles 类的 AddUserToRole 方法把刚注册成功的用户添加到“users”角色中去。

因为我们使用了 CreateUserWizard 控件的“自定义创建用户步骤”，也就是在该控件的创建用户模板中添加了让注册用户填写的地址、邮编和电话 3 个文本框控件，为了获取这 3 个文本框控件的值，这里我们首先通过 CreateUserWizard1 的 CreateUserStep 属性的 Controls[0]获得这 3 个文本框控件的父控件赋值给一个 Control 类型的变量 parent。

通过 parent 的 FindControl 方法找到 3 个文本框，强制类型转换后分别赋值给 3 个 TextBox 类型的变量：tbAddress、tbPostalcode、tbPhone。

在自定义类 Db 中，我们创建了一个名为 InsertToUser2 的方法，来完成把新注册用户的用户名、住址、电话和邮编插入到辅助用户信息表 User2 中。

3. 修改密码页面

（1）界面设计。在网站中的“Members”目录下添加一个新网页，使用“MasterPage.master”母版页，把该网页命名为“ChangePassword.aspx”，该网页用于用户修改自己密码页面（匿名用户无权访问该页），新网页具体添加方法同 LoginPage.aspx 页面类似。

从工具箱中的“登录”选项卡下拖一个 ChangePassword 控件到“ChangePassword.aspx”页面上，默认 ID 为“ChangePassword1”，在 ChangePassword1 控件上用鼠标右键单击，选择“自动套用格式”，为该控件选择一种样式，该页面没做其他设置，如图 8-34 所示。

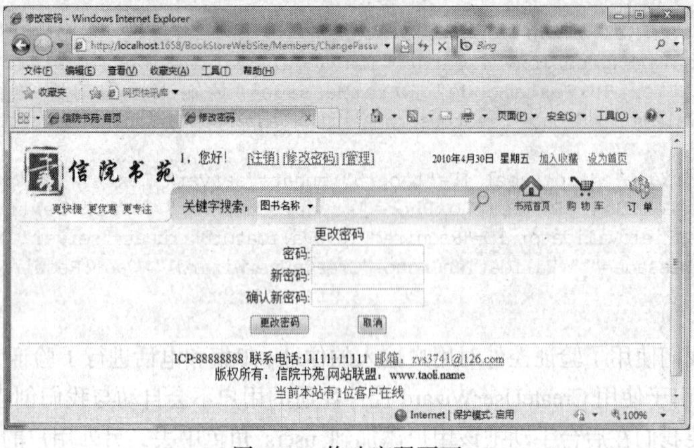

图 8-34　修改密码页面

（2）逻辑设计。由于使用该控件修改完密码后，不会自动重定向到某个页面，所以在该页对应的后台代码中进行手动设置，代码如下所示：

```
//单击继续按钮，重定向到主页
   protected void ChangePassword1_ContinueButtonClick(object sender, EventArgs e)
   {
      Response.Redirect("~/Default.aspx");
}
```

4. 找回密码页面

（1）界面设计。由于用户容易忘记了自己的密码，因此需要网站提供找回密码的功能。在网站根目录下添加一个新网页，使用“MasterPage.master”母版页，把该网页命名为“ResetPwd.aspx”，该网页用于用户找回自己密码页面，新网页具体添加方法同 LoginPage.aspx 页面类似。

要使网站能够提供用户找回自己密码的功能，我们需要在网站根目录下的 web.config 中的<membership>节中配置 enablePasswordReset="true"，由于同时配置了 requiresQuestionAndAnswer="true"，用户必须提供密码提示问题答案。但我们这里的找回用户密码页面修改了发送邮件给用户的行为，而直接将密码显示在页面上，这是因为发送邮件需要有可用的 smtp 服务器。

从工具箱中的“登录”选项卡下拖一个 PasswordRecovery 控件到“ResetPwd.aspx”页面上，默认 ID 为“PasswordRecovery1”，如图 8-35 所示。

单击 PasswordRecovery1 控件右上角的任务标记，选择视图下的“成功”选项，然后选择“转换为模板”，如图 8-36 所示。

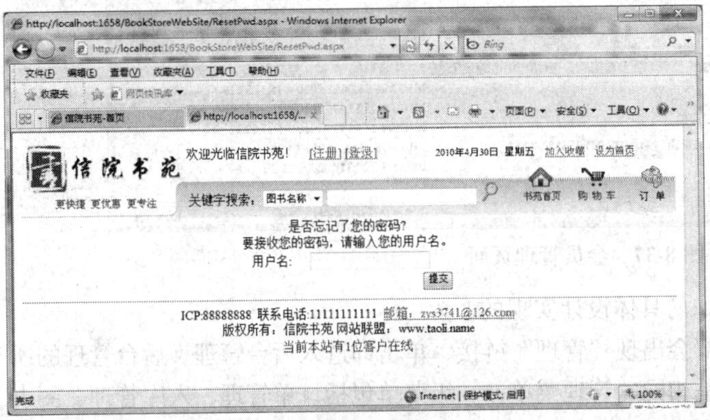

图 8-35　找回密码页面

图 8-36　转换为“成功”模板

切换到网页的源视图状态，定位到一个包含“您的密码已发送给您。”字符串的单元格，把该单元格中的“您的密码已发送给您。”替换为“您的密码已重置为：<asp:Literal ID="LiteralNewPassword" runat="server"></asp:Literal>”；

切换到网页的设计视图，按照图 8-36 所示的方式，选择 PasswordRecovery1 的视图状态为“用户名”。

（2）逻辑设计。我们在“ResetPwd.aspx”页面中修改了发送邮件给用户的行为，而直接将密码显示在页面上的功能对应的后台代码如下所示：

```
protected void PasswordRecovery1_SendingMail(object sender, MailMessageEventArgs e)
{
    e.Cancel = true;
    MembershipUser user= Membership.GetUser(PasswordRecovery1.UserName);
    if (user != null)
    {
      string newPwd = user.ResetPassword(PasswordRecovery1.Answer);
      if (newPwd != null)
      {
         Literal lnp = (Literal)PasswordRecovery1.Controls[2].FindControl("LiteralNewPassword");
        lnp.Text = newPwd;
      }
    }
}
```

上述代码中，我们选择了在 SendingMail 事件中修改发送邮件给用户的行为。

因为我们要把用户修改后的新密码直接显示在网页上，所以首先通过给 MailMessageEventArgs 类型变量 e 的 Cancel 属性赋值为 True，来取消邮件发送的行为。

使用 ASP.NET 提供的 Membership API 完成操作，先使用 Membership 类的 GetUser 方法，得到 MembershipUser 对象 user，该对象封装了单个用户账号的多种操作，如其 ResetPassword 方法即可完成更改用户密码的操作，把重新更改的密码赋值给一个字符串类型的变量 newPwd，如果 newPwd 变量的值不为空，利用 FindControl 方法找到名为“LiteralNewPassword”的控件，并让其在网页上显示更改后的新密码。

5. 后台会员管理页面

后台会员管理可以浏览会员信息，并对会员账户进行解锁、删除操作，如图 8-37 所示。当用户在前台登录时，连续密码错误次数超过 5 次，其账号就会被锁定，通过管理员解锁，才可继续使用。订单数不为 0 的用户账号无法被删除，并且在删除操作执行前，会弹出确认对话框，该对话框还会对当前正在线的账号着重提示。

图 8-37　会员管理页面

下面我们来详细看一下上述功能是如何具体设计实现的。

以管理员账号登录后，前台页面上部会出现“管理”链接，单击即进入后台管理。后台管理的所有页面以简洁、实用为主，各页面顶部是相同的管理菜单，一级菜单包括订单管理、入库管理、图书管理、用户管理，各子菜单动态显示。菜单下面是一个“<iframe>” 标记，在其中显示单击各子菜单后出现的页面，当单击“用户管理”下的“会员管理”子菜单时，出现如图 8-37 所示的效果。

（1）界面设计。在“Managers”文件夹上用鼠标右键单击，选择“添加新项”后添加一个名为“UsersManage.aspx”的网页，该页面对应的部分源视图代码如下所示：

```
<body>
 <form id="form1" runat="server">
  <div>
   <table class="fillDock">
    <tr><td class="contentCenter">会员管理</td></tr>
    <tr><td  class="contentCenter"><hr /></td></tr>
    <tr><td>
        <asp:GridView ID="GridView1" runat="server" AllowPaging="True"
             AllowSorting="True" DataSourceID="ObjectDataSourceUsers"
             DataKeyNames="用户名" onrowcommand="GridView1_RowCommand"
             onrowdatabound="GridView1_RowDataBound">
             <Columns>
         <asp:CommandField EditText="修改" ShowDeleteButton="True" UpdateText="解锁" />
            <asp:ButtonField CommandName="UnlockBtn" HeaderText="解锁" Text="解锁" />
            </Columns>
            </asp:GridView>
        <asp:ObjectDataSource ID="ObjectDataSourceUsers" runat="server"
             DeleteMethod="DeleteAUser"   SelectMethod="GetAllUsers"   TypeName="Db"
ondeleted="ObjectDataSourceUsers_Deleted">
            <DeleteParameters><asp:Parameter Name="用户名" Type="String" />
        </DeleteParameters></asp:ObjectDataSource>
  </td></tr></table></div></form></body>
```

在“UsersManage.aspx”网页上采用传统的 table 表格布局方式，用户信息通过 GridView 数据显示控件显示，需要显示的用户信息包括用户名、邮箱、住址、邮编、电话、是否在线、是否锁定、注册时间、最后登录时间、订单数量等，而这些信息分布在 aspnet_Users 数据表和自定义的 User2 辅助用户信息表中，使用 ObjectDataSource 数据源组件绑定到 GridView 控件上实现数据访问，Object DataSource 组件的 SelectMethod 属性绑定到自定义类 Db 中的 GetAllUsers 方法上（在该方法中实现所需用户信息的查询操作），DeleteMethod 属性绑定到 DeleteAUser 方法上（在该方法中实现对满足条件的用户信息的删除操作）。

对 GridView 数据显示控件启用了“删除”功能，另外在该控件中添加了一个 ButtonField 字段，设置该字段的 CommandName 属性值为 UnlockBtn（在后台解锁逻辑中使用，解锁功能未绑定到 ObjectDataSource 业务对象的任何方法，而是通过代码调用 UnlockUser 方法，这是为了避免无用的

GridView 启用编辑时只读模式和编辑模式切换）。

（2）逻辑设计。“GridView”数据显示对应的逻辑代码如下所示：

```
//根据 GridView 某数据行的源 DateRow,
//有订单的不显示“删除”按钮；为“删除”按钮添加客户端删除确认功能，在线用户着重提示；
//未锁定的不显示“解锁”按钮
protected void GridView1_RowDataBound(object sender, GridViewRowEventArgs e)
{
    if (e.Row.RowType == DataControlRowType.DataRow)
    {
        LinkButton lbDel = (LinkButton)e.Row.Cells[0].Controls[0];
        DataRow row=((DataRowView)e.Row.DataItem).Row;
        int ordersCount = Convert.ToInt32(row["订单数"]);
        if (ordersCount > 0) lbDel.Visible = false;

        bool isOnline = Convert.ToBoolean(row["在线"]);
        string userName = row["用户名"].ToString();
        string isOnlineStr = isOnline ? "该用户正在线! " : "";
        lbDel.Attributes.Add("onclick", "javascript:return confirm('你确认要删除：用户\""
+ userName + "\"吗?" + isOnlineStr + "')");
        LinkButton lbUnlock=(LinkButton)e.Row.Cells[1].Controls[0];
        bool isLockedOut = Convert.ToBoolean(row["已锁定"]);
        if (!isLockedOut) lbUnlock.Visible = false;
    }
}
```

读者在分析上述代码时，要注意以下几点。

① 这里选择了在 GridView1 的 RowDataBound 事件中处理“删除”和“解锁”功能按钮是否显示，首先判断要处理的行是否为 DataControlRowType.DataRow（即只处理数据行，因为 GridView 显示的内容除了 DataRow 外还有 DataControlRowType.Header、DataControlRowType.Footer 等行类型）。

②“删除”按钮是否显示，要根据该行用户的订单数是否大于零来决定，这里请注意如何从 GridView 控件中单元格中的获取“删除”按钮控件的。

③ 通过调用 lbDel 按钮的 Attributes 属性的 Add 方法，为 lbDel 按钮添加客户端删除前确认功能及在线用户着重提示功能。

解锁功能对应的逻辑代码如下所示：

```
//解锁功能。因为 UnlockBtn 未绑定到数据操作，解锁后需手工刷新界面以显示解锁状态
protected void GridView1_RowCommand(object sender, GridViewCommandEventArgs e)
{
    if(e.CommandName == "UnlockBtn")//定位到“解锁”按钮上
    {
        int rowIndex = Convert.ToInt32(e.CommandArgument);
        Db db = new Db();
        db.UnlockUser(GridView1.DataKeys[rowIndex].Value.ToString());
        DataBind();
    }
}
```

分析

上述函数体是在 GridView1 控件的 RowCommand 事件对应的事件委托函数 GridView1_RowCommand 中定义的（注意和前面给出的 GridView1_RowDataBound 函数比较）。

首先通过 e.CommandName == "UnlockBtn" 定位到“删除”按钮上，然后通过 e.CommandArgument 获取要删除的行的索引，这里要注意 e.CommandArgument 的类型为 object 类型的，所以要进行强制类型转换。

调用自定义类 Db 中定义的解除用户锁定的 UnlockUser 方法。

完成解锁功能后调用 DataBind 方法重新进行数据绑定。

删除失败时的提示操作对应的逻辑代码如下所示：

```
protected void ObjectDataSourceUsers_Deleted(object sender, ObjectDataSourceStatusEventArgs e)
{
    if (!(bool)e.ReturnValue)
    {
        ScriptManager.RegisterStartupScript(this, typeof(string), "deleteError", "alert
('删除失败! '",true);
    }
}
```

分析：由于用户信息包括 ASP.NET 自动的成员资格管理和附加的 User2 数据表，删除时将先尝试删除 User2 表中的信息，为避免管理员删除新建订单的会员，数据库存在外键约束，因此可能出现删除失败。删除失败时，通过页面的启动脚本提示管理员删除失败。

8.6.3 检查与评价

通过对本章“网上书店管理系统中用户账户管理”学习情境的学习，我们了解了 ASP.NET 基于角色的安全技术的特点，并学习了它的网站管理工具和组合控件。我们在检查使用 ASP.NET 技术开发的网站关于安全性的设置时主要应该从以下几个方面进行评价。

① 首先来看一下网站是否按照需求分析的要求进行了合理的目录划分，即按照访问权限的不同把同一级别的网页放到同一个文件夹中，便于管理和访问规则的设置。

② 打开网站根目录下的 Web.config 文件，看看相关节点的配置是否合适，具体节点包括“<authentication>”、“<membership>”、“<roleManager>”，检查一下这些节点属性的赋值及子节点的属性设置是否正确。

③ 打开网站根目录下存放不同权限网页的子目录下的 Web.config 文件，检查“<authorization>”节点的配置，看看开发者通过网站管理工具设置的该目录的权限是否合适，尤其是注意检查一下设置规则的顺序是否考虑周全。

③ 依次打开关于用户登录、用户注册、用户修改密码等安全性设置页面，检查一下这些页面是否使用了系统提供的组合控件，如果不是，仔细检查一下开发者有关安全性设置是否考虑周全；如果是使用的系统提供的组合控件，检查一下这些控件的显示风格是否统一。如果对这些组合控件模板进行了编辑，检查一下编辑的效果是否达到要求。

8.7 训练

学完本章“用户账户管理”学习情境的基础知识后，请读者在 7.10 节训练的基础上进行本节的训练。

（1）访问农机信息网的用户可以分为以下几类：匿名用户、会员（可以细分）、网站管理员，根据需求建立不同权限的目录（例如“Clients”和“Managers”），并把对应访问权限的网页（这里添加几个测试页面即可）放到对应权限的目录中。

（2）通过 ASP.NET 配置工具设置用户角色，建立对应目录的访问规则。

（3）为网站添加以下几个功能网页：注册页面、登录页面、修改密码页面、找回密码页面，并完成对应的相关功能，这里的注册页面上读者可以加上注册类型的选择（一般用户、生产商、代理商、农机大户），要求当用户注册成功后，把该用户添加到对应的角色当中去。

（4）为网站管理员角色的用户添加一个用户信息管理的页面，要求在该页面上显示用户名、注册时间、注册 IP、是否在线等几项内容（可以通过 GridView 控件显示），还要实现能够对用户进行删除（删除前要有提示功能）、解锁等操作。

第9章

本书学习情境：网上书店管理系统的设计和实施

9.1 学习情境引入

第 1 章提出了本书的学习情境：网上书店管理系统，并提出了系统需求，进行了技能分解。在第 2～8 章，针对各部分技能，通过一些子学习情境，完成了基本技能的学习和训练。本章将设计和实现完整的网上书店管理系统，不但要查缺补漏、连缀前述各个子学习情境，更要从网站整体的角度，将各种技术融合运用，呈现给用户一个功能齐全、美观易用、安全高效的网上书店系统。

继续本章的学习前，应该回顾第 1 章。

9.2 基本知识：网站开发流程

对于项目管理人员来说，网站开发不但要设计和实现网站，更重要的是和客户沟通、使客户满意，同时组织技术人员少走弯路、提高效率。并且，作为一个软件产品，网站运行、推广后，还有很长的维护期需要做工作。

对于技术人员来说，网站开发就是设计和实现网站、按照给定需求实现功能和非功能性要求的过程，要先有决策和计划，有完整的、技术上可行的设计思路，尽量减少各个功能模块之间的技术关联引起的修改和返工；各模块间耦合要松散，使必需的修改工作变得清晰易行。

作为技术入门教材，本书侧重于对技术人员的培养，但相关的技能也是与客户沟通、实施项目管理的基础。

9.2.1 网站开发项目流程（选学）

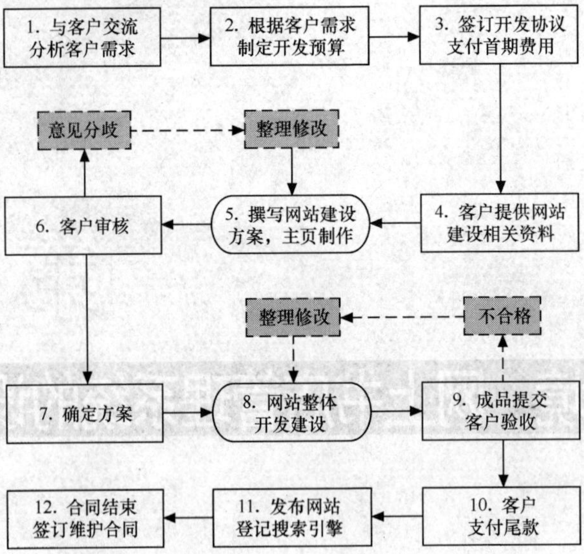

图 9-1 网站开发项目流程

1. 与客户交流，分析客户需求

开发方可能参与早期的可行性论证。客户给出可行的项目描述、网站基本功能需求、基本设计要求，形成初步的需求报告。

2. 根据客户需求制定开发预算

开发方进行需求分析，考虑项目成本、时间，给出报价。

3. 签订开发协议，支付首期费用

双方就项目内容、具体需求、验收细则，时间、费用、付款方式，以及双方权责，进行详细磋商，签订网站建设合同，附件中应包括详细需求详细报告，或可包括验收细则等。同时根据合同，客户支付首期费用，双方开始履行合同。

4. 客户提供网站建设相关资料

网站内容建设一般属于客户责任。根据合同，开发方对初始文字、图片等资料进行整理录入，供网站开发时测试用。

5. 撰写网站建设方案，主页制作

开发人员拟定网站主题，做出网站整体规划，包括数据结构设计，形成网站建设方案草案。一般还需制作出主页，以在下一步客户审核时，能够直观地商讨网站的功能结构、操作风格、层次关系、色彩样式等。这时的主页一般仅是一个浏览器页面即可，不包含数据逻辑。

主页是网站的核心页面，是链接各个页面的中枢。首页是浏览器根据网站域名所导航到的第一个页面，多数网站采用“开门见山”的设计风格，直接将主页用作首页，因此，“首页”、“主页”经常混称。

6. 客户审核

客户参考主页实体，对建设方案进行审核，双方对意见分歧之处应进行必要性、可行性探讨，进行确认、整理，开发人员进一步修改建设方案。

7. 确定方案

双方形成网站建设方案。

8. 网站整体开发建设

技术人员依据前述文档，实施网站开发，得到完整网站。这是耗时较长的步骤，应定期与客户进行细节沟通。

9. 成品提交，客户验收

客户依据合同验收。但客户方主客观的细微变化、双方需求分析的不细致、开发方建设方案实施中的微调等都可能造成验收不合格，双方应进行必要性、可行性探讨，对公认的不合格点进行确认、整理，开发人员对网站进行修改。

10. 客户支付尾款

客户满意，签发网站验收确认书，支付开发费，开发方给出网站维护说明书。根据具体合同，可能尚有小比例尾款，留待试运行期后交付。

11. 发布网站，登记搜索引擎

发布、上传网站，按需登记搜索引擎。根据具体合同，可能此步骤在支付开发费前由开发方完成；也可能不包含在合同中，由客户方完成。

12. 合同结束，签订维护合同

根据具体情况，维护合同可能与建设合同合并。对于网站验收后的内容维护，则由维护合同规定。

9.2.2 网站开发技术流程

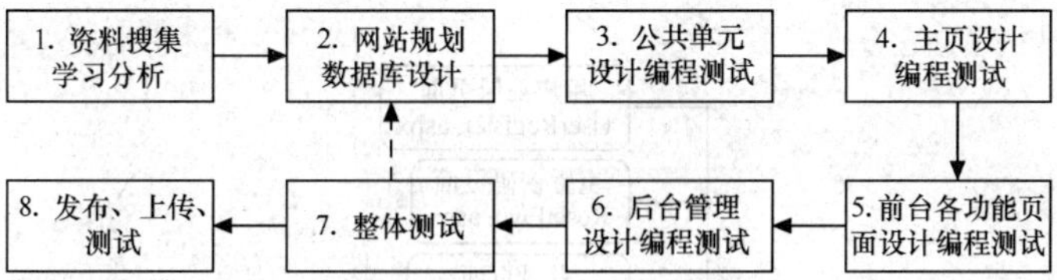

图 9-2　网站开发技术流程

1. 资料搜集、学习、分析

根据初步的需求报告，依照客户需求、参考同类网站，依照开发经验进行学习、分析、设计，可能需要拟定详细需求报告。

2. 网站规划、数据库设计

从信息利用角度说，网站是对数据的呈现，二者有密切的关系。数据库设计和网站功能结构设计应配合进行，得到网站建设方案。

3. 公共单元设计与实施

开始进行详细设计，抽取各个功能模块的公共部分，先行完成其设计和实施，得到公共单元设计文档。

4. 主页设计与实施

由于主页的突出地位，因而一般优先于各页面设计，动态网站的主页都包括服务器及客户端程序。得到主页设计文档。

5. 前台各功能页面设计与实施

从业务逻辑角度考虑，先进行前台页面设计，测试数据由数据库管理工具直接录入。得到各页面设计文档。

6. 后台管理页面设计与实施

后台管理页面一般对美工要求较低。为便于数据测试，也有时先进行后台管理设计，再进行前台设计。本步骤得到后台管理页面设计文档，随后将生成网站维护说明文档。

7. 整体测试

对前后台衔接、各页面链接、中文输入、安全性、性能等多个方面进行测试。得到设计测试报告，并就相关缺陷补充开发。

8. 发布、上传、测试

发布数据库和网站，上传到目标网络，在网站运行的服务器环境中进行测试，对安全性、性能、资源权限、区域文字特性、多浏览器等方面进行测试。得到运行测试报告，并就相关缺陷补充开发，或给出网站使用限定材料。

9.3 决策与计划

9.3.1 资料搜集、学习、分析

请读者在互联网中搜索“书店”关键词，搜集同类网站，参考第 1 章需求，在功能结构、操作风格、层次关系、色彩样式等方面进行学习、分析、构思。

9.3.2 网站规划、数据库设计

1. 网站规划

（1）网站结构图。

图 9-3 网站结构图

（2）网站访问规则。网站有 3 类用户：管理员、会员、匿名用户。通过“网站”菜单中的“ASP.NET 配置”，设置如图 9-4 所示的访问规则。从不影响网站调试的角度，这些访问规则应该在网站基本调试完成时才建立。

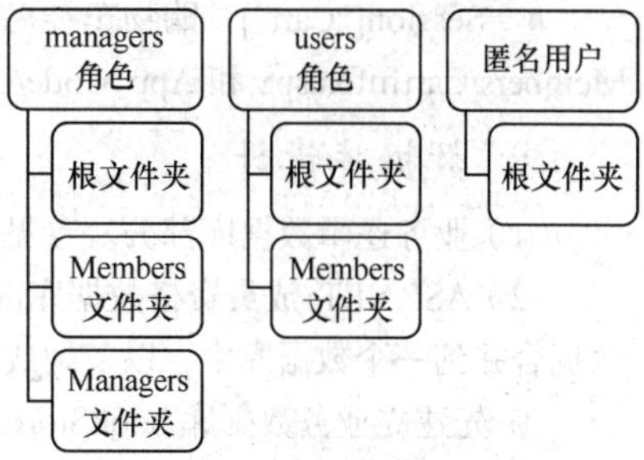

图 9-4　网站访问规则

（3）网站统一化风格。单个主题，主题名称：defaultTheme。

（4）公共单元。

① 数据访问类 App_Code/Db.cs。

封装了各种静态数据访问方法，供集中管理数据访问逻辑。

该类包含以下功能部分。

- 图书信息查询语句生成部分：仅生成查询用 SQL 语句，交各页面数据源控件。
- 类别树操作部分：将对象化的类别树型访问结构化为 SQL 访问。
- 订单操作部分：订单操作相关的数据库操作。
- 用户类操作：将对象化的用户访问转换为 ASP.NET Membership API 操作。

② 购物车类 App_Code/ClassCartTable.cs。

存储在 Session["Cart"]中的对象化数据类型。

③ 母版页 MasterPage.master。

提供前台所有页面的统一化布局风格。

④ 后台管理主页 Manages/ManageMain.aspx。

提供管理导航菜单，后台管理其他页面以 iframe 形式嵌入该页面。

⑤ 用户控件。

位于 UserControls 文件夹下。

- UC_AddFavorite_SetHomepage_ShowTime.ascx：加入收藏、设为首页、显示时间，供母版页和后台管理主页使用，也可以应用到其他网站。
- UC_BookSearch.ascx：关键字搜索图书信息，供母版页、后台图书信息修改页面、后台入库图书查询页面使用。
- UC_CategoryTree.ascx：类别树，供主页、后台图书信息修改页面、后台新书入库页面、后台类别管理页面使用。
- UC_UploadImageFile.ascx：上传图书图片，供后台图书信息修改页面、后台新书入库页面使用。

（5）各模块间耦合。

① 数据耦合。

请参考网站项目需求。

② Session 耦合。

- Session["CurrentSql_Default"]：主页 Default.aspx.cs 关键字查询语句。由于 ASP.NET 出于安全原因，查询语句不自动被数据源控件的视图状态保存，所以用此 Session 手工保存。
- Session["CurrentSql_ModifyBooks"]:图书信息修改 Managers/ModifyBooks.aspx.cs 的当前查询语句，使用原因与 Session["CurrentSql_Default"]相同。
- Session["CurrentSql_OrdersQuery"]：订单查询页面 Manages/OrdersQuery.aspx.cs 的当前查询语句，使用原因与 Session["CurrentSql_Default"]相同。
- Session["BooksMatchedDescription"]：主页关键字搜索，搜索条件的描述。关键字搜索的条件在母版页 MasterPage.master.cs 时输入，结果显示在主页上，该 Session 在母版页与主页之间跨页传递。
- Session["BooksMatchedSqlStr"]：主页关键字搜索的查询语句。关键字搜索的条件在母版页输入，结果显示在主页上，该 Session 在母版页与主页之间跨页传递。

● Session["Cart"]：购物车类对象数据。在图书详细信息页面 BookDetails.aspx.cs、购物车页面 Members/CartInfo.aspx 和 App_Code/Db.cs 中订单生成方法 CreateOrder 之间传递。

2. 数据库设计

（1）业务逻辑数据库部分。参见第 6 章。

（2）ASP.NET 成员资格数据库部分。对于小型应用，一般将 ASP.NET 成员资格数据与业务逻辑数据合并到一个数据库中，以节约成本、便于维护，方法如下。

① 先建立业务数据库 bookStore.mdf。

② 参照图 9-5，打开 VS 2008 的命令提示窗口。

③ 键入 aspnet_regsql 命令，出现如图 9-6 的“ASP.NET SQL Server 安装向导”对话框。

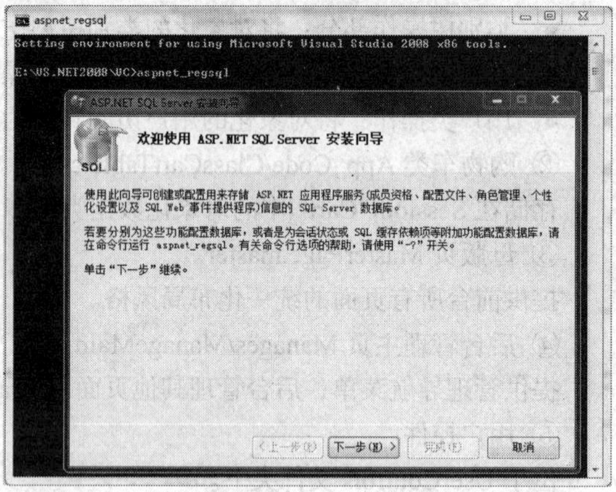

图 9-5　Visual Studio 2008 命令提示快捷方式　　　　图 9-6　ASP.NET SQL Server 安装向导对话框

④ 单击“下一步”按钮，出现如图 9-7 的对话框，可供为数据库（新建或已有）添加或删除 ASP.NET 成员资格数据。

⑤ 单击“下一步”按钮，出现如图 9-8 所示对话框。

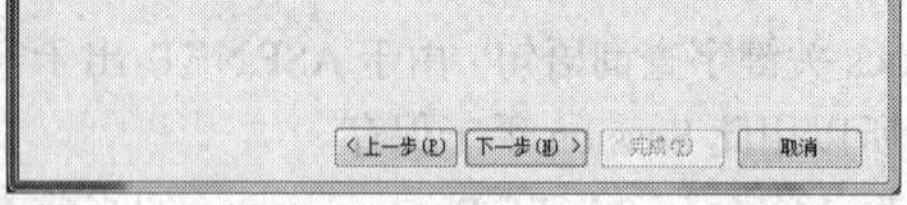

图 9-7　“选择安装选项”对话框　　　　图 9-8　“选择服务器和数据库”对话框

⑥ 本例中输入服务器名“.\SqlExpress”，并输入数据库文件的完整路径，单击“下一步”按钮，出现“请确认您的设置”对话框，单击“下一步”按钮，ASP.NET 即完成成员资格数据的添加。

⑦ 为了使 VS IDE 中的“网站”菜单下的“ASP.NET 配置”工具能够默认打开 BookStore 数据库管理成员资格，需修改“~/web.config”文件，添加<memberShip>和<roleManager>的节，其内容见后，若不添加，将默认使用本机默认的配置，自动建立 App_Data/ASPNETDB.mdf 数据库，本机的默认配置位于“系统分区:\Windows\Microsoft.NET\Framework\v2.0.50727\CONFIG\machine.config”文件中，若直接修改此文件，将影响本机的所有 ASP.NET2.0/3.0/3.5 网站。

3. 网站配置文件设计

（1）连接字符串。数据库建好后，在网页设计中第一次使用 SqlDataSource 控件时会自动建立下列字符串。

```
<connectionStrings>
    <add name = "bookStoreConnectionString" connectionString = "Data Source = .\SQLEXPRESS;
    AttachDbFilename= |DataDirectory|\bookStore_Data.MDF;Integrated Security = True; "
    providerName = "System.Data.SqlClient" />
</connectionStrings>
```

（2）身份验证方式。

```
<authentication mode = "Forms" >
    <forms loginUrl = "~/LoginPage.aspx"/>
</authentication>
```

（3）成员资格及角色。

成员资格：

```
<membership defaultProvider = "BookStoreSqlMembershipProvider">
          <providers>
                <add    connectionStringName = "bookStoreConnectionString"   enablePassword
Retrieval = "false"enablePasswordReset = "true"requiresQuestionAndAnswer = "true"
applicationName = "/" requiresUniqueEmail = "false" passwordFormat = "Hashed" maxInvalid
PasswordAttempts = "5"  minRequiredPasswordLength = "3"  minRequiredNonalphanumericCharacters = "0"
passwordAttemptWindow = "10"  passwordStrengthRegularExpression = ""  name = "BookStoreSqlMembership
Provider" type = "System. Web.Security. SqlMembershipProvider, System.Web, Version = 2.0.0.0,
Culture = neutral, PublicKey Token = b03f5f7f11d50a3a"/>
      </providers>
</membership>
```

角色：

```
<roleManager enabled = "true" defaultProvider = "BookStoreSqlRoleProvider">
          <providers>
               <add connectionStringName = "bookStoreConnectionString"
applicationName = "/" name = "BookStoreSqlRoleProvider"
type = "System.Web.Security.SqlRoleProvider, System.Web, Version = 2.0.0.0,
Culture = neutral, PublicKeyToken = b03f5f7f11d50a3a"/>
          </providers>
</roleManager>
```

注意上述 ConnectionStringName 必须和配置文件中的<ConnectionString>节一致，成员资格中的 minRequiredNonalphanumericCharacters = "0"表示新用户注册时，所设置密码中必须包含的特殊非字母数字字符数为 0 个（即无需包含特殊字符），minRequiredPasswordLength = "3"表示用户注册时密码长度最少 3 字符；maxInvalidPasswordAttempts = "5"表示用户登录时，密码错误失败尝试 5 次后账号将被锁定，等待管理员解锁，才可继续尝试登录。

（4）主题。

```
<pages theme = "defaultTheme">
```

4. 图书图片文件

存储路径：~/BookPics。

文件名格式：书名_作者名。

合法扩展名：.jpg|.gif|.png|.tif|.bmp。

9.4 公共单元

9.4.1 数据访问类 App_Code/Db.cs

为便于代码维护，将所有数据库操作封装在此类中，前后台各网页中，除了 aspx 文件中存在由可视化配置生成的 SQL 语句，cs 文件中不出现 SQL 语句。

该类主要提供静态方法成员，为完成静态初始化，其构造函数也是静态的，构造函数初始化的静态字段成员如下：

```
static SqlConnection conn = new SqlConnection();
static SqlCommand cmd = new SqlCommand();
static SqlDataAdapter sda = new SqlDataAdapter();
static DataTable dtCategorys = new DataTable();
static int RootFatherId;
```

其中 RootFatherId 为图书类别表中根节点的父节点 ID 值，在配置文件 AppSettings 节设定，该值应与 Categorys 数据表中根节点数据行的 FatherID 值相同。dtCategorys 供保存类别信息表。conn、cmd、sda 字段为本类各部分共用，使用 ADO.NET 执行 SQL 命令，读写数据。

构造函数代码如下：

```
static Db()
{
  conn.ConnectionString = ConfigurationManager.ConnectionStrings["bookStoreConnectionString"].
ConnectionString;
    cmd.Connection = conn;
    sda.SelectCommand = cmd;

    string rootFatherIdStr = ConfigurationManager.AppSettings["RootFatherId"];
    if (rootFatherIdStr != null && rootFatherIdStr != string.Empty) RootFatherId =
Convert.ToInt32(rootFatherIdStr);
    else RootFatherId = -1;
}
```

该构造函数从配置文件中读取连接字符串，供各种方法成员使用，并从配置文件中读取图书类别树的根节点的父节点 ID，在读取图书类别数据表时，用以判断某行是否为根节点。

1. 图书信息查询语句生成部分

由于图书信息查询返回直接结果集，因此采用快速开发的数据获取技术（见第 6 章），即在页面中使用 SqlDataSource 等数据源控件和数据绑定控件，以简化界面数据处理，本类中仅采用字符串操作构造查询语句，通过静态方法，提供给页面数据源控件。

（1）相关字段成员。作为多处使用的字符串值，统一定义会便于维护、防止书写错误。本部分用到的 SQL 连接词字符字段成员如下：

```
// where 查询子句字符串
static readonly string SQLConditionWhere = " where ";
// 用于构造 where 查询子句的“或”条件连接符
static readonly string SQLConditionJoinOr = " or ";
// 用于构造 where 查询子句的“与”条件连接符
static readonly string SQLConditionJoinAnd = " and ";
```

本部分用到的图书信息查询语句字符字段成员如下：

```
/// 前台图书概略信息查询语句（不包含 where 子句）
public static readonly string BookInfoSelectSqlF = "select
BookID,BookImage,BookName,BookPublisher,BookPublishDate,BookAuthor,BookPrice,BookD
iscount  from Books ";
/// 后台管理图书所有信息查询语句（不包含 where 子句）
public static readonly string BookInfoSelectSqlB = "select * from Books ";
```

（2）主页图书高级搜索查询语句构建方法 GetBookSearchAdvancedSqlF。该方法返回包含条件的 SQL 查询语句字符串，参数为高级搜索的条件键值对集合，起始日期值以逗号“,”分隔。请读者参考例 6-18 中复合条件订单搜索的方法代码，以理解此方法的代码。

```
public static string GetBookSearchAdvancedSqlF(NameValueCollection advancedSearchConditions)
{
```

```
    string whereClause = string.Empty;
        if (advancedSearchConditions.Count > 0)
        {
            whereClause = SQLConditionWhere;
            foreach (string key in advancedSearchConditions.AllKeys)
            {
                switch (key)
                {
                    case "BookDiscount":
                        if (advancedSearchConditions[key] != "所有折扣")
                        { whereClause += "(" + key + "< = " + advancedSearchConditions[key]
+ ")" + SQLConditionJoinAnd; }
                        break;
                    case "BookAddTime":
                        if (advancedSearchConditions[key] != "所有时间范围")
                        { whereClause += "(datediff(d," + key + ",'" + DateTime.Now + "')< = "
+ advancedSearchConditions[key] + ")" + SQLConditionJoinAnd; }
                        break;
                    case "BookPublishDate":
                        if (advancedSearchConditions[key] != ",")
                        {
                            string[] v = advancedSearchConditions[key].Split(',');
                            string dStart = v[0];
                            string dEnd = v[1];
                            whereClause += "(" + key + "> = '" + dStart + "') and (" + key +
"< = '" + dEnd + "')" + SQLConditionJoinAnd;
                        }
                        break;
                    default:
                        if (advancedSearchConditions[key] != "")
                        {
                            whereClause += "(" + key + " like '%" + advancedSearchConditions[key]
+ "%')" + SQLConditionJoinAnd;
                        }
                        break;
                        }
            }
              if (whereClause == SQLConditionWhere) whereClause = string.Empty;
          else whereClause = whereClause.Substring(0, whereClause.Length - SQLConditionJoinAnd.
Length);
        }
        return BookInfoSelectSqlF + whereClause;
    }
```

（3）图书关键字搜索用户控件的查询语句构建方法 GetBookSearchBySimpleKeysSqlUC。该方法返回包含两个查询语句的字符串数组，第 1 个是图书概略信息查询语句供前台浏览，第 2 个是图书信息的所有字段查询供后台管理用。dbField 参数代表被查询的字符型字段名称，keyStr 参数代表关键字串。该方法的代码已在例 6-17 中以 getBookSearchSqlBySimpleKeys 方法给出，除不必再声明连接词字符串变量外，其他相同。

（4）主页特价图书查询语句构建方法 GetBookSearchCheapSqlF。该方法返回查询语句，参数 option 为特价种类：取值 1：低于 5 元图书，取值 2：低于 10 元图书，取值 3：低于 3 折图书，取值 4：低于 5 折图书。

```
public static string GetBookSearchCheapSqlF(int option)
{
    string whereClause = SQLConditionWhere;
    switch (option)
    {
        case 1:
            whereClause += "BookPrice< = 5 order by BookPrice";
            break;
```

```
        case 2:
            whereClause += "BookPrice< = 10 order by BookPrice";
            break;
        case 3:
            whereClause += "BookDiscount< = 3 order by BookDiscount";
            break;
        case 4:
            whereClause += "BookDiscount< = 5 order by BookDiscount";
            break;
    }
    return BookInfoSelectSqlF + whereClause;
}
```

（5）主页图书按类别搜索的查询语句构建方法 GetBookSearchByCategoryFamilySqlF。该方法返回查询语句，参数 tn 为 TreeNode 类型，代表给定的类别树节点。支持类别家族查询，即某个大类（非叶子类别）的查询，如“哲学”类别下包含“中国哲学”、“外国哲学”两个子类，假设“哲学”类别 ID 为 1，“中国哲学”类别 ID 为 20，“外国哲学”类别 ID 为 21，则 tn 参数为“哲学”节点时，虽然图书信息表 Books 中并不包含类别 ID 为 1 的图书，仅包含类别 ID 为 20、21 的图书，但该方法将给出能够返回类别 ID 为 20 和 21 所有图书的查询语句。

```
public static string GetBookSearchByCategoryFamilySqlF(TreeNode tn)
{
    return ComposeCategoryFamilyBookSelectSql(BookInfoSelectSqlF, tn);
}
```

该方法将调用类别树操作部分的 ComposeCategoryFamilyBookSelectSql 方法，以生成树节点家族查询的 SQL 语句。

2. 类别树操作

（1）从关系数据表得到类别树的方法 GetCategoryTreeFromDb。该方法从数据库 Categorys 表读取类别信息，并将关系表转换为树形列表（包含唯一的根节点），整个类别树信息由一个 TreeNode 类型的根节点表示，为了使各页面、各用户共用类别树数据，根节点将保存至 Application 变量，在类别树用户控件中，此 TreeNode 将添加到 TreeView 供页面显示。

该方法先构造根节点，初始根节点不包含任何子节点，然后调用 fillChildsFromDb 私有递归方法，调用后，根节点将包含完整的子树。根节点对应 Categorys 表中父 ID 值为 rootFatherId 值的数据行。每个节点 TreeNode 包含 Text、Value、ToolTip 属性，分别对应“类别名称”、“类别 ID”、“类别描述”信息。

```
public static void GetCategoryTreeFromDb()
{
    //类别表为空，则重新从数据库获取，若再为空，则插入根节点数据来修复类别表
    if (dtCategorys.Rows.Count == 0)
    {
        ReloadCategorysData();
        if (dtCategorys.Rows.Count == 0) repairCategorysData();
    }
    TreeNode rootNode = new TreeNode();
    //以下用 DataView 筛选特定条件的行，而不是 Linq to DataTable。此处仅使用筛选的第一行
    //提示：可以与 this.fillChildsFromDb 方法中使用的 Linq to DataTable 比较
    DataView dv = dtCategorys.DefaultView;
    dv.RowFilter = "FatherID = " + RootFatherId;
    DataRowView drv = dv[0];
    rootNode.Value = drv["CategoryID"].ToString();
    rootNode.Text = drv["CategoryName"].ToString();
    rootNode.ToolTip = drv["CategoryDescription"].ToString();
    //节点选中操作设为选中并展开，这允许前台分类导航时，可以显示某个类别家族的所有图书概略信息
    rootNode.SelectAction = TreeNodeSelectAction.SelectExpand;
    //构造根节点的类别子树
    fillChildsFromDb(ref rootNode);
    HttpContext.Current.Application["CategoryTreeRootNode"] = rootNode;
}
```

代码中，构造类别树的直接数据来源是 dtCategorys 本地数据表，因此首先判断该数据表是否有数据，若无数据，调用 ReloadCategorysData 方法，从数据库 Categorys 关系表重新填充 dtCategorys 本地表，Categorys 表中至少应存在根节点数据行，为避免该行遭误删时出现异常，则在重新填充后仍得到空表的情况下，调用 repairCategorysData 私有方法修复数据库中的 Categorys 关系表，修复的方法是为该表添加根节点数据行，该修复仅作为一种思路，其他异常情况请读者考虑。ReloadCategorysData 方法和 repairCategorysData 方法较简单，请读者查看案例代码，自行理解。

DataTable 对象的 DefaultView 属性是表中数据的默认视图，为 DataView 类型，可以通过 RowFilter 属性进行面向数据行的筛选，类似 SQL 语法中的 where 子句。dv.RowFilter = "FatherID = " + RootFatherId 语句，即可使 dv 对象仅筛选出根节点数据行的视图。

TreeNode 对象包含一个 SelectAction 属性，其值为 TreeNodeSelectAction 枚举类型，该属性指示节点被选中（如在页面中被单击）时执行选中动作还是展开动作，或者既选中又展开，其默认值为 TreeNodeSelectAction.Select，即选中，对于一个 TreeView 控件中的叶子节点，更改选中节点将触发 SelectedNodeChanged 事件。本代码中，使用 DataView 筛选得到的数据行初始化根节点时，设置根节点 SelectAction 属性为 TreeNodeSelectAction.SelectExpand，则使得 TreeView 控件中的非叶子节点被单击时既可以展开子节点，也可以触发 SelectedNodeChanged 事件，以执行前述 GetBookSearchByCategoryFamilySqlF 方法，在主页上显示某个类别家族所有图书的概略信息。在 fillChildsFromDb 方法中也是如此。

fillChildsFromDb 递归方法的参数为引用类型，代表每次递归调用的父节点，递归结束时，该参数的值为包含子树的根节点，该方法代码如下：

```
private static void fillChildsFromDb(ref TreeNode fatherNode)
{
    int fatherCategoryId = Convert.ToInt32(fatherNode.Value);
    //使用 Linq to DataTable 筛选孩子节点对应的数据行
    var query = from subCategorys in dtCategorys.AsEnumerable()
               where subCategorys.Field<int>("FatherID") == fatherCategoryId
               select new
               {
                   Id = subCategorys.Field<int>("CategoryID"),
                   Name = subCategorys.Field<string>("CategoryName"),
                   Description = subCategorys.Field<string>("CategoryDescription")
               };
    //以下语句才真正执行 Linq to DataTable 查询
    foreach (var subCategory in query)
    {
        TreeNode subNode = new TreeNode();
        subNode.Text = subCategory.Name;
        subNode.Value = subCategory.Id.ToString();
        subNode.ToolTip = subCategory.Description;
        //节点选中操作设为选中并展开，这允许前台分类导航时，可以显示某个类别家族的所有图书概略信息
        subNode.SelectAction = TreeNodeSelectAction.SelectExpand;
        fatherNode.ChildNodes.Add(subNode);
        //递归调用，构造当前节点的子树
        fillChildsFromDb(ref subNode);
    }
}
```

该方法使用 Linq to DataTable 技术，而不是像 GetCategoryTreeFromDb 方法中的使用 DataView 进行筛选，筛选出 dtCategorys 表中 FatherID 等于父节点 Value 值（即父节点 Id）的所有数据行，并直接声明筛选结果为包含 Id、Name、Description 属性的匿名对象集合。再使用 foreach 循环遍历筛选出的匿名对象，为每个匿名对象构造一个节点，将其添加到父节点的子节点集合中，最后以这个节点为父节点递归调用 fillChildsFromDb 方法，添加这个节点的子节点，如此直至叶子节点成为父节点，因不

包含子节点，foreach 循环直接跳出，逐层递归返回。

（2）类别家族的图书查询语句构建方法 ComposeCategoryFamilyBookSelectSql。该方法返回包含“或”条件 where 子句的完整查询语句，参数 sqlStrWithoutWhere 代表没有 where 子句的查询语句，参数 tn 表示类别家族的顶级节点。该方法将被主页图书类别搜索功能调用，也被后台类别管理页面调用。

```
public static string ComposeCategoryFamilyBookSelectSql(string sqlStrWithoutWhere, TreeNode tn)
{
    List<string> categoryFamilyIds = new List<string>();
    getChildCategorysId(tn, ref categoryFamilyIds);
    if (categoryFamilyIds.Count > 0)
    {
        sqlStrWithoutWhere += " where ";
        foreach (string id in categoryFamilyIds)
        {
            sqlStrWithoutWhere += "(CategoryID = " + id + ")" + SQLConditionJoinOr;
        }
        sqlStrWithoutWhere = sqlStrWithoutWhere.Substring(0, sqlStrWithoutWhere.Length -
SQLConditionJoinOr.Length);
    }
    return sqlStrWithoutWhere;
}
```

先调用 getChildCategorys 私有递归方法获得类别家族 tn 的所有 CategoryID，再构造“或”条件的 where 查询子句，与参数中 sqlStrWithoutWhere 代表的没有 where 子句的查询语句连接，返回完整的查询语句。

getChildCategorys 方法用于获得某图书类别节点所有子类别 CategoryID 列表，除了需要 tn 参数，表示当前待查类别节点外，还使用了一个引用参数 categoryFamilyIds，是字符串列表类型，作为家族类别 ID 列表，用于在递归调用中不断添加孩子节点对应的类别 ID。

```
private static void getChildCategorysId(TreeNode tnFather, ref List<string> childIds)
{
    childIds.Add(tnFather.Value);
    if (tnFather.ChildNodes.Count == 0) return;
    else
    {
        foreach (TreeNode tnChild in tnFather.ChildNodes)
        {
            getChildCategorysId(tnChild, ref childIds);
        }
    }
}
```

该方法也采用先根遍历的方式遍历整个类别树，首先将当前待查类别节点的 Value 值（对应 CategoryID，见从关系数据表得到类别树的方法 GetCategoryTreeFromDb）添加到家族类别 ID 列表。如果当前节点并无孩子节点，则递归返回，否则，用 foreach 循环逐个对其孩子节点递归调用 getChildCategorysId 方法。

（3）类别管理页面判断某类别家族是否可被删除的方法 CanDeleteCategory。该方法通过查询类别家族是否包含图书来决定是否可以删除该类别子树，返回 true 表示可以删除。参数 tn 是待查询的类别树节点。

```
public static bool CanDeleteCategory(TreeNode tn)
{
    string sqlStr = "select count(*) from Books";
    //构造此类别家族树包含 where 子句的查询语句
    sqlStr = ComposeCategoryFamilyBookSelectSql(sqlStr, tn);
    cmd.CommandType = CommandType.Text;
    cmd.CommandText = sqlStr;
    cmd.Parameters.Clear();
```

```
        conn.Open();
        int n= Convert.ToInt32(cmd.ExecuteScalar());
        conn.Close();

        if (n > 0) return false;
        else return true;
    }
```

此方法使用“select count(*) from Books”作为基本查询语句，由 ComposeCategoryFamilyBookSelectSql 方法构成完整的条件查询语句，获取类别家族中包含的图书数量，用本类 SqlCommand 类型的 cmd 字段，以 ExecuteScalar 方法向数据库提交该查询，该方法适用于这种只返回 1 个结果值的场合，经过转换、判断，返回一个代表该类别是否可删除的布尔值。

3. 订单操作

（1）购物车页面新建订单的方法 CreateOrder。该方法参数是从购物车页面获得的，分别对应订单表 Orders 中的字段：userName 对应“用户名”，recipient 对应“收件人”，address 对应“地址”，postalcode 对应“邮编”，phone 对应“电话”，sendModeId 对应“送货方式编码”，payModeId 对应“付款方式编码”。新建一个订单不但要在订单表 Orders 中添加一条记录，存储上述订单信息，而且要在订单明细表 OrderDetails 表中添加若干记录，存储本订单所订购的图书信息，这些图书信息来自图书详细信息页面的 Session["Cart"]。

```
    public static void CreateOrder(string userName, string recipient, string address, string
postalcode, string phone, string sendModeId, string payModeId)
    {
        cmd.CommandType = CommandType.StoredProcedure;
        cmd.CommandText = "NewOrder";
        cmd.Parameters.Clear();
        cmd.Parameters.Add(new SqlParameter("@UserName", userName));
        cmd.Parameters.Add(new SqlParameter("@Recipient", recipient));
        cmd.Parameters.Add(new SqlParameter("@Address", address));
        cmd.Parameters.Add(new SqlParameter("@Postalcode", postalcode));
        cmd.Parameters.Add(new SqlParameter("@Phone", phone));
        cmd.Parameters.Add(new SqlParameter("@SendModeID", sendModeId));
        cmd.Parameters.Add(new SqlParameter("@PayModeID", payModeId));
        cmd.Parameters.Add(new SqlParameter("@OrderTime", DateTime.Now));
        cmd.Parameters.Add(new SqlParameter("@TreatRemark", ""));
        cmd.Parameters.Add(new SqlParameter("@Outputed", false));
        cmd.Parameters.Add(new SqlParameter("@TreatCompleted", false));
        int orderId = -1;
        conn.Open();
        orderId = Convert.ToInt32(cmd.ExecuteScalar());
        if (orderId != -1)
        {
            ClassCartTable cart = HttpContext.Current.Session["Cart"] as ClassCartTable;
            for (int i = 0; i < cart.Rows.Count; i + +)
            {
                cmd.CommandType = CommandType.Text;
              cmd.CommandText = "insert into OrderDetails
values(@OrderID,@BookID,@Count)";
                cmd.Parameters.Clear();
                cmd.Parameters.Add(new SqlParameter("@OrderID", orderId));
                cmd.Parameters.Add(new SqlParameter("@BookID", cart.Rows[i]["图书编号"]));
                  cmd.Parameters.Add(new SqlParameter("@Count", cart.Rows[i]["购买数量"]));
                    cmd.ExecuteNonQuery();
                }
                HttpContext.Current.Session["Cart"] = null;
            }
            conn.Close();
        }
```

本方法先调用 NewOrder 存储过程，在 Orders 表中新增数据行，该存储过程返回新行的 OrderID 标识列的值，然后从 Session["Cart"]中取得购物车信息，逐一插入订单明细表 OrderDetails。关于 NewOrder 存储过程的详细信息，请参见第 6 章。

（2）订单查询页面的查询语句构建方法 GetOrderSqlB。本方法请参见第 6 章订单查询页面实施部分。

4. 用户操作

游客可以在前台自由注册新用户（会员）；后台会员管理页面可以查询所有用户的信息，还可对因登录失败而被锁定的用户账号进行解锁操作，以及对没有订单的用户账号进行删除操作，删除当前正在登录状态的用户账号时，会弹出确认对话框，已有订单的用户不可删除（User2 表和 Orders 表存在外键关系）；网站还提供了一个便利的功能，即会员在购物车页面下订单时，自动填写会员相关信息。

（1）购物车页面获取会员信息的方法 GetUserInfo。回顾第 6 章可知，数据库中用户账户信息由 ASP.NET 角色和成员资格管理功能自动存储，并由 ASP.NET 封装为 Membership API 供程序员访问，而用于网站订单的会员信息由 User2 表存储。新用户注册时，ASP.NET 限制用户名必须唯一，即在 User2 表中，按用户名访问即可获得唯一的会员信息。

该方法除用 userName 参数表示用户名外，用输出参数将会员信息传递回调用方，address、postalcode、phone 分别代表会员的地址、邮编和电话。

```
public static void GetUserInfo(string userName, out string address, out string
postalcode, out string phone)
{
    address = postalcode = phone = string.Empty;
    cmd.CommandType = CommandType.Text;
    cmd.CommandText = "select UserAddress,UserPostalcode,UserPhone from User2 where
UserName = @userName";
    cmd.Parameters.Clear();
    cmd.Parameters.Add(new SqlParameter("@userName", userName));
    conn.Open();
    SqlDataReader sdr = cmd.ExecuteReader();
    while (sdr.Read())
    {
        address = sdr["UserAddress"].ToString();
        postalcode = sdr["UserPostalcode"].ToString();
        phone = sdr["UserPhone"].ToString();
    }
    sdr.Close();
    conn.Close();
}
```

该方法初始化输出参数后，查询 User2 表中 UserName 字段值等于 userName 参数值的数据行，用 SqlDataReader 读取器组件获取该数据行的 UserAddress、UserPostalcode、UserPhone 字段值，赋给对应的输出参数。

（2）注册新用户的相关方法 InsertToUser2。注册新用户页面使用 ASP.NET 的 CreateUserWizard 控件，能够自动完成 ASP.NET 成员资格账号的创建，用于网站的安全管理，但需要开发人员编程为 User2 表添加附加的用户信息，即用于下订单的会员信息，本方法就是完成这一功能的数据库操作。该方法的各个参数对应 User2 表的各个字段。

```
public static void InsertToUser2(string userName, string userAddress, string
userPostalcode, string userPhone)
{
    cmd.CommandType = CommandType.Text;
    cmd.CommandText = "insert into User2
values(@userName,@userAddress,@userPostalcode, @userPhone)";
    cmd.Parameters.Clear();
    cmd.Parameters.Add(new SqlParameter("@userName", userName));
```

```
    cmd.Parameters.Add(new SqlParameter("@userAddress", userAddress));
    cmd.Parameters.Add(new SqlParameter("@userPostalcode", userPostalcode));
    cmd.Parameters.Add(new SqlParameter("@userPhone", userPhone));
    conn.Open();
    cmd.ExecuteNonQuery();
    conn.Close();
}
```

（3）后台会员管理页面获取所有用户信息的方法 GetAllUsers。该方法获取所有用户的信息，返回 DataTable 类型，一个用户的信息是一个 DataRow。这些用户的信息是混合信息，既包含 ASP.NET 成员资格信息，如用户名、邮箱、是否在线、是否锁定、注册时间、最后登录时间，也包括住址、邮编、电话等 User2 表中的会员信息，还包括每个用户的订单数量。

```
public static DataTable GetAllUsers()
{
    //构造结果 DataTable
    DataTable dt = new DataTable();
    dt.Columns.Add(new DataColumn("用户名", typeof(string)));
    dt.Columns.Add(new DataColumn("邮箱", typeof(string)));
    dt.Columns.Add(new DataColumn("住址", typeof(string)));
    dt.Columns.Add(new DataColumn("邮编", typeof(string)));
    dt.Columns.Add(new DataColumn("电话", typeof(string)));
    dt.Columns.Add(new DataColumn("已锁定", typeof(bool)));
    dt.Columns.Add(new DataColumn("在线", typeof(bool)));
    dt.Columns.Add(new DataColumn("注册时间", typeof(DateTime)));
    dt.Columns.Add(new DataColumn("最后登录", typeof(DateTime)));
    dt.Columns.Add(new DataColumn("订单数", typeof(int)));
    //获取 ASP.NET 的所有用户
    MembershipUserCollection allUsers = Membership.GetAllUsers();
    //获取所有用户的附加信息
    NameValueCollection allUsers2 = getAllUser2Info();
    foreach (MembershipUser user in allUsers)
    {
        DataRow dr = dt.NewRow();
        dr["用户名"] = user.UserName;
        dr["邮箱"] = user.Email;
        dr["住址"] = allUsers2[user.UserName + "_Address"];
        dr["邮编"] = allUsers2[user.UserName + "_Postalcode"];
        dr["电话"] = allUsers2[user.UserName + "_Phone"];
        dr["已锁定"] = user.IsLockedOut;
        dr["在线"] = user.IsOnline;
        dr["注册时间"] = user.CreationDate;
        dr["最后登录"] = user.LastLoginDate;
        //获取此用户的订单数
        dr["订单数"] = getUserOrdersCount(user.UserName);
        dt.Rows.Add(dr);
    }
    return dt;
}
```

该方法首先构造结果 DataTable，为便于页面处理，列名均使用中文。然后调用 Membership 类的 GetAllUsers 静态方法，将所有成员资格账号信息读取到 allUsers 成员资格集合中，并调用本类的私有方法 getAllUser2Info，将 User2 表所有会员信息读取到 allUsers 键值对集合中，然后遍历所有成员资格账号，为每个用户新建一个数据行，利用 Membership API，或从 allUsers 集合中索引，得到各种用户信息，填入该用户数据行的各列，用户的订单数信息是通过调用本类的私有方法 getUserOrdersCount 得到的。

getAllUser2Info 方法获取所有用户附加信息，即在 User2 表中的会员信息，包括每个用户的住址、邮编、电话信息，返回一个 NameValueCollection 对象，即一个键值对集合，其键分别为“*UserName*_Address”、“*UserName*_Postalcode”、“*UserName*_Phone”，“*UserName*”部分以实际的用户

名代替。

```
private static NameValueCollection getAllUser2Info()
{
    NameValueCollection result = new NameValueCollection();
    cmd.CommandType = CommandType.Text;
    cmd.CommandText = "select UserName,UserAddress,UserPostalcode,UserPhone from User2";
    conn.Open();
    SqlDataReader sdr = cmd.ExecuteReader();
    while (sdr.Read())
    {
        string curUser = sdr["UserName"].ToString();
        result.Add(curUser + "_Address", sdr["UserAddress"].ToString());
        result.Add(curUser + "_Postalcode", sdr["UserPostalcode"].ToString());
        result.Add(curUser + "_Phone", sdr["UserPhone"].ToString());
    }
    sdr.Close();
    conn.Close();
    return result;
}
```

该方法初始化一个键值对集合变量 result，读取 User2 表中所有用户的用户名、住址、邮编、电话信息，用 SqlDataReader 读取器循环读取各数据行，对每个数据行，先得到用户名字段，利用用户名依次组成各键，并将键和每个字段值添加到 result 中，最后返回 result。

getUserOrdersCount 方法获取某用户的订单数，参数为用户名，返回 int 型订单数。

```
private static int getUserOrdersCount(string userName)
{
    int result = 0;
    cmd.CommandType = CommandType.Text;
    cmd.CommandText = "select count(*) from Orders where UserName = @userName";
    cmd.Parameters.Clear();
    cmd.Parameters.Add(new SqlParameter("@userName", userName));
    conn.Open();
    SqlDataReader sdr = cmd.ExecuteReader();
    if (sdr.Read())
    {
        int n = (int)sdr[0];
        result = n;
    }
    sdr.Close();
    conn.Close();
    return result;
}
```

（4）后台会员管理用户解锁的方法 UnlockUser。该方法返回布尔值，true 表示解锁成功。参数 userName 即表示将要进行解锁的用户名。

```
public static bool UnlockUser(string userName)
{
    MembershipUser user = Membership.GetUser(userName);
    return user.UnlockUser();
}
```

该方法使用 ASP.NET 提供的 Membership API 完成操作，先使用 Membership 类的 GetUser 方法，得到 MembershipUser 对象 user，该对象封装了单个用户账号的多种操作，如其 UnlockUser 方法即可完成解锁。

（5）后台会员管理删除用户的方法 DeleteAUser。该方法返回布尔值，true 表示删除成功。参数为中文的“用户名”，需要注意的是，此形参名称必须和会员管理页面中数据绑定控件（GridView）的 DataKeyName 属性值一致，而 DataKeyName 又必须和数据表列名一致，否则页面中的 ObjectDataSource 数据源控件将不能自动调用此方法，即将 ObjectDataSource 控件的 DeleteMethod 属性指向该方法时，ObjectDataSource 控件的 DeleteParameters 参数列表必须和该方法的形参列表完全匹配，否则出现“ObjectDataSource 未能找到带参数的非泛型方法 DeleteAUser:用户名”异常。

解锁操作，没有使用 GridView 的默认按钮命令（如 Delete），在页面 cs 代码中由开发人员调用前述解锁方法，因此只从 GridView 的 DataKeyName 列得到参数值（即用户名），而不自动进行方法声明的匹配，不会出现上述异常。

```
public static bool DeleteAUser(string 用户名)
{
    if (deleteFromUser2(用户名))
    {
        return Membership.DeleteUser(用户名);
    }
    else
    {
        return false;
    }
}
```

由于用户信息在数据库中两部分存储，因此，在调用 Membership.DeleteUser 方法删除用户前，首先尝试调用 deleteFromUser2 方法删除会员信息，若该方法删除不成功，则不进行成员资格的删除，从而保持数据一致性。

deleteFromUser2 方法返回布尔值，true 表示删除成功，包含一个用户名参数。方法代码如下：

```
private static bool deleteFromUser2(string userName)
{
    cmd.CommandType = CommandType.Text;
    cmd.CommandText = "delete from User2 where UserName = @userName";
    cmd.Parameters.Clear();
    cmd.Parameters.Add(new SqlParameter("@userName", userName));
    try
    {
        conn.Open();
        cmd.ExecuteNonQuery();
        conn.Close();
        return true;
    }
    catch
    {
        if (conn.State != ConnectionState.Closed) conn.Close();
        return false;
    }
}
```

该方法执行一个 SQL 删除命令，以删除 User2 表中指定用户对应的数据行。代码中引发数据库操作的语句全部用 try…catch 异常处理语句包裹，是为了处理数据库操作异常，以保证程序的健壮性。一般认为，计算机的网络读写、外设读写等输入输出操作属于低可靠性的操作，往往是程序异常甚至崩溃的主要原因，开发人员都应该进行预防性的异常处理。本书此类操作处未加异常处理的是考虑提高代码范例的可读性，并减少篇幅，建议读者在理解相关代码后，自己添加异常处理语句。

9.4.2　购物车类 App_Code/ClassCartTable.cs

为便于处理，在 App_Code 文件夹声明了此购物车类，其中仅包含一个构造函数，封装了一个 DataTable，用以暂存加入购物车的图书信息。

```
///<summary>
///</summary>
public class ClassCartTable:DataTable
{
  public ClassCartTable()
  {
        this.Columns.Add(new DataColumn("序号",typeof(int)));
        this.Columns.Add(new DataColumn("购买时间", typeof(DateTime)));
        this.Columns.Add(new DataColumn("图书编号", typeof(int)));
        this.Columns.Add(new DataColumn("图书名称",typeof(string)));
        this.Columns.Add(new DataColumn("作者",typeof(string)));
        this.Columns.Add(new DataColumn("原价", typeof(decimal)));
        this.Columns.Add(new DataColumn("折扣", typeof(decimal)));
        this.Columns.Add(new DataColumn("购买数量", typeof(int)));
```

```
        this.Columns.Add(new DataColumn("金额", typeof(decimal),"原价 * 折扣 * 购买数量"));
    }
}
```

该列继承自 DataTable，在构造函数中初始化其表结构，包含以下列：序号、购买时间、图书编号、图书名称、作者、原价、折扣、购买数量、金额。图书编号即 Books 表中的 BookID 列，用于关联 Books 表，获取图书信息，不用于购物车显示；序号为某会员购物车中的购书序号，用于显示；"金额"列是自动计算的，通过定义列表达式实现自动计算，此列不必赋值。

读者也可考虑将购物车的所有相关操作封装到此类中，如添加、删除、修改购物车图书信息，下订单等操作。

9.4.3 前台母版页 MasterPage.master

参见第 2、7 章的实施部分。

9.4.4 后台管理主页 Managers/ManageMain.aspx

该页面仅令多个后台页面避免对导航部分的重复设计和维护，没有任何逻辑代码。该页面设计为上下两个部分：导航部分和 iframe 部分。

iframe 是一种实现"页中页"效果的 HTML 标记，浏览器将以 iframe 的 src 属性值为请求地址，获取内嵌网页。

1. 导航部分

导航部分采用表格来设计布局。插入 1 行 3 列的表格，其内联样式表为：width: 100%; margin: 0 auto; border-bottom:solid 1px brown，使该表格水平填满、居中，底部有 1 像素宽棕色实线边框，形成页面上下两个部分的分界。

第 1 单元格中输入提示文本，其内联样式表为：text-align: left; width:130px，使文本居左，与第 2 单元格产生一定的间隔。在第 2 单元格中放入 Menu 控件，单元格的内联样式表为：text-align: left。在第 3 单元格中放入 UC_AddFavorite_SetHomepage_ShowTime 用户控件，单元格的内联样式表为：text-align: right，使其内容与第 2 单元格之间产生更大的间隔。

在 Menu1 控件的任务列表中，选择"自动套用格式"、"彩色型"，修改 Font-Size 属性为"Medium"，也可做其他美化设置。设置 Menu1 控件的 Target 属性为"content"，与网页中 iframe 的 name 属性一致。在任务列表中，选择"编辑菜单项"，添加若干菜单项，如图 9-9 所示。

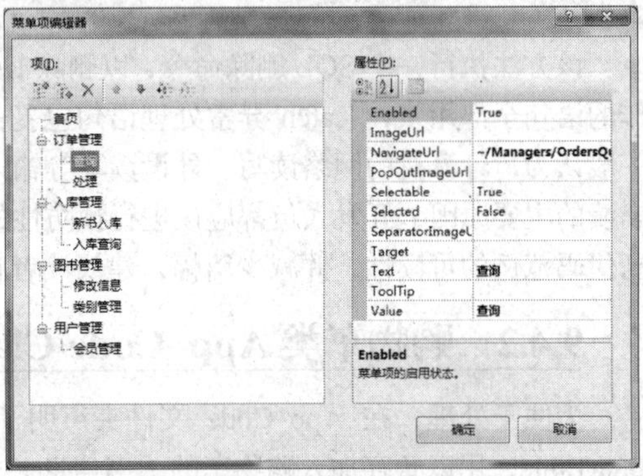

图 9-9 编辑后台管理主页的导航菜单

设置每个菜单项的 Text 属性。叶子节点还要设置 NavigateUrl 属性，此处不一一列举。为使"首页"菜单在空白页中打开首页，设置"首页"菜单项的 Target 属性为"_blank"，其他菜单项的 Target 属性不设置，系统会自动使用 Menu1 控件的 Target 属性设置，在 iframe 中打开导航页面。

2. iframe 部分

在 aspx 代码视图中的</table>结束标记之后，手工输入 iframe 代码，其中属性部分可以在完成"<iframe> </iframe>"元素标记后通过"属性"面板可视化设置。

```
</table>
<iframe name = "content" width = "100%"height = "600px" scrolling = "auto" frameborder = "0" >
</iframe>
```

iframe 的 name 属性（不是 id 属性）必须和 Menu1 控件的 Target 属性相同。水平填满，高度设为 600 像素，自动控制滚动条的出现，无边框。

该页面采用 iframe 统一化后台管理各页面，后台管理页面成为该页面的一部分，浏览器地址栏仅出现该页面的地址。与设计为母版页形式相比，两者都可以统一化网站风格，iframe 方式的优点是利用浏览器的功能实现网页局部刷新，客户端兼容性好；而母版页完全基于 ASP.NET 服务器端技术，服务器端兼容性好，因此可以实现较多的功能和控制，比如在母版页的 PreInit 事件中编程，即可控制网站主题的改变；另外，应用母版页技术时，服务器端母版页终将和内容页合并得到一个页面，易于被搜索引擎收纳；最后，若不设置 iframe 高度，会自动默认一个较小的值，致使所导航的网页不能完全显示，所以 iframe 高度适应性是个问题。iframe 比较典型的应用是在网页中嵌入跨站代码，如在我们自己开发的网页中包含简单的谷歌地图功能，只需在谷歌地图页面单击“分享链接”，将相关 iframe 标记复制到自己的网页中即可。

母版页和 iframe 技术可以同时使用，并不冲突。

9.4.5　用户控件

1. UserControls/UC_AddFavorite_SetHomepage_ShowTime.ascx

该用户控件的设计参见前面章节。

2. UserControls/UC_BookSearch.ascx

参见前面用户控件章节。

3. UserControls/UC_CategoryTree.ascx

参见前面用户控件章节。

4. UserControls/UC_UploadImageFile.ascx

该控件适用于上传图像文件，并需将上传文件路径存入数据库的场合，在网站开发中，此需求非常普遍。

该控件界面非常简单，仅包含一个 FileUpload 控件，该控件只是针对上述应用场合对 FileUpload 控件的进一步封装。宿主页面对该控件做如下设定：允许上传的文件类型，用户未指定上传文件时是否视为无错误。然后调用该控件的 UploadImgFile 方法，给出上传文件的虚拟根路径参数、数据库存储文件路径的引用参数、错误信息输出参数，即可实现文件上传，并可根据方法的返回值和引用参数、输出参数做页面级处理。

（1）界面设计。仅包含一个 FileUpload 控件，ID 为“FileUpload1”。

（2）逻辑代码。该控件代码需引用 System.IO 命名空间。

公开的数据成员如下：

```
public string AllowedFileTypesFilter { get; set; }
public bool AllowNull { get; set; }
```

其中 AllowedFileTypesFilter 属性表示允许上传的文件类型，形如“.jpg|.gif”，可在宿主页面的属性面板中设定。AllowNull 属性表示没有上传文件时 UploadImgFile 方法是否返回，true 表示上传成功，该属性默认为 true。

UploadImgFile 方法是本控件上传文件的方法，将执行文件类型检查，以及对待存入数据库文件名进行 Url 编码，并给出错误信息字符串，必须对文件名进行 Url 编码，否则在显示图片的页面（如本网站的主页）中，可能由于图片路径中非法 Url 字符的存在，如“#”字符，而导致图片无法显示。该方法返回布尔值，true 表示上传成功，否则上传错误信息到 errorMsg 参数中。ServerVirtualRootFileNameWithoutExtension 参数表示上传文件的服务器存储文件名，以虚拟根路径表示，不带扩展名。引用参数 serverVirtualRootFileNameForDb 表示经 Url 编码、添加了扩展名后的虚拟根路径文件名，可由宿主页面将其存入数据表中“图片路径”字段。输出参数 errorMsg 表示错误信息。该方法代码如下：

```
public bool UploadImgFile(string serverVirtualRootFileNameWithoutExtension,ref string serverVirtualRootFileNameForDb, out string errorMsg)
{
    errorMsg = "";
    if (!FileUpload1.HasFile)
    {
      if (AllowNull! = null && !AllowNull) { errorMsg = "必须选择一个图像文件上传!"; return false; }
        else return true;
    }
    serverVirtualRootFileNameForDb = "";
    try
    {
        string ext = Path.GetExtension(FileUpload1.FileName);
        if (checkFileExt(ext))
        {
            //使用原客户端文件扩展名
        serverVirtualRootFileNameForDb= serverVirtualRootFileNameWithoutExtension + ext;
            //文件存储名，无需（也不能）Url 编码
            FileUpload1.SaveAs(Server.MapPath(serverVirtualRootFileNameForDb));
        string fileName = Path.GetFileNameWithoutExtension(serverVirtualRootFileNameForDb);
            //使用 Url 编码文件名部分，替换原文件名部分
            string newFileName = Server.UrlEncode(fileName);
        serverVirtualRootFileNameForDb = serverVirtualRootFileNameForDb.Replace(fileName, newFileName);
            return true;
        }
        else
        {
            errorMsg = "只能选择" + AllowedFileTypesFilter + "图像文件上传！";
            return false;
        }
    }
    catch
    {
        errorMsg = "上传图像文件发生服务器错误！";
        return false;
    }
}
```

若 FileUpload1 控件没有被用户指定上传文件，其 HasFile 属性为 false，此时检查本用户控件的 AllowNull 属性，若 AllowNull 为 false，即宿主页面指定上传文件不能为空，则设置错误信息并返回 false，表示上传不成功；若 AllowNull 为 true，则返回 true，表示上传成功。

若 FileUpload1 控件包含上传文件，根据其 FileName 属性，使用 Path.GetExtension 方法，获取文件扩展名，并调用本控件的 checkFileExt 私有方法，检查上传文件类型是否合法，若不合法，设置错误信息并返回 false；若合法，连接 serverVirtualRootFileNameWithoutExtension 参数和文件扩展名，得到完整的虚拟根路径文件名，并用 Server.MapPath 方法将其映射为绝对路径，再使用 FileUpload1.SavaAs 方法保存文件，最后使用 Path.GetFileNameWithoutExtension 方法获取虚拟根路径表示的文件名部分，并调用 Server.UrlEncode 方法对其进行编码后，再组合成完整虚拟根路径文件名，赋给 serverVirtualRootFileNameForDb 引用参数，供宿主页面使用，完成后，返回 true，表示上传处理成功。

由于包含外存操作，相关代码用异常处理代码包裹，以提高程序的健壮性。

checkFileExt 方法根据本用户控件的 AllowedFileTypesFilter 属性值，检查上传文件类型，返回布尔值，true 表示文件类型合法。其参数 ext 表示待上传的文件扩展名。其代码如下：

```
private bool checkFileExt(string ext)
{
   string[] allowedExts = AllowedFileTypesFilter.Split(new char[] { '|' }, StringSplitOptions.RemoveEmptyEntries);
    foreach (string extension in allowedExts)
    {
```

```
        if (string.Compare(ext, extension, true) == 0)
        {
            return true;
        }
    }
    return false;
}
```

该方法调用 AllowedFileTypesFilter 字符串的 Split 方法，按照“|”字符分隔，将其拆分为字符串数组 allowedExts，其每个元素代表一个允许的文件扩展名，再用 foreach 循环，用 string.Compare 方法，将待上传文件扩展名 ext 与每个允许的扩展名比较，若有匹配，则返回 true，表示待上传文件扩展名合法；若无匹配，返回 false。string.Compare 方法前两个参数是待比较字符串，第 3 个参数为 true 表示比较时忽略大小写，其返回值为 0，表示两字符串相等。

9.5 主页

客户端所访问的主页为 Default.aspx，但由于使用了母版页，服务器端对主页的实施工作包括母版页 MasterPage.master 的实施和主页内容页 Default.aspx 实施两个部分，母版页的实施已经完成，本节实施主页内容页 Default.aspx 页面。

主页显示图书概略信息，并可链接到图书详细信息页面 BookDetails.aspx，主页提供了多种搜索方式，供用户（包括匿名用户）查找图书：除默认显示“新书推荐”、“畅销排行”，还提供关键字搜索、分类导航、高级搜索、特价书搜索等。

主页是无访问限制的，而图书详细信息页面需要会员身份才可使用，但这并不属于页面设计的范畴，ASP.NET 会根据各级 web.config 文件中的相关配置，自动管理这些访问限制。

9.5.1 界面设计

主页面设计效果如图 9-10 所示。

图 9-10　Default.aspx 页面界面设计效果

主页内容页占据了主页的中部，也采用表格布局，各表格设计如图 9-11 所示。

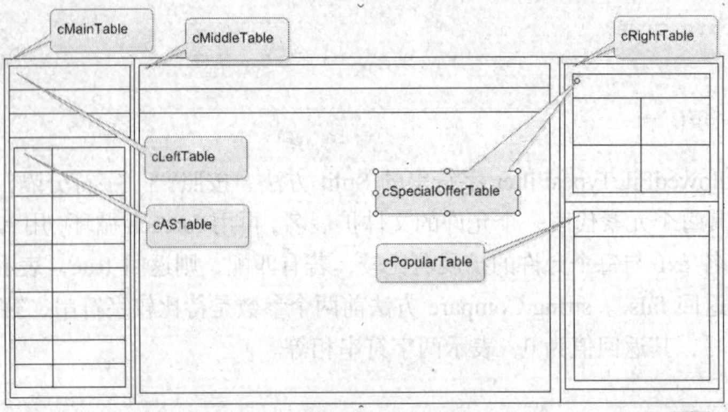

图 9-11　主页内容页布局表格关系

内容页的应用的外部样式表来自母版页的声明，还使用了内部样式表及内联样式表。母版页引用的外部样式表文件“App_Themes/defaultTheme/StyleSheet.css”中的样式声明可以直接在内容页中使用。虽然内容页没有<head>、<body>标记，但母版页中声明了两个 ContentPlaceHolder 内容占位符控件，ContentPlaceHolderID 为“ContentPlaceHolder1”的控件对应<body>标记，ContentPlaceHolderID 为“head”的控件则对应<head>标记，内部样式表或<link>标记等应直接写在 aspx 代码的“head”控件内，或用管理样式面板中的“新建样式”在如图 9-12 对话框内“定义位置”下拉框中选择“当前网页”，以可视化生成内容页的内部样式表。

图 9-12　新建内容页的内部样式表

1. cMainTable 设计

cMainTable 是内容页的外层表格，直接位于 ContentPlaceHolder1 控件内。cMainTable 包含 1 行 3 列，将主页内容页分隔为左、中、右 3 部分，左侧为分类导航和高级搜索；右侧为特价购书和畅销排行；中间显示搜索到的图书概略信息，默认为新书推荐。

设置属性 class = "horizontalFill"，horizontalFill 外部样式表使表格水平填满 ContentPlaceHolder1 容器。

左单元格放入 cLeftTable 表格，设置单元格 class = "cTdLeft"，内部样式类 cTdLeft 包含“width: 182px; vertical-align: top”属性，实现单元格限宽 182 像素，单元格中内容顶部对齐。中间单元格放入 cMiddleTable 表格，设置单元格 class = "cTdMiddle"，cTdMiddle 内部样式类包含“vertical-align: top”属性。右单元格放入 cRightTable 表格，设置单元格 class = "cTdRight"，cTdRight 内部样式类包含“width: 208px;vertical-align: top”属性，实现单元格限宽 208 像素，顶部对齐。

2. cLeftTable 设计

cLeftTable 位于 cMainTable 的左单元格内，是 4 行 1 列的表格。

设置属性 class = "tableNavigate"，内部样式类 tableNavigate 包含“width: 180px;border: solid 1px #6593cf; text-align: left”属性，使宽度固定为 180 像素（比容器单元格窄 2 像素），边框为蓝色 1 像素宽实线，其内容居左。设置 cellpadding = "0"、cellspacing = "0"，使单元格间内容紧凑。

（1）分类导航部分。第 1 行是分类导航的标题，并实现与高级搜索的切换功能。单元格放入 ImageButton 控件，设置 ID 为"ImageButtonByCategory"，ImageUrl 为主题文件夹下的"images/ImageButtonNavigateByCategoryExpanded.jpg"。

第 2 行<tr>标记 id = "trNavigateByCategory"，并设置 runat = "server"，将其转换为 HTML 服务器控件，以便在服务器代码中隐藏（即折叠）或显示（即展开）该行。单元格内放入一个 UC_CategoryTree 类别树用户控件，供用户选择某个类别，以浏览该类图书概略信息。

（2）高级搜索部分。第 3 行是高级搜索的标题，单元格内放入的 ImageButton 控件 ID 为"ImageButtonAdvancedSearch"，ImageUrl 为主题文件夹下的"images/ImageButtonAdvancedSearch Collapsed.jpg"。

第 4 行<tr>标记 id = "trAdvancedSearch"，也设置 runat = "server"。主页左侧默认仅显示分类导航，单击第 1 行或第 3 行标题单元格后，将由服务器代码切换两种搜索方式的隐藏样式。单元格内放入 cASTable 表格，包含高级搜索用的界面元素。

3. cASTable 设计

cASTable 位于 cLeftTable 第 4 行单元格中，是 10 行 2 列的表格，第 8、9、10 行分别合并为 1 列。

设置内联样式表 style = "margin: 0 auto; font-size: small;"，表格水平居中，文字大小是浏览器默认的小字号。

前 7 行的左单元格都是输入条件的文字提示，右单元格内都是输入控件。

在第 1 行左列输入“书 名”字样，右列放入文本框，设置文本框 ID 为“TextBoxName”，设置文本框的 Width = "90px"，使文本框宽度为 90 像素，因客户端操作系统的显示样式问题，在 Windows 7 默认主题 IE8 环境中，此文本框宽度实际是 90 + (2 + 1) × 2 像素，左右两侧各有 2 像素边框、1 像素文本边距，设置文本框的 SkinID = "customWidthTextBox"，customWidthTextBox 皮肤不包含任何外观设置，仅为了该文本框不受主题中默认皮肤的影响，默认文本框皮肤宽度设为 50 像素。

第 2 行、第 3 行、第 4 行右列中文本框 ID 分别为“TextBoxAuthor”、“TextBoxPublisher”、“TextBoxISBN”，其他不再赘述。

在第 5 行、第 6 行右列放入下拉框，ID 分别设为“DropDownListDiscount”、“DropDownListForSaleDays”，设置两个下拉框的 Width = "96px"，以与上面四行的文本框视觉宽度相同，编辑 DropDownListDiscount 控件的列表项为：所有折扣、3.0 折以下、5.0 折以下、7.0 折以下、9.0 折以下，编辑 DropDownListForSaleDays 控件的列表项为：所有时间范围、近 3 天、近 10 天、近 30 天。

在第 7 行左列写入“出版时间”字样，因为要输入起始、截止两个时间，都放入右列显得拥挤，所以换行放入出版时间输入控件。

为第 8 行单元格设置内联样式表 style = "padding-left: 30px"，使单元格内左侧边距 30 像素，输入“自”字样，随之放入文本框，文本框 ID 为“TextBoxStartDate”，再放入图片按钮，其 ID 设为“ImageButton CalendarStart”，ImageUrl 设为"~/App_Themes/defaultTheme/images/ImageButtonCalendar.png"，最后放入日历控件，设置 ID 为“CalendarStart”，CalendarStart 控件自动套用格式“彩色型 2”，在属性面板中设置 Width 和 Height 属性为"120px"，设置 CellPadding 属性为"1"，设置 Visible 属性为"False"，即默认不显示日历控件，仅在需要时，用户可通过 ImageButtonCalendarStart 按钮调出此日历控件，以辅助用户输入。

第 9 行与第 8 行类似，文本框 ID 为“TextBoxEndDate”，图片按钮 ID 为“ImageButtonCalendarEnd”，

日历控件 ID 为“CalendarEnd”，CalendarEnd 控件自动套用格式“彩色型 1”。

第 10 行单元格设置与第 8 行相同的内联样式表，放入 2 个按钮控件，第 1 个按钮 ID 设为“ButtonAdvancedSearch”，Text 为“搜索”，第 2 个按钮 ID 为“ButtonClear”，Text 为“清空”。

4. cMiddleTable 设计

cMiddleTable 位于 cMainTable 中间单元格内，是 3 行 1 列的表格，供显示图书概略信息。

设置 class = "horizontalFill"，horizontalFill 外部样式表使表格水平撑满。

第 1 行单元格是搜索结果标题行，设置内联样式表 style = "text-align: center; font-weight: bold"，使文本居中，粗体显示。放入 Literal 控件，ID 设为“LiteralTitle”，Text 属性默认为“新书推荐”，EnableViewState 属性设为 false，以减少数据往返。

第 2 行单元格放入 HTML 控件中的 Horizontal Rule 水平分隔线控件。

第 3 行单元格放入 DataList 数据绑定控件，用以绑定查询的图书概略信息。再放入 SqlDataSource 数据源控件，ID 设为“SqlDataSourceSearchBooks”，使用 web.config 文件中已经声明的“bookStoreConnectionString”数据库连接。其布局及设置参见例 6-16。

5. cRightTable 设计

cRightTable 位于 cMainTable 右单元格内，是 2 行 1 列的表格。

第 1 行单元格放入 cSpecialOfferTable 表格，提供特价书选择搜索功能界面。第 2 行单元格放入 cPopularTable 表格，提供畅销书选择功能界面。

6. cSpecialOfferTable 设计

cSpecialOfferTable 位于 cRightTable 第 1 行单元格内，是 3 行 2 列的表格，第 1 行合并单元格。

设置属性 cellpadding = "0"、cellspacing = "0"、class = "tableTeJiaGouShu"，tableTeJiaGouShu 内部样式类包含“width: 100%; border: solid 1px #6593cf; text-align: left”样式，使表格水平撑满，边框蓝色 1 像素宽实线，其内容居左。

第 1 行用作标题行，输入“特价购书”字样，设置单元格 id = "tdTeJiaGouShuTitle"，tdTeJiaGouShuTitle 外部样式声明如下：

```
#tdTeJiaGouShuTitle
{
   height: 24px;
   text-align: center;
   background-image: url(images/bgTeJiaGouShu.jpg);
   background-repeat: no-repeat;
}
```

请参照“分类导航部分”的样式表理解上述样式。

第 2 行和第 3 行的左、右单元格分别放入 ImageButton 控件，设置其 ID 属性分别为“ImageButtonCheap1”、“ImageButtonCheap2”、“ImageButtonCheap3”、“ImagebuttonCheap4”，并设 ImageUrl 属性分别为“~/App_Themes/defaultTheme/images”文件夹下的 cheap1.gif、cheap2.gif、cheap3.gif、cheap4.gif，这些图片的尺寸为宽 104 像素、高 58 像素。

7. cPopularTable 设计

cPopularTable 位于 cRightTable 第 2 行单元格内，是 2 行 1 列的表格。

第 1 行单元格用作标题行，输入“畅销排行”字样，设置单元格 id = "tdChangXiaoPaiHangTitle"，tdChangXiaoPaiHangTitle 外部样式表除背景图片为 url(images/bgChangXiaoPaiHang.jpg)外，其他与 tdTeJiaGouShuTitle 外部样式表相同。

第 2 行单元格放入 GridView 数据绑定控件，设置 ID 属性为“GridViewTop10”，自动套用“专业型”格式，另设 CellPadding 属性为“3”，新建数据源“SqlDataSourceChangXiaoPaiHang”，使用

“bookStoreConnectionString”数据库连接，设置其 SelectCommand 属性为如下 SQL 命令：

```
SELECT b.BookID,b.BookName
    FROM Books AS b INNER JOIN
       (SELECT  TOP (10) BookID, SUM(Count) AS c
            FROM OrderDetails
            GROUP BY BookID
            ORDER BY o.c DESC) AS o ON b.BookID = o.BookID
```

该语句从 b、o 两表的 BookID 字段等值内连接行集中，选择 b 表的 BookID 和 BookName 两字段，b 表是图书信息表 Books 的别名，o 表是另一个查询结果集的别名，该查询对订单明细表 OrderDetails 操作，使用 Group by 子句按照 BookID 分组，对销售数量 Count 字段值用 Sum 函数求和，和的别名为 c，用 Order by 子句将分组汇总行集按照 c 字段的值降序排列，选择此排序行集的前 10 行作为结果集，即 o 表。最后结果集是销售数量排名前 10 位的图书编号和图书名称。如果读者并不打算深入研究 SQL 语法，可直接套用上述语句。

编辑 GridViewTop10 控件的列，添加一个 TemplateField 字段和一个 HyperLinkField 字段，设置 HyperLinkField 字段的 DataNavigateUrlField 属性为“BookID”，以绑定数据源控件查询结果集中 BookID 字段，DataTextField 属性为“BookName”，绑定 BookName 字段，DataNavigateUrlFormatString 属性为 "～/Members/BookDetails.aspx?id = {0}"，以在用户单击图书名称超链接时，导航到图书详细信息页面，并将 BookID 值作为查询字符串跨页传递到图书详细信息页面，查询字符串命名为“id”，并不是“BookID”，可防止因泄露数据表中字段的真实名称而遭受攻击，另设控件的 Target 属性为“_blank”，以在新网页中打开图书详细信息页面。

编辑 GridViewTop10 控件的“Column[0]”模板，即上述 TemplateField 字段，放入一个 HTML 控件 Div，该控件用于显示畅销排行序号，层中暂输入“1”字样，并设 id = "divTopNumber"， runat = "server"将其转为服务器控件，以供逻辑代码使用，再设 class = "divTopNumber"，divTopNumber 内部样式表声明为：

```
.divTopNumber
{
    width: 15px;
    height: 15px;
    margin: 0 0;
    background-color: Yellow;
    border: solid 1px brown;
    text-align: center;
    vertical-align: middle;
}
```

该样式表设置尺寸为 15 像素见方，上下、左右都不留白，背景为黄色，边框为 1 像素宽棕色实线，文本水平居中、垂直居中。

由于 GridView 控件是按行重复来绑定数据的，行数未定，需要使用逻辑代码动态设置序号。如果仅仅是动态生成序号，而不考虑较复杂的显示样式，则不必使用 divTopNumber 这样的 HTML 服务器控件。

主页的界面设计到此基本完成，最后再加入一个 HiddenField 控件，用于在服务器代码和 JavaScript 代码间传递当前是高级搜索还是分类导航方式，设置其 ID = "HiddenFieldCurrentBorwseMode"，再设其 Value = "ByCategory"，这与主页左侧默认只显示分类导航控件一致。

9.5.2　逻辑代码

1. 公共部分

（1）Page_Load 事件委托函数。该函数完成一些初始化工作，并执行关键字搜索功能。

该函数首先完成类别树自定义控件的 SelectedNodeChanged 外挂事件委托：

```
UC_CategoryTree1.SelectedNodeChanged += uc_CategoryTree_SelectedNodeChanged;
```

出于安全原因，即使 SqlDataSourceSearchBooks 数据源控件启用视图状态，ASP.NET 也不会将其

SelectCommand 保存到视图状态，所以，DataList 的数据源不能保持上次搜索结果。所以该函数还要恢复上次查询状态，否则对于不是因查询条件改变引起的网页回发，如高级搜索 ImageButtonCalendarStart 控件引起的回发，将导致查询结果丢失。程序员也不要将上次查询语句手工保存到视图状态，而要使用会话状态变量保持，以防止客户端分析网页源文件而实施攻击。查询标题可以用视图状态保持。相关代码如下：

```
if (IsPostBack)
{
  if (Session["CurrentSql_Default"] != null && ViewState["CurrentSearchTitle"] != null)
  {
     setBookSearch(Session["CurrentSql_Default"].ToString(),
                        ViewState["CurrentSearchTitle"].ToString());
  }
}
```

代码段中 Session["CurrentSql_Default"]保持回发前的查询命令，ViewState["CurrentSearchTitle"]保持回发前的查询标题。setBookSearch 方法使用这两个变量执行查询并显示。

分类导航和高级搜索在网页左侧切换显示，回发时根据视图状态变量确定当前的浏览方式，默认显示分类导航树，相关代码为：

```
if (ViewState["isCurrentAdvancedSearch"] != null)
{
  displayAdvancedSearch(Convert.ToBoolean(ViewState["isCurrentAdvancedSearch"]));
}
else
{
  displayAdvancedSearch(false);
}
```

上述代码段中，ViewState["isCurrentAdvancedSearch"]视图状态变量用一个布尔值标志了当前是否为高级搜索方式。displayAdvancedSearch 方法用于显示/隐藏网页左侧的分类导航和高级搜索控件，其代码见后。

Page_Load 事件委托函数还执行关键字搜索功能。母版页包含关键字搜索控件 UC_BookSearch1，并包含该控件 SearchClick 外挂事件委托函数，用户单击控件中的搜索按钮（或回车）时，按钮的 Click 事件委托函数调用母版页中的 SearchClick 事件委托函数，此函数为查询用的会话状态变量赋值，并使用 Response.Redirect("～/Default.aspx")语句，引起 Page_Load 事件委托函数中下述代码的执行：

```
if (Session["BooksMatchedDescription"] != null && Session["BooksMatchedSqlStr"] != null)
{
   setBookSearch(Session["BooksMatchedSqlStr"].ToString(),
                      Session["BooksMatchedDescription"].ToString());
   Session["BooksMatchedDescription"] = Session["BooksMatchedSqlStr"] = null;
}
```

这段代码也是调用 setBookSearch 方法执行查询并显示。由于母版页是多页共用，所以关键字查询语句和标题可能跨页传递，因此使用 Session 保持它们，并在查询后立即清空，以免屏蔽其他查询。

实际上，这段代码必须写在 if(IsPostBack)之外。虽然理论上关键字查询必然是在回发时才执行，但上述代码的确是在 IsPostBack 为 false 时起才起作用。关键字搜索的执行过程是：搜索按钮被单击——回发请求引起页面生命周期——Default.aspx 的 Page_Load 事件（IsPostBack 为 true）——MasterPage.master 的 Page_Load 事件——UC_BookSearch1 的 Page_Load 事件——搜索按钮 ImageButtonSearch 的 Click 事件——MasterPage 中的 uc_BookSearch_SearchClick 外挂事件——设置 Session 并 Response.Redirect("～/Default.aspx")——Default.aspx 的 Page_Load 事件（IsPostBack 为 false）——MasterPage.master 的 Page_Load 事件——UC_BookSearch1 的 Page_Load 事件——按钮 Click 事件已经被处理而进入页面生命周期后续阶段直至呈现。可以看到，Default.aspx 的 Page_Load 函数被执行了两次，第一次时 IsPostBack 为 true，但相关 Session 为 null，不执行查询，第二次 IsPostBack

为 false 才执行查询。若将上述代码段放在 if(IsPostBack)之内，将没有第二次执行机会，也就不会执行查询。再深入思考一下：为了消除这一“悖论”，可以在 default.aspx 标记代码中注册 UserControls_UC_BookSearch 类，从而获取 MasterPage 中 UC_BookSearch1 控件的类型化访问，进而将 uc_BookSearch_SearchClick 外挂事件放在 default.aspx.cs 中，直接执行查询，以避免用 Response.Redirect("～/Default.aspx")语句来引起上述代码段的执行，然而 Response.Redirect("～/Default.aspx")语句还肩负着在内容页并不是主页的时候完成关键字查询显示的功能，所以此种方案虽能在回发时执行查询（消除“悖论”），但并不可行，究其原因，将关键字查询放在母版页中，并不是一种完美的设计，事实上，站在桌面程序的角度，由于页面回发重新开始生命周期的固有方案，ASP.NET 中这样的“不完美设计”比比皆是，很多场合只能是“用户感觉还可以”。

（2）setBookSearch 方法。该方法使 ASP.NET 执行查询，并设置查询标题文本。第 1 个参数 sqlStr 是查询语句，第 2 个参数 description 是查询标题。

```
private void setBookSearch(string sqlStr, string description)
{
    SqlDataSourceSearchBooks.SelectCommand = sqlStr;
    LiteralTitle.Text = description;
    Session["CurrentSql_Default"] = sqlStr;
    ViewState["CurrentSearchTitle"] = description;
}
```

为 SqlDataSourceSearchBooks 控件的 SelectCommand 属性赋值后，页面将自动执行查询。为在下次网页回发时保持当前状态，用 Session"CurrentSql_Default"]会话变量来保存查询语句，用 ViewState["CurrentSearchTitle"]视图变量来保存查询标题。

（3）SqlDataSourceSearchBooks 的 Selected 事件委托函数。Selected 事件在查询执行后发生。此时为查询标题添加“：共××条”字样。

```
protected void SqlDataSourceSearchBooks_Selected(object sender,
SqlDataSourceStatusEventArgs e)
{
    LiteralTitle.Text += "：共" + e.AffectedRows + "条";
}
```

SqlDataSource 控件的 Selected 事件的 SqlDataSourceStatusEventArgs 类环境参数包含一个 AffectedRows 属性，表示本次查询影响的数据行数，即查询结果集的记录条数。

（4）ImageButtonByCategory 等的 Click 事件委托函数。网页左侧用于切换分类导航和高级搜索的 ImageButtonByCategory 和 ImageButtonAdvancedSearch 控件同时充当分类导航和高级搜索的标题，这两个控件被单击时实现同样的功能：反转浏览方式的显示。

```
protected void ImageButtonByCategory_Click(object sender, ImageClickEventArgs e)
{

displayAdvancedSearch(!Convert.ToBoolean(ViewState["isCurrentAdvancedSearch"]));
}
```

（5）displayAdvancedSearch 方法。该方法包含 isAdvancedSearch 布尔型参数，若为 true，则切换为高级搜索方式：显示高级搜索控件，隐藏分类导航控件，并更换分类导航和高级搜索的按钮图片；若为 false，则切换为分类导航方式。

```
private void displayAdvancedSearch(bool isAdvancedSearch)
{
    trAdvancedSearch.Visible = isAdvancedSearch;
    trNavigateByCategory.Visible = !trAdvancedSearch.Visible;
    string imagesPath = "～/App_Themes/" + Page.Theme + "/images/";
    if (isAdvancedSearch)
    {
        ImageButtonByCategory.ImageUrl = imagesPath + "ImageButtonNavigateByCategory
Collapsed.jpg";
      ImageButtonAdvancedSearch.ImageUrl = imagesPath + "ImageButtonAdvancedSearchExpanded.jpg";
```

```
    }
    else
    {
     ImageButtonByCategory.ImageUrl = imagesPath + "ImageButtonNavigateByCategoryExpanded.jpg";
     ImageButtonAdvancedSearch.ImageUrl = imagesPath + "ImageButtonAdvancedSearchCollapsed.jpg";
    }
    ViewState["isCurrentAdvancedSearch"] = isAdvancedSearch;
}
```

trAdvancedSearch 是包含高级搜索所有控件的 HTML 服务器控件，其显示与否和 isAdvancedSearch 参数相同，trNavigateByCategory 是包含分类导航树的 HTML 服务器控件，其显示与否和 trAdvancedSearch 相反。若显示高级搜索，ImageButtonByCategory 按钮的图片为折叠状，ImageButton AdvancedSearch 按钮的图片为展开状；若显示分类导航，两个图片按钮的图片也做相应改变。最后将当前显示状态保持到视图状态变量，供 Page_Load 事件委托函数使用。

2. 分类导航

在用户单击类别树中某节点时，默认执行选择并展开操作，同时调用类别树用户控件在页面中的 SelectedNodeChanged 外挂事件委托函数。代码如下：

```
void uc_CategoryTree_SelectedNodeChanged(object sender, EventArgs e)
{
    setBookSearch(Db.GetBookSearchByCategoryFamilySqlF(UC_CategoryTree1.CurrentNode),
UC_ CategoryTree1. CurrentNode.Text + " 图书");
}
```

该代码调用 Db 类的 GetBookSearchByCategoryFamilySqlF 方法，按照类别树控件的当前节点 currentNode，生成该类别家族的图书信息查询语句，连同类别树控件当前节点类别名称构成的查询标题一起，交 setBookSearch 方法处理，以执行查询。

3. 高级搜索

图书概略信息高级搜索功能与复合条件的订单查询功能的逻辑代码非常相似，请参考例 6-18。

4. 特价书搜索

特价书搜索部分提供了四种特价标准：低于 5 元、低于 10 元、低于 3 折、低于 5 折。都调用 Db 类的 GetBookSearchCheapSqlF 方法，分别用 1、2、3、4 作为参数，获取对应的查询语句，并调用本页代码中公共部分的 setBookSearch 方法执行查询。如 ImageButtonCheap1 按钮的 Click 事件委托函数为：

```
protected void ImageButtonCheap1_Click(object sender, ImageClickEventArgs e)
{
    setBookSearch(Db.GetBookSearchCheapSqlF(1), "低于 5 元图书");
}
```

其他 3 个特价书搜索方法类似，不再赘述。

5. 畅销排行

畅销排行查询语句已经静态设置，ASP.NET 将自动执行查询并显示。为了表示排行的先后顺序，在 GridViewTop10 的第一列模板中放置了 divTopNumber 控件，用以醒目的显示畅销排名序号，可以在 GridViewTop10 控件的 RowCreated 事件委托函数中编写如下代码实现排名序号的填写：

```
protected void GridViewTop10_RowCreated(object sender, GridViewRowEventArgs e)
{
    if (e.Row.RowType == DataControlRowType.DataRow)
    {
        HtmlContainerControl divTopNumber = (HtmlContainerControl)e.Row.Cells[0].
FindControl("divTopNumber");
        divTopNumber.InnerHtml = (e.Row.DataItemIndex + 1).ToString();
    }
}
```

此事件在创建行时发生，先判断是否是数据行，仅对数据行操作。使用 FindControl 方法，获取当前数据行第一列 e.Row.Cells[0]中的“divTopNumber”HTML 服务器控件，注意，为使用该控件的

InnerHtml 属性，需将其转换为 HtmlContainerControl 类型，为直接使用该类型，应该包含 System.Web.UI.HtmlControls 命名空间。对 divTopNumber 的 InnerHtml 属性赋值为当前行的数据项索引 e.Row.DataItemIndex（自 0 开始）加 1。

以上方法可以对 divTopNumber 做更多设置。但仅为了显示一个数据行序号，也可以直接在 aspx 源中的 divTopNumber 标记内，写入"<%#Container.DataItemIndex + 1 %>"语句，而不必使用 GridViewTop10 控件的事件，也不必将 divTopNumber 标记设为 runat = "server"。

9.6 会员购书单元

会员购书相关页面存放在 Members 文件夹下，受 ASP.NET 成员资格保护，均使用与主页相同的母版页。主要包括图书详细信息页面 BookDetails.aspx、购物车页面 CartInfo.aspx、订单页面 OrderInfo.aspx。

9.6.1 BookDetails.aspx 页面

从主页中的相关超链接可访问图书详细信息页面，这些链接包括：图书概略信息的图书图片、图书名称，或畅销排行中的图书名称，上述链接均提供名为"id"的查询字符串。

1. 界面设计

页面中包含一个 FormView 控件和一个 SqlDataSource 控件。禁用 FormView1 的视图状态，SqlDataSource 控件 ID 为"SqlDataSourceBookDetails"，设置其 SelectCommand 为"SELECT * FROM [Books] WHERE ([BookID] = @BookID)"，参数源为名为"id"的 QueryString。本页面设计的主要工作是设计 FormView1 的 ItemTemplate 模板，如图 9-13 所示。

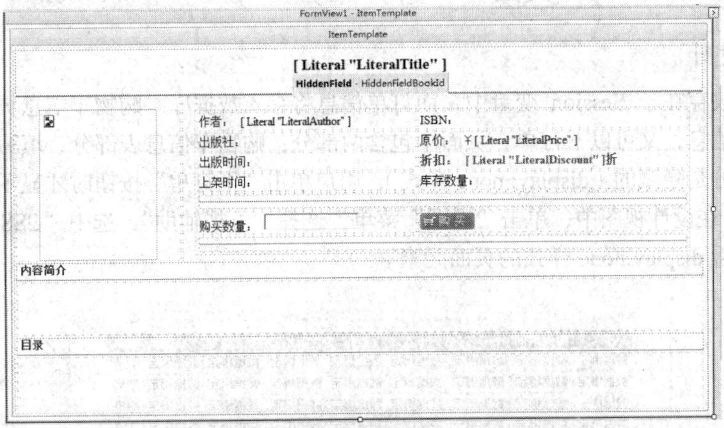

图 9-13　FormView1 的 ItemTemplate 模板

（1）整体布局与数据绑定。插入 6 行 2 列的布局表格，除第 2 行外，每行合并单元格。

第 1 行用作标题行，单元格中放入 Literal 控件"LiteralTitle"，用智能按钮或直接编辑 aspx 源文件，将其 Text 属性绑定为"DataBinder.Eval(Container.DataItem, "BookName")"，用于显示书名。再放入 HiddenField 控件"HiddenFieldBookId"，Value 属性绑定到 BookID。

第 2 行左单元格放入 Image 控件，宽 160 像素，高 200 像素，ImageUrl 属性绑定到 BookImage。右单元格放入 7 行 2 列的表格，如图 9-13 所示，分别输入"作者"、"ISBN"等详细信息，及水平分隔线控件。其中作者、原价、折扣字段在逻辑代码中将会访问到，所以用控件来显示，如作者信息用"LiteralAuthor"控件的 Text 属性绑定到 BookAuthor 字段而 ISBN、出版社、出版时间、上架时间、库存数量字段仅供浏览，不会在逻辑代码中访问它们，为减少页面保持的数据，不使用控件，直接编辑

aspx 源文件进行绑定，如 ISBN 信息所在单元格的标记代码为：

```
<td>
   ISBN: <%# DataBinder.Eval(Container.DataItem, "BookISBN")%>
</td>
```

购买数量文本框的 ID 为“TextBoxBuyCount”。购买按钮的 ID 为“ImageButtonBuy”，ImageUrl 属性为主题文件夹下的“images/buy.gif”文件。

在第 3 行单元格输入“内容简介”字样。在第 5 行单元格输入“目录”字样。第 4 行单元格无控件 BookAbstract 字段。第 6 行单元格无控件绑定到 BookContents 字段。

（2）样式设计。外层布局表格使用外部样式表“horizontalFill”，水平撑满。其他多使用内部样式表。样式的设计读者可以自由发挥，尽量简洁美观，主要功能突出显示。

如第 1 行单元格使用了如下样式：

```
.BookDetailsBookTitle
{
   padding-top: 10px;
   text-align: center;
   font-size: 20px;
   font-weight: bolder;
   border-bottom: #808080 2px solid;
}
```

该样式使得单元格顶边距为 10 像素，图书名称居中，字体大小为 20 像素，加粗，单元格底部边框为灰色 2 像素宽实线。

其他样式不再赘述。

2. 逻辑代码

参见第 5 章实施部分。

9.6.2 CarInfo.aspx 页面

1. 界面设计

购物车信息仅存在于 Session 变量中，而订单信息将存入数据库。购物车信息页面既可以查看、删除个人购物车信息，又可以下订单。页面中包含两部分：购物车信息表部分、填写订单信息部分。填写订单信息部分是隐藏的（display: none 样式），用户单击“下订单”按钮时才显示。页面设计效果如图 9-14 所示。在设计视图中，单击“视图”菜单，选择“可视辅助”，选中“CSS 显示:无元素”，即可在设计期查看 display:none 样式的页面元素。

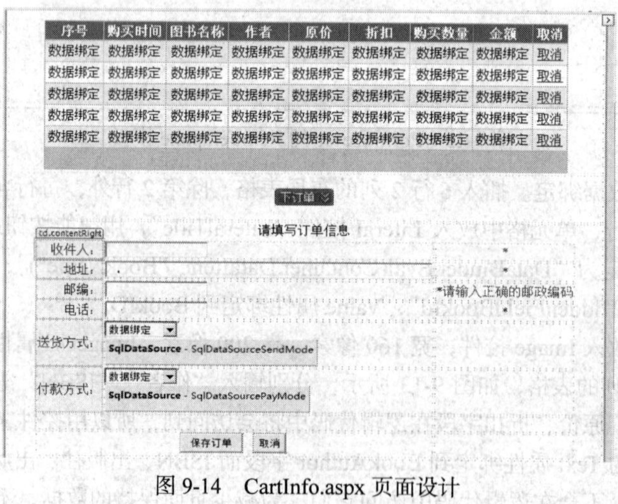

图 9-14　CarInfo.aspx 页面设计

（1）整体布局与数据绑定。仍使用表格做整体布局 3 行 1 列。第 1 行包含一个 GridView 控件“GridViewCart”。第 2 行包含 1 个 ImageButton 控件“ImageButtonShowHiddeOrderInfo”。第 3 行单元格设置“runat = server”，id 为“tdOrderInfo”，包含下订单的所有控件，可供隐藏。

GridViewCart 未静态设置数据源。对 GridViewCart“编辑列”，添加“序号”列，DataTextField 和 HeaderText 均为“序号”，绑定购物车会话状态变量中 ClassCartTable 对象的“序号”属性；类似地，依次添加“购买时间”、“图书名称”、“作者”、“原价”、“折扣”、“购买数量”、“金额”列。其中对于“折扣”、“购买数量”、“金额”列，设置其 ItemStyle 属性的 HorizontalAlign 子属性为“Right”，即数字列右对齐显示。再设置“购买时间”列的 DataFormatString 属性为“{0:F}”，设置“原价”、“金额”列的 DataFormatString 为“{0:c}”，设置“购买数量”列的 DataFormatString 为“{0:d}”。最后添加一个 TemplateField 列，设置 HeaderText 为“取消”。

编辑 GridViewCart 控件的模板。在 Column[8]模板中放入 LinkButton 控件“LinkButtonDel”，通过可视界面或直接编辑 aspx 源标记，得到其标记代码如下，其中 OnClick 属性可以通过在设计视图中双击而得到，并同时建立 cs 代码的事件委托函数。

```
<asp:LinkButton  ID = "LinkButtonDel"  runat = "server"  Text = " 取 消 " CommandArgument = '<%# Eval("序号")%>' OnClientClick = "return confirm('确定要删除吗?');" CausesValidation = "false" OnClick = "LinkButtonDel_Click" ></asp:LinkButton>
```

这是一个“取消”按钮，命令参数 CommandArgument 绑定到“序号”字段，被单击时，首先触发客户端 OnClientClick 事件，执行 JavsScript 语句“return confirm('确定要删除吗?');”，弹出确认对话框，若用户选择“确定”则该语句返回 true，才回发网页，执行服务器端 OnClick 事件委托函数。CausesValidation 属性表示在此按钮回发网页时是否进行页面验证，对于类似取消、删除、清空等按钮，它们忽略用户在页面中的输入，一般不必验证。

编辑 GridViewCart 的 EmptyDataTemplate 模板，输入“购物车为空。”字样。

ImageButtonShowHiddeOrderInfo 控件的 ImageUrl 为主题文件夹下的“images/ImageButtonCreateOrderCollapsed.gif”文件。

tdOrderInfo 内嵌一个 8 行 3 列的表格，左列为标签列，中列放置输入控件，右列为验证控件列。设置表格的 Caption 属性标记内容为“请填写订单信息”。

参照图 9-13，“收件人”、“地址”、“邮编”、“电话”信息占据表格前四行，使用文本框输入，并分别加入 RequiredFieldValidator 进行必填验证，相关文本框 ID 依次为“TextBoxRecipient”、“TextBoxAddress”、“TextBoxPostalcode”、“TextBoxPhone”，TextBoxAddress 的宽度设为 400 像素，并设“SkinID = "customWidthTextBox"”，以使宽度属性生效。再对 TextBoxPostalcode 进行正则验证，对应的 RegularExpressionValidator1 控件的 ValidationExpression 属性，可在属性面板进行编辑，选择“正则表达式编辑器”中“中华人民共和国邮政编码”即可，要求用户必须输入 6 位数字。

“送货方式”和“付款方式”占据表格第 5、6 行，提供给用户下拉框“DropDownListSendMode”和“DropDownListPayMode”进行选择，其列表项分别来自于 SendModes 和 PayModes 数据表。以 DropDownListSendModes 为例，其数据源为“SqlDataSourceSendMode”，SelectCommand 为“Select * from [SendModes]”，下拉框的 DataTextField 属性绑定到 SendModes 表的"SendModeName"字段，DataValueField 属性绑定到 PayModes 表的"SendModeID"字段。

tdOrderInfo 内嵌表格的第 7 行为空行。第 8 行的第 1、2 单元格已合并，放入一个服务器 Button 控件“ButtonOk”和一个 HTML 的 Input(Reset)控件。ButtonOk 控件的 Text 为“保存订单”，Input(Reset)控件的 value 属性为“取消”，在浏览器的作用下，取消按钮将自动清空文本框输入，无需编写代码。ButtonOk 控件的 ValidationGroup 属性与 trOrderInfo 中所有验证控件的 ValidationGroup 属性均为“VgOrderInfo”，以与购物车显示部分的验证进行区分。

（2）样式设计。GridViewCart 自动套用“穆哈咖啡”格式，表格居中，标签列居右：“text-align: right”，控件列居左：“text-align: left”，主要使页面匀称、紧凑，不再赘述。

2. 逻辑代码

声明 ClassCartTable 类的 cart 字段，将在 Page_Load 事件委托函数中初始化，保存当前购物车数据的引用。

（1）Page_Load 事件委托函数。主要实现 GridViewCart 的数据绑定。代码如下：

```
protected void Page_Load(object sender, EventArgs e)
{
    GridViewCart.DataSource = Session["Cart"];
    cart = Session["cart"] as ClassCartTable;
    if (cart != null) GridViewCart.Caption = "您总计购物" + (cart.Rows.Count) + "条";
    GridViewCart.DataBind();
}
```

直接将 GridViewCart 的 DataSource 属性指定为 Session["Cart"],就完成了数据绑定,这是 GridView 控件能够接受各种数据源的强大体验。从 Session["Cart"]中得到 ClassCartTable 对象，根据其行数，在 GridViewCart 的标题中显示“您总计购物××条”字样，GridView 控件在客户端网页中呈现为 table 元素，也具备 Caption 属性。最后，为了立即执行查询，并创建 GridView 的行、在网页中显示数据，必须调用页面或 GridViewCart 控件的 DataBind 方法，若无此调用，GridViewCart 不会创建行。

（2）GridViewCart 的 RowDataBound 事件委托函数。该函数完成在 GridViewCart 的 Footer 行中计算并显示合计金额，参见第 6 章。

（3）LinkButtonDel 的 Click 事件委托函数。该函数完成删除购物车某行的功能，代码如下：

```
protected void LinkButtonDel_Click(object sender, EventArgs e)
{
    int rowIndex = Convert.ToInt32((sender as LinkButton).CommandArgument) - 1;
    cart.Rows.RemoveAt(rowIndex);
    GridViewCart.Caption = "您总计购物" + (cart.Rows.Count) + "条";
    GridViewCart.DataBind();
}
```

LinkButtonDel 控件的 CommandArgument 属性保存了当前行的序号（从 1 开始），与行号一一对应。由于引用类型变量仅保存引用，从页面的 cart 字段中删除某行，也就是从购物车会话变量中删除了某购物记录。删除后，更新 GridViewCart 的标题，并刷新数据显示。

（4）ImageButtonShowHiddeOrderInfo 按钮的 Click 事件委托函数。该“下订单”按钮被单击时，完成显示/隐藏订单控件的功能。代码如下：

```
protected void ImageButtonShowHidddeOrderInfo_Click(object sender, ImageClickEventArgs e)
{
    ImageButton ib = (ImageButton)sender;
    if (tdOrderInfo.Style["display"] == "none")
    {
        tdOrderInfo.Style["display"] = "";
        ib.ImageUrl =
"~/App_Themes/defaultTheme/images/ImageButtonCreateOrderExpanded.gif";
        //自动填写用户信息
        autoCompleteUserInfo();
    }
    else
    {
        tdOrderInfo.Style["display"] = "none";
        ib.ImageUrl =
"~/App_Themes/defaultTheme/images/ImageButtonCreateOrderCollapsed.gif";
    }
}
```

通过设置 trOrderInfo 样式的 display 属性，实现显示/隐藏该单元格内的订单控件，同时改变下订单按钮的图片。在用户希望下订单时，不但显示订单控件，而且调用 autoCompleteUserInfo 方法，自动填写用户信息到“收件人”、“地址”、“邮编”、“电话”对应的文本框。

（5）autoCompleteUserInfo 方法。该方法调用 Db.GetUserInfo 方法，获取用户信息，自动填写订单。

```
private void autoCompleteUserInfo()
{
    string address, postalcode, phone;
    Db.GetUserInfo(User.Identity.Name,out address, out postalcode, out phone);
    TextBoxRecipient.Text = User.Identity.Name;
    TextBoxAddress.Text = address;
    TextBoxPostalcode.Text = postalcode;
    TextBoxPhone.Text = phone;
}
```

Db 类的 GetUserInfo 方法以当前用户名 User.Identity.Name 为参数，获取该用户在 User2 表中注册的地址、邮编、电话等信息，以输出参数形式返回。用这些信息自动填写页面订单信息中对应的四个文本框。

（6）ButtonOk 的 Click 事件委托函数。该方法实现创建订单功能。

```
protected void ButtonOk_Click(object sender, EventArgs e)
{
    Db.CreateOrder(User.Identity.Name,
        TextBoxRecipient.Text, TextBoxAddress.Text, TextBoxPostalcode.Text, TextBoxPhone.Text,
        DropDownListSendMode.SelectedValue, DropDownListPayMode.SelectedValue);
    //注册页面启动脚本提示操作
    ClientScript.RegisterStartupScript(this.GetType(),
     "createOrderSuccess", "alert('已经成功建立订单!点击页面上部\"订单\"图标可以查看订单。')", true);
}
```

调用 Db 类的 CreateOrder 方法，以用户输入的订单信息为参数，保存订单到 Orders 数据表和 OrderDetails 数据表，然后通过 ClientScriptManager 对象（Page.ClientScript）的 RegisterStartupScript 方法注册启动脚本，以在客户端浏览器中弹出提示对话框，RegisterStartupScript 方法可参见第 5 章。

9.6.3　OrderInfo.aspx 页面

参见第 6 章例 6-5～例 6-12。

9.7　后台管理单元

参见第 6、8 章实施部分。

第10章

学习情境：网上书店管理系统的发布与部署

10.1 学习情境引入

对于我们开发的网站系统，调试完毕且已经符合网站设计的功能需求后就需要将其发布到 Internet 上，供用户浏览访问。如何对网站进行发布和部署呢？本章的学习情境将详细介绍关于网站的发布与部署的知识。

10.2 基本知识 1：网站的发布

使用 VS2008 发布网站时，可以分别通过使用“复制网站”工具和“发布网站”工具来实现网站的发布功能：“复制网站”是指部署的网站的代码是没有经过编译的源代码；该工具可以直接将当前站点文件复制到目标服务器上；“发布网站”是指部署的网站的代码是经过编译的代码，该工具先对站点进行编译，然后，将编译后的文件复制到目标服务器。两种形式各有其自身的优点。

1. “复制网站”工具

使用“复制网站”工具可以在当前网站和另一站点之间复制文件，与 FTP 工具类似；但该工具支持同步功能，同步检查源站点和远程站点上的文件，并确保所有文件都是最新的。

“复制网站”工具在无法从远程站点打开文件进行编辑的情况下特别有用。例如，开发人员可以使用它将文件复制到本地计算机上，在编辑这些文件后再将它们重新复制到远程站点。

打开“复制网站”工具的方法很简单，只需单击“网站”菜单，然后选择“复制网站”选项即可。如图 10-1 所示即为单击“复制网站”选项弹出的界面。

“复制网站”工具主要包括两个窗口，左边窗口用于列举源站点文件，右边窗口用于列举远程站点文件，窗口之间的功能按钮用于实现文件复制、同步等。

在使用过程中首先使用图中的“连接”按钮，弹出如图 10-2 所示的对话框，设置欲将站点复制到的位置，然后进行相关操作。

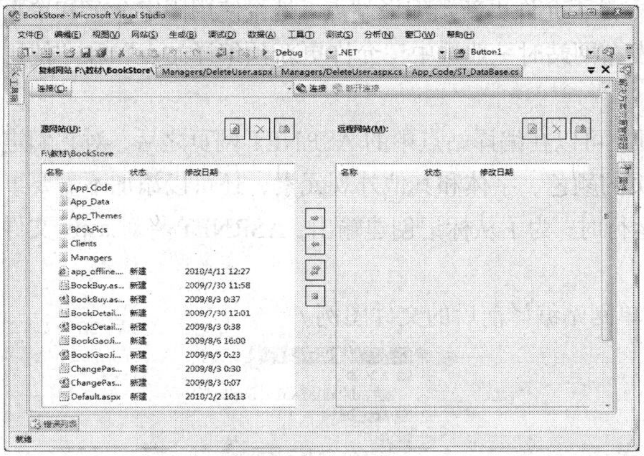

图 10-1　复制网站

图 10-2　打开网站

注意：在复制应用程序文件之前，“复制网站”工具将名为 App_offline-htm 的文件放置在目标网站的根目录中，如果存在 App_offline.html 文件，则对网站的任何请求都将重定向到该文件，并会显示一条友好消息，通知客户端网站正在进行更新，复制完所有网站文件后，“复制网站”工具从目标网站删除 App_offline.html 文件。

“复制网站”工具有如下的特点。

① 部署简单，将网站文件复制到服务器之前，不需要编译这些文件，只需要将源文件复制到目标服务器即可，网页是在被请求时动态编译的。

② 支持多种连接方式，在部署过程中。可以使用 Visual Studio 2008 所支持的多种连接协议连接到远程站点，从而完成部署工作。例如，使用 UNC 复制到网络上另一台计算机的共享文件夹中；使用 FTP 复制到服务器中；或用 HTTP 协议复制到支持 FrontPage 服务器扩展的报务器中。

③ “复制网站”工具的功能不限于复制项目到目标服务器，它也支持同步功能，该功能同时检查两个网站中的文件，并自动确保两个网站都有最新版本的文件。

④ 易于更改，如果需要，可以直接在服务器上更改或修复网页中的错误。

⑤ 可能存在错误，由于站点是按照原样复制的，因此，如果文件包含编译错误，则直到运行引发该错误的网页时才会发现错误。

2. “发布网站”工具

VS2008 允许开发人员发布网站，这将编译站点并将输出复制到指定位置。下面来介绍一下通过 VS2008 如何发布网站。

单击“生成”菜单下的“发布网站”选项，弹出如图 10-3 所示的对话框。

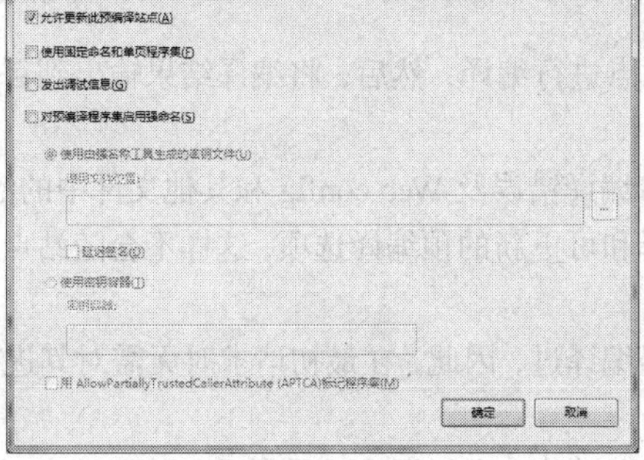

图 10 3　发布网站

“发布网站”工具要求设置发布目标位置、是否允许更新预编译站点、是否使用固定命名和单页程序集，以及是否对预编译程序启用强命名，发布网站时一般选中“允许更新预编译站点”和“使用固定命名和单页程序集”两个选项。

（1）允许更新此预编译站点。选中此选项，可以在编译站点中的 ASP.NET 网页之后，对它们进行有限的更改，例如，可以更改控件的排列、页的颜色、字体和其他外观元素，还可以添加不需要事件处理程序或其他代码的控件。当站点第一次运行时，为了从标记创建输出，ASP.NET 将对.aspx 文件执行进一步的编译。

如图 10-4 为允许更新此预编译站点的简单网站编译前后的文件图例。

编译前　　　　编译后

图 10-4　允许更新此预编译站点

（2）使用固定命名和单页程序集。某些方案（例如使用 MSI Windows Installer 部署 Web 应用程序）要求使用一致的文件名和内容以及一致的目录结构，以标识要更新的程序集或配置设置。在这样的情况下，可以使用此选项来指定 ASP.NET 编译工具应该为每个源文件编译一个程序集，而不是使用将多页编译到程序集中的方式，这样会导致生成大量的程序集，因此，如果你担心可伸缩性，则应小心使用此选项。但是选中此选项对于后期网站单个页面的更新比较方便，只需向服务器站点上传发布后的修改的某个.aspx 页面和网站根目录 bin 文件夹下的对应该页面的.dll 文件即可，不需要把整个发布后的网站重新上传覆盖。

图 10-5 与图 10-6 分别为使用固定命名和单页程序集的简单网站编译前后的文件图例。

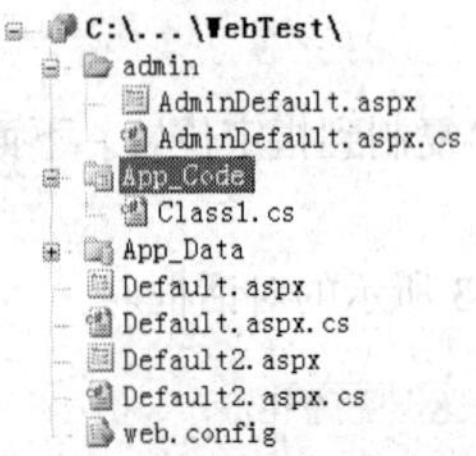

图 10-5　使用固定命令和单页程序集编译前

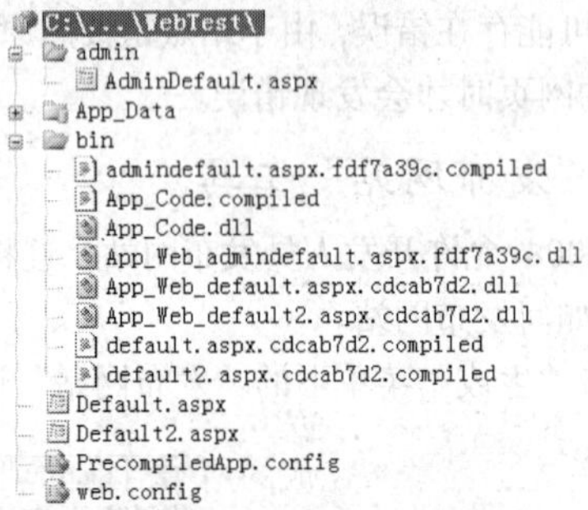

图 10-6　使用固定命名和单页程序集编译后

“发布网站”工具首先对站点进行编译，然后，将编译结果输出到目标位置。使用“发布网站”工具有以下特点。

① 预编译过程能发现任何编译错误及 Web.config 和其他文件中的潜在错误。

② 可选择不可更新预编译和可更新的预编译选项，这样不会随站点部署任何程序代码，从而为源文件提供一项安全措施。

③ 由于站点中的网页已经编译过，因此，在最初请求时无需对其进行动态编译。这可减少网页的初始响应时间。

④ 根据发布选项的不同，在对站点进行更改后需要重新编译站点。因此，在开发站点并频繁地更

改网页的过程中，使用“发布网站”工具可能不行。

网站的发布功能除了“复制网站”和“发布网站”外，还有一种是制作 Web 网站安装文件，把网站通过安装的方式发布到 Web 服务器上，有关制作网站安装文件的方法，本书不作详细介绍，感兴趣的读者请参考其他相关书籍。

10.2.1　网站发布

根据上节分析，我们的网上书店采用“发布网站”的方式来发布。

启动 VS2008，打开我们的网上书店，单击“生成”菜单下的“发布网站”选项，弹出如图 10-7 所示的对话框。

发布网站的目标位置设置为“F:\教材\BookStore”（根据实际情况确定），分别选中“允许更新此预编译站点”和“使用固定命名和单页程序集”前面的复选框，然后单击右下角的“确定”按钮。

当 IDE 左下角显示“发布成功”的提示时，如图 10-8 所示，表示网站发布成功完成。

网站发布成功后，打开发布的目标文件夹“BookStore”，可以看到发布后的网站目录结构如图 10-9 所示。

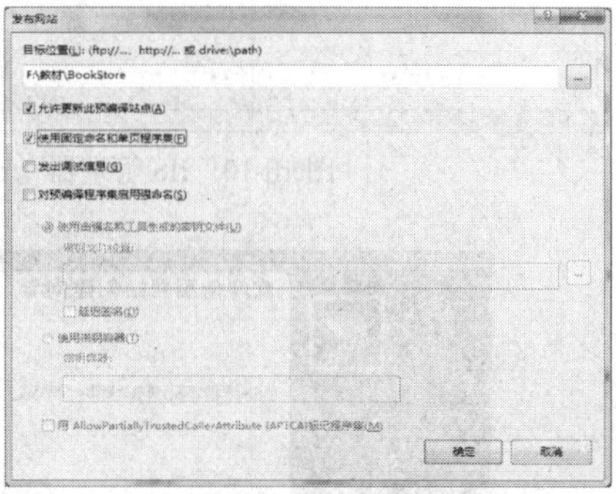

图 10-7　发布网站

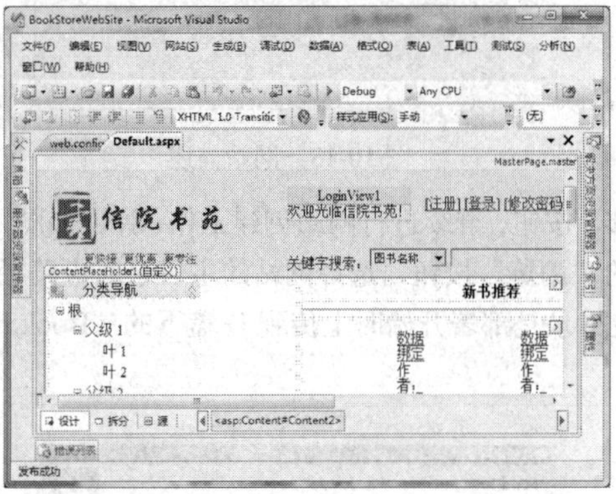

图 10-8　发布成功

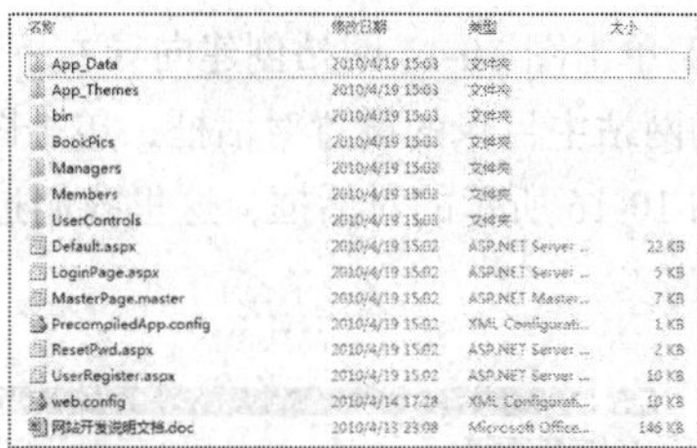

图 10-9　发布后的网站目录结构

10.2.2　网站部署

网站发布完成后，接下来的工作就是进行网站的部署，部署完成后，客户端用户方能访问我们的站点。

我们首先把已发布完成的网站对应的“BookStore”目录上传到我们的服务器 D 盘根目录下。

① 按照 10.2 节介绍的方法打开 IIS 管理器窗口，如图 10-10 所示。

② 在图 10-10 中左侧的“网站”节点上用鼠标右键单击，选择“新建”网站，如图 10-11 所示。

③ 弹出如图 10-11 所示的新建网站的向导对话框。

④ 单击图 10-12 网站创建向导右下角的“下一步”按钮，弹出如图 10-13 所示的网站创建向导中关于“网站描述”的对话框，在描述的文本框中填写新建站点的名称，这里我们给我们的站点命名为“BookStore”。

⑤ 单击图 10-13 网站创建向导右下角的“下一步”按钮，继续进行网站创建工作，弹出如图 10-14 所示的 IP 地址和端口设置的对话框。我们设置网站的 IP 地址为本机的 IP 地址，并根据情况确定网站的 TCP 端口号（默认为 80），这里的主机头值空着不填（当通过域名来访问本网站时需要设置主机头值为对应的域名，此外如果通过域名访问站点，还需要 DNS 服务器的支持）。

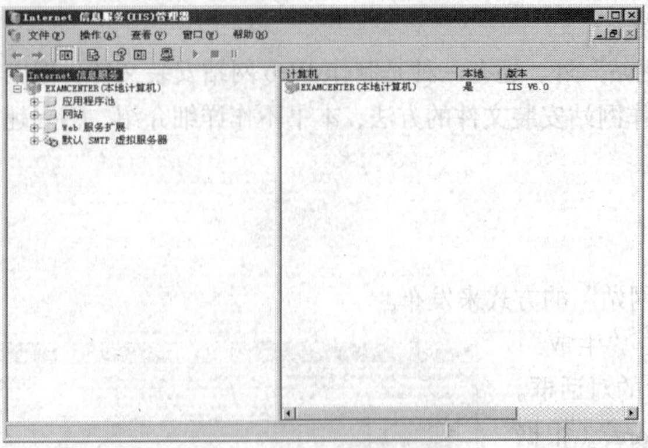

图 10-10　IIS 管理器

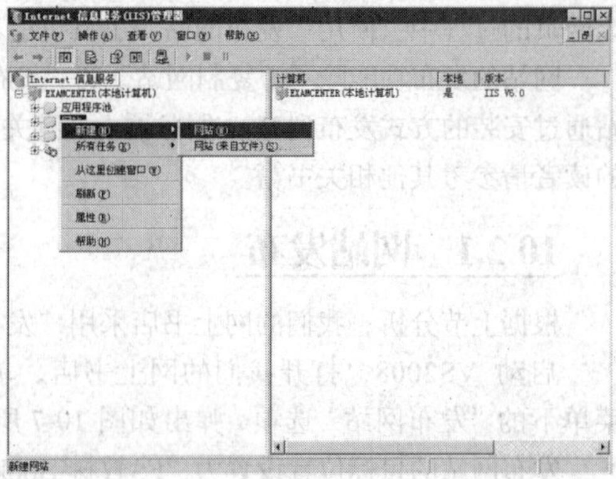

图 10-11　新建网站

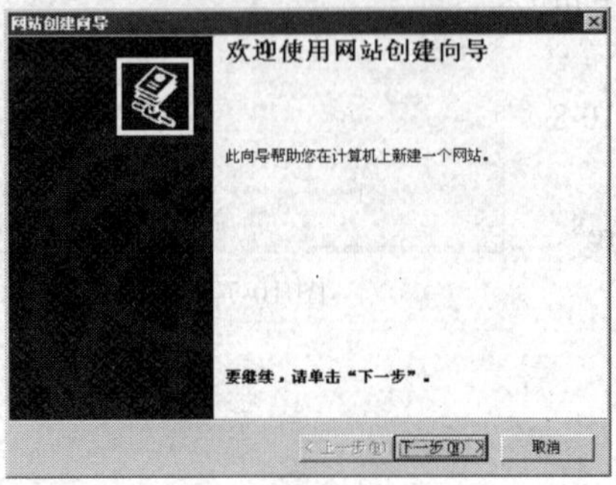

图 10-12　网站创建向导 1

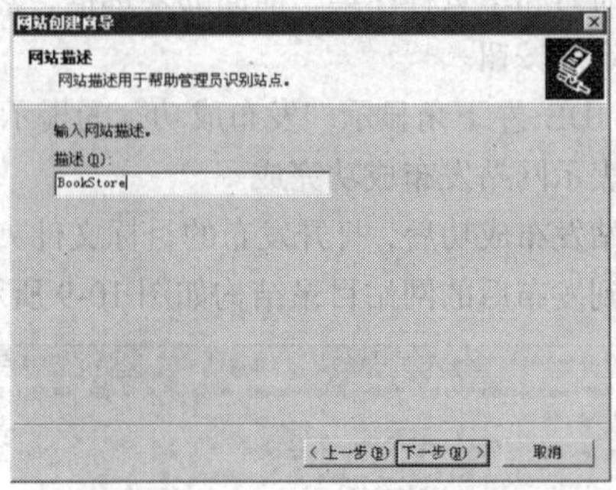

图 10-13　网站描述

⑥ 单击图 10-14 网站创建向导右下角的“下一步”按钮，继续进行网站创建工作，弹出如图 10-15 所示的网站主目录的设置对话框，单击图 10-15 中的“浏览”按钮，选择网站的主目录对应路径，弹出如图 10-16 所示的对话框，这里我们选择的网站主目录是部署开始时上传到 D 盘下的“BookStore”文件夹。

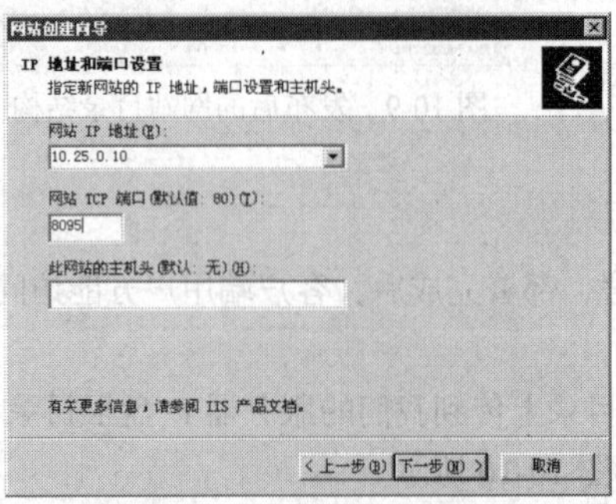

图 10-14　IP 地址和端口设置

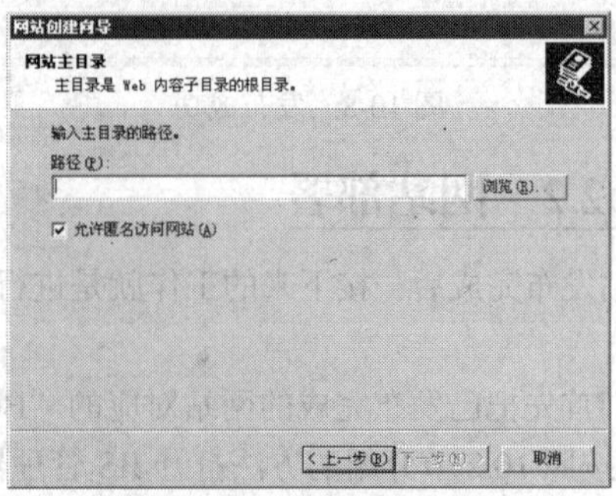

图 10-15　网站主目录

⑦ 单击图 10-15 右下角的“下一步”按钮，继续进行网站创建工作，弹出如图 10-17 所示的对话框。

⑧ 单击图 10-17 网站创建向导右下角的“下一步”按钮，弹出如图 10-18 所示的对话框，完成网站的创建工作。

⑨ 网站创建完成后，还需要对刚创建的网站的某些属性进行设置，首先在 IIS 的左侧网站目录树下找到刚创建的名为“BookStore”网站，如图 10-19 所示，用鼠标右键单击该站点，在弹出的菜单中选择“属性”子菜单，如图 10-20 所示。

⑩ 选择图 10-20 所示的属性面板中的“主目录”选项卡，如图 10-21 所示，进行网站主目录的一些

设置："本地路径"在网站创建过程中已经设置完成，设置"执行权限"为"纯脚本"，"应用程序池"设置为"DefaultAppPool"，也可新建应用程序池后使用自定义的应用程序池，此处不详述。

图 10-16　选择主目录对应的文件夹

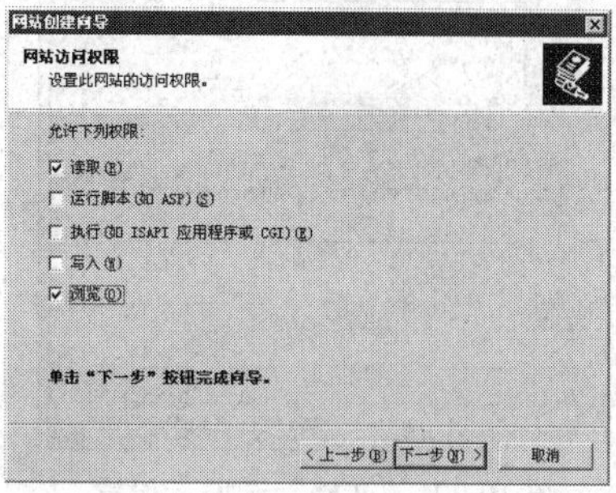

图 10-17　网站访问权限

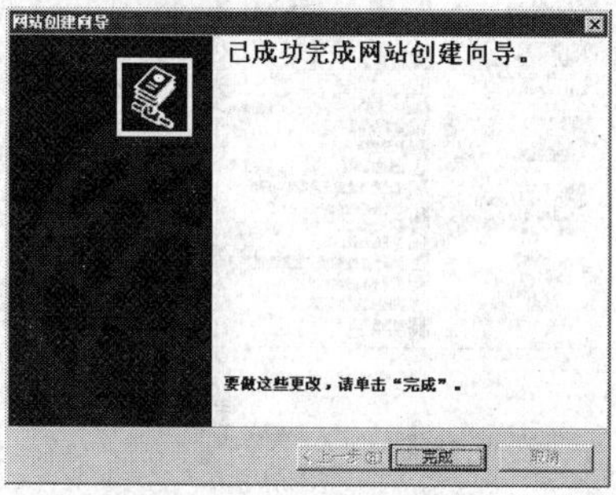

图 10-18　网站创建完成

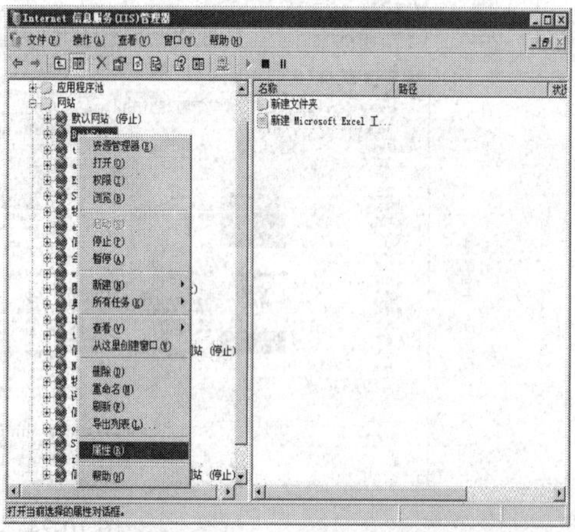

图 10-19　用鼠标右键单击网站节点

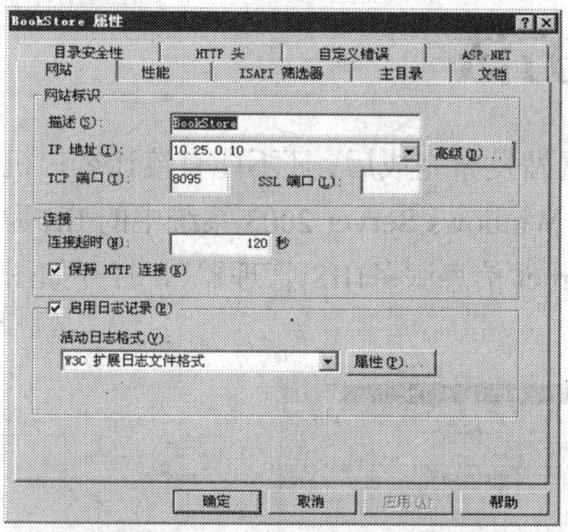

图 10-20　BookStore 站点属性

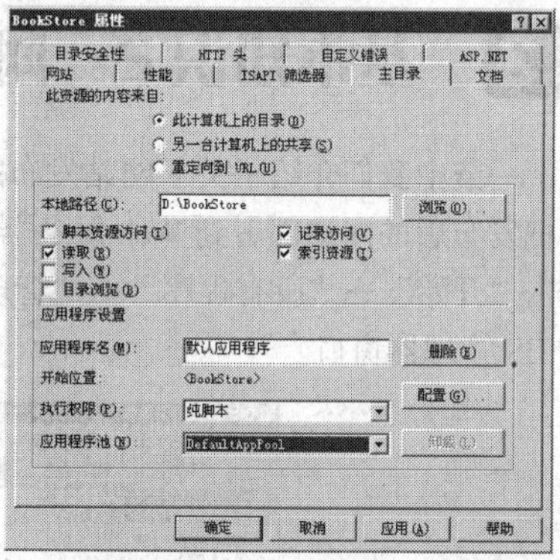

图 10-21　"主目录"选项卡设置

⑪ 选择图 10-20 所示的属性面板中的"文档"选项卡如图 10-22 所示，在此界面下设置网站首页地址，因为我们的网站的首页为"Default.aspx"，所以这里可以不需要设置，假设我们首页名称为"DefaultPage.aspx"，那么我们就需要单击此页面上的"添加"按钮，把我们的"DefaultPage.aspx"添加上。

⑫ 单击图 10-20 所示的属性面板中的"ASP.NET"选项卡后，如图 10-23 所示，进行"ASP.NET"选项卡的设置，这里 ASP.NET 版本选择"2.0.50727"。

⑬ "BookStore"网站属性面板中的其他几个选项卡可以不用设置，至此，我们网站部署工作基本完成，下面打开 IE 浏览器，在地址栏中输入"http://10.25.0.10:8095"（根据实际情况修改），进行本网站的浏览测试，如图 10-24 所示。

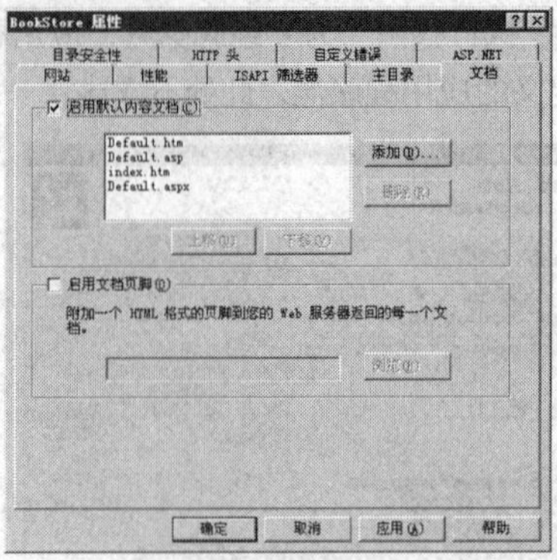

图 10-22 “文档”选项卡设置

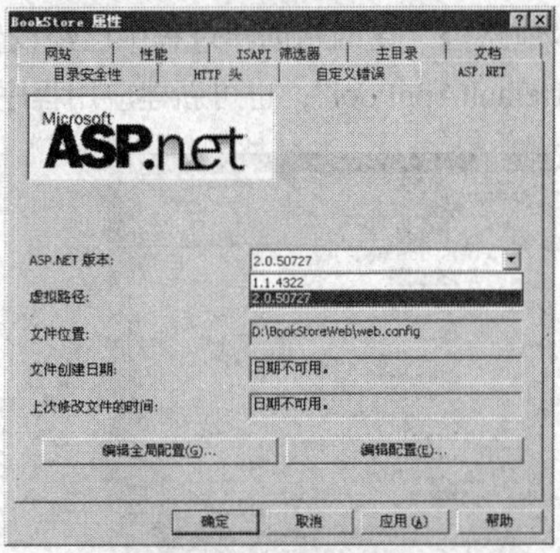

图 10-23 ASP.NET 选项卡设置

图 10-24 访问网站

10.3 基本知识 2：网站部署的方法

在上一节中我们介绍了关于网站发布的相关方法，但网站发布完成后，还不能直接让客户机访问，还需要把发布后的网站部署到 Web 服务器上（这里我们以 Windows Server 2003 系统中的 IIS 为例），依次单击“开始”→“所有程序”→“管理工具”→“Internet 信息服务(IIS)管理器”，打开如图 10-25 所示的 IIS 管理器窗口。

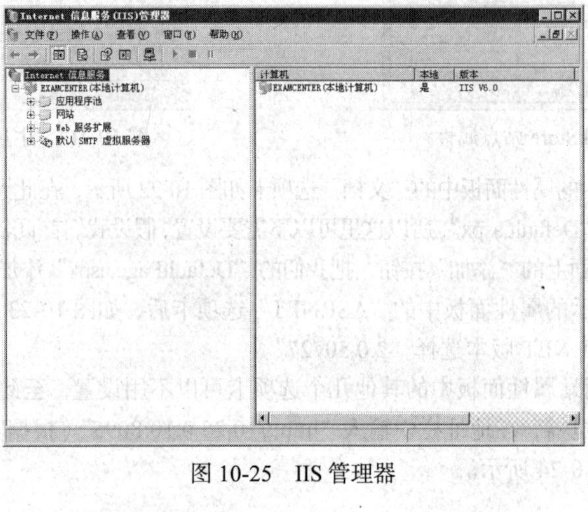

图 10-25 IIS 管理器

我们可以通过 IIS 在一台服务器上同时创建多个站点，这多个站点只要 IP、主机头、端口三者有一项不同即可相互区分，我们可以把已发布好的网站部署到任何一个站点上；当然我们还可以通过 IIS 在同一站点下创建多个虚拟目录，把已发布好的网站部署到其中的一个虚拟目录上。但使用虚拟目录部署网站时有时要考虑上传文件对应的服务器上的物理路径与程序中逻辑转换的物理路径是否对应。

关于网站部署的详细步骤，我们会在本章的 10.4 节实施中具体介绍。

10.4 实施

10.5 决策与计划

通过前面的讲解，网站部署的方法主要有 3 种方法，3 种方法各有自己的特点，采取何种方法来部署要根据要发布网站的实际要求来确定，一般情况下对于经测试性能比较稳定的网站我们采用“发布网站”工具来发布网站，这样可以提高网站有性能；对于已达到部分性能要求的测式网站，可以采用“复制网站”工具来部署，等稳定后采用“发布网站”工具来发布；制作 Web 网站安装文件方法对于大型网站比较合适，此方法对最终的代码是否被编译没有要求。针于网上书店管理系统部署由于网站功能不是特别复杂，我们采用“发布网站”工具的方法来进行部署，也就是最终安装在用户服务器上的代码是经过编译过的代码，这一方面主要是为提高性能，另一方面是为了保护知识产权问题。这种方法存在的问题是网站不能在用户方进行更改，解决方法是，如果有问题，由程序设计人员修改源代码后再发布，同时尽量经过多种方式的测试减少问题的发生，最大程度地提高软件的质量。

10.6 检查与评价

在网站发布时，我们首先要根据自己网站和 Web 服务器来综合考虑到底选择“复制网站”工具还是“发布网站”工具来发布我们的网站。如果在开发站点过程中需要频繁地更改网页，使用“复制网站”工具更合适一些，但由于站点是按照原样复制的，因此如果文件包含编译错误，则只有运行引发此错误的网页时才会发现错误。如果为了加快网页的响应速度，或者为了保护逻辑文件的安全，选择“发布网站”工具更合适一些。

我们在网站部署后进行检查时，首先通过浏览器进行站点的访问测试，看各页面是否能正常访问，若出现问题，看到底是程序逻辑问题，还是 IIS 部署的原因，若是 IIS 部署的问题，在 Web 服务器的 IIS 中查看网站部署时网站属性的各选项是否设置正确，包括站点路径、访问权限、首页地址及 ASP.NET 版本等方面。

此外，还要检查我们的站点使用的是哪种数据库管理系统，以根据不同的数据库类型在 Web 服务器上进行数据库的附加工作。另外一方面，还要看我们的站点文件夹所在的磁盘分区的格式，来设置相应的访问权限。

Web 站点的发布与部署是每个 Web 开发人员必须熟练掌握的技术环节，在系统移植和实施的时候都会经常用到，希望读者能够熟练操作。

第11章 大案例优化

11.1 影响网站性能的因素

通过前 10 章子学习情境的学习，我们完成了网上书店系统大案例的设计，本章将在此基础上对该大案例进行部分优化，也就是通过优化来进一步提高网站的性能。网站性能的优劣是由多种因素造成的，有些不是由设计者决定的，如服务器的性能、与网站关联的数据库的性能、支持网站运行的载体的性能等，但是，虽然如此，我们还是应该力求在设计层面上把影响网站性能的主要因素找出来，然后加以解决，至于非设计层面上的问题，可以采取其他相应的方式来解决。在设计层面上影响网站性能的因素主要有以下几个。

① 网站的响应速度：一个不能及时响应的网站绝对不是性能较好的网站，谁也不愿意等上很长时间来打开的你的网站，这个因素是需要设计者重点考虑的因素。

② 界面设计：界面设计影响网站的美感及网页响应速度，例如，网页的整体框架布局方式、网页图片的格式及大小是否合适等方面，解决方法是聘用优秀的美工人员，如果网站需求方舍得资金支持的话，这个问题不难解决。

③ 网站安全：网站安全是影响网络性能的又一个重要因素，不安全的网站会带来严重的后果，不安全的网站可能会使你的服务器瘫痪，有可能造成巨大的损失。

本章主要讲解影响网站性能的主要因素——网站的响应速度因素，要改善网站的响应速度主要有以下几种方法：

- 使用 Ajax 控件部分刷新；
- 网页输出缓存；
- 数据缓存。

11.2 使用 Ajax 控件部分刷新

使用 Ajax 技术，可以创建高度交互的 Web 应用，增加用户的页面浏览体验。在 VS 2008 中，已经对 Ajax 框架进行了封装，在不需要重新安装任何组件的情况下，可直接进行 ASP.NET

的 Ajax 开发。

为了使用户在浏览页面时不至于每次回发都看到整个页面重新加载，我们可以使用 Ajax 实现部分页呈现，即让用户无需因回发而刷新整个页面，而仅仅更新网页上各个已更改的区域，从而减少了整页刷新的次数，这使得用户能够更加顺畅地与网页进行交互。ASP.NET 使您能够将部分页呈现添加到新的或现有的 ASP.NET 网页，而无需编写客户端脚本。

那么如何使用 Ajax 技术实现网页的局部刷新呢？因为在 VS 2008 中已经对 Ajax 框架进行了封装，所以我们可以使用 VS 2008 工具箱中的 Ajax 控件将 Ajax 功能添加到我们的 ASP.NET 网页中，下面我们首先来认识一下这些控件。

1. ScriptManager 控件

该控件管理支持 Ajax 的 ASP.NET 页的客户端脚本。默认情况下，ScriptManager 控件会向页面注册 Microsoft Ajax Library 的脚本。这将使客户端脚本能够使用 ASP.NET Ajax 类型系统扩展，并支持部分页呈现和 Web 服务调用这样的功能。

ScriptManager 控件担当着对该页面中所有的 Ajax 控件进行管理协调的重任，所以任何一个使用 ASP.NET Ajax 控件的页面中，都必须包含一个 ScriptManager 控件。

2. UpdatePanel 控件

使用 UpdatePanel 控件，可以刷新页的选定部分，而不是因回发而刷新整个页面。这称为执行“部分页更新”。包含一个 ScriptManager 控件和一个或多个 UpdatePanel 控件的 ASP.NET 网页可自动参与部分页更新，而不需要自定义客户端脚本。

UpdatePanel 控件在网页中需要 ScriptManager 控件。默认情况下，将启用部分页更新，因为 ScriptManager 控件的 EnablePartialRendering 属性的默认值为 true。

3. Timer 控件

ASP.NET AJAX Timer 控件按定义的时间间隔执行回发。如果将 Timer 控件用于 UpdatePanel 控件，则可以按定义的时间间隔启用部分页更新。也可以使用 Timer 控件来发送整个页面。

当要执行以下操作时，可使用 Timer 控件。

① 定期更新一个或多个 UpdatePanel 控件的内容，而无需刷新整个网页。

② 每当 Timer 控件导致回发时运行服务器上的代码。

③ 按定义的时间间隔将整个网页同步发布到 Web 服务器上。

4. UpdateProgress 控件

UpdateProgress 控件提供有关 UpdatePanel 控件中的部分页更新的状态信息。可以自定义 UpdateProgress 控件的默认内容和布局。若要在部分页更新的速度非常快时阻止闪烁，可以在显示 UpdateProgress 控件之前指定延迟。

当网页包含一个或多个用于部分页呈现的 UpdatePanel 控件时，UpdateProgress 控件可帮助您设计更为直观的 UI。如果部分页更新速度较慢，则可以使用 UpdateProgress 控件来提供有关更新状态的可视反馈。可以在页上放置多个 UpdateProgress 控件，其中每个控件都与不同的 UpdatePanel 控件相关联。也可以使用一个 UpdateProgress 控件，并将其与页上的所有 UpdatePanel 控件关联。

介绍完 Ajax 控件后，下面我们使用 AJAX 技术来对我们的购物车管理页面进行优化。

在我们的网上书店系统的“Members”文件夹中包含一个名为“CartInfo.aspx”页面，该页面主要功能是提供会员浏览自己的购物车信息，并且还提供了生成订单、用户信息自动填写功能，默认情况下生成订单的部分是隐藏的，如图 11-1 所示。

当用户单击图 11-1 页面上的“下订单”按钮时，在该页面下面出现订单信息。如图 11-2 所示。

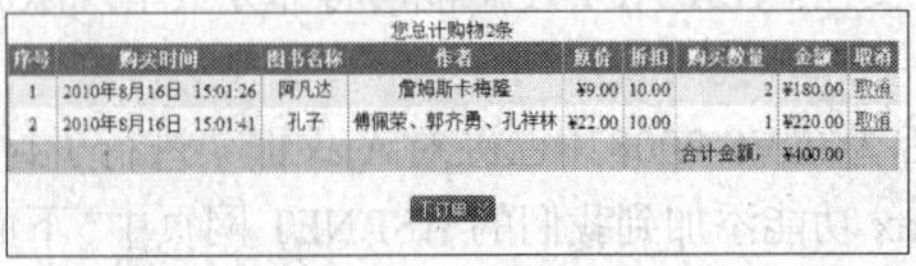

图 11-1　购物车信息

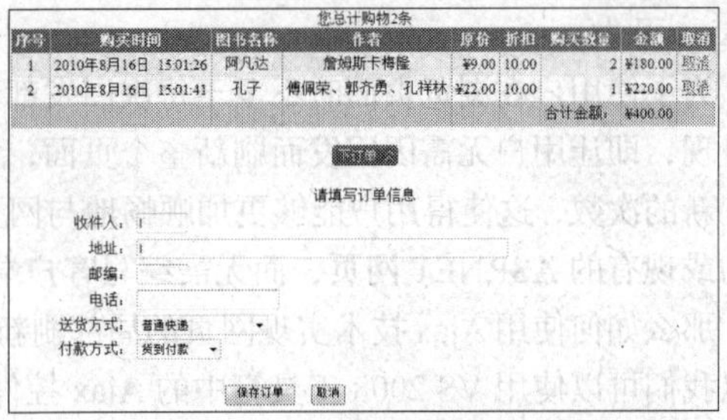

图 11-2　显示订单信息

这时当我们再次单击图 11-2 中的“下订单”按钮时，填写订单信息部分又重新隐藏起来，当我们反复单击“下订单”按钮时，发现整个“CartInfo.aspx”页面每次都刷新闪烁，用户体验不好。下面我们使用 Ajax 技术实现在每次单击“下订单”按钮时，只有填写订单信息部分刷新，整个页面不刷新。

例 11-1　使用 Ajax 优化“CartInfo.aspx”页面。

① 切换到“CartInfo.aspx”页面的源视图状态，把光标定位到“</asp:GridView>”标记的下一行。

② 依次从工具箱中的“Ajax Extensions”选项卡下拖入一个 ScriptManager 控件和一个 UpdatePanel 控件，在“<asp:UpdatePanel ID="UpdatePanel1" runat="server">”和“</asp: UpdatePanel>”两个标记之间手动添加一组“<ContentTemplate> </ContentTemplate>”标记（需要局部刷新部分的代码要放在改组标记代码之间），如图 11-3 所示。

③ 把图 11-3 中“</asp:UpdatePanel>”标记下面的折叠起来的“<div>…</div>”部分（为节省篇幅，该部分折叠标记代码即为显示填写订单信息部分的代码）剪贴到“<ContentTemplate>”和“</ContentTemplate>”标记之间，如图 11-4 所示。

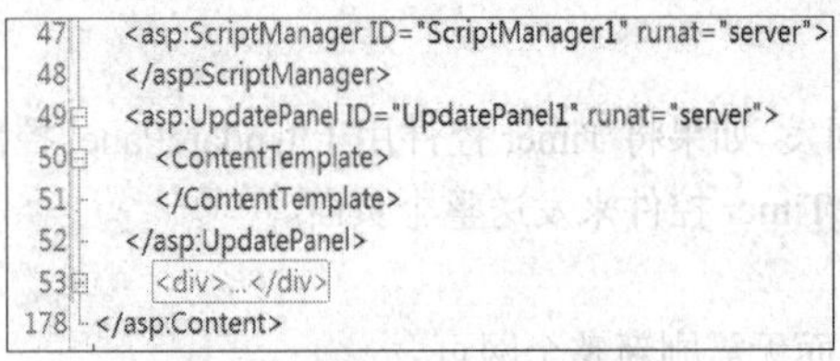

图 11-3　添加 Ajax 控件

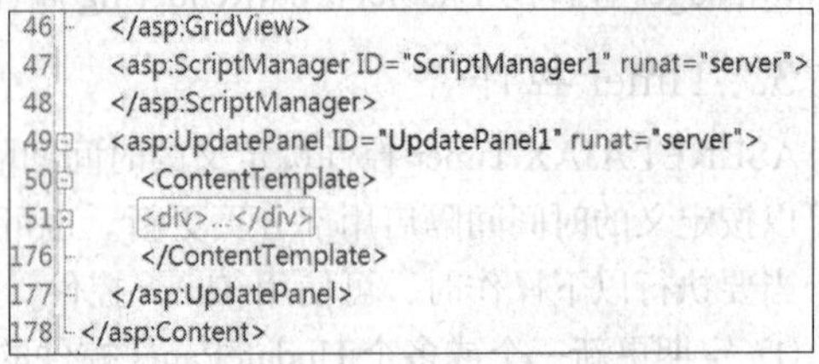

图 11-4　更改“填写订单信息”标记代码位置

经过上述 3 步后，重新运行该网页，当单击“下订单”按钮时，发现只有填写订单信息部分的局部页面刷新，而整个页面不刷新，增强了用户体验。

除了上述使用 Ajax 技术实现网页局部刷新外，在实际应用中，有时会需要页面在某个时刻进行自动更新，而不需要人为干预，这就需要用到 ASP.NET Ajax 中的 Timer 控件（本教材大案例的需求没有此功能的要求）。

设置 Timer 控件的 Interval 属性，可以控制刷新的时间间隔，单位是毫秒。

例 11-2　使用 Timer 控件自动局部更新。

① 从工具箱中拖一个 UpdatePanel 控件和一个 ScriptManager 控件到 Default.aspx 页面上，UpdatePanel 控件中包含一个 Timer 控件，设置其 Interval 属性为 1000，要求在 UpdatePanel 控件里面和外面分别输出页面的加载时间。

根据题目要求，部分网页源视图代码如下所示：

```
……
<asp:ScriptManager ID="ScriptManager1" runat="server">
        </asp:ScriptManager>
        <asp:UpdatePanel ID="UpdatePanel1" runat="server">
            <ContentTemplate>
               <div style="background-color: Gray;">
```

```
                    <h3> 我会定时被刷新：</h3>
                    <%=DateTime.Now.ToString() %>
                     <asp:Timer ID="Timer1" runat="server" Interval="1000">
                     </asp:Timer>
                </div>
            </ContentTemplate>
        </asp:UpdatePanel>
          <h3> 我不会定时被刷新：</h3>
                    <%=DateTime.Now.ToString() %>
......
```

该网页运行效果如图 11-5 所示。

从图 11-5 浏览的效果可以看到，网页上面的时间（背景为灰色的部分）每隔 1000 毫秒就会被刷新一次，而下面显示的时间则始终是页面加载时的时间，并不会被刷新。这是由于上面显示的时间放在了 UpdatePanel 控件内，并设置了 Timer 的 Interval 为 1000 毫秒，所以会定时被刷新，而下面显示的时间放在了 UpdatePanel 控件外，所以不会被定时刷新。

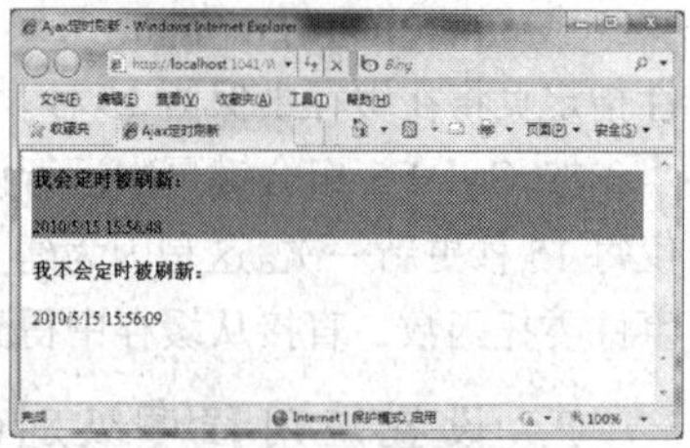

图 11-5　定时刷新

若要将 Ajax 功能添加到 ASP.NET 网页，请标识网页上要更新的各个部分。然后，将这些部分的内容放入 UpdatePanel 控件。UpdatePanel 控件的内容可以是 HTML 或其他 ASP.NET 控件。向网页中添加 UpdatePanel 控件的方式与添加任何其他控件相同。例如，可以将该控件从“工具箱”任务窗格拖到网页上，也可以通过在相应网页的“代码”视图中添加该控件的代码来进行添加。

若要支持部分页呈现，必须将 ScriptManager 控件放到相应的网页上。ScriptManager 控件会跟踪该网页的所有更新面板及其触发器。它会协调服务器上的部分页呈现行为，并确定因异步回发而呈现的网页的各个部分。

11.3 网页输出缓存

通常，应用程序可以将那些频繁访问的数据以及那些需要大量处理时间来创建的数据存储在内存中，从而提高性能。例如，如果应用程序使用复杂的逻辑来处理大量数据，然后再将数据作为用户频繁访问的报表返回，避免在用户每次请求数据时重新创建报表可以提高效率。同样，如果应用程序包含一个处理复杂数据但不需要经常更新的页，则在每次请求时服务器都重新创建该页会使工作效率低下。

在这些情况下，为了帮助您提高应用程序的性能，ASP.NET 使用两种基本的缓存机制来提供缓存功能。第 1 种机制是页输出缓存，它保存页处理输出，并在用户再次请求该页时重用所保存的输出，而不是再次处理该页。第 2 种机制是应用程序缓存，它允许您缓存所生成的数据，如 DataSet 或自定义报表业务对象。

性能是任何 Web 应用程序的关键方面。必须减少 Web 服务器的处理量，以便使单个请求结果响应速度更快、服务器有能力处理更多并发请求并减少中间和后端数据系统的负荷。使用输出缓存以减少服务器的工作负荷，能够实现更佳的 ASP.NET 性能。输出缓存是一种优化方案，可以缩短 Web 服务器响应的时间。

通常，浏览器请求 ASP.NET 页时，ASP.NET 将创建该页的实例，运行该页中的任何代码，运行数据库查询（如果有），动态汇编此页，然后将产生的输出发送到浏览器。输出缓存使 ASP.NET 能够发送该页的预处理副本，而不用为每个请求完成此过程。这个区别降低了 Web 服务器的处理量，从而提高了性能并获得更大的可伸缩性。

1. 设置页级别缓存

打开 VS 2008 开发工具，新建一个网站，命名为“WebSiteOutputCacheDemo”，切换到 Default.aspx

页的“设计”视图，从工具箱中将 Label 控件拖动到页面上，保留默认名称 Label1，该 Label 控件用以显示此页面的创建时间，然后将此页配置为进行缓存。通过显示页的创建时间，可以看到是否从缓存完成了页请求。按 F7 键切换到代码编辑器，添加如下代码：

```
protected void Page_Load(Object sender, EventArgs e)
{
Label1.Text = DateTime.Now.ToString();
}
```

按 Ctrl+F5 组合键运行该页，此页面在浏览器中出现时，将看到当前日期和时间。按浏览器的刷新按钮，可注意到时间戳每次都会改变。

关闭浏览器，切换到 Default.aspx 页的源视图，将下面的 @ OutputCache 指令添加至该页的顶部：<%@ OutputCache Duration="15" VaryByParam="none" %>，此指令配置页面以进行缓存，Duration 属性指定页将在缓存中保留 15 秒。

按 Ctrl+F5 组合键再次运行该页。多次刷新页面。请注意，无论刷新了多少次浏览器，时间显示仅每 15 秒更新一次。这是因为建立页面缓存后，将不再执行页面的生命周期，也就不再执行 Page_Load 事件委托函数，直接从缓存中得到响应，直至持续时间过期为止，过期后，页代码再次执行。

2. 设置应用程序级别的页面缓存

在前面的例子中，配置了单个页面的缓存。在某些情况下，可能希望为网站中的所有页配置缓存。可能还希望建立不同的缓存规则（配置文件），并将缓存配置文件应用到各组单独页面。设置应用程序级别缓存使您能够从单个配置文件更改缓存行为，而无需编辑各个页面的@ OutputCache 指令。在下面的过程中，将设置一个简单的缓存配置文件，并将其用于刚刚使用的页面。

具体步骤如下。

① 如果已经有一个 Web.config 文件，请转到步骤④。

② 在解决方案资源管理器中，用鼠标右键单击网站的名称，然后单击“添加新项”。

③ 在“添加项”对话框中，单击“Web 配置文件”，然后单击“添加”。

④ 请确定使用的名称为 Web.config。将以下 XML 添加为 system.web 元素的子项：

```
<!-- caching section group -->
<caching>
<outputCacheSettings>
    <outputCacheProfiles>
        <add name="AppCache1" enabled="true" duration="60"/>
    </outputCacheProfiles>
</outputCacheSettings>
</caching>
```

保存文件，然后将其关闭。打开或切换到刚才使用的 Default.aspx 页，然后切换到源视图。

将@ OutputCache 指令更改为以下内容：

<%@ OutputCache CacheProfile="AppCache1" VaryByParam="none" %>

按 Ctrl+F5 组合键运行该页。多次刷新页面。这次，日期将在缓存配置文件中指定的持续时间（为 60 秒）内保持不变。

3. 使用参数进行缓存

@OutputCache 指令要求用户设置 VaryByParam 属性，在前面两种设置方式下，此属性设置为“none”。VaryByParam 属性使您能够配置缓存，以便 ASP.NET 根据参数（如查询字符串、窗体发布值、请求标头等）存储不同版本的页面。

例如，可以在显示所选城市的天气情况的页面中使用缓存参数，天气数据仅每三小时刷新一次。在此情况下，您希望为每个城市缓存页面的单独版本。可以将缓存参数设置为根据查询字符串参数的不同而改变来执行此操作。

在下面的过程中，将更改添加到页的 Label 控件，以使用彩色背景显示时间。可以使用 TextBox 控件并输入颜色名称来更改颜色。

提交此页时，键入的颜色作为传递数据提交，且 Label 控件后的颜色发生改变。请求新颜色时（页包括新的传递数据时），将重新生成此页并更新时间戳。不过，对相同颜色的后续请求将导致返回已缓存的页（直至超过持续间隔时间为止）。下面看一下具体步骤。

① 打开或切换到使用的 Default.aspx 页。

② 切换到“设计”视图。

③ 从工具箱的“标准”组中，将 TextBox 控件拖动到页面上，并将其 ID 设置为“Color”。

④ 将 Button 控件拖动到页面上，保留默认值 Button1。

⑤ 将 Button 控件的 Text 属性设置为“Change Color”。双击 Button 控件以创建 Click 事件处理程序。在此方法中添加以下代码：

```
protected void Button1_Click(Object sender, System.EventArgs e)
{
Label1.BackColor = System.Drawing.Color.FromName(Server.HtmlEncode (Color.Text));
}
```

⑥ 将 form 元素的 defaultbutton 属性设置为“Button1”。这会导致按下 Enter 键时将引发按钮的 Click 事件处理程序。

⑦ 用下面的版本替换 @ OutputCache 指令：

```
<%@ OutputCache Location="Server" Duration="60" VaryByParam="Color" %>
```

⑧ 按 Ctrl+F5 组合键运行该页。

⑨ 在文本框中键入颜色名称，如“red”或“blue”，然后单击“更改颜色”。ASP.NET 缓存使用您指定的颜色的页面版本。

⑩ 多次刷新页面。如果没有键入新的颜色名称，则日期和时间将至少有一分钟不变（在 @OutputCache 指令的 Duration 属性中指定）输入新颜色，如“green”或“gold”，然后提交页。这次将看到时间和新颜色一起更新。

11.4 数据缓存

ASP.NET 还提供了另一种灵活的缓存类型：数据缓存。缓存的真正灵活性和强大功能是通过 Cache 对象提供的。使用 Cache 对象，您可以存储任何可序列化的数据对象，基于一个或多个依赖项的组合来控制缓存条目到期的方式。（注：要小心使用 Cache，因为 Cache 是占用服务器内存，如果使用不当，也许会降低性能。）这些依赖项可以包括自从某对象被缓存后经过的时间、自从某对象上次被访问后经过的时间、对文件或文件夹的更改以及对其他缓存对象的更改，在略作处理后还可以包括对数据库中特定表的更改。

您可以将一些耗费时间的条目加入到一个对象缓存集合中，以键值的方式存储。通过 Page 类的 Cache 属性可以访问到 Cache 集合。当用户请求数据时，如果数据已经被缓存，则用户所提取的数据直接从服务端返回，而不是从数据库等底层数据库提取。这对性能的提升很有帮助。

1. 无过期 Cache 缓存

在 Cache 中存储数据的最简单的方法就是使用一个键为其赋值，其效果与使用 Application 保持状态类似：

```
Cache["key"] = "value";
```

这种做法将在缓存中存储项，同时不带任何依赖项，因此它不会到期，除非缓存引擎为了给其他缓存数据提供空间而将其删除。

2. 带过期策略的 Cache 缓存

程序员可以指定缓存的过期策略，缓存的过期设置分为绝对过期和可调整过期两种。可调整过期常用于被频繁访问的缓存项。绝对过期和可调整过期不能一起使用。

建立指定过期策略的缓存项，可使用 Cache 对象的 Add 或 Insert 方法，这些方法会覆盖已有同键值的缓存项。每个方法都有几个重载。Add 和 Insert 之间的区别是，Add 返回对已缓存对象的引用，而 Insert 没有返回值。

（1）绝对过期缓存。

```
Cache.Insert("DSN", connectionString, null, DateTime.Now.AddMinutes(1), TimeSpan.
Zero);
```

以上代码插入了一个键值为“DSN”、值为 connectionString 变量值的绝对过期缓存项，将缓存一分钟，一分钟过后，缓存将到期。其中 null 表示无依赖项；TimeSpan.Zero 则具有常数值 0，相当于 System.Web.Caching.Cache.NoSlidingExpiration，即禁用可调整过期。

（2）可调整过期缓存。

```
Cache.Insert("DSN", connectionString, null, System.Web.Caching.Cache.
NoAbsoluteExpiration,TimeSpan.FromMinutes(1));
```

以上缓存的数据将一直保留下去，除非数据未被引用的时间达到了一分钟。其中 System.Web.Caching.Cache.NoAbsoluteExpiration 是禁用绝对过期，可见此参数和最后一个参数是“互斥”的数据。

使用 Cache 对象的 Insert 和 Add 方法设置带过期策略的缓存时，还可以为缓存建立依赖项、指定优先级。优先级可取值为 low、high、NotRemovable，它们是在 System.Web.Caching.CacheItemPriority 枚举中定义的。还可以指定当缓存中的对象到期时调用的 CacheItemRemovedCallback 函数。大多数时候，默认的优先级已经足够了，对于指定项优先级的设置，这里不再介绍，请感兴趣的读者参考 MSDN。

被缓存的数据源是会变化的，使用缓存提高性能的同时，可能带来数据过时造成的逻辑影响，何时令缓存失效合适呢？ASP.NET 中可以使用带依赖项的缓存项，依赖项指明一个条件，条件变化时（不需要程序员监视），缓存项就失效。实际上带依赖项的缓存也是一种高级过期策略的缓存，下面介绍两种带依赖项的缓存。

3. 带依赖项的 Cache 缓存

（1）文件依赖项缓存。有些情况下，依赖项是一个外部文件。如数据库服务器的位置改变后，连接字符串数据随之变化，网站配置文件会由服务器管理员修改，那么连接字符串的缓存也要失效（暂不研究失效后的重新读取），这种缓存就是带依赖项的缓存。

缓存依赖项对象 CacheDependency 被声明在 System.Web.Caching 命名空间，常用于建立某缓存项与文件之间的关联。如以下代码建立了对～/web.config 文件的一个依赖项：

```
CacheDependency cd = new CacheDependency(Server.MapPath("~/web.config"));
```

建立带依赖项的缓存，可使用 Cache 对象的 Add 或 Insert 方法。

例 11-3 带文件依赖项的 Cache 缓存。

① 建立如下页面主要代码，使用 Ajax 技术每隔 3 秒刷新显示 Cache["Conn"]缓存项。

```
<form id="form1" runat="server">
<div>
    <asp:ScriptManager ID="ScriptManager1" runat="server">
    </asp:ScriptManager>
    <asp:UpdatePanel runat="server">
        <ContentTemplate>
            <asp:Timer ID="Timer1" runat="server" Interval="3000" >
            </asp:Timer>
```

```
            <div>
                Conn:
                <%=Cache["Conn"] %>
            </div>
        </ContentTemplate>
    </asp:UpdatePanel>
</div>
</form>
```

② 建立如下逻辑代码，在初始请求时，读取网站配置文件中的连接字符串 conn，实例化网站配置文件的缓存依赖项 cd，使用 Cache 对象的 Insert 方法建立带 cd 依赖项的 Cache["Conn"]缓存项。

```
protected void Page_Load(object sender, EventArgs e)
{
if (!IsPostBack)
    {
        string conn = ConfigurationManager.ConnectionStrings ["bookStoreConnectionString"].
                                                              ConnectionString;
        CacheDependency cd = new CacheDependency(Server.MapPath("~/web.config"));
        Cache.Insert("Conn", conn, cd);
    }
}
```

运行网页，并修改～/web.config 文件，得到图 11-6 所示网页效果。可见文件修改后，缓存失效，表达式“<%=Cache["Conn"] %>”得到空值。

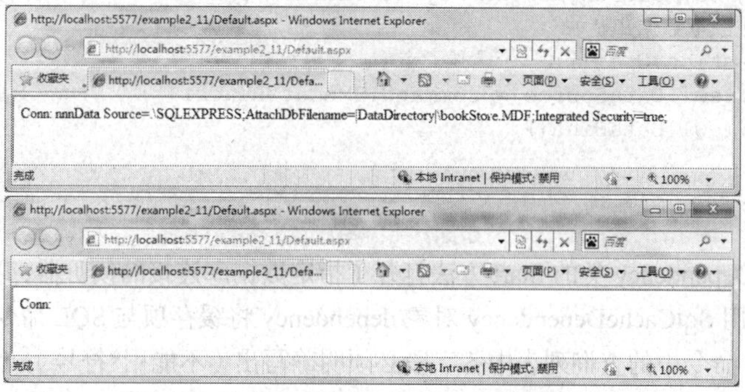

图 11-6　修改～/web.config 文件前后

（2）SQL Server 数据库依赖项缓存。还有一种常用的依赖项是 SQL 依赖项（SqlDependency）。结合 SQL Server 2005 及以上 SQL Server 版本，在 ASP.NET 中使用 SqlDependency，可以在数据变化时，让数据缓存项得到 SQL Server 发出的主动通知。这对提高应用程序的数据访问性能非常有效。

使用 SqlDependency 必须首先启用 SQL Server 的查询通知服务（Service Broker），在应用程序中使用 SqlDependency 的 Start 方法启动接收通知的侦听器，并可以用 SqlCacheDependency 对象简化查询通知和缓存之间的关联操作。SqlDependency 和 SqlCacheDependency 类声明在 System.Web.Caching 命名空间。

例 11-4　使用 SQL Server 数据库依赖项缓存。

① 在 SQL Server 2005（或更高版本）中，建立 test 数据库，包含一个“Table_3”数据表，含 id 列（int 主键）和 name 列（nvarchar（255）），插入若干数据行。

② 对目标数据库启用查询通知服务。在 SQL Server 管理工具中，执行以下 SQL 命令：

```
ALTER DATABASE test SET ENABLE_BROKER;
```

此代码对 test 数据库启用查询通知。若出现“正在执行查询”而久不响应的情况，可重新启动 SQL Server 服务器或先执行以下 SQL 命令：

```
ALTER DATABASE test SET NEW_BROKER WITH ROLLBACK IMMEDIATE
```

③ 新建网页 Default.aspx，在页面中添加一个 Label 和一个 GridView 控件。

④ 添加如下引用：

```
using System.Web.Caching;
using System.Configuration;
using System.Data.SqlClient;
```

⑤ 编写 Page_Load 逻辑代码，打开侦听器、设置缓存、添加依赖项、获取数据并显示，代码如下：

```
protected void Page_Load(object sender, EventArgs e)
{
    string connStr = "Data Source=(local);Integrated Security=true;Initial Catalog= test;";
    //在页面上显示时间，以确认数据来自缓存或已经重新获取
    Label1.Text = "Cache Refresh: " + DateTime.Now.ToLongTimeString();
    //创建一个对 SQL Server 所发出查询通知的侦听器
    SqlDependency.Start(connStr);
    using (SqlConnection connection = new SqlConnection(connStr))
    {
    using (SqlCommand command = new SqlCommand("SELECT id,name from dbo.Table_3;", connection))
        {
            SqlCacheDependency dependency = new SqlCacheDependency(command);
            //以下用编程方式设置页面缓存：3 分钟后缓存失效，其他请自己查阅 MSDN
            Response.Cache.SetExpires(DateTime.Now.AddMinutes(3));
            Response.Cache.SetCacheability(HttpCacheability.Public);
            Response.Cache.SetValidUntilExpires(true);
            //添加缓存的 SQL 依赖
            Response.AddCacheDependency(dependency);
            //以下获取数据并显示
            connection.Open();
            GridView1.DataSource = command.ExecuteReader();
            GridView1.DataBind();
        }
    }
}
```

代码中使用 SqlDependency 类的 Start 方法打开了指定数据库连接的侦听器，以获取数据库服务器发来的主动通知；使用 SqlCacheDependency 对象 dependency 将缓存项与 SQL 命令 command 关联，一定要注意：command 命令中的查询列表中各字段必须明确写出（不能用*符号），且表名必须用两段式规则书写（不能省略“dbo.”），否则不能正确注册此查询命令的主动通知。dependency 对象使得在得到主动通知后，重新获取 command 结果集以更新缓存。

接下来用编程方式（而不是@OutputCache 指令），建立定期 3 分钟失效的页面缓存，其他缓存参数请读者自行查阅 MSDN。此缓存建立后，3 分钟刷新页面，将不再执行页面的生命周期，也就不再执行 Page_Load 事件委托函数，GridView 中的数据来自缓存，这可以从 Label 显示的时间并未改变得到证实。

然后为页面缓存添加 dependency 数据库依赖项。也就是在 command 命令的结果集对应的数据库存储变动时，缓存被更新。

最后的代码是打开连接、读取数据、绑定到 GridView 控件。

⑥ 运行网页，由于不包含定时刷新的代码，需要手动刷新进行验证：看到网页后，3 分钟内刷新网页，时间不变，数据不变，说明数据来自缓存，缓存未更新。

⑦ 在 3 分钟后，刷新网页，看到时间改变，数据不变，说明缓存失效，已经重新获取未改变的数据。

⑧ 在下一个 3 分钟内，修改 Table_3 数据表，再次刷新网页，看到时间改变，数据改变，说明由于缓存已经由于查询通知依赖项而被更新。

ASP.NET 为我们提供了一个强大的、便于使用的缓存机制，用于将需要大量服务器资源来创建的

对象存储在内存中。缓存这些类型的资源会大大改进应用程序的性能。缓存是由 Cache 类来实现的；缓存实例是每个应用程序专用的。缓存生存期依赖于应用程序的生存期；重新启动应用程序后，将重新创建 Cache 对象。

应用程序缓存提供了一种编程方式，可通过键/值对将任意数据存储在内存中。使用应用程序缓存与使用应用程序状态类似。但是，与应用程序状态不同的是，应用程序缓存中的数据更具易失性，即数据并不是在整个应用程序生命周期中都存储在内存中。使用应用程序缓存的优点是由 ASP.NET 管理缓存，它会在项过期、无效或内存不足时移除缓存中的项。还可以配置应用程序缓存，以便在移除项时通知应用程序。ASP.NET 中的缓存如果使用得当，程序性能会有明显提升；如果使用不当，则可能带来逻辑错误。

第12章 新技术介绍

通过前面几章的学习，我们学会了如何使用 ASP.NET 技术进行动态网站的开发，我们进行网站开发的目的是为了实现信息的共享，这里的信息指的是网站本身包含的资源，用户可以通过访问我们的网站获得相关的网站资源，但在某些情况下我们的网站需要从其他的应用程序中获取信息，也就是说根据用户的需求，有时我们除了使用 ASP.NET 开发网站程序外，还需要开发相关联的其他应用程序，以实现相关程序之间的信息访问，这就需要.NET 提供的另外一种 Windows 平台下的面向服务的新的编程模型，即 WCF（Windows Communication Foundation），该技术对关联应用程序的开发进行了简化。通过提供分层的体系结构，对多种风格的分布式应用程序提供服务支持。

相对于 ASP.NET 来说，WCF 是一种侧重于程序之间通信的新技术，我们在进行 ASP.NET 网站应用程序开发时，有时需要用到 WCF。

本章既然是介绍.NET 的新技术，除了与 ASP.NET 关系密切的 WCF 外，.NET 平台还提供了另外几种与 ASP.NET 关系不太密切的新技术。

① Silverlight：是一种跨浏览器、跨平台的 .NET Framework 实现，用于为 Web 生成和提供下一代媒体体验和丰富的交互式应用程序 (RIA)，也就是.NET 平台提供的一种浏览器插件。

② WPF：全称是 Windows Presentation Foundation，是下一代显示系统，用于生成能带给用户震撼视觉体验的 Windows 客户端应用程序。使用 WPF，您可以创建广泛的独立应用程序以及浏览器承载的应用程序。

③ WF（Windows Workflow Foundation）：是存储了多个活动单元的一组模型，各活动单元用于描述某一项任务的实际流程。工作流提供了一种方法，将工作流程中的逻辑和规则进行组织和管理，对任务的执行顺序和各模块间的依赖关系进行详细的描述，使工作流中的活动单元可以按预定的流程执行，从头到尾贯穿整个模型。

12.1 WCF

Windows 通信基础（Windows Communication Foundation）简称 WCF，它是 Windows 平台下一种面向服务的新型编程模型，对关联应用程序的开发进行了简化。通过提供分层的体系结构，对多种风格的分布式应用程序提供服务支持。

下面我们通过两个例子来看一下如何创建 WCF 服务应用程序以及如何使用 WCF 提供的服务。

12.1.1 一个简单的 WCF 服务及应用例子

① 通过 VS2008 创建一个 WCF 服务应用程序，可以通过单击“文件”菜单中的“新建”→“项目”命令，在打开的“新建项目”对话框中的项目类型中选择“Visual C#”，在右边的模板中选择“WCF 服务应用程序”，如图 12.1 所示。选择好项目后为该项目输入项目名称和位置，单击“确定”按钮，完成 WCF 服务应用程序的创建。创建完成的 WCF 服务程序将不需要再被承载，可直接成为活动的服务来对外提供服务。

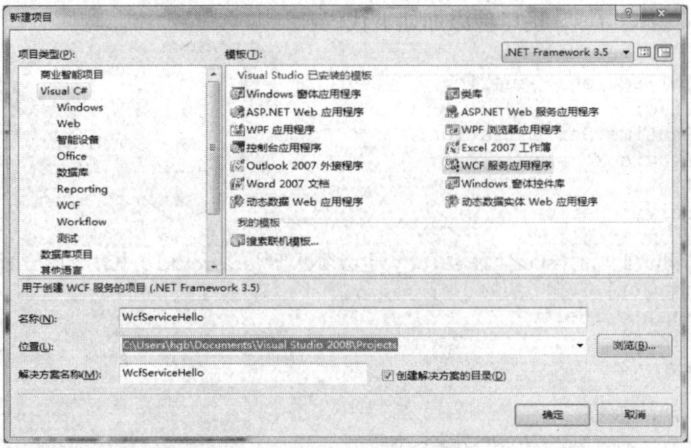

图 12-1 创建 WCF 应用程序

② 在解决方案资源管理器中的“WcfServiceHello”项目节点上右击，添加一个名为“Hello.svc”的 WCF 服务项，如图 12.2 所示。

图 12-2 添加 Hello.svc 服务项

③ 为“Hello.svc”服务项添加如下代码：

```
using System;
using System.Collections.Generic;
using System.Linq;
using System.Runtime.Serialization;
using System.ServiceModel;
using System.Text;
namespace WcfServiceHello
{
    // 注意：如果更改此处的类名 "Hello"，也必须更新 Web.config 中对 "Hello" 的引用
```

```
    public class Hello : IHello
    {
        ///<summary>
        ///问候
        ///</summary>
        ///<param name = "name">姓名</param>
        ///<returns>问候语</returns>
        public string sayHello(string name)
        {
            string result = "您好" + name + ",欢迎学习 WCF!! ";
            return result;
        } } }
```

④ 为该项目的“IHello.cs”接口项添加如下代码：

```
using System;
using System.Collections.Generic;
using System.Linq;
using System.Runtime.Serialization;
using System.ServiceModel;
using System.Text;
namespace WcfServiceHello
{
    // 注意：如果更改此处的接口名"IHello"，也必须更新 Web.config 中对 "IHello" 的引用
    [ServiceContract] //服务契约
    public interface IHello
    {
        ///<summary>
        ///问候
        ///</summary>
        ///<param name = "name">姓名</param>
        ///<returns>问候语</returns>
        [OperationContract] //方法契约
        string sayHello(string name);
```

⑤ 在 IE 浏览器下浏览该 Web 服务，效果如图 12-3 所示。

⑥ 经过上述步骤，该 Web 服务已成功创建，接下来新建一个名为 HelloApp 的控制台应用程序，在该程序中调用刚才已经创建好的 WCF 服务，在该项目中通过添加服务引用的方式（如图 12-4 所示）将创建好的 WCF 服务引用到项目中。

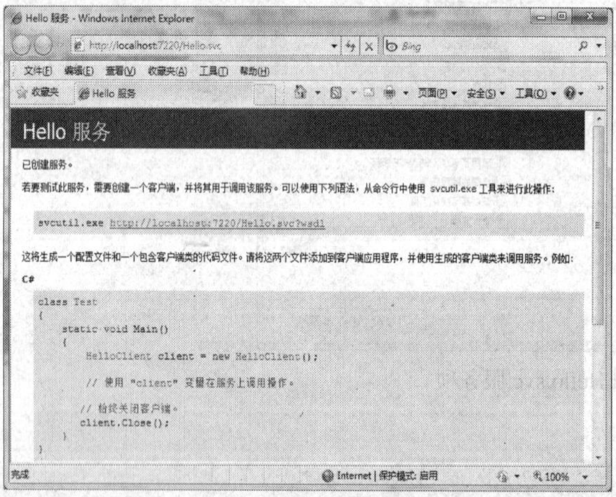

图 12-3　Hello 服务效果

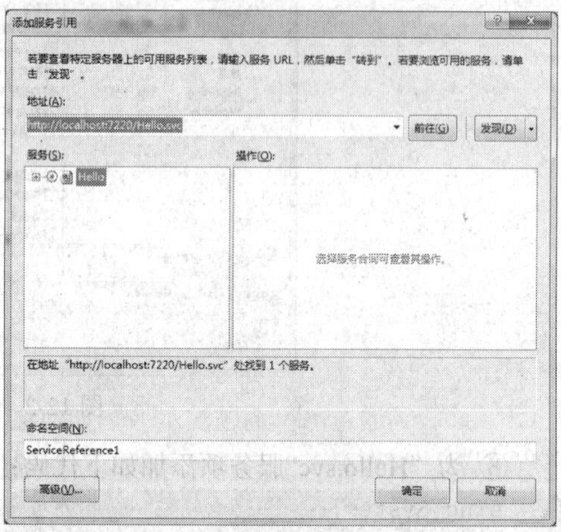

图 12-4　添加服务引用

⑦ 该控制台应用程序的代码如下所示：

```
using System;
using System.Collections.Generic;
using System.Linq;
using System.Text;
namespace HelloApp
```

```
{
  class Program
  {
    static void Main(string[] args)
    {
     //实例化
     ServiceReference1.HelloClient hello = new HelloApp.ServiceReference1.HelloClient();
      //提示输入一个姓名
      Console.WriteLine("请输入您的姓名: \n");
      //读取输入的字符
      string s = Console.ReadLine();
       //调用 WCF 服务中的方法
       string result = hello.sayHello(s);
      Console.WriteLine("\n" + result);
      Console.ReadLine();
     } } }
```

⑧ 编译运行该程序，效果如图 12-5 所示。

⑨ 输入一个姓名并按下回车键后，效果如图 12-6 所示。

图 12-5 执行效果

图 12-6 输出问候信息

12.1.2 在 WCF 服务中模拟客户端程序

在 WCF 服务中，可以通过模拟调用方即客户端应用程序，使 WCF 服务可代表客户端来访问系统资源。

● 可以使用 OperationBehavior 对象来指定 WCF 服务方法的本地执行行为，可在这里设定对客户端的模拟。

● ServiceSecurityContent 类提供了对远程方的安全上下文进行操作的相关成员。

● 使用 WindowsIdentity 类的 GetCurrent()方法，可以创建能代表当前用户的 WindowsIdentity 对象。

下面我们通过一个例题演示一下如何在 WCF 服务中模拟客户端程序。

① 从“开始”菜单中“以管理员身份运行”的方式启动 VS2008，创建一个控制台应用程序。

② 为该程序添加两个引用（“System.IdentityModel”和“System.ServiceModel”），如图 12-7 所示。

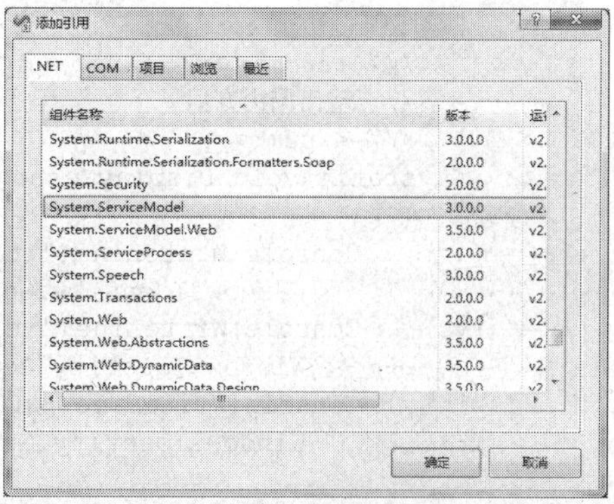

图 12-7 添加引用

③ 为该程序创建如下代码：

```
using System;
using System.Collections.Generic;
```

```
using System.Linq;
using System.Text;
using System.Configuration;
using System.ServiceModel;
using System.ServiceModel.Description;
using System.Security.Principal;
using System.IdentityModel.Claims;
using System.IdentityModel.Policy;
using System.IdentityModel.Tokens;
using System.IdentityModel.Selectors;
using System.Threading;
namespace HostService
{
    [ServiceContract(Namespace = "HostService.Hello")]
    public interface iHello
    {
        [OperationContract]
        string hello();
    }
    class service
    {
        static void Main(string[] args)
        {
            ServiceHost host = new ServiceHost(typeof(Hello));
            using (host)
            {
                //设置宿主程序的运行账户信息
                host.Authorization.PrincipalPermissionMode =
PrincipalPermissionMode.UseWindowsGroups;
                host.Open();
                Console.WriteLine("服务已经启动");
                //输出当前账户信息
                Console.WriteLine("\nWCF服务基于该账户运行: {0}",
WindowsIdentity.GetCurrent().Name);
                Console.WriteLine("\n在http://localhost:5678/Hello处进行监听");
                Console.WriteLine("\n按任意键结束服务..");
                Console.WriteLine();
                Console.ReadLine();
            }  }  }
        ......
    ......
    public class Hello : iHello
    {
        /// <summary>
        /// 输出调用方信息
        /// </summary>
        static void DisplayMessage()
        {
            Console.WriteLine("\t当前线程所运行的账户:{0}",
                WindowsIdentity.GetCurrent().Name);
            Console.WriteLine("\t账户标记:{0}",
                WindowsIdentity.GetCurrent().Token.ToString());
            Console.WriteLine("\t线程模拟级别 :{0}",
                WindowsIdentity.GetCurrent().ImpersonationLevel);
        }
        [OperationBehavior(Impersonation = ImpersonationOption.Required)]
        public string hello()
        {   string Message = "您好! 欢迎学习WCF之模拟客户端";
            Console.WriteLine("模拟之前: \n\n");
```

```
            DisplayMessage();
            Thread.Sleep(3000);
            Console.Write("......................正在进行模拟...");
            Thread.Sleep(3000);
            Console.Write(".....................");
            Thread.Sleep(2000);
            //权限的判断
            if (ServiceSecurityContext.Current.WindowsIdentity.ImpersonationLevel = =
                TokenImpersonationLevel.Impersonation ||
                ServiceSecurityContext.Current.WindowsIdentity.ImpersonationLevel = =
                TokenImpersonationLevel.Delegation)
            {
                //从远程方的上下文中提取 Windows 标识
                using (ServiceSecurityContext.Current.WindowsIdentity.Impersonate())
                {
                    Console.WriteLine("\n\n 成功模拟");
                    DisplayMessage();
                }
            }
            Else  //权限不够
            {
                Console.WriteLine("\n\n 当前的操作需要更高的权限");
            }
            return Message;
        }  }   }
```

④ 为该程序添加一个配置文件 App.config，具体配置如下所示：

```
<?xml version = "1.0" encoding = "utf-8" ?>
<configuration>
  <system.web>  <compilation debug = "true" /> </system.web>
  <!-- 部署服务库项目时，必须将配置文件的内容添加到
  主机的 app.config 文件中。System.Configuration 不支持库的配置文件。-->
  <system.serviceModel>
    <services>
      <service name = "HostService.Hello" behaviorConfiguration = "HelloBehavior">
        <host>
          <baseAddresses>
            <add baseAddress = "http://localhost:5678/Hello" />
          </baseAddresses>
        </host>
        <!-- Service Endpoints -->
        <!-- 除非完全限定，否则地址将与上面提供的基址相关 -->
      <endpoint address ="" binding = "wsHttpBinding" contract = "HostService.iHello">
          <!--
              部署时，应删除或替换下列标识元素，以反映
              在其下运行部署服务的标识。删除之后，WCF 将
              自动推导相应标识。
          -->
          <identity> <dns value = "localhost"/> </identity>
        </endpoint>
        <!-- Metadata Endpoints -->
        <!-- 元数据交换终节点由服务器用于向客户端做自我描述。-->
        <!-- 此终节点不使用安全绑定，应在部署前确保其安全或将其删除-->
        <endpoint address = "mex" binding = "mexHttpBinding"
contract = "IMetadataExchange"/>
      </service>
    </services>
    <behaviors>
      <serviceBehaviors>
        <behavior name = "HelloBehavior">
          <!-- 为避免泄露元数据信息，
```

```
        请在部署前将以下值设置为 false 并删除上面的元数据终节点  -->
        <serviceMetadata httpGetEnabled = "True"/>
        <!-- 要接收故障异常详细信息以进行调试，
        请将下值设置为 true。在部署前
          设置为 false 以避免泄露异常信息-->
        <serviceDebug includeExceptionDetailInFaults = "False" />
      </behavior>
    </serviceBehaviors>  </behaviors> </system.serviceModel></configuration>
```

⑤ 编译后运行该程序，效果如图 12-8 所示。

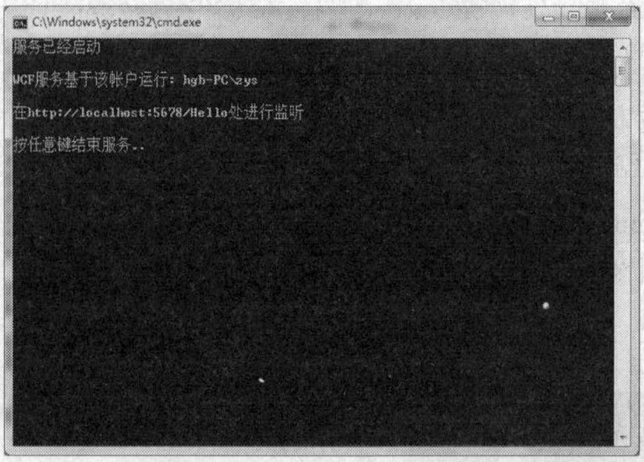

图 12-8　宿主启动成功效果

⑥ 创建一个控制台应用程序，命名为“Client”，作为 WCF 服务的客户端程序，首先添加对 URL：“http://localhost：5678/Hello”的服务引用，然后为该程序创建如下所示代码。

```
using System;
using System.Collections.Generic;
using System.Linq;
using System.Text;
namespace Client
{
    class Program
    {
        static void Main(string[] args)
        {
         ServiceReference1.iHelloClient client = new
Client.ServiceReference1.iHelloClient();
            Console.WriteLine(client.hello().ToString());
            Console.ReadLine();
        }
    }
```

⑦ 确保已经启动了 WCF 宿主程序，然后启动客户端程序，效果如图 12-9 所示。

⑧ 此时我们再回来看宿主程序，已经输出了模拟客户端的反馈信息，如图 12-10 所示。

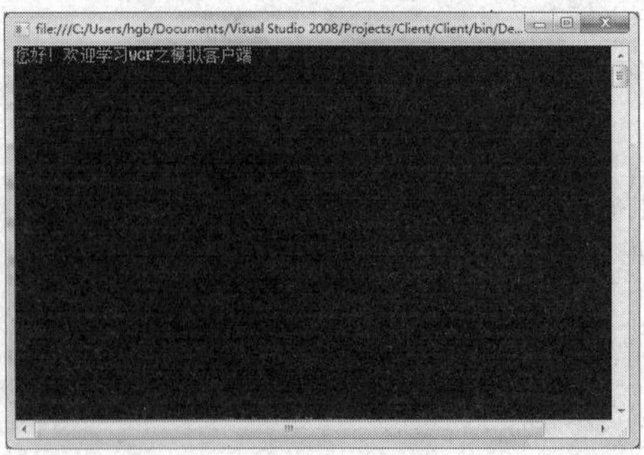

图 12-9　客户端运行效果

图 12-10　输出模拟反馈信息

分析：

● 在程序“HostService.service.cs”中，创建一个名为“Hello()”的方法，并在接口中将其暴露以提供服务。

● 在宿主程序中，首先输出当前宿主程序所运行的账户信息，并将宿主的通信对象打开，代码如下所示：

```
//设置宿主程序的运行账户信息
 host.Authorization.PrincipalPermissionMode PrincipalPermissionMode.UseWindowsGroups;
host.Open();
```

● 使用一个 DisplayMessage()方法，来显示当前模拟方的信息，代码如下所示：

```
static void DisplayMessage()
        {
            Console.WriteLine("\t 当前线程所运行的账户:{0}",
                WindowsIdentity.GetCurrent().Name);
            Console.WriteLine("\t 账户标记:{0}",
                WindowsIdentity.GetCurrent().Token.ToString());
            Console.WriteLine("\t 线程模拟级别 :{0}",
                WindowsIdentity.GetCurrent().ImpersonationLevel);
        }
```

● 让 Hello()方法使用 OperationBehaviorAttribute 来模拟调用方，代码如下所示：

```
[OperationBehavior(Impersonation = ImpersonationOption.Required)]
```

● 在模拟之前首先进行判断，确定 Host 是否具有模拟特权，代码如下所示：

```
if (ServiceSecurityContext.Current.WindowsIdentity.ImpersonationLevel = =
                TokenImpersonationLevel.Impersonation ||
                ServiceSecurityContext.Current.WindowsIdentity.ImpersonationLevel = =
                TokenImpersonationLevel.Delegation)
```

● 如果具有模拟权限，则先从远程方的上下文中提取 Windows 标识，并输出模拟信息，代码如下所示：

```
//从远程方的上下文中提取 Windows 标识
                using (ServiceSecurityContext.Current.WindowsIdentity.Impersonate())
                {
                    Console.WriteLine("\n\n 成功模拟");
                    DisplayMessage();
                }
```

● 如果不具有模拟权限，则输出提示信息，代码如下所示：

```
Console.WriteLine("\n\n 当前的操作需要更高的权限");
```

WCF 是使用托管代码建立和运行面向服务（Service Oriented）应用程序的统一框架。它使得开发者能够建立一个跨平台的安全、可信赖、事务性的解决方案，且能与已有系统兼容协作。WCF 是微软分布式应用程序开发的集大成者，它整合了.Net 平台下所有的和分布式系统有关的技术，例如.Net Remoting、ASMX、WSE 和 MSMQ。以通信(Communiation)范围而论，它可以跨进程、跨机器、跨子网、企业网乃至于 Internet；以宿主程序而论，可以以 ASP.NET、WPF、Windows Forms、NT Service、COM + 作为宿主(Host)。

WCF 可以支持的协议包括 TCP、HTTP、跨进程以及自定义，安全模式则包括 SAML、Kerberos、X509、用户/密码、自定义等多种标准与模式。也就是说，在 WCF 框架下，开发基于 SOA 的分布式系统变得容易了，微软将所有与此相关的技术要素都包含在内，掌握了 WCF，就相当于掌握了叩开 SOA 大门的钥匙。

12.2 Silverlight 技术与 WPF 技术

随着 Web 的深入发展，用户体验在 Web 项目中的地位变得越来越重要，浏览器已不仅仅局限于提供简单的文档显示和超链接的功能，用户对界面的高质量和易操作性提出了更高要求。

为了让用户通过浏览器访问 Internet 资源时具有更佳的用户体验，各大厂商纷纷提供了多种解决方案，如 ActiveX 控件、Java Applets、Flash 插件以及上一章我们介绍的可以进行 Web 页面局部刷新的 Ajax 技术。但是不管是插件还是 Ajax 都存在自身的局限性：插件实际上就是客户端应用程序，它的运行依赖于操作系统和浏览器的支持，另外插件也为病毒和木马的肆虐提供了可乘之机；而 Ajax 技术对图形、动画、音视频等多媒体功能的支持存在不足。针对这些问题，Microsoft 启动了 Web 用户体验（UX）战略，主要目的是使 Web 应用程序既具有网络应用程序的灵活性，又能够提供接近桌面应用程序的用户体验，这时 Silverlight 应运而生。

WPF 技术是一项界面表现层的基础技术，前面章节我们介绍的使用 ASP.NET 技术开发网站应用程序，在进行表现层处理时是在 HTML 的基础上，结合不同技术来共同完成对用户界面、文档、媒体等的处理。而 WPF 技术首先是对用户界面、文档、媒体处理提供了统一方法，使我们开发人员不用再困惑于不同的技术之上，而是用统一的方法解决表现层的问题；其次是基于矢量的图形引擎，WPF 技术不仅完全建立在矢量显示技术基础之上，而且更与 Windows 系统底层紧密结合，可以直接利用当今 PC 强大的 GPU 技术，使用 DirectX 直接对矢量渲染进行加速，充分发挥了硬件资源的潜能，提高了应用的性能。再就是 WPF 技术有自己独特的 XAML 语言，来对表现界面进行设计编程，其方便程度类似于用 HTML 来编写网页，而其功能性则更超越了以往所有的界面设计方法，他使得我们设计人员也可以进行一定的界面开发的工作。

也就是说我们可以利用 WPF 技术提供的统一方法开发出用户体验更佳的应用程序。

12.2.1 Silverlignt 技术

Microsoft Silverlight 是一种跨浏览器、跨平台的.NET Framework 实现，用于为 Web 生成和提供下一代媒体体验和丰富的交互式应用程序（RIA）。Silverlight 统一了服务器、Web 和桌面的功能，统一了托管代码和动态语言、声明性编程和传统编程以及 Windows Presentation Foundation (WPF)的功能。

因为 SilverLight 提供了一个强大的平台，能够开发出具有专业图形、音频和视频的 Web 应用程序，增强了用户体验，所以 SilverLight 吸引了设计人员和开发人员的眼球。同时，SilverLight 还提供了强大的工具来提高他们的工作效率。

1. Silverlight 允许您创建具有以下功能的最先进的应用程序

① 它是一种跨浏览器、跨平台的技术。它在所有常见的 Web 浏览器中运行，包括 Microsoft Internet Explorer、Mozilla Firefox 和 Apple Safari，并在 Microsoft Windows 和 Apple Mac OS X 上运行。

② 它由可在数秒内安装的很小的下载程序支持。

③ 它对视频和音频进行流处理。它将视频品质调整到适合各种环境：从移动设备到桌面浏览器以及 720p HDTV 视频模式。

④ 它包括用户可以直接在浏览器中操作（拖动、旋转和缩放）的足够清晰的图形。

⑤ 它读取数据并更新显示内容，但是不通过刷新整个页面来打断用户。

2. Silverlight 提供的功能

Silverlight 将多种技术组合到单个开发平台，可以允许您根据需要选择合适的工具和编程语言。Silverlight 提供下列功能。

① WPF 和 XAML。Silverlight 包含 Windows Presentation Foundation (WPF)技术的一个子集，从而大大扩展了浏览器中用于创建 UI 的元素。WPF 允许您创建沉浸式图形、动画、媒体和其他丰富的客户端功能，使基于浏览器的 UI 远超单独使用 HTML 提供的效果。可扩展应用程序标记语言 (XAML) 提供用于创建元素的声明性标记语法。

② 对 JavaScript 的扩展。Silverlight 提供对通用浏览器脚本语言的扩展，可以控制浏览器 UI，包

括使用 WPF 元素。

③ 跨浏览器、跨平台支持。Silverlight 可以在所有通用浏览器（以及任意平台）上自如运行。您可以设计和开发应用程序而不必担心用户具有何种浏览器或平台。

④ 与现有应用程序集成。Silverlight 可以与现有 JavaScript 和 ASP.NET AJAX 代码无缝集成，以增强您已具有的功能。

⑤可以访问 .NET Framework 编程模型和相关工具。可以使用诸如 IronPython 的动态语言以及诸如 C# 和 Visual Basic 的语言创建基于 Silverlight 的应用程序。可以使用诸如 Visual Studio 的开发工具创建基于 Silverlight 的应用程序。

⑥ 网络支持。Silverlight 包括对 TCP 上的 HTTP 的支持。可以连接到 WCF、SOAP 或 ASP.NET AJAX 服务并接收 XML、JSON 或 RSS 数据。

⑦ LINQ。Silverlight 包括语言集成查询（LINQ），这种查询允许您使用直观本机语法和.NET Framework 语言中的强类型对象来编程进行数据访问。

⑧ 如果已经使用 ASP.NET，可以将 SilverLight 集成到熟悉的 ASP.NET 服务器和客户端功能。可以在 ASP.NET 中创建基于服务器的资源，采用 Ajax 和服务器端交换数据使 Silverlight 更加强大，结合了 Silverlight 丰富的用户界面和 Ajax 的异步数据传输，用户将得到非常舒适的交互体验。

3. 开发工具

用户可以使用已经具有的技能和熟悉的工具来创建基于 Silverlight 的应用程序，在 Web 页面中，既可以使用 HTML，也可以使用 Silverlight 的 WPF 元素，和 HTML 一样，在 Web 应用程序中 XAML 同样可以使用声明的标记来创建用户界面，不同的是，XAML 提供了更强大的元素。

网络要求开发者们必须越来越多地考虑设计和美观问题，对用户的快速响应和直观的界面已经成为开发标准，这需要在开发中同时加入美术设计和用户体验规划。

然而，美术师和程序员使用完全不同的资源和工具。通常情况是，美术师把图片文件或者 HTML 框架发给开发者以整合应用程序代码，当设计做出更改，整合就没完没了地进行。

Silverlight 能提供更好的开发模式。微软提供给 Silverlight 的工具包是一系列复杂工具的集合，例如 Visual Studio，还有连接设计者的工具，称为 Expression Studio。

对于 Silverlight，主要的设计工具是 Expression Blend，它可以按设计者们所熟知的方式创建 XAML 内容，使用起来和 Adobe Illustrator 或者 Photoshop 差不多。但不同之处在于 Blend 和开发者使用同样的工程项目文件，XAML 和 JavaScript 文件，就像在 Visual Studio 中那样，Expression Blend 能够生成 XAML 进行输出，当设计完成并修整好，不需要进行中间的整合过程，设计者就可以看到开发人员直接将其作为项目素材加入开发项目。这样做有助于设计者和开发人员更加紧密地协同工作。

在安装完 VS2008 后，可以通过网络平台安装工具来安装 Silverlight Tools。下载地址为“http://www.microsoft.com/downloads/details.aspx?displaylang = zh-cn&FamilyID = 9442b0f2-7465-417a-88f3-5e7b5409e9dd”。

此程序包是为 Microsoft Silverlight 3 提供工具的 Visual Studio 2008 SP1 外接程序。它可以安装在 Visual Studio 2008 SP1 或 Visual Web Developer 2008 速成版 SP1 的基础之上，并提供用于使用 C# 或 Visual Basic 开发 Silverlight 应用程序的 Silverlight 项目系统。

下面我们通过一个演示来看一下如何使用 Silverlight 3 和 VS 2008 创建“Hello World”程序。

① 启动 VS2008，单击“文件”下的“新建”→“项目”命令，在弹出的“新建项目”对话框中，在左边的“项目类型”中选择“Sliverlight”，右边的模板中选择“Sliverlight 应用程序”，新建一个名为“Silverlight Application1”的应用程序项目，如图 12-11 所示。

② 在单击图 12-11 中的“确定”按钮后，Visual Studio 会显示另外一个对话框，允许我们选择是

否在新网站中承载 Silverlight 应用程序及新 Web 项目类型，这里我们选择“在新网站中承载 Silverlight 应用程序”，项目类型选择“ASP.NET 网站”，如图 12-12 所示。

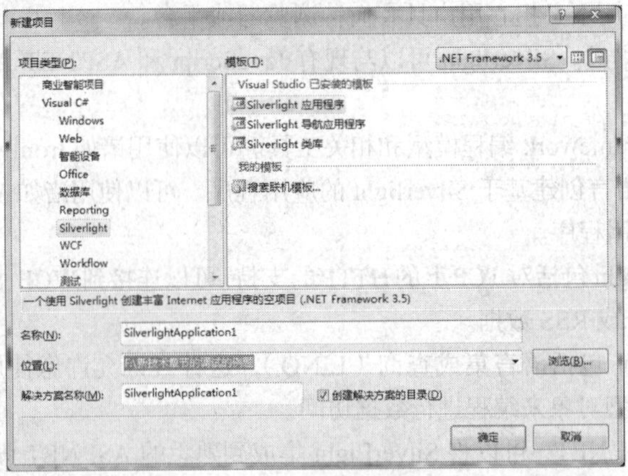

图 12-11　新建 Sliverlight 项目

③ 单击图 12-12 中的“确定”按钮后，Visual Studio 会为我们创建一个解决方案，里面包含一个 Silverlight 客户端应用和一个 ASP.NET Web 站点，VS 为我们创建的默认的 Web 站点中包含一个名为“SilverlightApplication1TestPage.aspx”的 ASP.NET 网页和一个名为“SilverlightApplication1TestPage.html”的静态的 HTML 网页，我们可以用来运行和测试其中的 Silverlight 应用，在默认情形下，一个新建的 Silverlight 应用项目包含一个 MainPage.xaml 和一个 App.xaml 文件，以及与它们相关的后台类文件，整个项目的目录结构如图 12-13 所示。

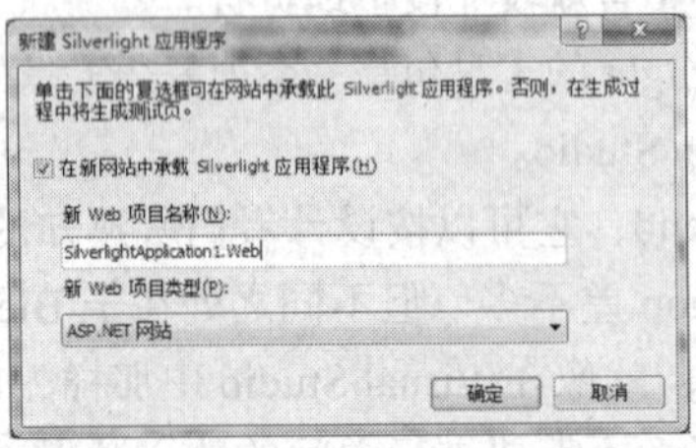

图 12-12　新建 Silverlight 应用程序

图 12-13　项目目录结构

④ 编译该项目后，在解决方案资源管理器中的“SilverlightApplication1TestPage.html”文件上右击，选择“在浏览器中查看”，这时候我们看到运行结果是显示一个空白网页。

⑤ 在解决方案资源管理器中双击“MainPage.xaml”文件，切换到其源视图状态，在该文件中添加一些内容，我们改变网格的背景颜色，在其中声明一个 Button 控件，我们将给按钮一个"x:Name"属性，设置其值为“MyButton”，这会允许我们在后台代码类中用编程的方法引用它。然后设置它的 Content、Width 和 Height 属性，具体代码如下所示。

```
   <UserControl x:Class = "SilverlightApplication1.MainPage"
      xmlns = "http://schemas.microsoft.com/winfx/2006/xaml/presentation"
      xmlns:x = "http://schemas.microsoft.com/winfx/2006/xaml"
    xmlns:d = "http://schemas.microsoft.com/expression/blend/2008"
xmlns:mc = "http://schemas. openxmlformats.org/markup-compatibility/2006"
      mc:Ignorable = "d" d:DesignWidth = "640" d:DesignHeight = "480">
    <Grid x:Name = "LayoutRoot" Background = "#ff5c7590">
      <Button x:Name = "MyButton" Content = "请单击我！" Width = "100"
Height = "50" ></Button>
```

```
    </Grid>
  </UserControl>
```

⑥ 当我们运行应用时，我们的按钮将会在网页的中间出现，内含“请单击我!”的内容文字，如图 12-14 所示。

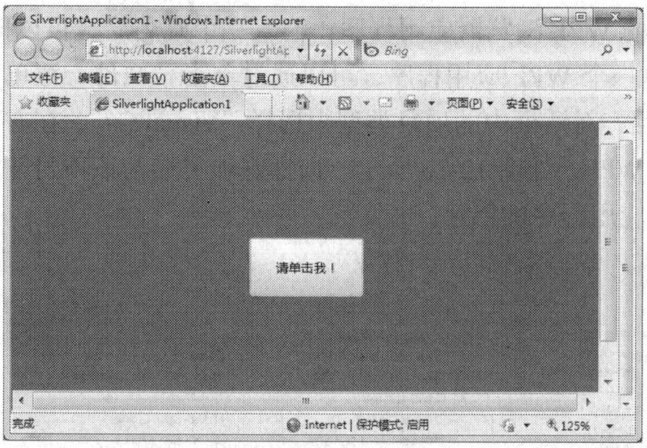

图 12-14　运行效果

⑦ 我们可以给按钮加一个 Click 事件行为，在“MainPage.xaml”源码视图中输入事件的名称，我们可以输入一个要用的新事件处理方法的名称，或者只要点击回车键，使用默认的命名约定来命名事件处理方法，VS 就会自动地在我们的后台代码类文件中创建一个占位的事件处理函数实现。我们可以使用这个事件处理函数使得在按钮被点击时，用新的消息更新它的内容，该按钮的后台事件委托函数的代码如下所示。

```
private void MyButton_Click(object sender, RoutedEventArgs e)
        {
            MyButton.Content = "Hello World";
        }
```

⑧ 在做完上面的改动后，我们重新生成 Silverlight 项目，然后重新在浏览器中查看“SilverlightApplication1TestPage.html”网页，再次单击按钮，现在它的内容就会被更新为“Hello World”的消息，如图 12-15 所示。

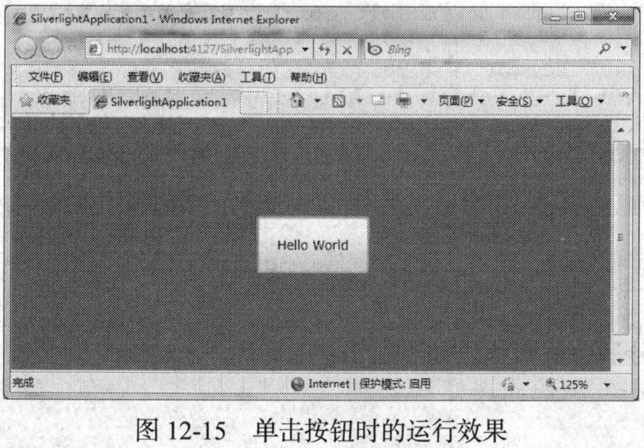

图 12-15　单击按钮时的运行效果

至此，我们完成了一个最简单的 Silverlight 应用程序的演示，在此基础上我们可以继续使用 Silverlight 提供的布局管理功能进行 Silverlight 应用程序的美化等工作，请感兴趣的读者在此基础上进行研究 Silverlight 提供的其他更强大的功能。

12.2.2　WPF 技术

WPF 的全称是 Windows Presentation Foundation，是下一代显示系统，用于生成能带给用户震撼视觉体验的 Windows 客户端应用程序。

类似 ASP.NET 技术的开发，我们可以使用 WPF 技术提供的可扩展应用程序标记语言（XAML）、控件、布局、二位和三维图形、动画、媒体等创建独立应用程序以及浏览器承载的应用程序。

下面我们通过几个例题来演示一下如何创建 WPF 应用程序。

1. 一个简单的 WPF 应用程序

本节将实现一个简单的 WPF 浏览器应用程序，输入一个姓名后，可以向读者问好。

① 通过 VS2008 创建一个 WPF 应用程序，可以通过单击“文件”菜单中的“新建”→“项目”命令，在打开的“新建项目”对话框中的项目类型中选择“Visual C#”，在右边的模板中列出了相关的项目，其中有几个模板是 WPF，如图 12-16 所示。选择好项目后为该项目输入项目名称和位置，单击“确定”按钮，完成 WPF 应用程序的创建。

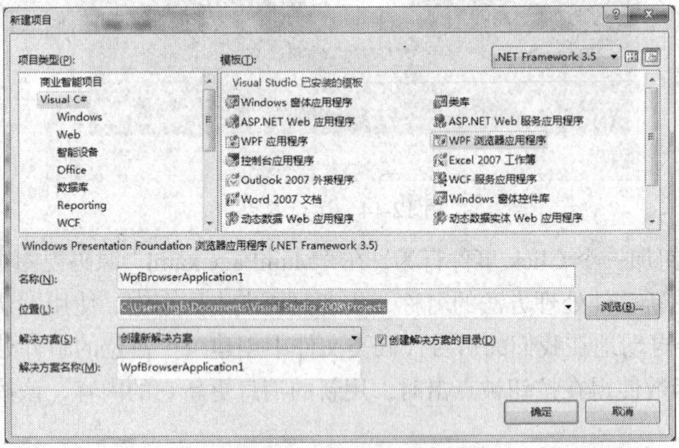

图 12-16 创建 WPF 应用程序项目

② WPF 的界面是由可扩展应用程序标记语言（xaml）来呈现的，xaml 是构建应用程序用户界面的一种新的描述性语言。xaml 提供了一种便于扩展和定位的语法来定义和程序逻辑分离的用户界面。该项目对应的 XAML 代码如下所示：

```
<Page x:Class = "WpfBrowserApplication1.Page1"
    xmlns = "http://schemas.microsoft.com/winfx/2006/xaml/presentation"
    xmlns:x = "http://schemas.microsoft.com/winfx/2006/xaml"
    Title = "Page1">
    <Grid Width = "445" Height = "298.75">
        <Label Height = "28" HorizontalAlignment = "Left" Margin = "8,16,0,0"
            Name = "label1" VerticalAlignment = "Top" Width = "120">请输入姓名：</Label>
    <TextBox Height = "26" Margin = "104,18,164.428,0" Name = "textBox1"
VerticalAlignment = "Top" />
    <Button Height = "23" Margin = "192.5,83.75,174.427,0" Name = "button1"
VerticalAlignment = "Top"
                Click = "button1_Click">问候</Button>
    </Grid>
</Page>
```

③ 该项目对应的部分后台逻辑代码如下所示：

```
namespace WpfBrowserApplication1
{
    /// <summary>
    /// Page1.xaml 的交互逻辑
    /// </summary>
    public partial class Page1 : Page
    {
        public Page1()
        {
            InitializeComponent();
        }

        private void button1_Click(object sender, RoutedEventArgs e)
        {
            string name = textBox1.Text;
            string message = "您好，" +name+ "\n 欢迎学习 WPF。";
```

```
            MessageBox.Show(message);
        }
    }
}
```

④ 编译后运行该程序，效果如图 12-17 所示，在文本框中输入一个姓名后，单击“问候”按钮，效果如图 12-18 所示。

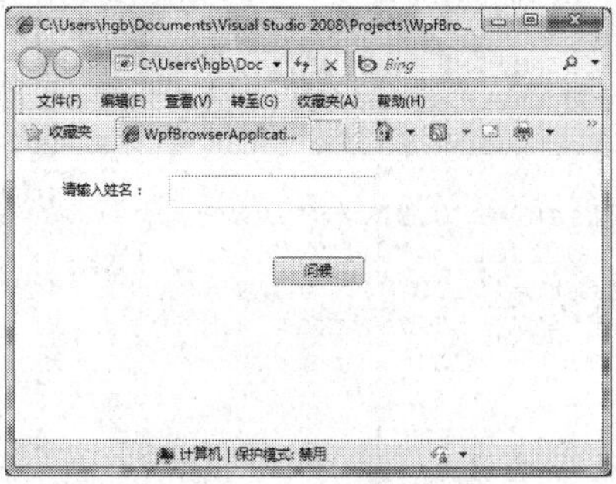

图 12-17　程序运行效果

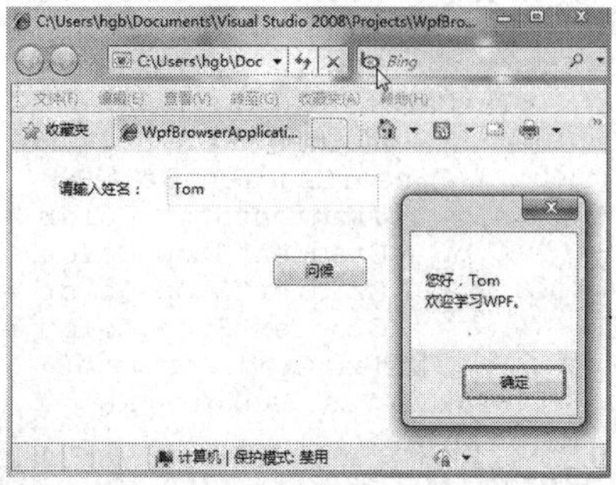

图 12-18　弹出问候语

分析：

- 在上述例题中，创建了一个名为“WpfBrowserApplication1”的浏览器应用程序，在页 Page1.xaml 中定义了一个 Label 控件、一个 TextBox 控件和一个 Button 按钮，并设置了 Button 按钮的 Click 事件委托函数“button1_Click”。
- 在后台逻辑代码中的 button1_Click 事件委托函数中，首先读取文本框中的值，然后通过 MessageBox 类的 Show()方法来弹出问候语。读者可以通过该例题注意比较一下 XAML 与 HTML 的区别。

2. 在 WPF 中实现一个可手写的涂鸦板

我们在以前要使用绘图功能，只能从专用库中进行使用，现在 WPF 直接提供了对媒体、动画和图形的支持，开发人员可以轻松地实现绘图功能。

WPF 的图形系统中，使用与设备无关的单元来对分辨率进行支持，并且具有设备独立性，即每个与设备无关的像素都会随系统的分辨率进行自动缩放，可以达到良好的显示效果。

使用 InkCanvas 控件，可以呈现一个墨水面板，但该控件在默认情况下不会显示在工具箱中，需要在 WPF 组件中进行添加。

要添加 InkCanvas 控件，可以使用鼠标在工具箱上右击，在弹出的快捷菜单中执行“选择项”命令，在打开的“选择工具箱项”对话框中，切换到“WPF 组件”选项卡，再在下面列出的组件中选择“InkCanvas”项，如图 12-19 所示，然后单击“确定”按钮，就可把该控件添加到工具箱中。

图 12-19　添加“InkCanvas”控件

下面我们通过一个例子来看一下如何在 WPF 中实现一个简单的绘图板。

① 打开 VS2008，按照 12.2.2 节的第一个例题中介绍的方法创建一个名为“WpfHandInput”的 WPF 浏览器应用程序，为其 Page1.xaml 设计如下所示代码。

```
<Page x:Class = "WpfHandInput.Page1"
    xmlns = "http://schemas.microsoft.com/winfx/2006/xaml/presentation"
    xmlns:x = "http://schemas.microsoft.com/winfx/2006/xaml"
    Title = "Page1" >
    <InkCanvas Name = "myInkCanvas" >
        <InkCanvas.Background>
            <!--定义画笔-->
            <LinearGradientBrush>
                <GradientStop Color = "Yellow" Offset = "0.0" />
                <GradientStop Color = "LightBlue" Offset = "0.5" />
                <GradientStop Color = "Green" Offset = "1.0" />
                <GradientStop Color = "Red" Offset = "1.5" />
            </LinearGradientBrush>
        </InkCanvas.Background>
    </InkCanvas>
    <!--触发器-->
    <Page.Triggers>
        <EventTrigger RoutedEvent = "Page.Loaded">
            <EventTrigger.Actions>
                <!--下边是 BeginStoryboard 对象，将其与墨水面板 InkCanvas 相关联-->
                <!--BeginStoryboard 可以开始一个绘图板 InkCanvas 的触发器动作-->
                <BeginStoryboard>
                    <Storyboard RepeatBehavior = "Forever" AutoReverse = "True">
                        <!--通过线性插入法在两个目标值之间对 Color 属性值进行变换-->
                        <ColorAnimation  Storyboard.TargetName = "myInkCanvas"
        Storyboard.TargetProperty =
"(InkCanvas.Background).(LinearGradientBrush.GradientStops)[0].(GradientStop.Color)"
        From = "Yellow" To = "LightBlue" Duration = "0:0:5"/>
                        <ColorAnimation Storyboard.TargetName = "myInkCanvas"
        Storyboard.TargetProperty =
"(InkCanvas.Background).(LinearGradientBrush.GradientStops)[1].(GradientStop.Color)"
        From = "Green" To = "LightBlue" Duration = "0:0:5"/>
                        <ColorAnimation Storyboard.TargetName = "myInkCanvas"
        Storyboard.TargetProperty =
"(InkCanvas.Background).(LinearGradientBrush.GradientStops)[2].(GradientStop.Color)"
        From = "LightBlue" To = "Red" Duration = "0:1:5"/>
                    </Storyboard>
                </BeginStoryboard>
            </EventTrigger.Actions>
        </EventTrigger>
    </Page.Triggers>
</Page>
```

② 编译执行该程序，效果如图 12-20 所示。

③ 此时，可以使用鼠标在上面进行涂鸦、绘画，如图 12-21 所示。

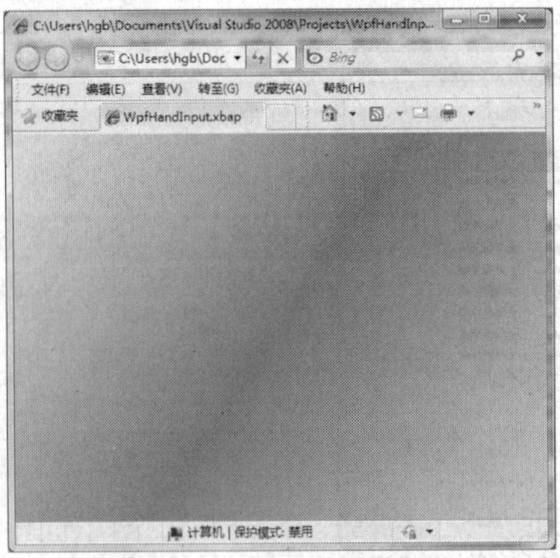

图 12-20　绘图板执行效果

图 12-21　涂鸦效果

分析：

- 在 Page1.xaml 代码中使用 InkCanvas 控件创建了一个名为“myInkCanvas”的墨水面板，作为进行涂鸦的画板，并定义了类型为“LinearGradientBrush”的画笔。
- 接着添加了一个“BeginStoryboard”对象，将其与墨水面板 InkCanvas 相关联，使用“BeginStoryboard”对象可以开始一个绘图板 InkCanvas 的触发器动作。
- 然后使用“ColorAnimation”元素，通过线性插入法在两个目标值之间对 Color 属性值进行了 3 次变换，依次是由“Yellow”变到“LightBlue”、“Green”变到“LightBlue”和“LightBlue”变到“Red”。

3. 在 WPF 中实现一个简单的动画

在 WPF 中，通过对某对象的个别属性应用动画，可以实现对该对象进行动画处理。而动画是快速播放的一组图像，该组图像中的每一张和下一张只是稍微有点不同，这样会给人造成一种幻觉，觉得这是一个变化的场景。

DoubleAnimation 类是一种动画类型，它可以生成双精度值的动画类型，通过这种动画类型的产生值，可以使矩形对象的 Opacity 属性发生规律性的变化。

下面我们通过一个例子来看一下如何在 WPF 中实现一个简单的动画。

① 打开 VS2008，按照 12.1.1 节介绍的方法创建一个名为“WpfDongHua”的 WPF 浏览器应用程序，为其 Page1.xaml 设计如下所示代码。

```
<Page x:Class = "WpfDongHua.Page1"
    xmlns = "http://schemas.microsoft.com/winfx/2006/xaml/presentation"
    xmlns:x = "http://schemas.microsoft.com/winfx/2006/xaml"
    Title = "Page1">
  <Grid>
     <StackPanel Margin = "20">
        <!--定义一个矩形-->
   <Rectangle Name = "MyRectangle" Width = "100" Height = "150">
     <Rectangle.Fill>
          <SolidColorBrush x:Name = "MySolidColorBrush" Color = "Red" />
      </Rectangle.Fill>
  <Rectangle.Triggers>
        <EventTrigger RoutedEvent = "Page.Loaded">
         <!--下边是 BeginStoryboard 对象，将其与 Rectangle 相关联-->
         <!--BeginStoryboard 可以开始一个 Rectangle 的触发器动作-->
         <BeginStoryboard>
         <!--故事板，作为动画播放的舞台-->
            <Storyboard RepeatBehavior = "Forever" AutoReverse = "True">
         <!--使用了名为 DoubleAnimation 的动画类型，-->
<DoubleAnimation  Storyboard.TargetName = "MyRectangle"
     Storyboard.TargetProperty = "Width"
          From = "100" To = "300" Duration = "0:0:1" />
  <!--通过 ColorAnimation 元素，在两个目标值之间对 Color 属性值进行变换-->
        <ColorAnimation Storyboard.TargetName = "MySolidColorBrush"
    Storyboard.TargetProperty = "Color"
       From = "Red" To = "Blue" Duration = "0:0:1" />
      </Storyboard></BeginStoryboard></EventTrigger></Rectangle.Triggers>
           </Rectangle></StackPanel></Grid></Page>
```

② 编译后运行该程序，会看到如图 12-22 和图 12-23 所示的动画效果。

分析：

- 在 Page1.xaml 代码中首先定义了一个名为“MyRectangle”的矩形。
- 然后为该矩形填充了 SolidColorBrush 对象，并设置填充颜色为 Red。

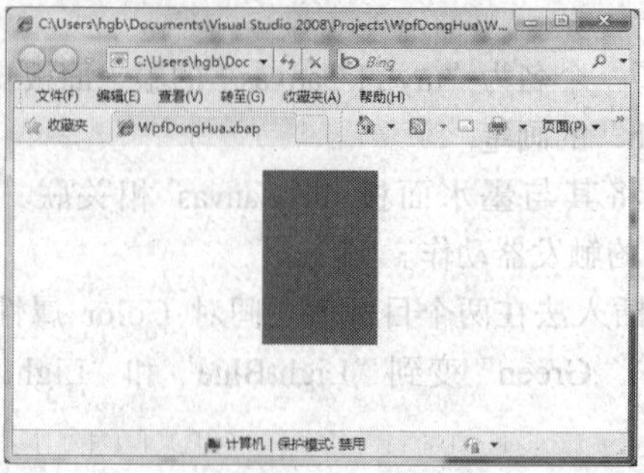

图 12-22　红颜色的动画效果

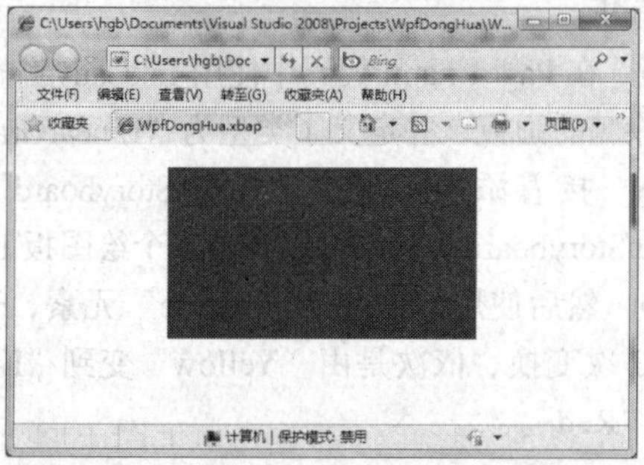

图 12-23　蓝颜色的动画效果

● 为 Rectangle 对象设置了一个事件触发器，并设置当页面在加载时执行触发动作，接着添加了一个 BeginStoryboard 对象，将其与 Rectangle 相关联，使用“BeginStoryboard”对象可以开始一个 Rectangle 对象的触发器动作。

● 通过 DoubleAnimation 元素，对矩形的宽度进行从 100 到 300 的变化，以形成动画。

● 通过 ColorAnimation 元素，对矩形的 Color 属性进行从 Red 到 Blue 的变换。

WPF 是迄今为止最为完善的用户表现层技术统一基础平台，其带来了丰富的功能特性，这里只列举其中最突出的几点：首先是最新的界面控件自定义体系，可以使用几个基础的界面控件，灵活地构建出各种所需要的界面元素；其次，因为文档功能也是其中重要的组成部分，所以对文字的显示能力和效果有很大的增强，包括 Sub-pixel 和 clear-type 等增强可读性的技术；用标签语言，支持 3D 能力，并且还使用了直接硬件加速；对故事板提供了直接的支持，对不同的时间线和多目标实现分组协调的同步动画，创建了更加复杂更加强劲的动画平台。

12.3 WF 技术

工作流（Windows Workflow Foundation）是存储了多个活动单元的一组模型，各活动单元用于描述某一项任务的实际流程。工作流提供了一种方法，将工作流程中的逻辑和规则进行组织和管理，对任务的执行顺序和各模块间的依赖关系进行详细的描述，使工作流中的活动单元可以按预定的流程执行，从头到尾贯穿整个模型。

1. 一个简单的顺序工作流

对每组模型中所包含的活动单元进行逐个执行，这样的工作流称为顺序工作流，可以向顺序工作流中添加其他复合活动，以实现任务的并行、事件驱动分支和数据驱动执行等。

● 活动是工作流的基本单元，可以直接在设计视图中进行添加，也可以以编程的方式进行添加。活动可以执行单个操作，如向数据库中写入值，也可以执行复合活动并包含一组活动。

● 活动有运行时和设计时两种行为模型，运行时行为在执行时指定操作，设计时行为则在设计器中显示时，可以对活动的外观及其交互进行控制。

● 顺序工作流按预定的顺序，对每个活动按顺序执行，直到最后一个活动执行完成。

● Windows Workflow Foundation 中包含一组默认的活动，这些活动已经实现了有关条件、流程控制、事件处理、状态管理以及与应用程序和服务通信的功能。在设计工作流时，可以直接使用这些默认的活动。

● CodeActivity 活动是一种简单的自定义活动，该活动可以允许开发人员将自定义的功能代码输入到工作流的任何环节，也就是说 CodeActivity 活动可以执行开发人员指定的代码。

下面我们来演示一个简单的顺序工作流的创建方法。

① 创建一个工作流项目，可在“文件”菜单中执行“新建”→“项目”命令，将打开“新建项目”

对话框，在左边的项目类型中选择“Workflow”，这时可以看到在右边的模板中列出了与工作流相关的一些模板，如图 12-24 所示，这里我们选择“顺序工作流控制台应用程序”，输入项目名称为“HelloWorkflow”，单击“确定”按钮，即完成顺序工作流的创建。

图 12-24　创建工作流

② 从工具箱中的“Windows Workflow v3.0”选项卡下，向设计界面拖入两个 Code 控件，以添加两个活动，如图 12-25 所示。

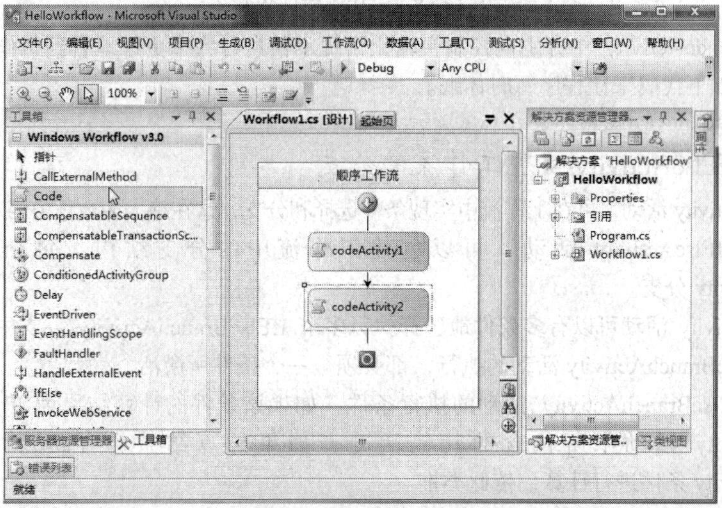

图 12-25　添加两个活动

③ 在设计界面上依次双击“codeActivity1”和“codeActivity2”，转到代码文件，写入如下功能代码。

```
    ......
//第一个活动
        private void codeActivity1_ExecuteCode(object sender, EventArgs e)
        {
            Console.WriteLine("您好，已经开始执行代码了.....\n");
            Console.Write(".......................");
            //休眠 2 秒钟后继续执行后面代码
            System.Threading.Thread.Sleep(2000);
            Console.WriteLine("........................\n");
```

```
        }
        //第二个活动
        private void codeActivity2_ExecuteCode(object sender, EventArgs e)
        {
            System.Threading.Thread.Sleep(2000);
            Console.WriteLine("工作流已经到达第二环节，即将结束");
            System.Threading.Thread.Sleep(2000);
        }
        ......
```

④ 编译后运行该工作流，效果如图 12-26 所示。

分析：

- 在该项目中，实现了一个简单的顺序工作流，在流程中，仅使用了两个 codeActivity 活动。

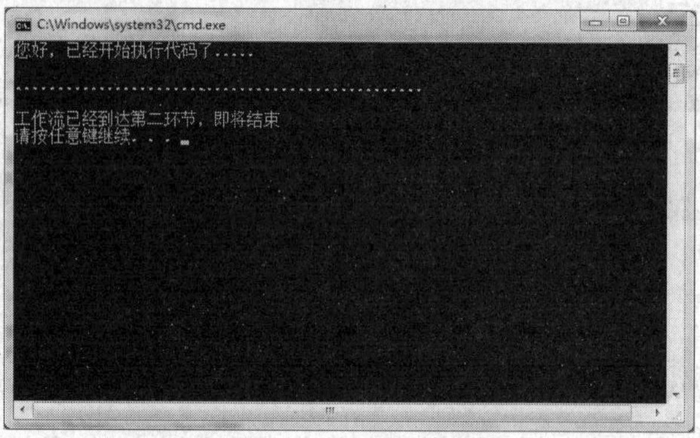

图 12-26　工作流运行效果

- 在两个 codeActivity 中分别向控制台输出了提示信息，为了更好地看到工作流顺序执行的效果，我们使用了如下代码来让程序暂时休眠。

```
System.Threading.Thread.Sleep(2000);
```

2. 使用 IfElseActivity 实现工作流的分支

使用 IfElseActivity 活动，可在工作流中实现条件选择和分支，这在绝大多数任务活动中都会使用到。

- 使用 IfElseActivity 活动，可以创建工作流中的分支结构，每个分支则是一个 IfElseBranchActivity 分支。
- IfElseActivity 活动可以有多条件地选择执行多个 IfElseBranchActivity 分支中的一个，也就是说，对每个 IfElseBranchActivity 活动的执行，都必须被一个条件所激活。
- 对于 IfElseBranchActivity 活动的执行条件，如果该条件的计算结果为 True，则会执行该 IfElseBranchActivity 活动中所包含的其他活动；如果计算结果为 False，则会对下一个 IfElseBranchActivity 条件进行计算，依此类推。
- IfElseActivity 活动的最后一个 IfElseBranchActivity 活动分支会被视为 Else 分支，该分支不需要任何条件来进行激发。
- 可通过 IfElseBranchActivity 活动的 Condition 属性来为该活动设置条件，共有“代码条件”和“声明规则条件”两个选项。

下面我们通过一个演示来看一下如何使用 IfElseActivity 实现工作流的分支。

① 按照 12.3.1 小节中的介绍，创建一个名为“IfElseWorkflow”的工作流项目。

② 设计如图 12-27 所示的工作流。

③ 在设计界面下选中“IfElseBranchActivity1”，在其属性面板中设置其 Condition 属性为“代码条件”，如图 12-28 所示，用同样方法设置“IfElseBranchActivity2”的 Condition 属性为“代码

条件”。

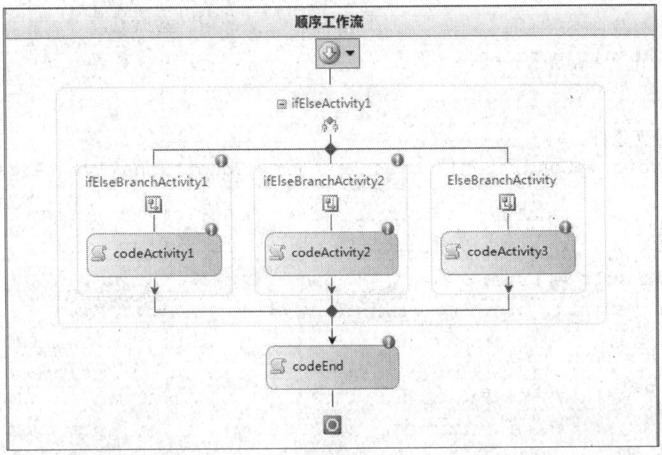

图 12-27 实现分支的工作流

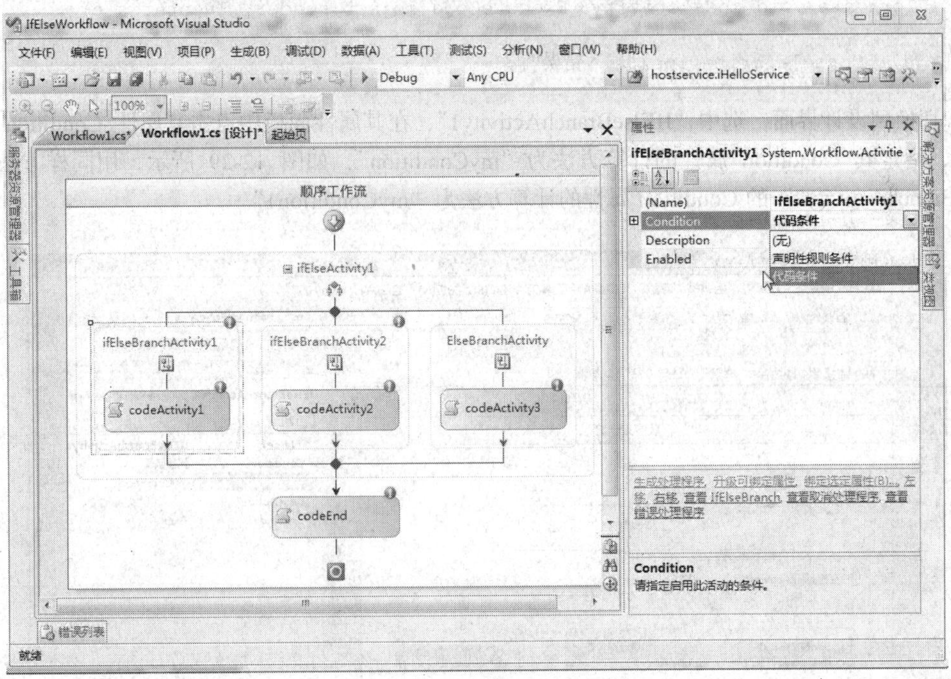

图 12-28 设置 Condition 属性

④ 按 F7 键转到后台代码文件，写入各分支的条件代码如下所示。

```
string name;
    //第一个分支条件
    private void myCondition(object sender, ConditionalEventArgs e)
    {
        Console.WriteLine("请输入您的性别：");
        Console.WriteLine("\n1 为男生");
        Console.WriteLine("\n2 为女生");
        //输入一个字符，作为 name 的值
        name = Console.ReadLine();
        //根据 name 的值进行判断
        if (name == "1")
        {
            e.Result = true;
```

```
        }
        else
        {
            e.Result = false;
        }
    }
    //第 2 个分支条件
    private void myCondition1(object sender, ConditionalEventArgs e)
    {
        if (name == "2")
        {
            e.Result = true;
        }
        else
        {
            e.Result = false;
        }
    }
    //第 3 个分支（即 Else 分支）要执行的代码
    private void codeActivity3_ExecuteCode(object sender, EventArgs e)
    {
        Console.WriteLine("输入错误");
    }
```

⑤ 切换到设计界面，选中“IfElseBranchActivity1”，在其属性面板中点击其属性 Condition 前面的加号，指定其 Condition 属性的计算方法为“myCondition”，如图 12-29 所示，用同样方法设置“IfElseBranchActivity2”的 Condition 属性的计算方法为“myCondition1”。

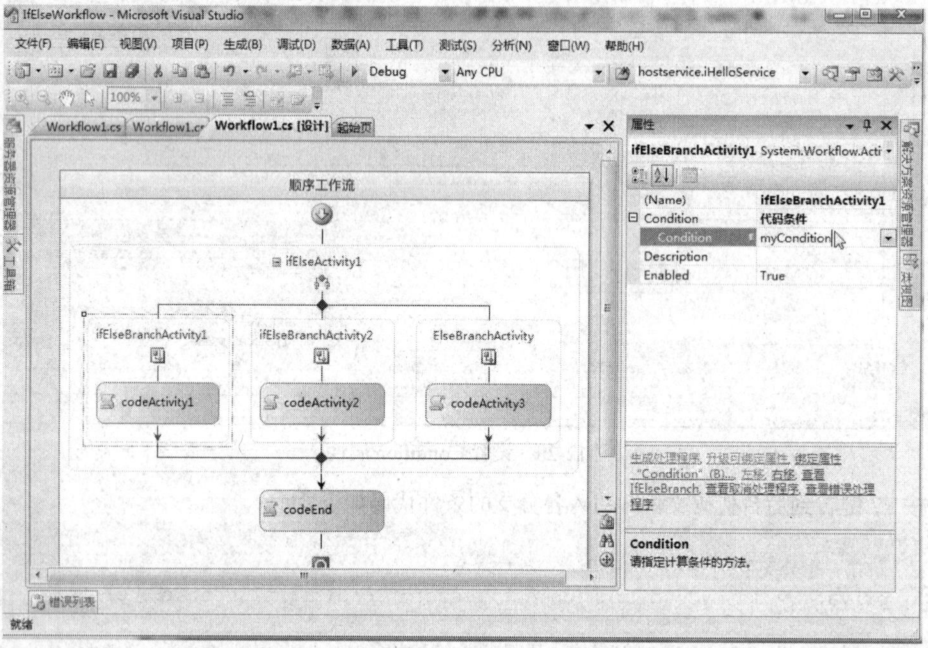

图 12-29 指定 Condition 计算条件的方法

⑥ 在设计界面下依次双击“codeActivity1”、“codeActivity2”、“codeActivity3”和“codeEnd”，分别编写它们的活动执行代码，如下所示。

```
private void codeActivity1_ExecuteCode(object sender, EventArgs e)
    {
        Console.WriteLine("\n 您好，这位先生，欢迎您光临");
    }
```

```
        private void codeActivity2_ExecuteCode(object sender, EventArgs e)
        {
            Console.WriteLine("\n 您好，这位美丽的女士，欢迎您光临");
        }
        private void codeActivity3_ExecuteCode_1(object sender, EventArgs e)
        {
            Console.WriteLine("输入错误");
        }
        private void codeEnd_ExecuteCode(object sender, EventArgs e)
        {
            //休眠 3 秒钟
            System.Threading.Thread.Sleep(3000);
            Console.WriteLine("\n 工作流已结束");
        }
```

⑦ 编译该工作流后执行，程序会首先暂停，要求用户输入，如图 12-30 所示。

⑧ 用户输入一个值后，程序将依据用户的输入进行判断，以决定执行哪个分支，效果分别如图 12-31、图 12-32、图 12-33 所示。

图 12-30　运行效果

图 12-31　执行分支 1

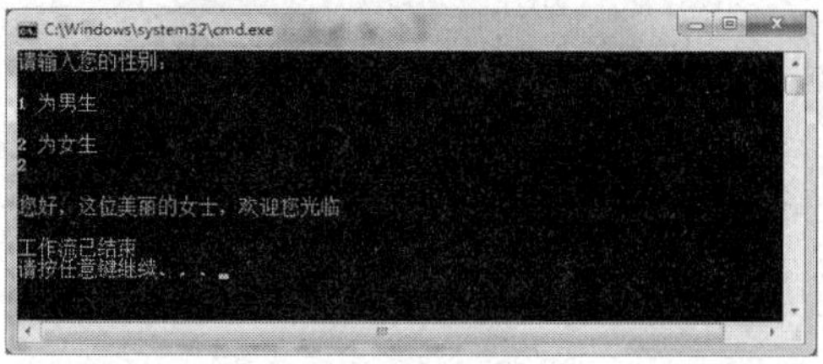

图 12-32　执行分支 2

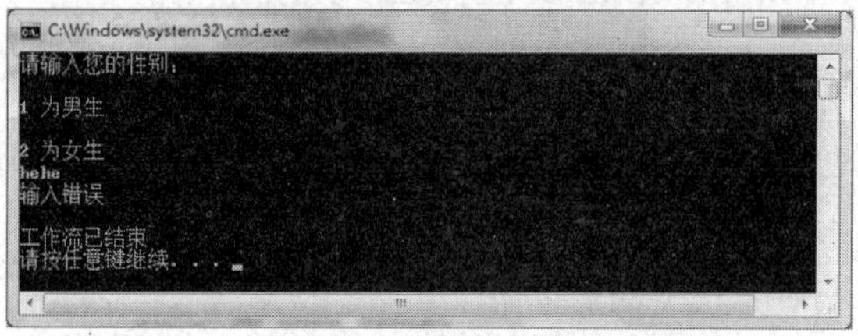

图 12-33　执行分支 3

分析：

- 在该项目中，使用了一个 IfElseActivity 活动，并创建了 3 个 IfElseBranchActivity 活动的分支，分别使用“代码条件”来作为其选择条件。
- 声明了 string 类型的变量 name，通过用户输入为其赋值，通过对 name 的值进行判断，来作为 IfElseBranchActivity 活动的执行条件。
- 对第一个 IfElseBranchActivity 活动，使用 myCondition()方法来进行判断，代码如下所示。

```
    //第一个分支条件
        private void myCondition(object sender, ConditionalEventArgs e)
        {
            Console.WriteLine("请输入您的性别：");
            Console.WriteLine("\n1 为男生");
            Console.WriteLine("\n2 为女生");
            //输入一个字符，作为 name 的值
            name = Console.ReadLine();
            //根据 name 的值进行判断
            if (name == "1")
            {
                e.Result = true;
            }
            else
            {
```

```
            e.Result = false;
        }
    }
```

- 对第 2 个 IfElseBranchActivity 活动，使用 myCondition1()方法来进行判断，代码如下所示。

```
//第 2 个分支条件
    private void myCondition1(object sender, ConditionalEventArgs e)
    {
        if (name == "2")
        {
            e.Result = true;
        }
        else
        {
            e.Result = false;
        }
    }
```